工業配線

丙級學術科檢定試題詳解

吳炳煌 編著

五南圖書出版公司 印行

序言

依據勞動部頒布之工業配線技術士技能檢定規範，工業配線職類之檢定分為甲乙丙三級，並明訂分級目標，乙級為領班級、監工及熟練技術員，丙級為助理技術員及基礎從業人員級。丙級之工作範圍為依據接線圖，從事低壓配電盤（箱）、控制盤（箱）之裝配及簡易修護工作。應具備識圖、電氣器具之裝置、電氣器具之使用、主電路裝配、控制電路裝配、檢查及故障排除等之各項技能及相關知識。

工業配線丙級技能檢定術科分階段A及階段B兩站實施，階段A為故障檢修測試，其目的是在產品出廠後的故障檢修，也就是配電盤設備之成品，在出廠前的品管作業均已完成，動作正常，品質優良；在使用一段時間後，由於器具線材等的自然老化，不正常的操作，或外力的撞擊破壞等因素，而發生器具或線路等之故障現象。本項測試的目的，就是要測試考生是否具備配電電路故障檢修的能力，應考者要瞭解電路圖的動作原理，才能發現故障的現象，分析及判斷故障的原因及確認故障處所，以便修護。

工業配線丙級技能檢定之階段B：裝置配線測試，目的為測試考生如何規劃配線流程，作計畫性的配線施工。裝置配線之原則，就是要「照圖配線，按圖施工」，在實際從事配線之前，電路圖上要規劃各種編號，包含器具接點編號、過門線端子台編號及線路節點編號。電路圖上的電路符號，在器具中要找到對應的接點；相對的，在每個器具接點上的接線，也能夠在電路圖上找到對應的電路符號，也就是電路圖與實際配線要一致，不能「圖歸圖，物歸物」。

本書分為兩篇，第一篇為基礎篇，介紹工業配線的基本技能，包含認識器材、基本電路、裝置配線及故障檢修方法；第二篇為工業配線丙級術科試題詳解，包含階段A之故障檢修及階段B之裝置配線。

本書適合電機相關科系有關工業配線教學及實習之用，對於有志參加技能檢定者是為實用的參考書籍，亦適合讀者自修使用，本書每章節後面均附有自我評量及參考答案，讀者可自行測試自己的專業知識及學習成效。

感謝林建安、王政欽、楊文城等同學協助完成本書的電路測試實驗，更感謝廖崇為、張芷瑄、林啓訓及林世維等多位師長，提供專業的經驗及編輯的建議，希望讀者喜歡這本書，也希望這本書對您有幫助！

本書編輯，力求完美，疏漏之處，在所難免，尚祈專家學者不吝賜予匡正。祝福各位讀者健康快樂！學習順利！

謹誌於東南科技大學電機系

工業配線丙級學術科檢定試題詳解
目錄

第一篇：工業配線概論

第二篇：工業配線丙級術科檢定試題解析

附錄

第一篇：工業配線概論

第一章　器材介紹

第一節　控制器材

工業配線常用控制器材之接點及電路符號如表1所示，控制器材之接點分為下列兩種：

1. 常開接點

常開接點（Normal Open）簡稱NO接點，又稱為a接點。

常開接點在正常狀態下，接點是為開路；當有作動外力加上時，接點變為導通；當沒有作動外力時，接點復歸為開路。

所謂作動外力，例如按鈕開關之用手動壓按，電磁接觸器之電磁吸力。

2. 常閉接點

常閉接點（Normal Close）簡稱NC接點，又稱為b接點。

常閉接點在正常狀態下，接點是為導通；當有作動外力加上時，接點變為開路；當沒有作動外力時，接點復歸為導通。

表1　工業配線常用控制器材之接點及電路符號表

接點 器材名稱	CNS（國家標準）		IEC（歐規）		備　註 （作動之外力）
	a接點 常開接點	b接點 常閉接點	a接點 常開接點	b接點 常閉接點	
按鈕開關（PB） Push Button					手動壓按
電磁接觸器（MC） Magnetic Contactor					電磁力 （電磁線圈）
極限開關（LS） Limit Switch					機械力

接點 / 器材名稱	CNS（國家標準）		IEC（歐規）		備　註（作動之外力）
	a接點 常開接點	b接點 常閉接點	a接點 常開接點	b接點 常閉接點	
計時電驛（TR）Time Delay Relay					電磁式 電子式 氣動式
熱動電驛（TH-RY）Thermal Relay					熱電偶（雙金屬片）

工業配線常用控制器材有按鈕開關、電磁接觸器、積熱電驛、限制開關、選擇開關、限時電驛及輔助電驛等，分別說明如下。

1. 無熔線斷路器

無熔線斷路器（No Fuse Breaker）簡稱NFB，具有電路之啟閉與短路保護的功能。以規格3P 220VAC 25KA 100AF 20AT之NFB為例，表示該無熔線斷路器為三極（Pole）、交流（Alternating Current）220伏、啟斷容量（Interrupt Capacity）25KA、框架容量（Frame Capacity）100AF、跳脫電流（Trip Ampere）20AT。

無熔線斷路器亦可稱為殼模型斷路器（Molded Case Circuit Breaker, MCCB）。

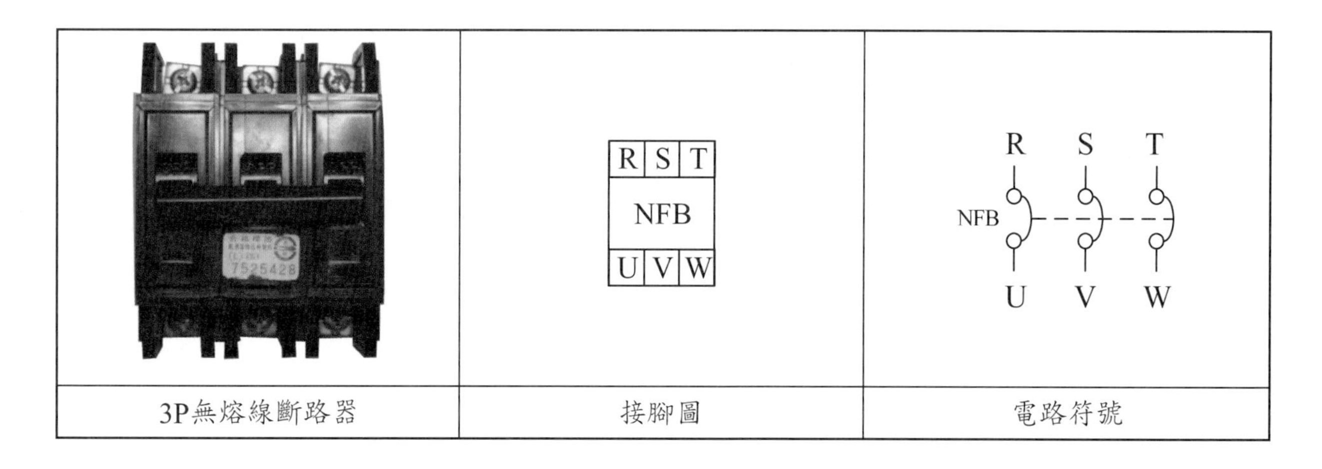

3P無熔線斷路器　　接腳圖　　電路符號

NFB之操作把手在ON位置時，表接點是在導通的狀態，在OFF位置時表接點是在斷開的狀態；而當電路短路故障發生時，NFB跳脫，接點斷開，操作把手會停留在中間的位置。於NFB故障原因排除後，須將操作把手先推至OFF位置，然後才能再推至ON位置，NFB恢復到正常的操作。

2. 電磁接觸器

電磁接觸器（Magnetic Contactor）簡稱MC，常用的有SC-21、S-P12、S-P16及S-P21等各種規格。

如圖所示之SC-21為交流220伏、額定啟斷電流20A、具有5a、2b之接點的電磁接觸器，包含主接點有3a，輔助接點有2a、2b；但也可稱為2a、2b之電磁接觸器，只算輔助接點的數量。

故障電流較IC值大時，若NFB啟斷容量不足，則無法順利跳脫，連續發弧、損壞NFB。

其他S-P11、S-P12及S-P21等規格之電磁接觸器，具有1a、1b或2a、2b等之輔助接點，如果輔助接點不足時，則有可擴充之「上裝式輔助接點」。

另有正逆轉專用電磁接觸器組，具有機械連鎖裝置，可預防正逆轉電磁接觸器同時動作，造成電源短路故障。

固態接觸器（Solid State Contactor）簡稱SSC，也稱為固態繼電器（Solid State Relay, SSR），是用固態晶體構成，具有經久耐用之優點，因其為沒有機械動作的接點，安靜沒噪音，只要加上觸發信號，主接點就會導通。高容量之SSC需有散熱器與風扇等裝置，幫助散熱，避免晶體燒毀。

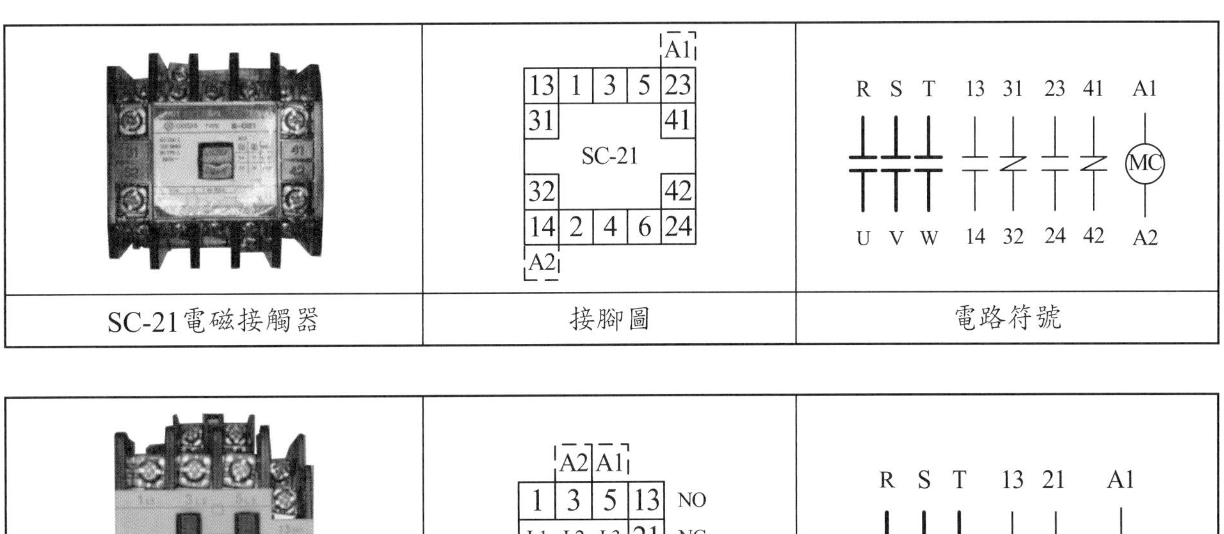

SC-21電磁接觸器　接腳圖　電路符號

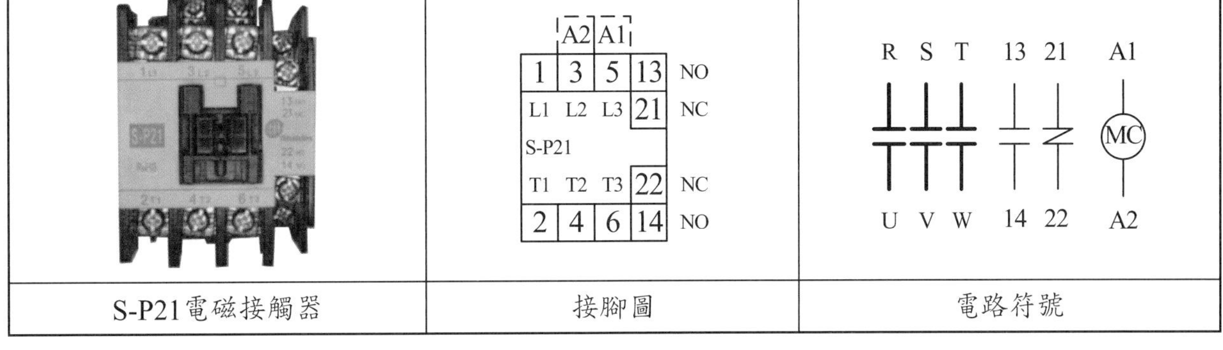

S-P21電磁接觸器　接腳圖　電路符號

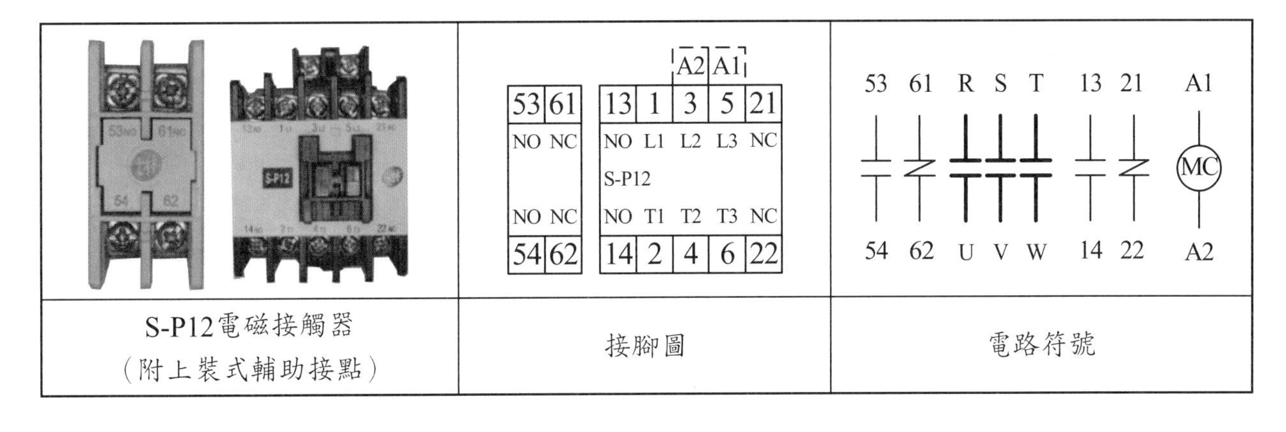

S-P12電磁接觸器（附上裝式輔助接點）　接腳圖　電路符號

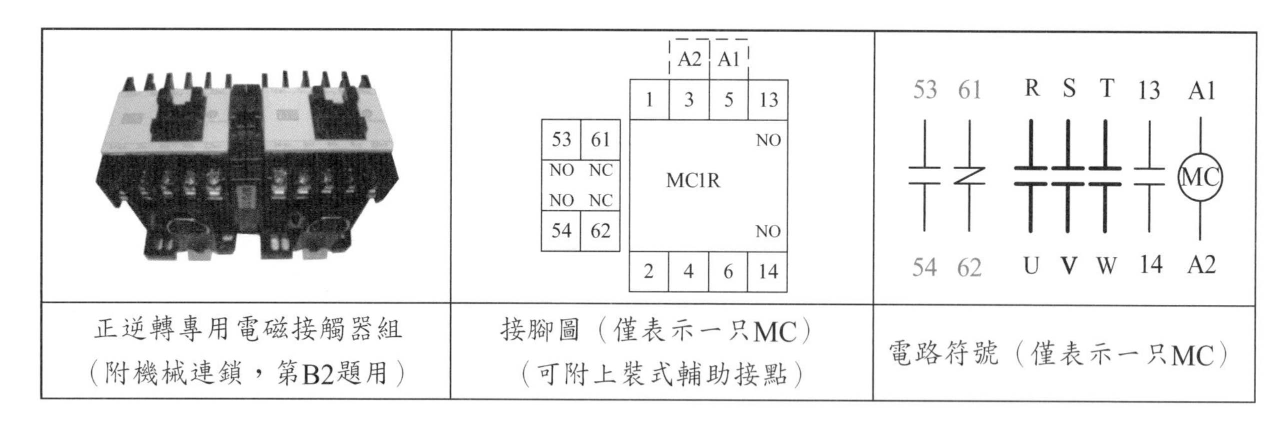

正逆轉專用電磁接觸器組（附機械連鎖，第B2題用）

接腳圖（僅表示一只MC）（可附上裝式輔助接點）

電路符號（僅表示一只MC）

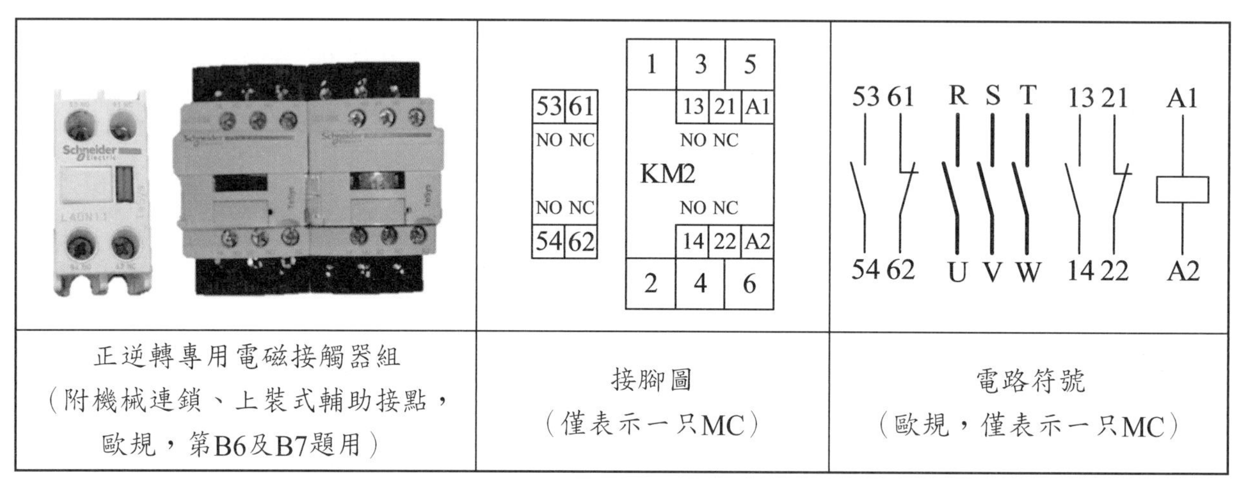

正逆轉專用電磁接觸器組（附機械連鎖、上裝式輔助接點，歐規，第B6及B7題用）

接腳圖（僅表示一只MC）

電路符號（歐規，僅表示一只MC）

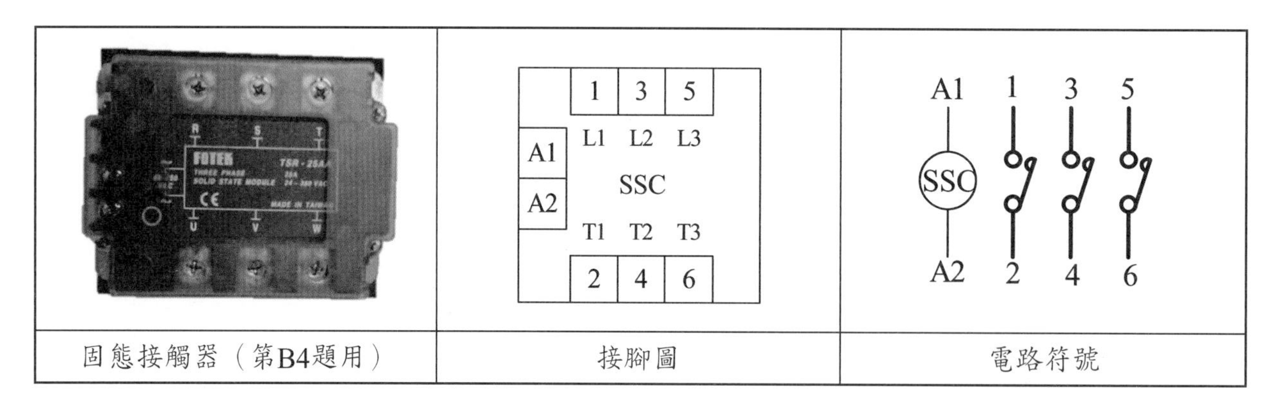

固態接觸器（第B4題用）

接腳圖

電路符號

3. 積熱電驛

積熱電驛（Thermal Relay）簡稱TH-RY，也稱為過載電驛（Over Load Relay）簡稱OLR或OL。若電磁接觸器（MC）與積熱電驛（TH-RY）組合使用，則稱為電磁開關（Magnetic Switch），簡稱 MS，具有電路啟閉與過載保護的功能。

常用的積熱電驛有TH-18（1c型）、TH-P12（1a1b型）或TH-P20（1a1b型）等各種規格形式。積熱電驛的動作原理，為利用主電路的流通電流，流經加熱元件，如果電流過載時，會使雙金屬片過熱彎曲，驅動保護接點動作。

可以操作積熱電驛的測試機構，使其保護接點動作；1c型式者，正常時c-b（95-96）導通，過載時c-a（95-98）導通。1a1b型式者，正常時常閉接點（95-96）導通，過載時常開接點（97-98）導通。

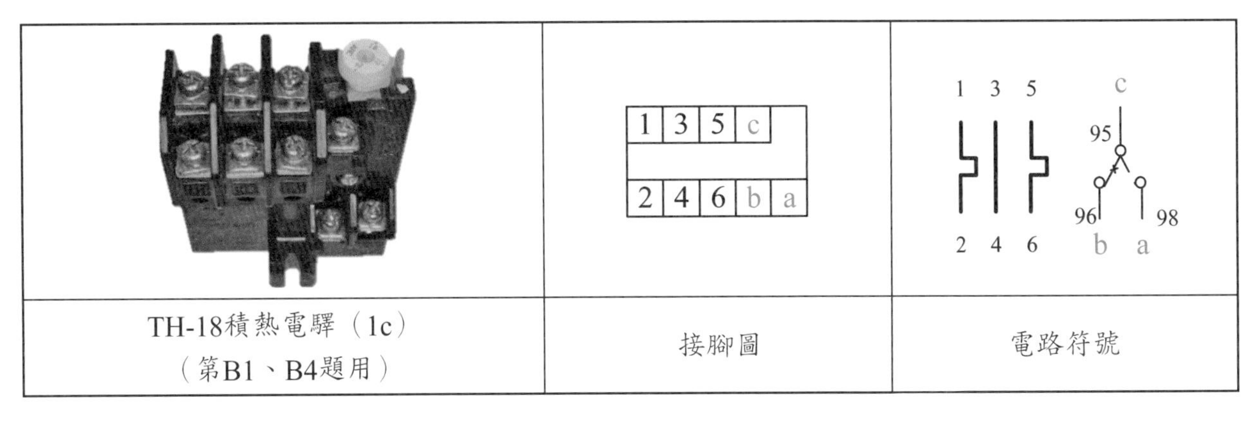

TH-18積熱電驛（1c）（第B1、B4題用）　接腳圖　電路符號

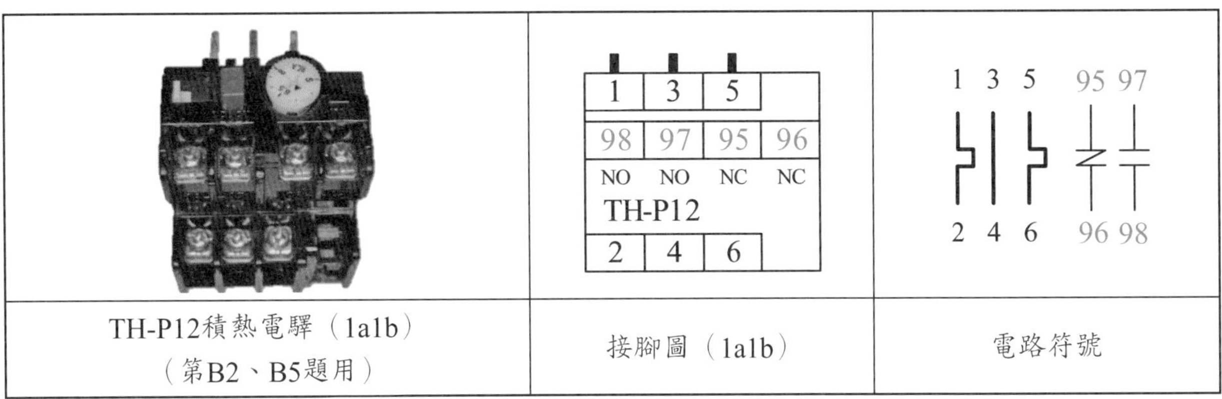

TH-P12積熱電驛（1a1b）（第B2、B5題用）　接腳圖（1a1b）　電路符號

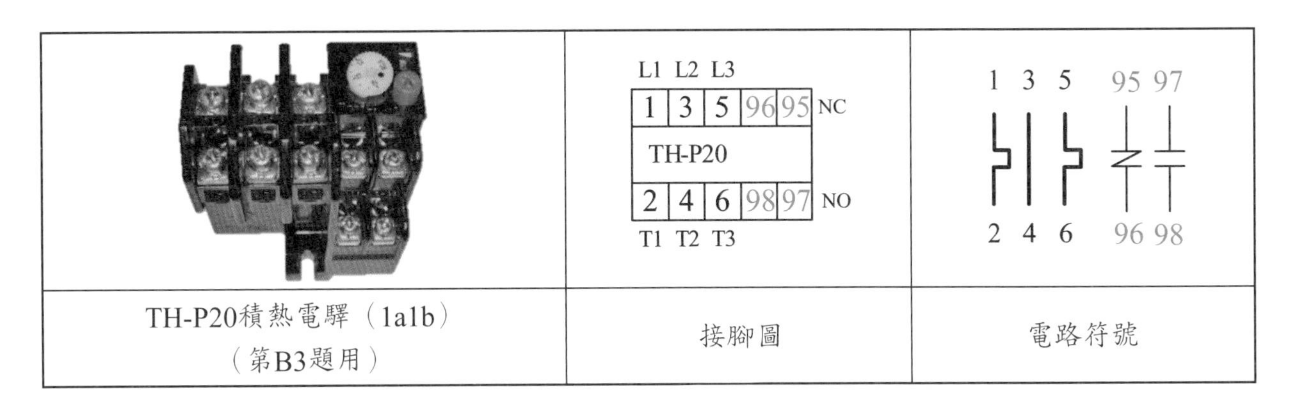

TH-P20積熱電驛（1a1b）（第B3題用）　接腳圖　電路符號

4. 按鈕開關

按鈕開關（Push Button）簡稱PB，手動操作使接點動作，手放開時應用彈簧使接點自動復歸，電路符號如圖所示，包含常開及常閉接點。

一般電動機在起動時，使用綠色按鈕開關，停止時使用紅色按鈕開關。

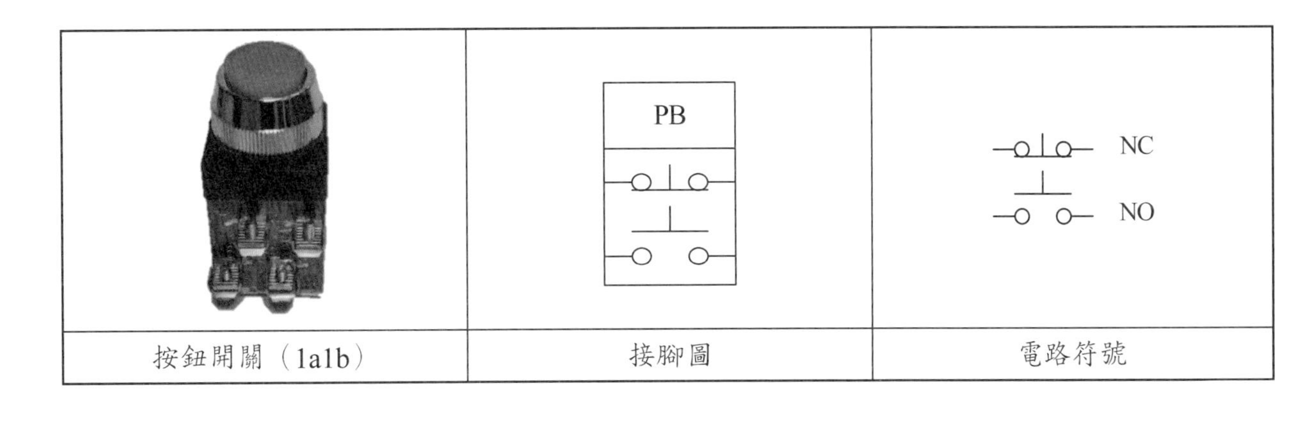

按鈕開關（1a1b）　接腳圖　電路符號

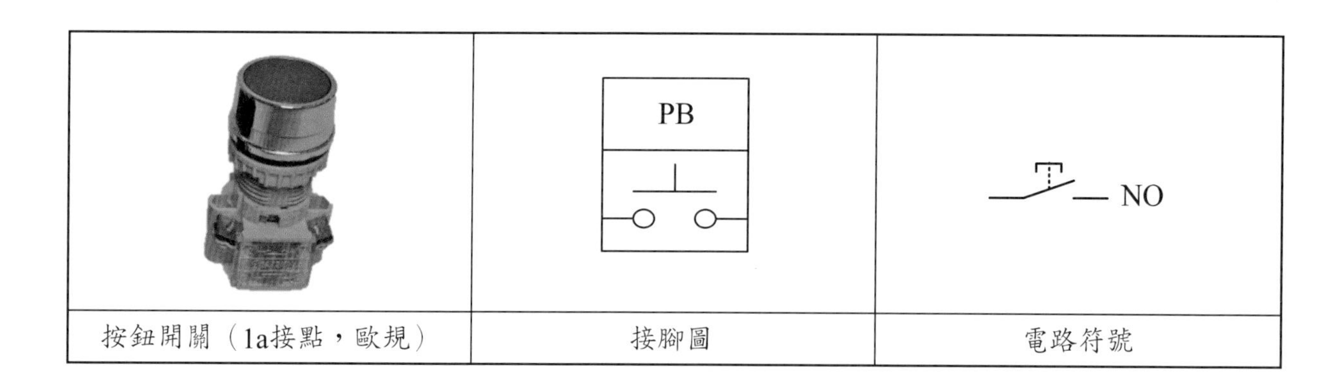

5. 指示燈

指示燈（Pilot Lamp）簡稱PL，常用者為變壓器型，將電源電壓降為18V後使用18V的小燈泡，新型者的指示燈使用LED，LED是Light Emitting Diode的英文代號，意為發光二極體。

指示燈是用來表示負載的運轉情形，綠燈表安全，指電動機停止中；紅燈表危險，指電動機運轉中；白燈表電源指示燈，黃燈表起動進行中或故障。

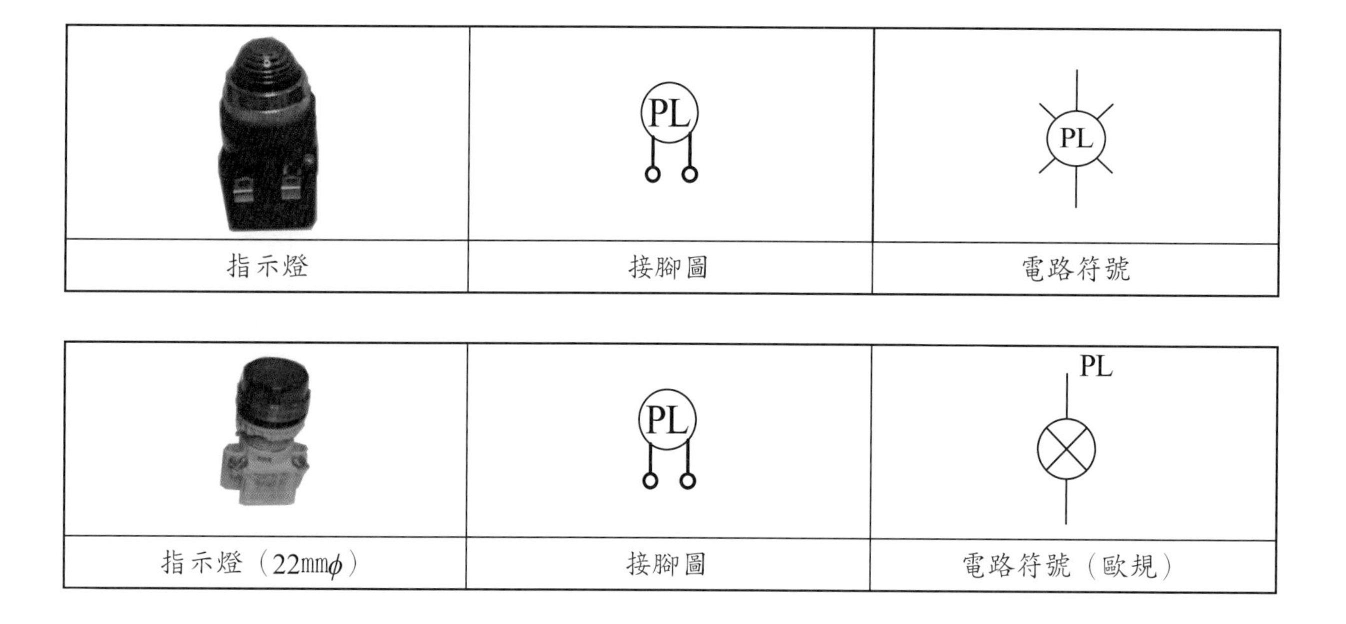

6. 蜂鳴器

蜂鳴器（Buzzer）簡稱BZ，一般於警報電路作為警報之用。

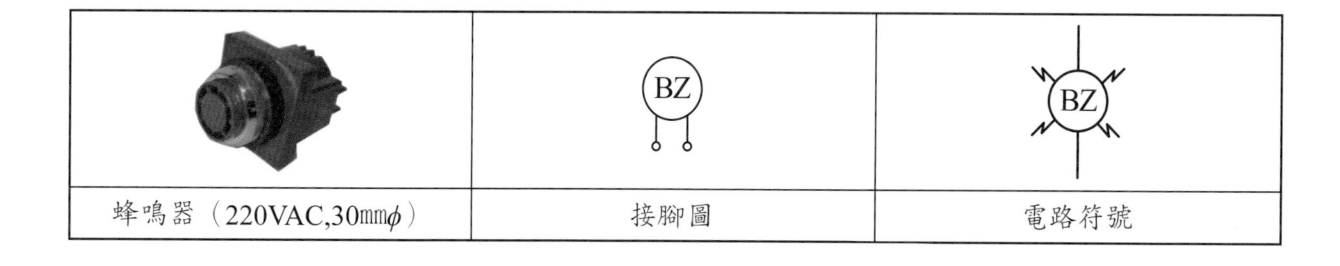

7. 保險絲

栓型保險絲（D-fuse）簡稱F，作為控制電路短路保護之用，當保險絲熔斷時，紅色熔斷指示片會彈開，顯示出保險絲已熔斷。

另一種為卡式保險絲，亦可作為控制電路短路保護。

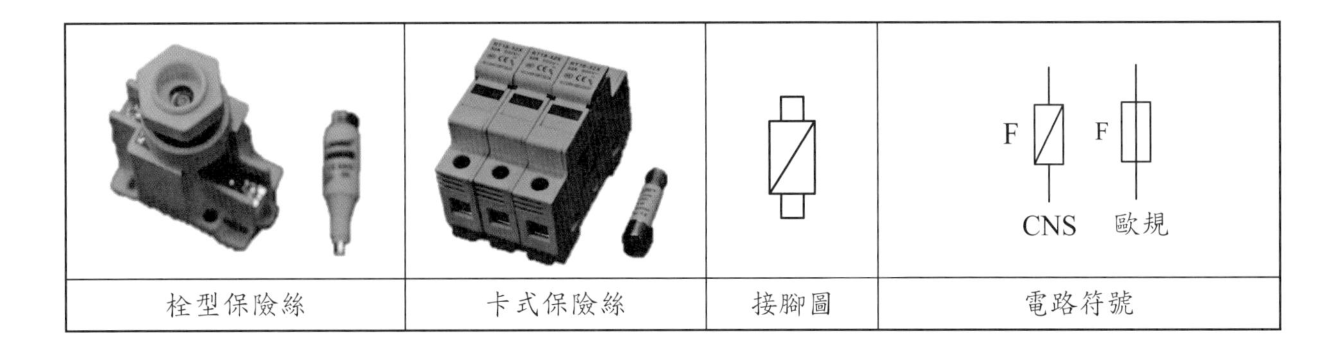

栓型保險絲	卡式保險絲	接腳圖	電路符號

8. 照光式按鈕開關

照光式按鈕開關（Light Push Button, LPB）是按鈕開關附裝指示燈，可作為緊急停止開關（Emergency Switch, EMS）之用，如圖所示規格為110VAC殘留式30mmϕ，裝置配線術科檢定第B1題使用此型之照光式按鈕開關。

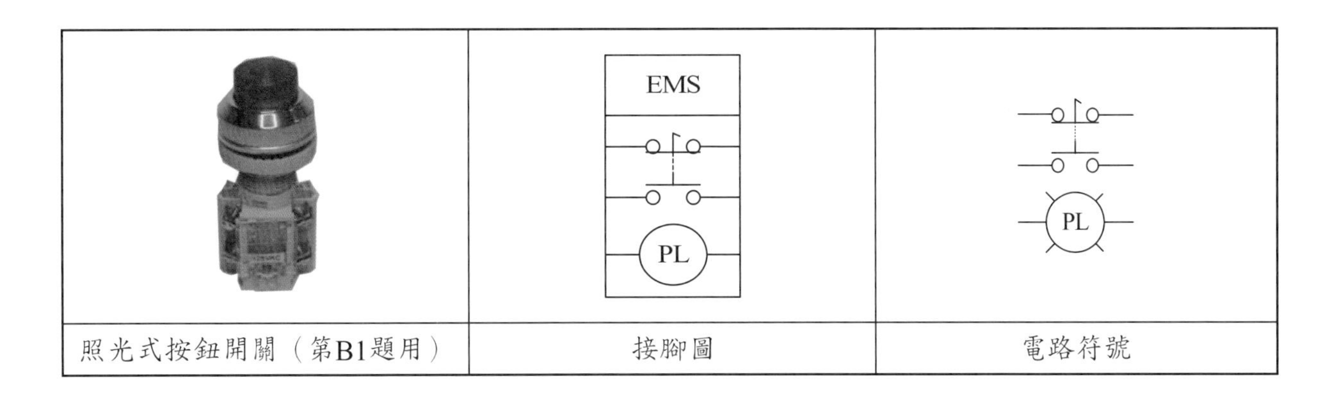

照光式按鈕開關（第B1題用）	接腳圖	電路符號

9. 限制開關

限制開關（Limit Switch）簡稱LS，可檢出物體之移動位置，作為定位之用。

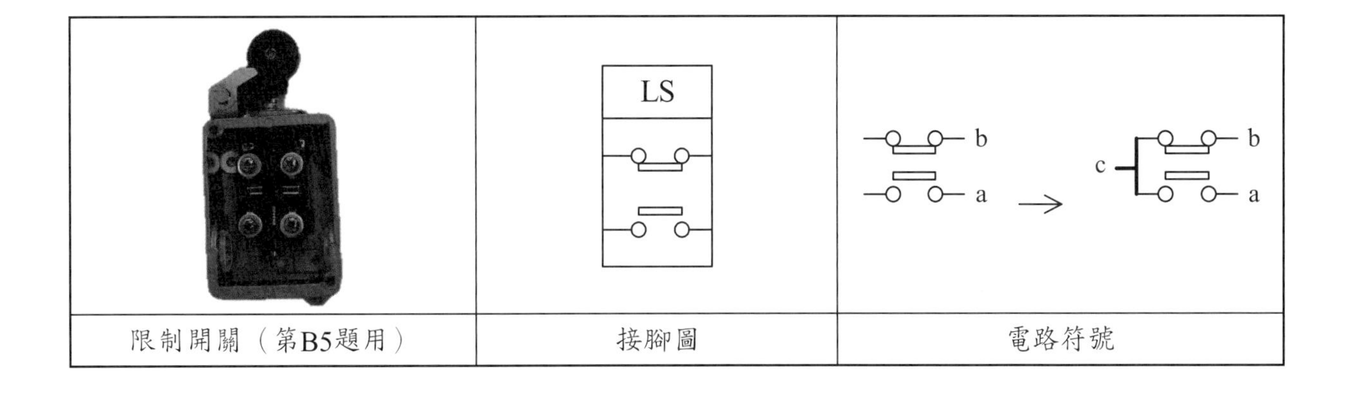

限制開關（第B5題用）	接腳圖	電路符號

10. 選擇開關

切換開關（Change Over Switch）簡稱COS，亦可稱為選擇開關（Selective Switch）。

COS有兩段式或三段式之分，附銘牌指示切換之功能，例如手動／自動之切換，標示成M/A（Manual/Automation）。

範例1：COS1切於a位置，是設定在自動加熱狀態；COS1切於b位置，是設定在手動排風狀態，檢定時在第B2題〔乾燥桶控制電路〕，使用2段式 1a1b的選擇開關。

範例2：手動操作（COS1置於M位置），自動操作（COS1置於A位置），檢定時在第B5題〔二台抽水機交替運轉控制〕，使用三段式1a1b的選擇開關，中間段為OFF。

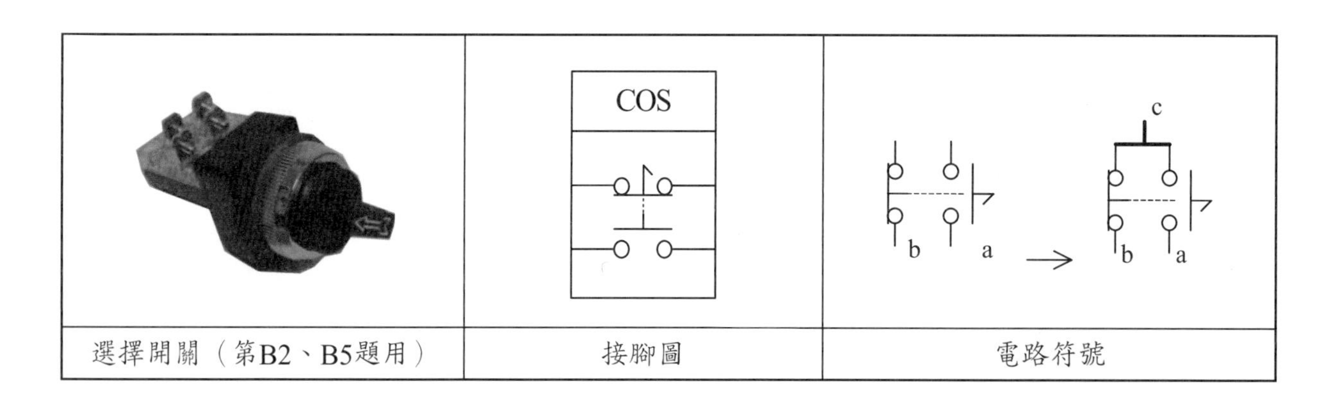

選擇開關（第B2、B5題用）	接腳圖	電路符號

11. 限時電驛

限時電驛（Time Delay Relay）簡稱TR，又稱為計時器（Timer），或延時電驛。

通電延遲型限時電驛（ON Delay Relay）之接點為通電延時動作，即當線圈有電時，接點延時動作；當線圈斷電時，接點瞬時復歸。例如圖中的激磁線圈（2-7）有電時，接點（8-5）延時5s（設定時間T調為5秒）後斷路，接點（8-6）延時5s接通；當激磁線圈（2-7）斷電時，接點瞬時復歸，亦即接點（8-6）瞬時恢復斷路，接點（8-5）瞬時恢復接通。

限時電驛除有延時接點外，也具有一般之瞬時接點，接點1-3為a接點，1-4為b接點，其動作時序圖如下圖所示。

裝置配線第B6題所使用之限時電驛，是歐規3P 220VAC 5HP電磁接觸器（KM1），附上掛式Y-△起動專用Timer，接點55-56為延時開斷之b接點，控制KM3動作，67-68為延時接通之a接點，控制KM2動作。

限時電驛之線圈有電時，「ON」指示燈會亮，計時時間到時，「UP」指示燈會亮，在作功能測試時，可檢視限時電驛的動作情形。

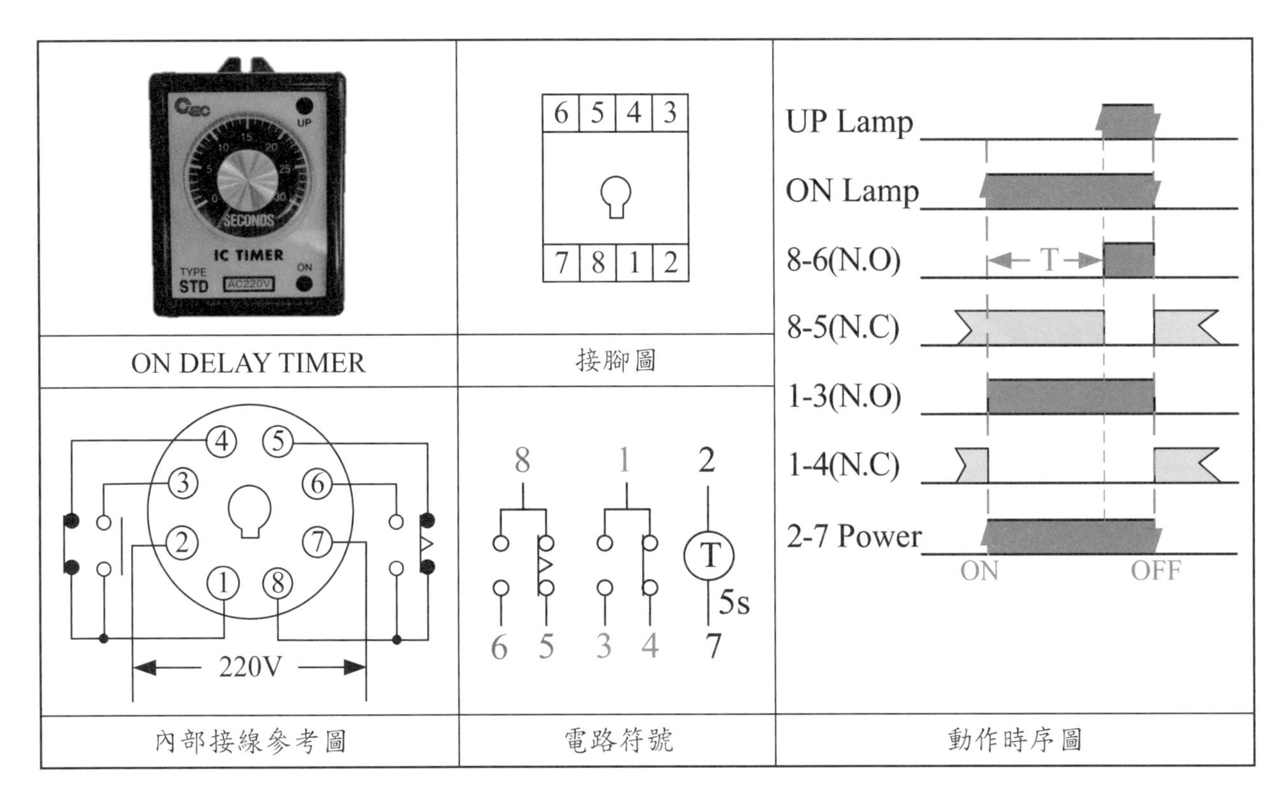

ON DELAY TIMER　接腳圖

內部接線參考圖　電路符號　動作時序圖

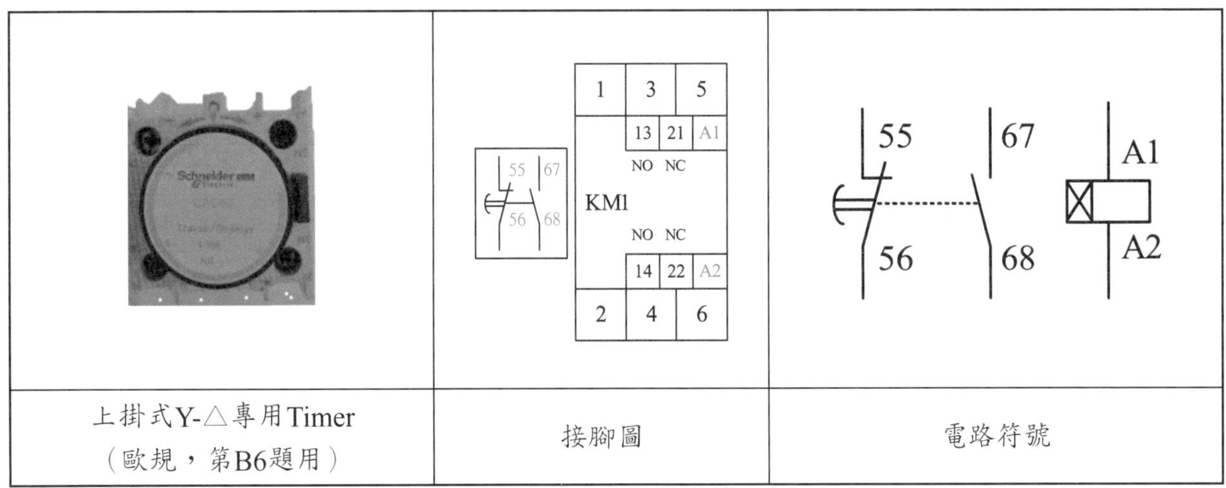

上掛式Y-△專用Timer（歐規，第B6題用）　接腳圖　電路符號

12. 輔助電驛

輔助電驛（Auxiliary Relay）簡稱AR，亦稱電力電驛（Power Relay, PR）。

一般常用的有MK-2P（2c型）、MK-3P（3c型）及MY4（4c型）等規格，丙級工業配線檢定階段B裝置配線部分，使用2P及3P型式。

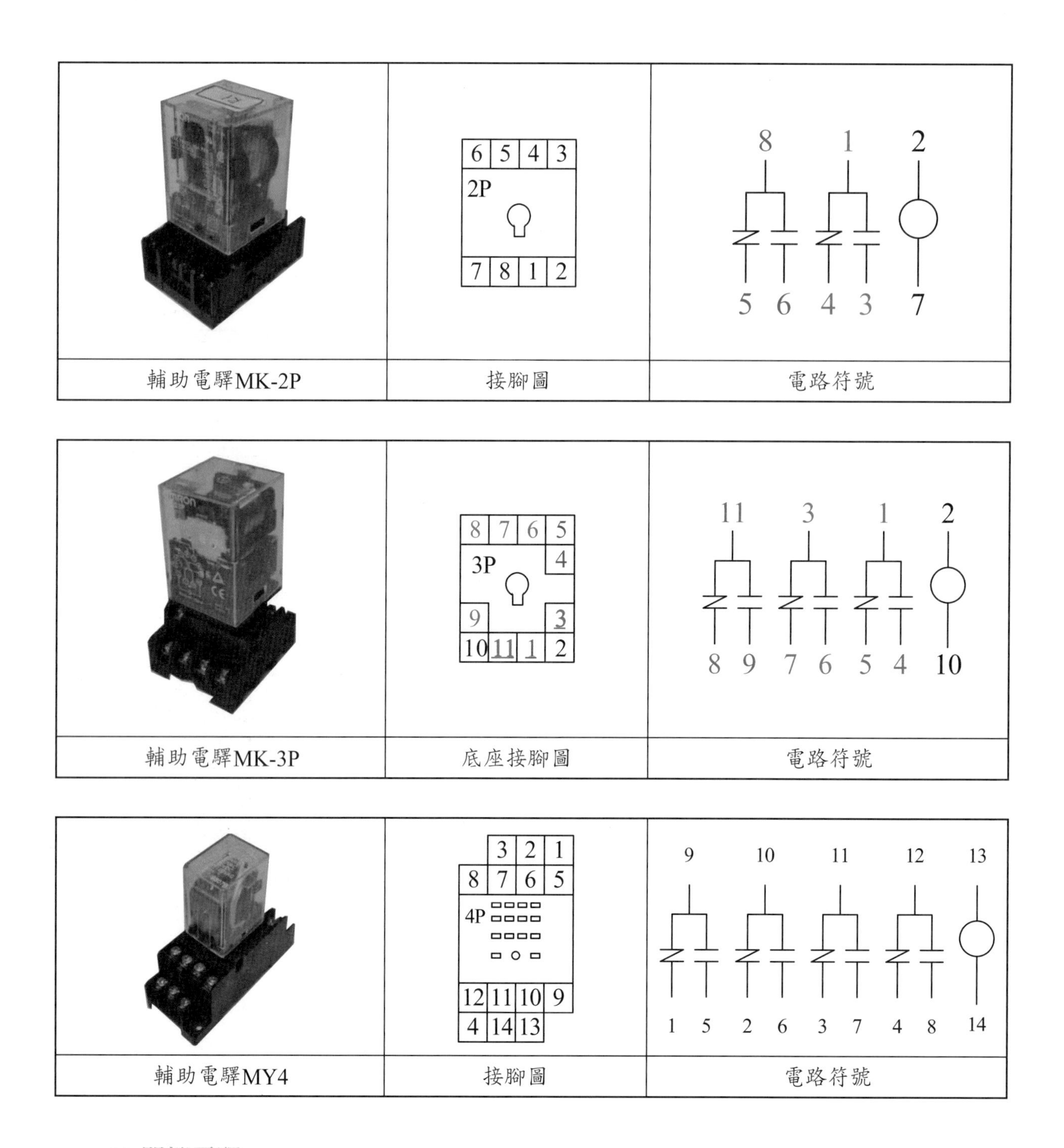

輔助電驛MK-2P	接腳圖	電路符號
輔助電驛MK-3P	底座接腳圖	電路符號
輔助電驛MY4	接腳圖	電路符號

13. 閃爍電驛

閃爍電驛（Flicker Relay）簡稱FR，接點2-7接電源，具有1c接點，當閃爍電驛的線圈有電時，其接點8-5或8-6會導通／斷路一直變換動作，例如接通t1時間，斷路t2時間，而t1與t2的時間均可調整。

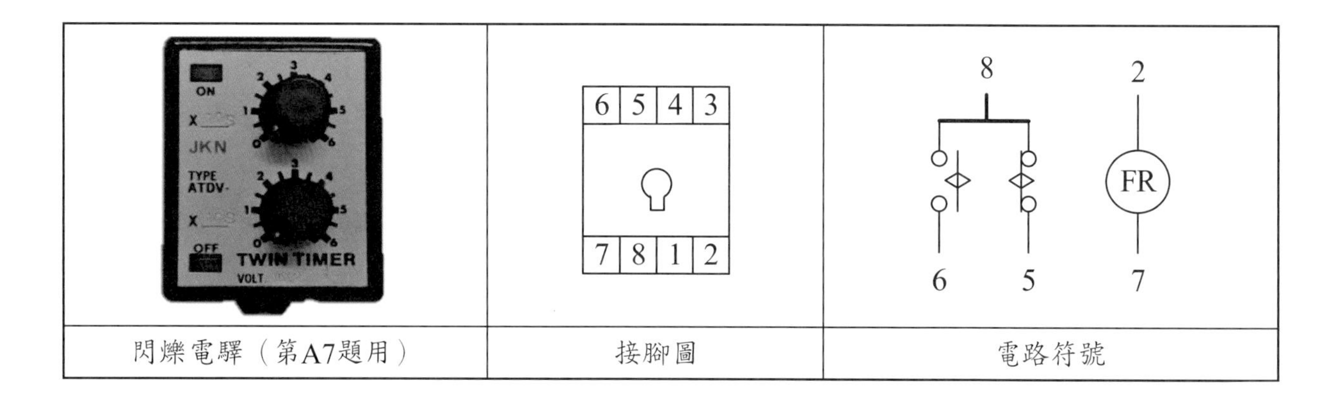

閃爍電驛（第A7題用）	接腳圖	電路符號

14. 交替電驛

交替電驛（Exchange Relay）常用於控制電動機的交替運轉，又稱為棘輪電驛（Latch Relay），亦可稱為MR。

當交替電驛的線圈每次加入電壓，則會驅動凸輪轉動一個角度，可動接點就改變位置一次，而使接點變換動作，例如，當可動接點被凸輪的凸起部分頂住時，則與上面的固定接點接通；反之，當可動接點位於凸輪的凹下部分時，則與下面的固定接點接通。

交替電驛的線圈是接點2-7，具有2c接點，當MR某次通電時，若接點是1-3及8-6導通，則當MR再次通電時，接點是1-4及8-5導通，然後循環動作之。

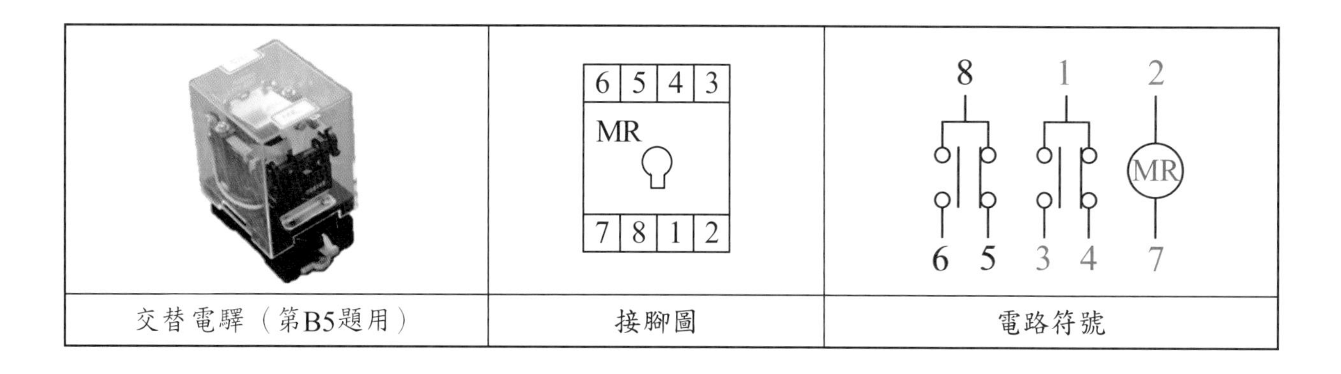

交替電驛（第B5題用）	接腳圖	電路符號

15. 累積計時器

累積計時器（HC）是一種積算型記錄器，記錄及顯示負載通電的總時間，可了解機器使用時間的總和，就像汽車的里程表一樣的功能。

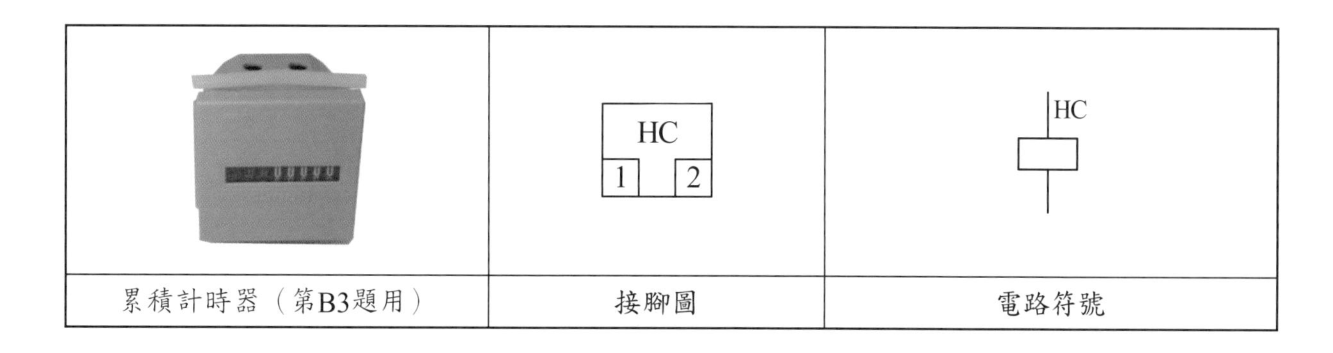

累積計時器（第B3題用）	接腳圖	電路符號

16. 端子台

接線端子台（Terminal Board）簡稱TB，用於導線接續之用，依構造方式可分為固定式及組合式兩種，若為組合式，則接點數可依需求決定。

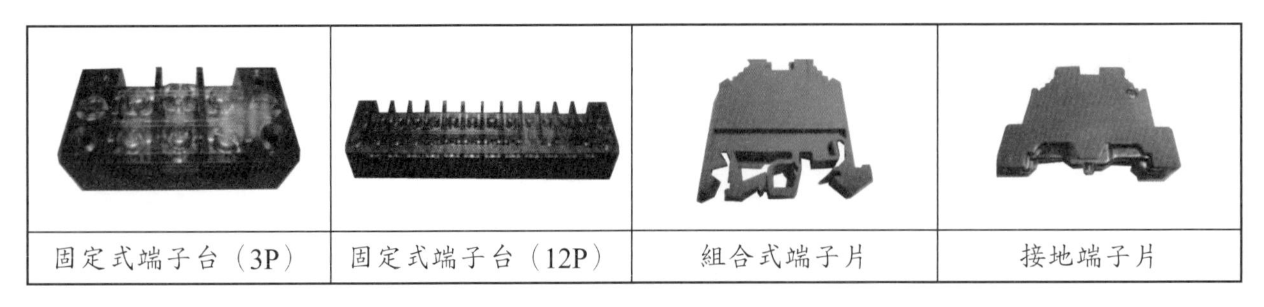

固定式端子台（3P）	固定式端子台（12P）	組合式端子片	接地端子片

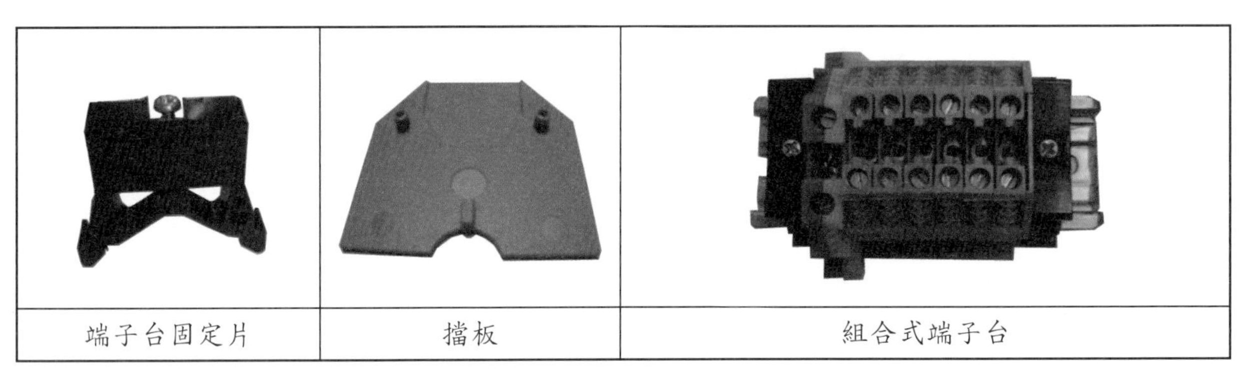

端子台固定片	擋板	組合式端子台

17. 壓接端子

壓接端子有Y型端子（Y terminal）、O型端子（Ring terminal）、針型壓接端子（Pin terminal）及歐規針型絕緣壓接端子等形狀。

規格1.25-3mm^2 Y之壓接端子，表示適用之導線截面積為1.25 mm^2，開口大小為3mm，適用固定螺絲孔徑大小為3mm，開口型。

檢定常用的規格有1.25-3mm^2 Y、1.25-4mm^2 Y、2-4mm^2 Y、2-4mm^2 O、3.5-4mm^2 Y及3.5-4mm^2 O等。

如圖所示之壓接端子，壓接導線之O型環是為正面，背面則印有規格名稱；導線壓接端子時，第B1~B6題使用一般的壓接鉗，而第B7題使用之端子有絕緣保護，須使用專用之壓接鉗，以免破壞絕緣。

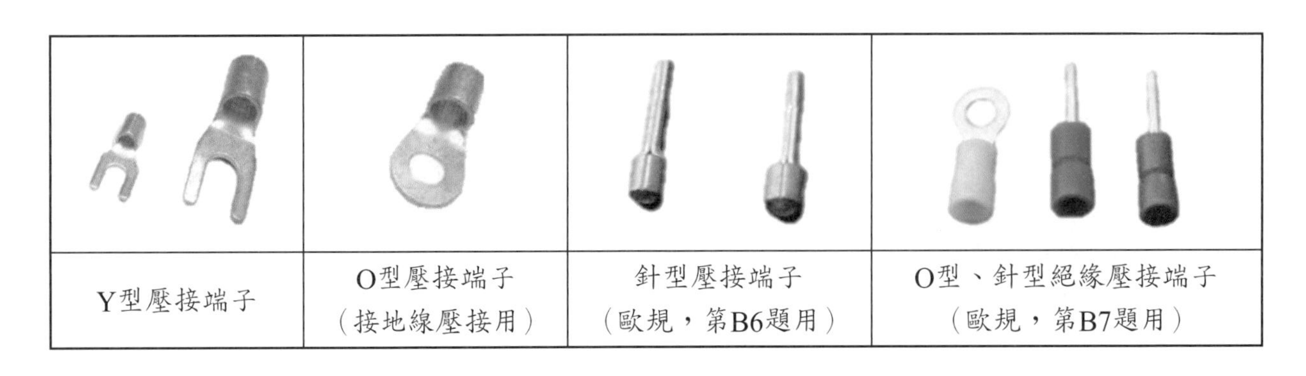

Y型壓接端子	O型壓接端子 （接地線壓接用）	針型壓接端子 （歐規，第B6題用）	O型、針型絕緣壓接端子 （歐規，第B7題用）

	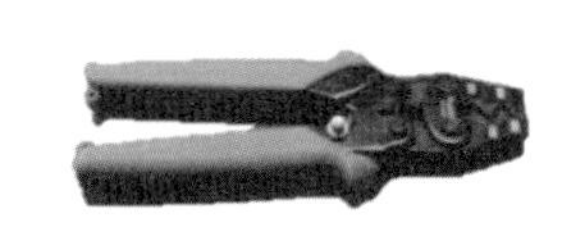	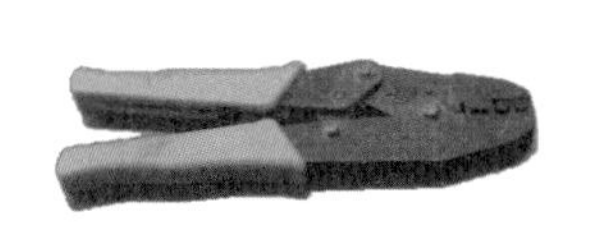
已壓接端子導線	一般壓接鉗 （第B1~B6題用）	歐規絕緣端子用壓接鉗 （第B7題適用）

有壓接端子之導線，在配線固定時應注意事項：

(1) 器具上的一個固定接點只接一條導線時，壓接端子的正面壓痕要朝上。

(2) 器具上的一個固定接點最多只能連接兩條導線，而且兩只壓接端子須背面靠背面固定。

(3) 器具上的一個固定接點須連接兩條不同大小線徑的導線時，例如主電路與控制電路須接在同一端點時，則較大的壓接端子（主電路）在下，小的壓接端子（控制電路）在上為原則。因為較大的壓接端子與器材的固定接點，接觸面積較大，接觸電阻較小。

(4) 配線時須隨時注意配線的整齊美觀，須使用束帶綁紮，形成線束，線束須保持水平或垂直，導線不可跨越在器具上方，方便將來的器具更換維修。

(5) 導線固定在器具時，導線線頭須保持水平或垂直，大約在1~3公分的長度折彎。

		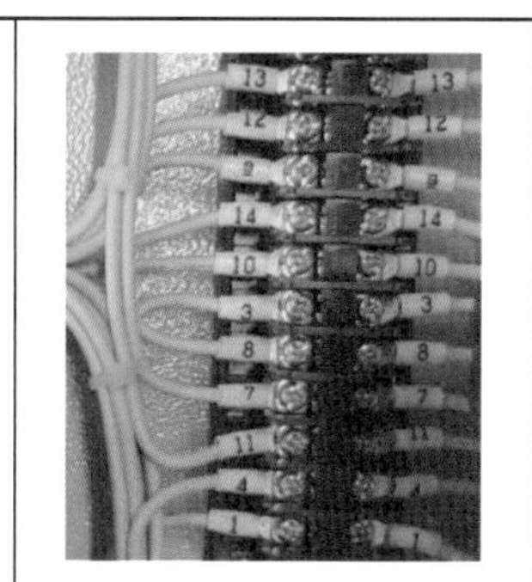	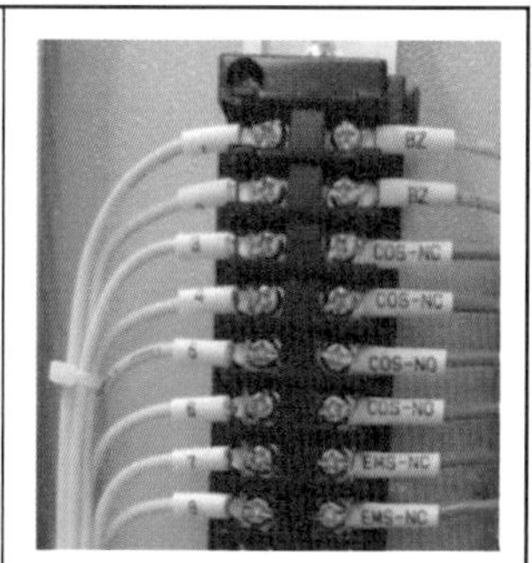
壓痕要朝上	大小線徑連接	綁紮形成線束	

第二節　感測器材

工業配線丙級術科檢定在階段B：裝置配線部分，有應用工業界常用的感測控制器材，各題使用之感測器材彙整如表2所示，各種感測控制器材之構造及接線方法說明之。

表2　術科檢定階段B裝置配線部分，各題使用之感測器材彙整表

序號	使用題號	名稱	規格	備註
1	第B2題	溫度控制器（TC）	AC220V，0-100℃，可接PT100感溫棒，Relay輸出	
2	第B3題	溫度開關（TS）	AC220V，Relay輸出，檢測範圍0～300℃盤面型	
3	第B3題	壓力開關（PS）	具有1a1b接點	
4	第B3題	逆相防止電驛（APR）	電動機逆轉防止用	
5	第B4題	光電開關（PHS）	220VAC，1a接點	
6	第B4題	近接開關（PRS）	1a接點	
7	第B5題	液面控制器（FS）	110/220VAC，附液面感測棒	
8	第B6題	3E 電驛（3E Relay）	220VAC，附電流轉換器	
9	第B7題	電動機保護斷路器（Q_1）	3P, 220VAC，25KA，2.5-4A可調，瞬跳值為10倍以上 具有故障1a，瞬時1a輔助接點，可與電動機保護斷路器結為一體（歐規）	歐規

1. 溫度控制器

溫度控制器（Temperature Controller）簡稱TC，可以用感溫棒偵測周圍溫度，並與TC之設定溫度相比較，以完成一個恆溫的控制系統。

裝置配線術科檢定第B2題所用之溫度控制器是三位數字型，設定溫度的調整方法，以指撥開關為之，每位數值可上下調整。

動作控制接點之動作，在低溫狀態時4-5導通，在高溫狀態時4-6導通。

接點7-8接控制器所須電源220V。

接點1、2、3接PT100型之感溫棒，其與溫度控制器的連線不得經過端子台。

溫度控制器應用於第B2題乾燥桶之控制電路，將溫度控制器之感溫棒溫度（檢定時，感溫棒裝置於配電盤中，因此感測到檢定場的室內溫度）與其設定溫度兩者相比較。

(1) 當感溫棒溫度低於設定溫度時（功能測試時，可將設定溫度調高到100℃左右，模擬感溫棒溫度低於設定溫度的階段），是為低溫狀態，則溫度控制器接點4-5導通，MC2 ON，電熱器加熱，溫度控制器的紅色指示燈會亮（標示Red/ON）。

(2) 反之，當感溫棒溫度高於設定溫度時（功能測試時，可將設定溫度調低到個位數溫度或0℃，模擬感溫棒溫度高於設定溫度的階段），是為高溫狀態，則接點4、5開路，MC2 OFF，電熱器斷電，溫度控制器的綠色指示燈會亮（標示Green/OFF）。

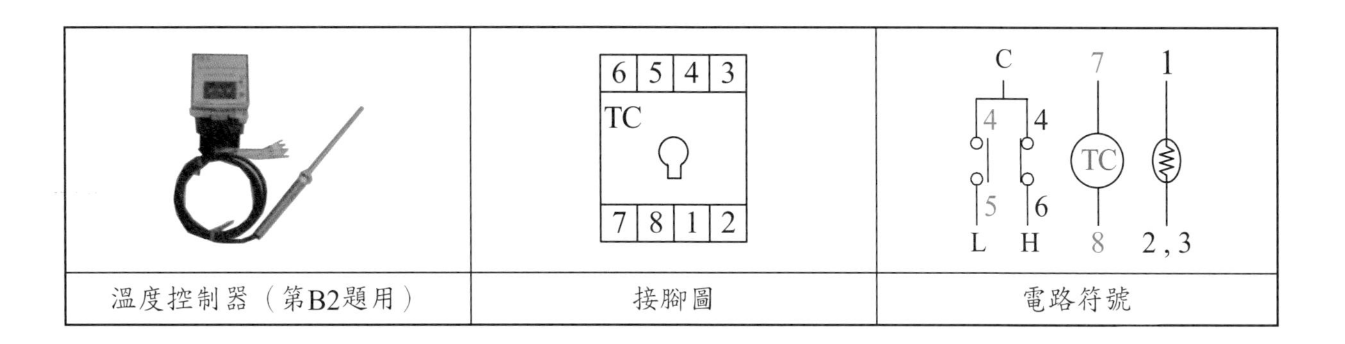

溫度控制器（第B2題用）　接腳圖　電路符號

2. 溫度開關

溫度開關（Temperature Switch）簡稱TS，可以顯示目前溫度量測值及溫度設定值。

裝置配線術科檢定第三題所用之溫度開關，用於偵測空壓機的溫度，當空壓機的溫度超過設定值時，動作接點c-a（5-6）導通，溫度過熱指示燈亮，空壓機停止運轉。

溫度開關的簡要操作，說明如下：

(1) 溫度開關送電，畫面閃爍6次後，顯示目前溫度量測值。

(2) 變更溫度設定的操作方法

① 連續按兩次[SET]鍵，顯示溫度設定值。

② 利用[⌃]或[⌄]鍵，可以上、下調整溫度設定值。

③ 當溫度設定調整完成後，按一次[SET]鍵，則顯示新的溫度設定值。

④ 再按[ESC]鍵，溫度開關顯示目前溫度量測值。

3. 當目前溫度量測值>溫度設定值，指示燈 ❄ 亮，TS的動作接點（5-6）導通。

4. ⌃ 鍵：按一下即放，設定值加1；按住此鍵超過5秒不放，增加的速度會加快。

5. ⌄ 鍵：按一下即放，設定值減1；按住此鍵超過5秒不放，減少的速度會加快。

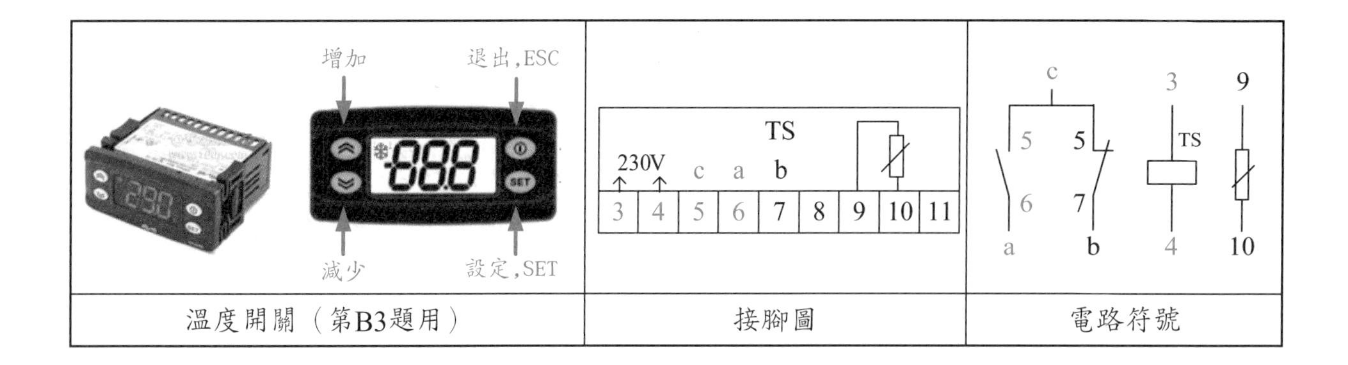

溫度開關（第B3題用） 接腳圖 電路符號

3. 壓力開關

壓力開關（Pressure Switch）簡稱PS，用於感測一只密閉容器之壓力，可以設定壓力開關在某一壓力值，而得到一個穩壓的控制系統。

裝置配線術科檢定第B3題所用壓力開關有一組c接點，當空壓機的壓力在設定值下限時，接點c-b（1-5）導通，空壓機重車運轉；當空壓機的壓力達到設定值上限時，接點c-a（1-3）導通，空壓機作空車運轉，並經KA3一段計時時間後，空壓機停止運轉。

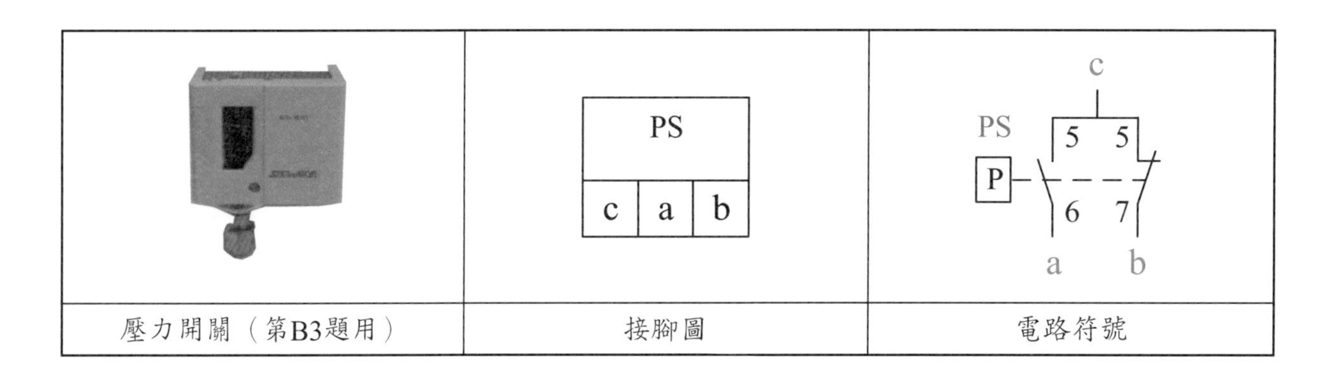

壓力開關（第B3題用） 接腳圖 電路符號

4. 逆相防止電驛

逆相防止電驛（Phase Reversal Relay）簡稱APR（Antiphase Relay），主要目的是要確保三相電源送電時，電源是為正相序，電動機負載的旋轉方向為預定的方向。

裝置配線術科檢定第B3題所用之APR，三相電源R、S、T各接APR的接點6、4、3，並提供一組c接點，當電源是為正相序時，接點c-a（5-1）導通。因此，當通電試驗時，若為逆相序供電，接點c-a（5-1）不導通，控制電路沒有控制電源不能動作，解決的方法為將供給之三相電源調換其中的任何兩相。

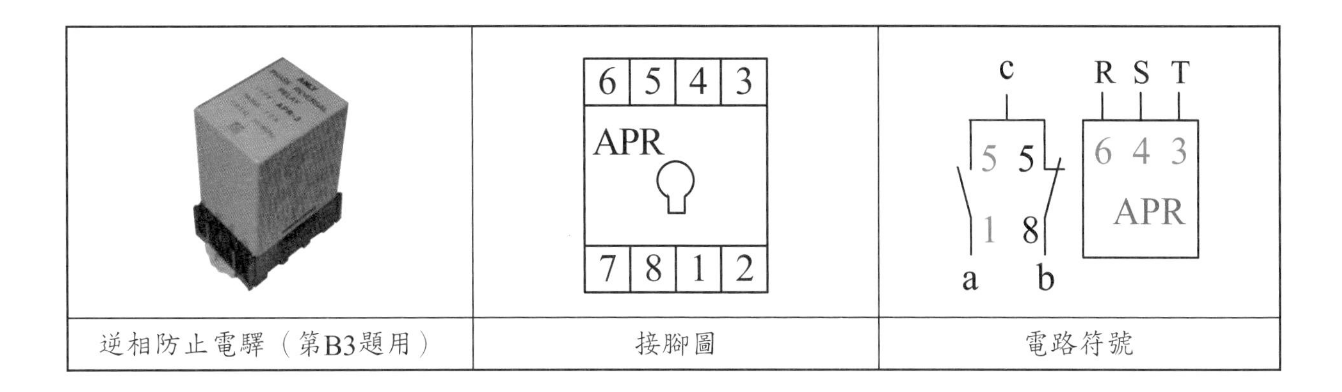

逆相防止電驛（第B3題用）　接腳圖　電路符號

5. 光電開關

光電開關（Photoelectric Switch）簡稱PHS，是一種光電式感測器（Photoelectric Sensor），藉由感測器之發光器及受光器間光線的變化，來判斷物體接近情形。

裝置配線術科檢定第B4題所用之光電開關，接點S1（R, 紅色）-S2（BK, 黑色）接光電開關所須220V電源，當光線被遮住時，動作控制接點c（BR, 棕色）-a（W, 白色）導通，使固態接觸器SSC2動作。

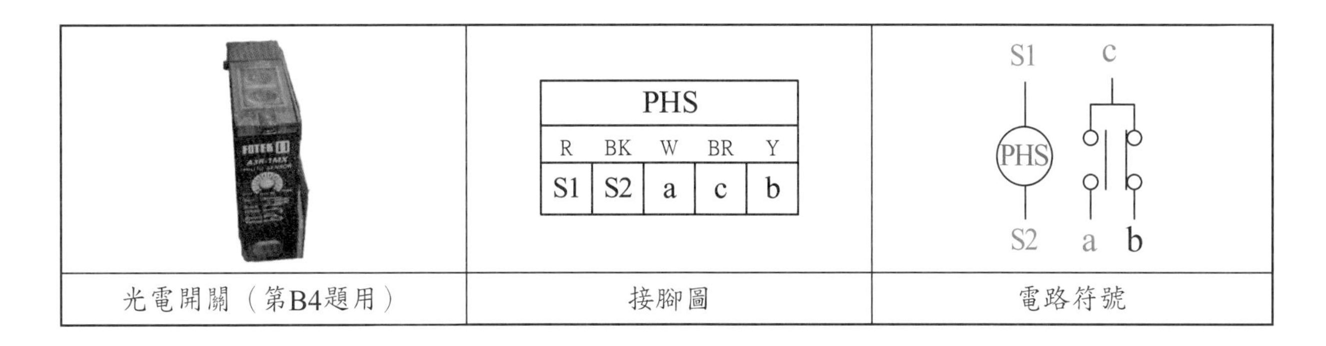

光電開關（第B4題用）　接腳圖　電路符號

6. 近接開關

近接開關（Proximity Switch）簡稱PRS，是一種近接式感測器（Proximity Sensors），藉由物體接近時，感測器偵測到物體的移動情形。

裝置配線術科檢定第B4題所用之近接開關，當金屬性質之磁性物體接近時，常開接點c-a導通，使電驛R3動作，SSC1及SSC2復歸。

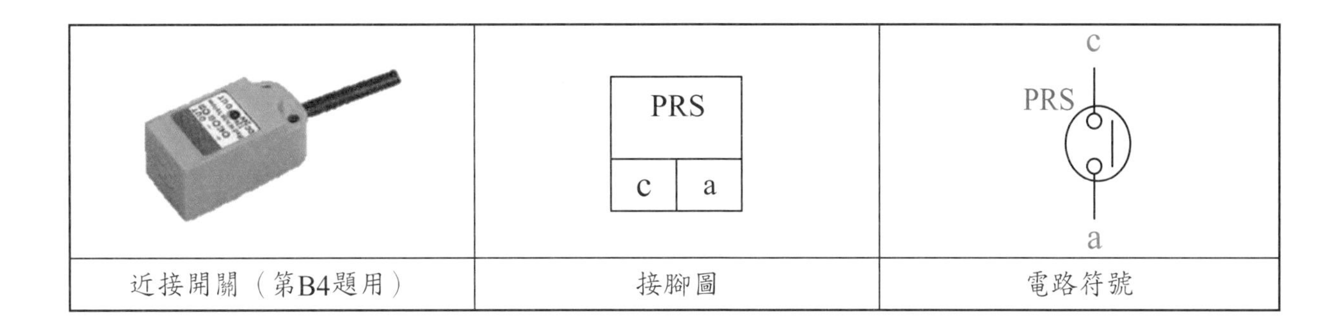

近接開關（第B4題用）　接腳圖　電路符號

7. 液面控制器

液面控制器（Liquid Level Controller）用來偵測水塔的水位高低情形，可用簡單的浮筒式液面開關，或電子式的無浮筒式液面開關為之，無浮筒式之液面開關（Floatless Level Switch）簡稱FS。

裝置配線術科檢定第B5題所用之液面控制器為OMRON廠牌之61F-G機型，是由控制器及三支水位電極棒（E1、E2、E3）構成，220V電源接S0-S2，控制接點為Tc、Ta、Tb。

當上水塔滿水位時，三支電極棒E1、E2和E3均導通，則FS之內部電驛動作，接點Tc-Ta導通，使交替電驛MR動作。Tc-Tb開路，抽水機停止抽水。

當上水塔缺水時，水位降低到E2以下，則FS之內部電驛不動作，Tc-Tb導通，抽水機運轉抽水。

亦即，液面控制器在上水塔缺水時，E1與E3不通，Tc-Tb導通，MC1或MC2動作，抽水機抽水。在上水塔滿水時，E1與E3導通，Tc-Tb斷路，抽水機停止。

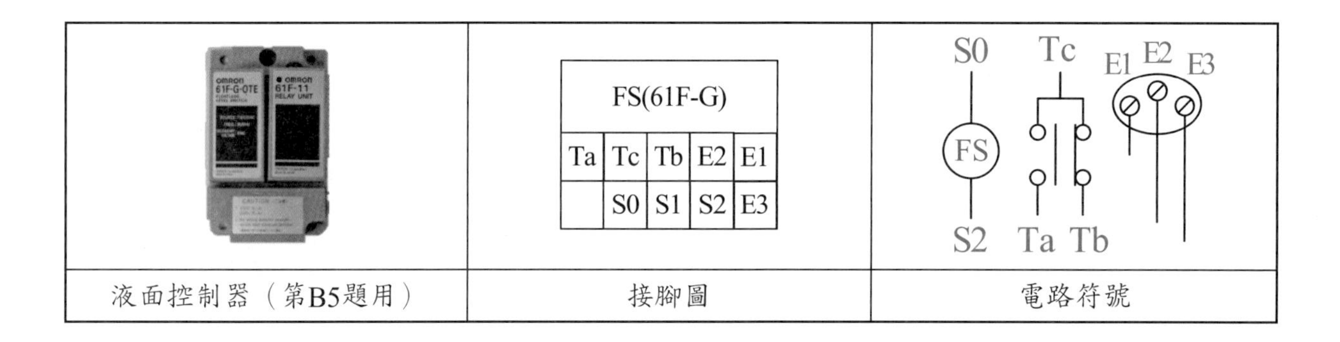

液面控制器（第B5題用）　接腳圖　電路符號

8. 3E電驛

3E電驛（3 Energy Relay）須配合電流轉換器（Converter）檢出故障電流，具有欠相、逆相及過載等三種保護功能。裝置配線術科檢定第B6題所用之3E電驛，當保護電驛動作時，接點5-6導通，RL亮；接點5-4斷路，使KM1~3跳脫，電動機停止運轉。當檢定送電檢查時，可以按壓3E電驛的TEST測試按鈕作功能測試。

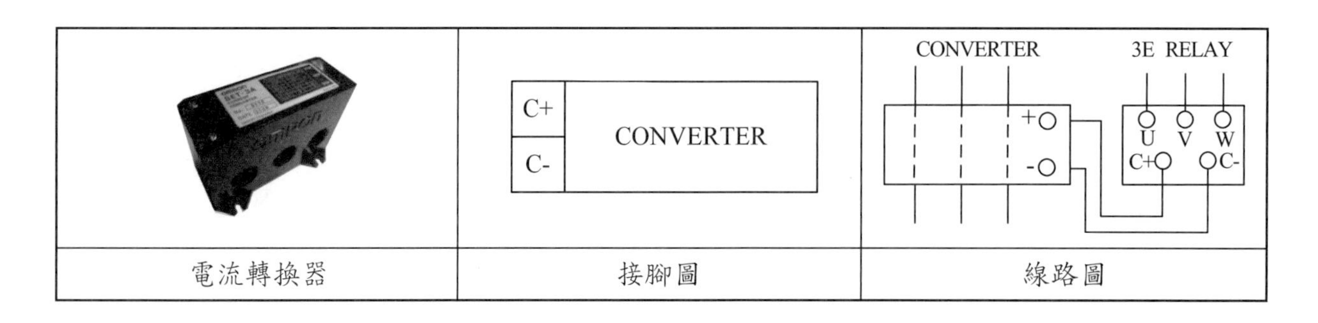

電流轉換器　接腳圖　線路圖

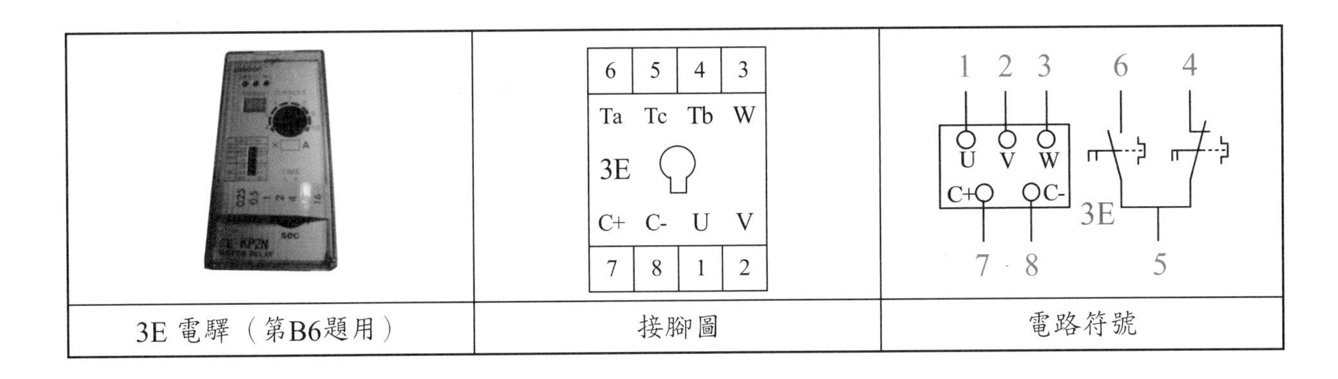

3E 電驛（第B6題用）　接腳圖　電路符號

9. 電動機保護斷路器

電動機保護斷路器提供電動機之過載、欠相及短路等之故障保護，裝置配線術科檢定第B7題所用電動機保護斷路器Q1，可附加補助接點，提供一組瞬時動作輔助a接點53-54，作為電磁接觸器KM1及KM2動作控制用；另提供一組故障輔助a接點97-98，當其動作時，故障指示燈黃燈亮。當送電檢查時，可以操作Q1的測試機構（如圖左方附加補助保護接點機構的中央黑點部分），作電動機之過載、欠相及短路之功能測試。

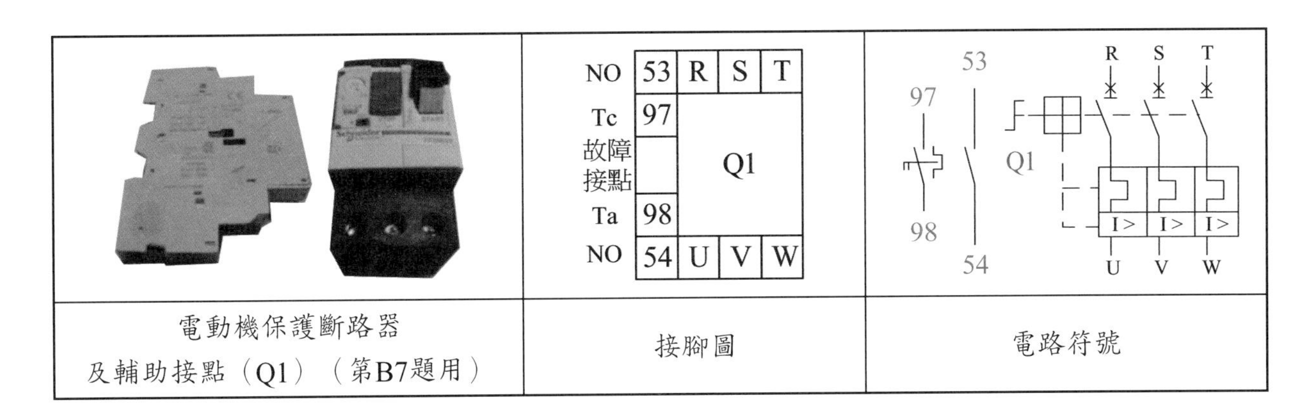

電動機保護斷路器及輔助接點（Q1）（第B7題用）　接腳圖　電路符號

綜合上述所介紹之各種工業配線常用之控制器材及感測器材，例如MC、OL、LS…等是為單一個體的設備，當其損壞時，必須拆除配線加以更換，費時費力。另如AR、TR、MR、FR、APR、TC及3E RELAY等控制電驛，配線時是在的腳座上接線，當器材故障時，只要抽換即可，不須重新配線，非常方便。

一般常用的接線腳座是8支或11支腳，工業配線檢定使用之控制電驛，內部接線參考圖彙整如表3所示。

表3　控制電驛內部接線參考圖

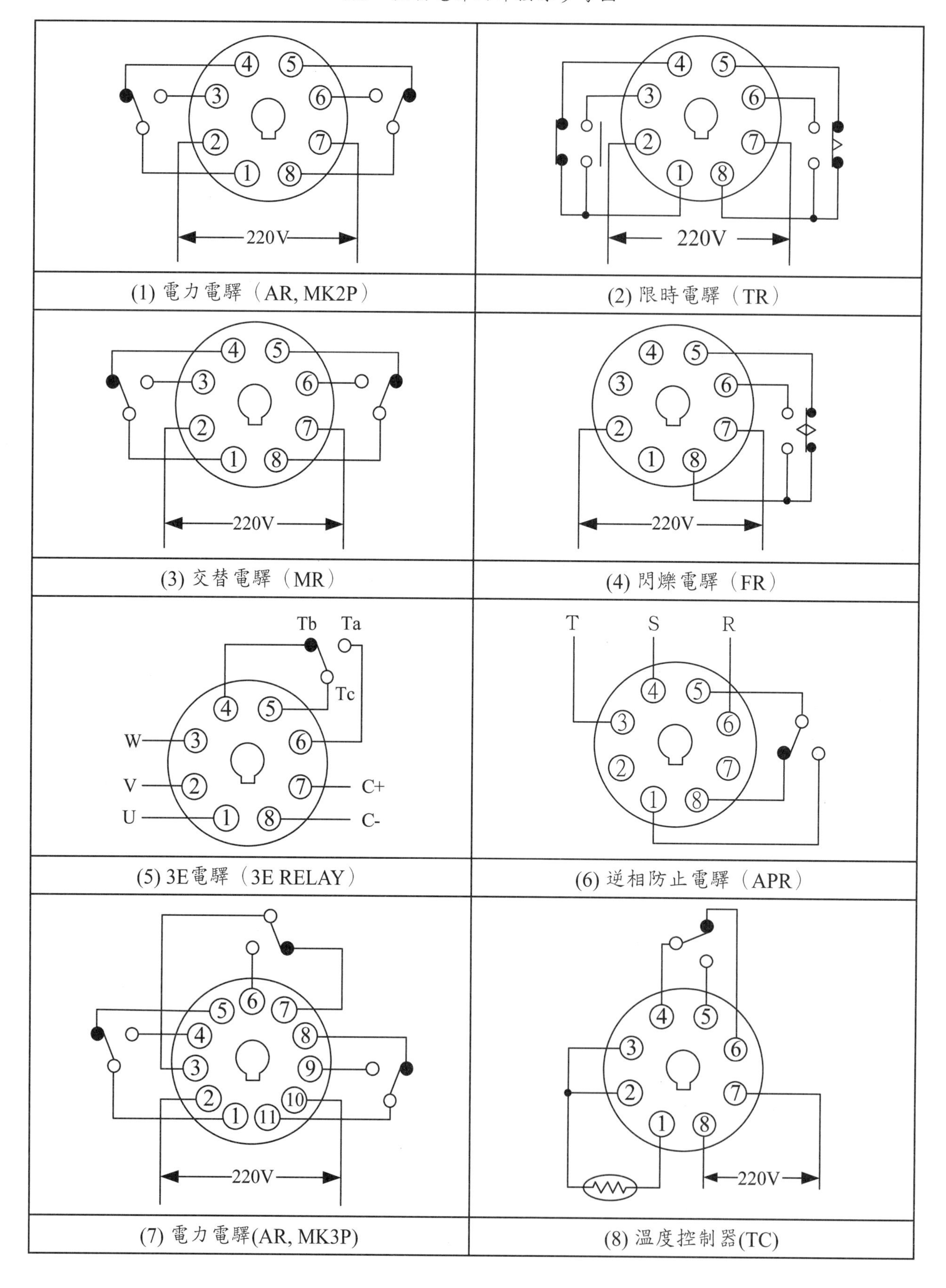

(1) 電力電驛（AR, MK2P）

(2) 限時電驛（TR）

(3) 交替電驛（MR）

(4) 閃爍電驛（FR）

(5) 3E電驛（3E RELAY）

(6) 逆相防止電驛（APR）

(7) 電力電驛(AR, MK3P)

(8) 溫度控制器(TC)

自我評量

一、寫出下列器具之英文簡稱

1. 無熔線斷路器____________
2. 電磁接觸器____________
3. 積熱電驛____________
4. 按鈕開關____________
5. 指示燈____________
6. 蜂鳴器____________
7. 栓型保險絲____________
8. 照光式按鈕開關____________
9. 端子台____________
10. 溫度控制器____________
11. 溫度開關____________
12. 壓力開關____________
13. 逆相防止電驛____________
14. 光電開關____________
15. 近接開關____________
16. 液面控制器____________
17. 限制開關____________
18. 選擇開關____________
19. 限時電驛____________
20. 輔助電驛____________
21. 閃爍電驛____________
22. 交替電驛____________
23. 累積計時器____________
24. 感應電動機____________

二、寫出輔助電驛之接腳號碼

1. 輔助電驛（MK2P）

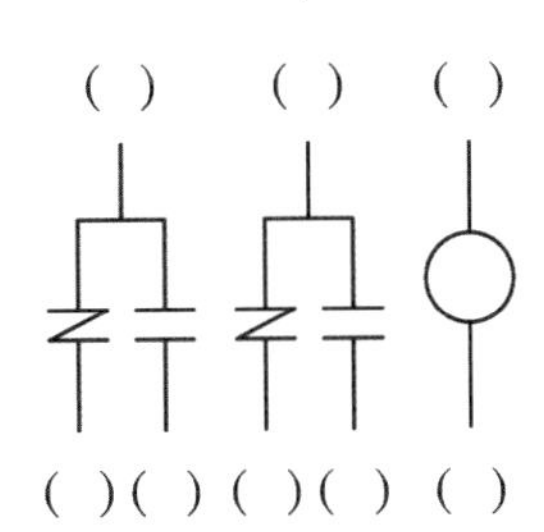

2. 輔助電驛（MK3P）

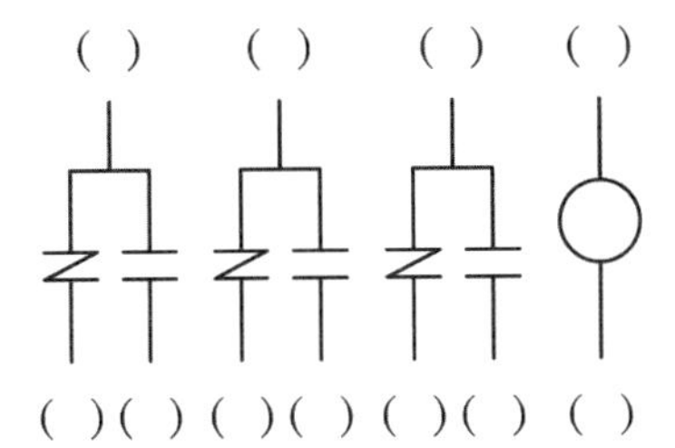

3. 限時電驛

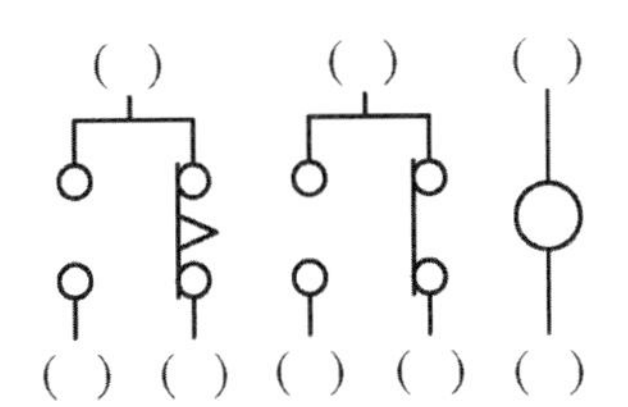

4. 閃爍電驛

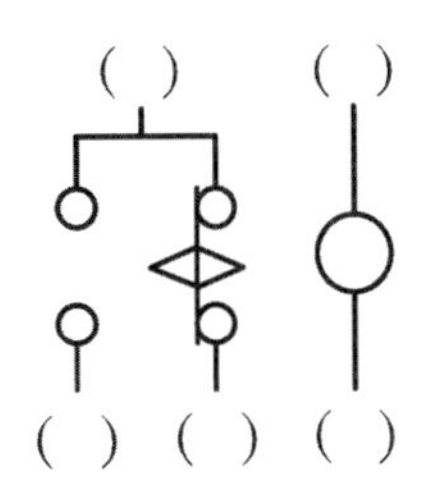

5. 交替電驛

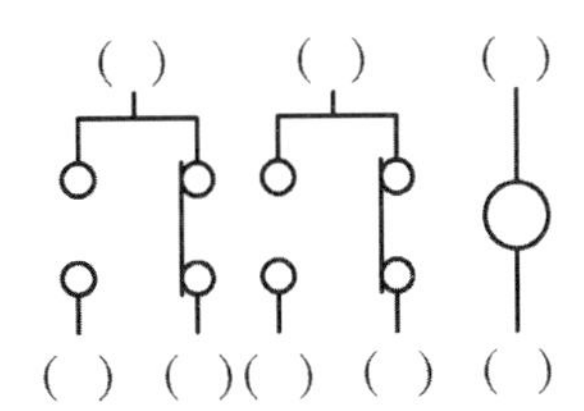

◆解答◆

一、寫出下列器具之英文簡稱

1. NFB
2. MC
3. TH-RY
4. PB
5. PL
6. BZ
7. F
8. LPB
9. TB
10. TC
11. TS
12. PS
13. APR
14. PHS
15. PRS
16. FS
17. LS
18. COS
19. TR
20. AR
21. FR
22. MR
23. HC
24. IM

二、寫出輔助電驛之接腳號碼

1. 輔助電驛（MK2P）

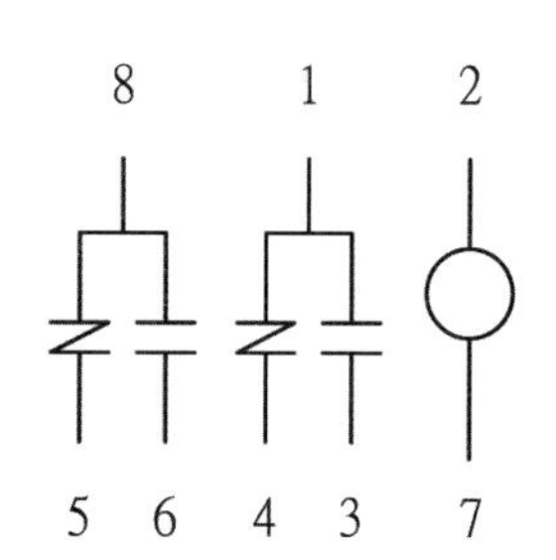

2. 輔助電驛（MK3P）

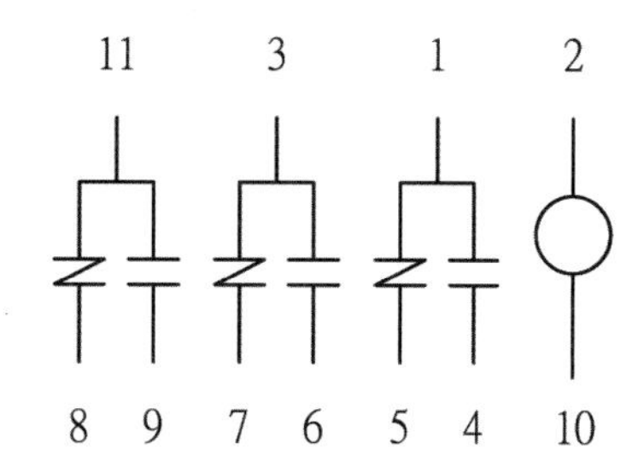

3. 限時電驛

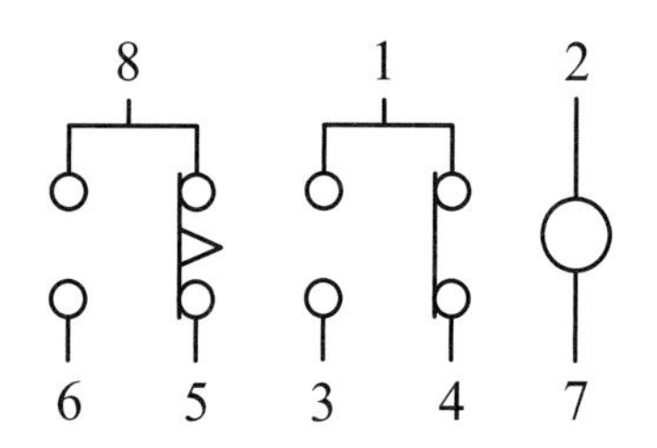

4. 閃爍電驛

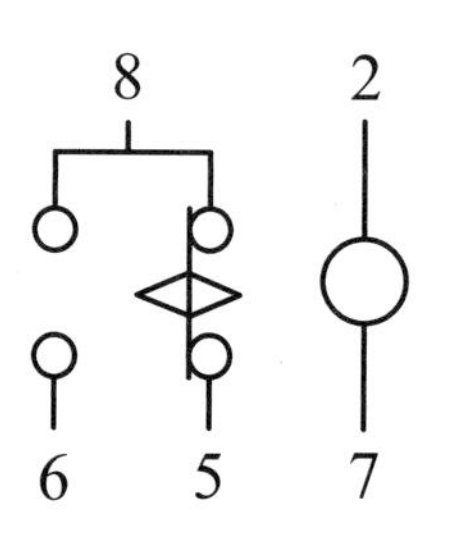

5. 交替電驛

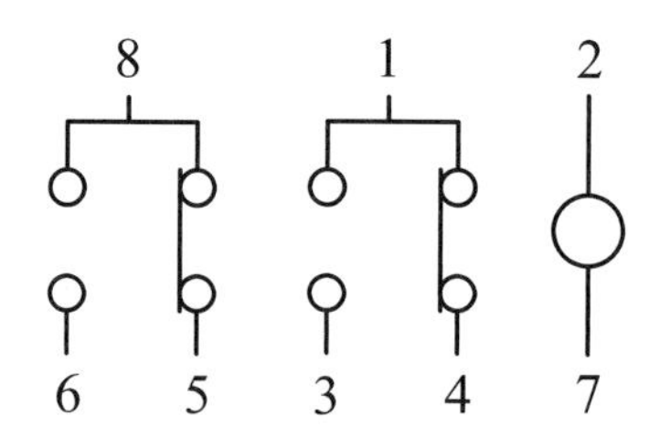

第二章　基本電路

低壓工業配線的電路圖包含主電路和控制電路，以圖2-1所示的三相感應電動機起動停止控制電路圖為例說明，圖中包含由NFB、MC、OL及IM等所組成的主電路，及由PB/ON、PB/OFF、MC及OL等所組成的控制電路。

在主電路中，當NFB送電後，只要MC的三個常開主接點導通，則三相220V的電源連接到電動機，電動機就開始轉動。當MC的三個常開主接點斷路時，則電動機斷電，電動機停止轉動。由於主電路是控制負載動作的較大電流，所以又稱為電力電路。

在控制電路中，是控制電磁接觸器的電磁線圈MC是否激磁？當按下PB/ON時，MC動作且自保，電磁接觸器的三個主接點導通，則電動機就開始轉動。當按下PB/OFF時，電磁線圈斷電，則電動機停止轉動。

以三相220伏10馬力的感應電動機為例，電動機的額定電流約為27安培，因此電磁接觸器MC的三個主接點至少要啟閉27安培以上的電流；而控制電磁接觸器是否動作的電磁線圈，其控制電流小於1安培；因此，這種以1安培小電流來控制27安培大負載電流之間接控制方法，在操作上較為安全。

在工業配線丙級術科檢定的電路圖中，主電路的負載常應用單相及三相感應電動機，而控制電路大多為電動機的起動停止控制、電動機的正反轉控制或三相感應電動機Y-Δ降壓起動控制等之電路。

因此若能瞭解單相及三相感應電動機的構造、原理及控制方法，也能瞭解各種基本控制電路的動作原理，則對於術科檢定的各種電路圖，才能分析瞭解其動作原理，無論在故障檢修或裝置配線的檢定項目上，均能得心應手。茲將各種電動機的主電路及控制電路等之相關知識，分別說明於後。

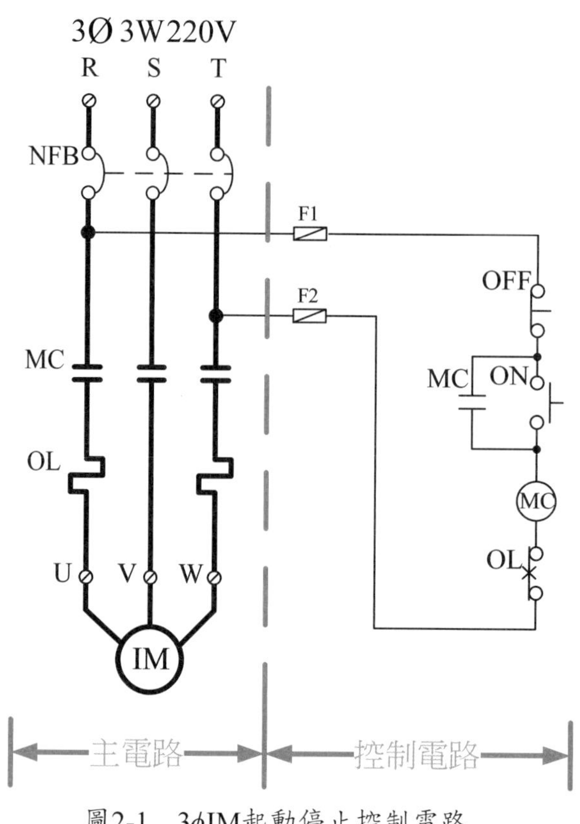

圖2-1　3ϕIM起動停止控制電路

第一節　主電路

1-1　單相感應電動機的構造及引出線

單相電源加在一個線圈上，只能在線圈上產生大小變化的磁場，無法產生旋轉磁場，使電動機轉動。因此單相感應電動機（1ϕIM, Single Phase Inductive Motor）的定子必須有起動及運轉繞組，將單相電源分相，使運轉繞組和起動繞組的電流相位差90度的電工角度，以產生旋轉磁場，切割轉部鼠籠式轉子上的繞組，產生感應電流及扭力而使電動機旋轉。

1ϕIM之運轉繞組R1、R2（Running winding）及起動繞組S1、S2（Starting winding）因起動方式的不同，常用者有永久電容式、電容起動式及分相起動式等三種。

運轉繞組又稱主繞組，由線徑較粗的導線所繞成，電阻較小；起動繞組又稱輔助繞組，則由線徑較細的導線所繞成，電阻較大。單相電動機運轉後，使用離心開關切斷起動繞組的電路。

如圖2-2所示為1ϕIM的內部接線引出圖，圖2-2(a)所示包含運轉繞組（R1、R2）及起動繞組（S1、S2）兩種繞組的出線，若將起動繞組反接電源，則運轉方向會相反，因此可作為電動機正反轉控制之用。如果電動機只需單一方向運轉即可，則運轉繞組及起動繞組完成接線後引出兩個線端1、2，連結電源即可運轉，如圖2-2(b)所示。

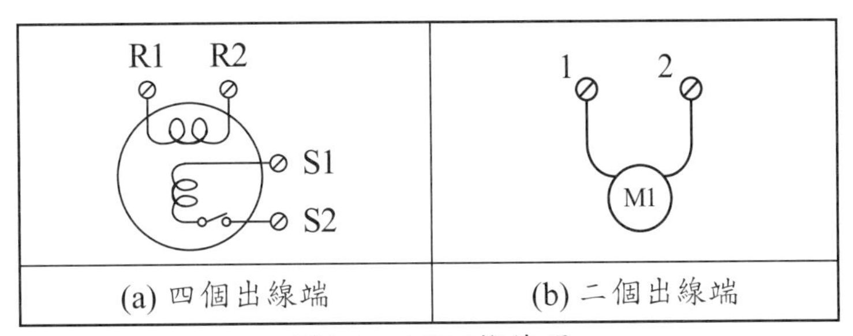

(a) 四個出線端　(b) 二個出線端

圖2-2 1ϕIM接線圖

如圖2-3所示為兩種單相感應電動機主電路接線圖，圖2-3(a)為直接起動，若MC1動作，M1電動機起動運轉。

圖2-3(b)所示正反轉控制電路，在NFB ON電源供電後， 若MCF（Forward）動作，則電動機正轉，接線為L→R1→S1，N→R2→S2；若MCR（Reverse）動作，則電動機反轉，接線為L→R1→S2，N→R2→S1。係使用MCF或MCR之動作，將起動繞組S1及S2反接，達到正、反轉的目的。

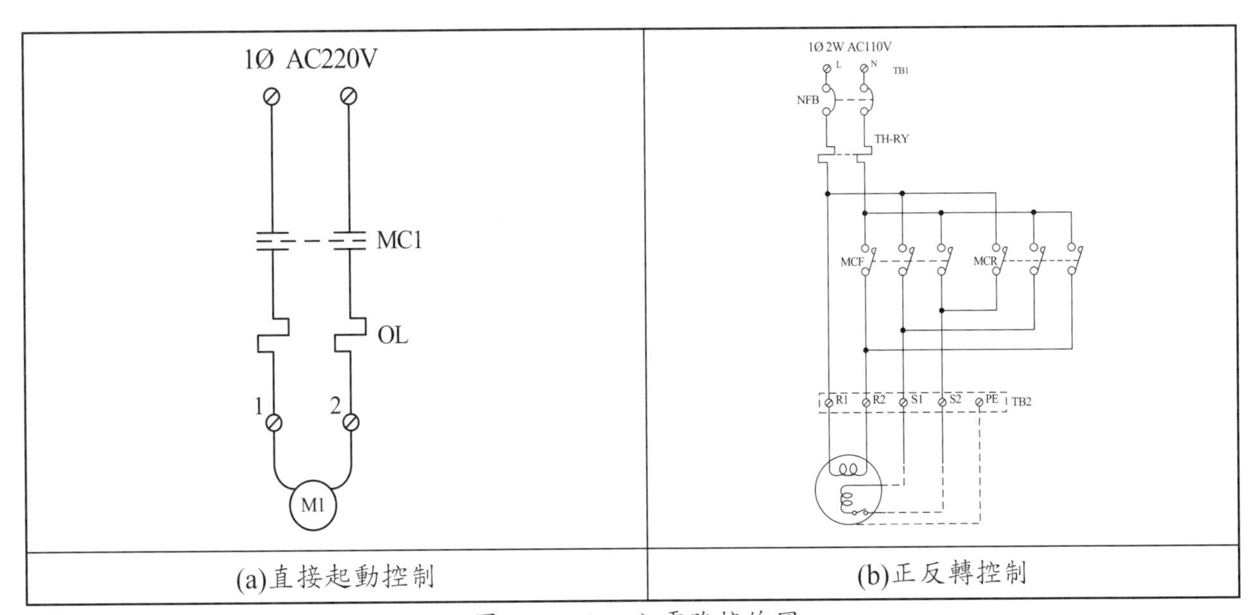

(a)直接起動控制　(b)正反轉控制

圖2-3 1ϕIM主電路接線圖

1-2 3φIM的的構造及引出線

三相感應電動機（3ϕIM, Three Phase Inductive Motor）是由定子及轉子構成。定子繞組是由A、B、C等三相繞組構成，三相繞組彼此互隔120° 電機角，放置在定子鐵心內，而最常使用的轉子構造為鼠籠式轉子繞組。

當定子三相繞組完成Y接線（星形接線，Star）或△接線（角形接線，Delta）後，連接到三相電源時，其產生的合成磁場為一旋轉磁場，而使鼠籠式轉子產生感應電流及扭力，依旋轉磁場的方向而轉動；若將三相電源中任何兩條電源線對調，則所產生的旋轉磁場轉向相反，而使電動機反轉。

3ϕIM的三相繞組如圖2-4(a)所示，包含U-X、V-Y及W-Z等六個出線端，如果電動機只需單一運轉方向即可，則三相繞組可先完成星形接線或角形接線後引出三個出線端U、V、W，連結三相電源R、S、T即可運轉，如圖2-4(b)所示。3ϕIM形成Y接線的接法如圖2-5所示，3ϕIM形成△接線的接法如圖2-6所示。

3ϕIM正反轉控制接線如圖2-7所示，如果圖2-7(a)之接線是為正轉，則在圖2-7(b)、圖2-7(c)及圖2-7(d)中，因將三相電源中任何兩條電源線對調，所以都是反轉的接法，但一般都採用圖(d)的接法，中間S相保持不變，交換R、T兩相。

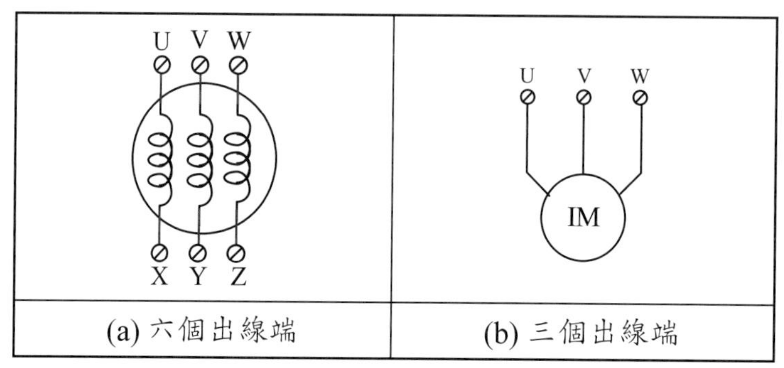

圖2-4　3ϕIM之出線端

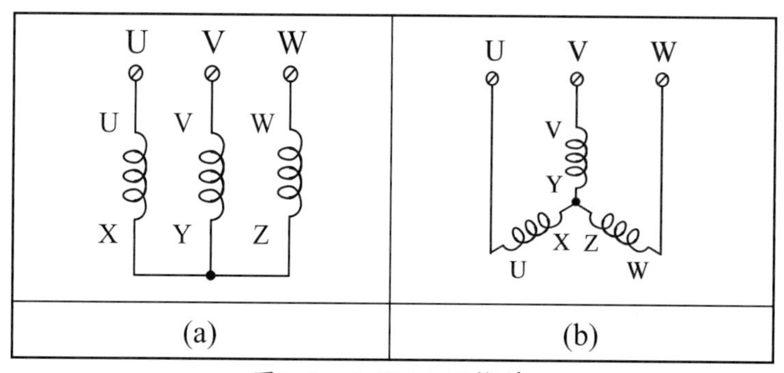

圖2-5　3ϕIM之Y接線

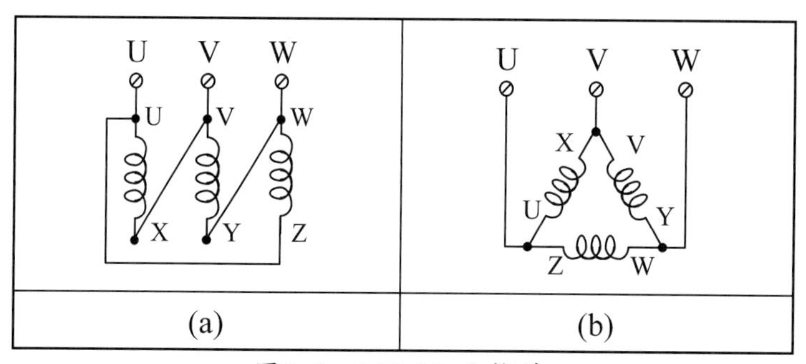

圖2-6　3ϕIM之△接線

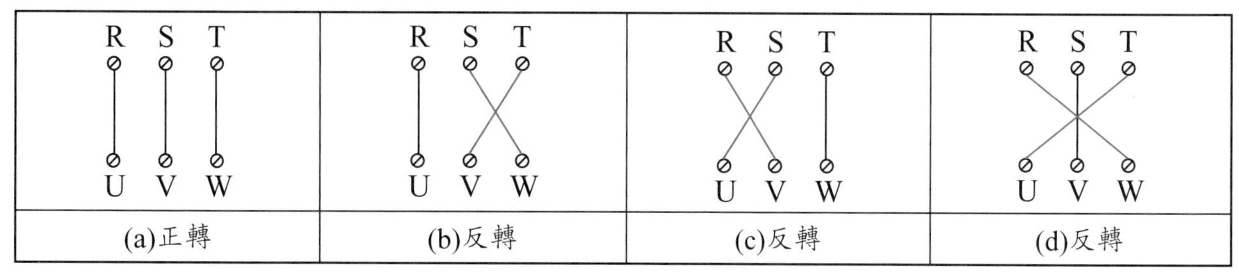

圖2-7　3ϕIM正反轉控制接線

3ϕIM的起動電流，約為額定電流的3~5倍，若起動電流太大，會產生太大的線路電壓降，影響其他負載正常運轉。因此必須降低起動電流，而Y-Δ起動是常用的降壓起動方法之一。

3ϕIM Y-Δ起動控制，可以降低起動電流，如圖2-8所示，將其原理分述如下：

(1) Y接線如圖2-8(a)所示，X、Y、Z短接，U、V、W各接電源R、S、T。

(2) Δ接線如圖2-8(b)所示，Z、X、Y各接U、V、W，然後再各接電源R、S、T。

(3) 如果將3ϕ220V直接加在Y接上，則相電壓=線電壓/$\sqrt{3}$=220/$\sqrt{3}$=127V。

(4) 如果將3ϕ220V直接加在Δ接上，則相電壓=線電壓=220V。

(5) 若用Y接線直接起動時，則每相繞組電壓較低，為220/$\sqrt{3}$V，假設相電流為1A，則Y接線的線電流為1 A。

(6) 若用Δ接線直接起動時，因每相繞組電壓為220V，是Y接線的$\sqrt{3}$倍，所以每相繞組的電流為$\sqrt{3}$A，則Δ接線的線電流為3 A。

(7) 因此，**3ϕIM使用Y接線的起動電流較小，是使用Δ接線時之起動電流的1/3。**

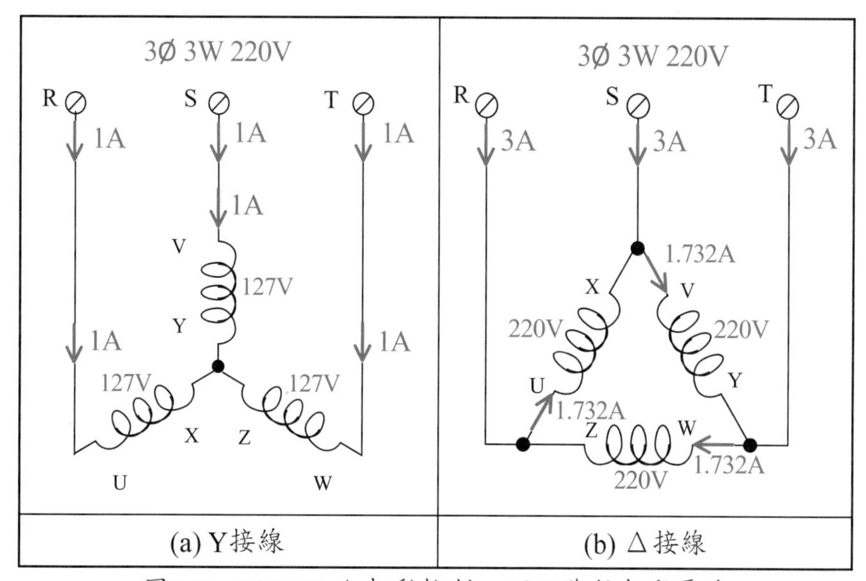

圖2-8　3ϕIM Y-Δ起動控制，可以降低起動電流

IM旋轉磁場的轉速稱為同步轉速（N_S），$N_S = 120f/p$；IM的實際轉速（N）與同步轉速之差，稱為轉差（Slip）；轉差與同步轉速的比值，稱為轉差率（S），$S = (N_S-N)/N_S$。以下面兩個例子說明3ϕIM的有關計算。

【例1】三相220V、60HZ、4極之感應電動機，在銘牌上標註的轉速為1720RPM（轉／分，Revolution per Minute），則電動機的同步轉速$N_S = 120f/p = 120*60/4 = 7200/4 = 1800$RPM，因實際轉速N = 1720RPM，所以轉差率$S = (Ns-N)/Ns = (1800-1720)/1800 = 80/1800 \cong 4.4\%$。

【例2】三相220V、60HZ、10HP、cosθ = 0.73之感應電動機，其額定電流為多少？

$P = \sqrt{3}EI\cos\theta$, $746*10 = \sqrt{3}*220*I*0.73$, $I \cong 27(A)$。（三相220V之感應電動機，每一馬力推估為2.7A）

1-3 3φIM直接起動控制

3ϕIM直接起動控制的主電路如圖2-9所示，圖2-9(a)是CNS 3-10符號的畫法，圖(b)是IEC 60617符號的畫法，主電路的動作說明如下：

(1) NFB（Q1）ON時，3ϕ220V 電源送電。

(2) 當MC（KM1）動作，3ϕ220V電源加在 IM上，電動機運轉。

(3) TH-RY（F）動作時，電動機停止運轉。

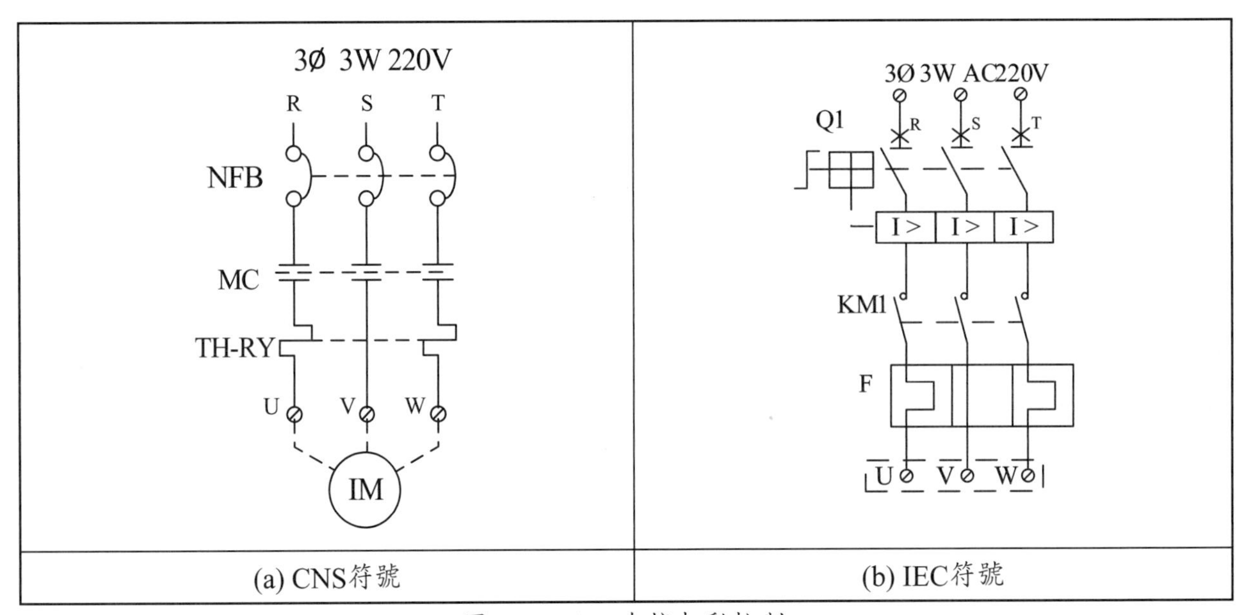

圖2-9 3ϕIM直接起動控制

1-4　3φIM正反轉控制

3φIM正反轉控制的主電路如圖2-10所示，圖2-10(a)是CNS符號的畫法，圖2-10(b)是IEC符號的畫法，主電路的動作說明如下：

(1) NFB（Q1）ON時，3φ220V 電源送電。

(2) 當MCF（KM1）動作，電動機正轉。

(3) 當MCR（KM2）動作，電動機反轉。

(4) 當OL動作時，電動機停止運轉。

(5) MCF與MCR（KMI與KM2）之間需有電氣連鎖保護，防止MCF與MCR（KM1與KM2）同時有電，造成三相電源短路故障。

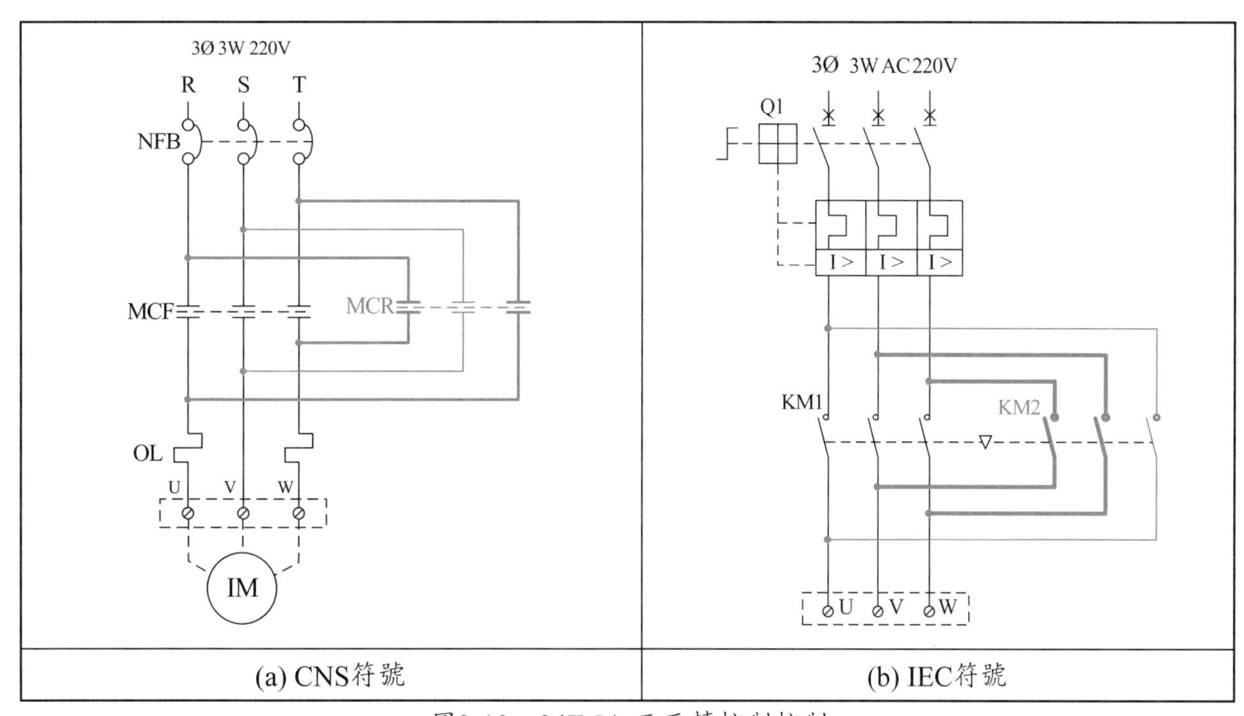

圖2-10　3φIM之正反轉控制控制

1-5　3φIM Y-△起動控制

3φIM Y-△起動控制的主電路如圖2-11所示，主電路的動作說明如下：

(1) MC1及MC3動作，電動機作Y接線起動，如圖2-11(a)所示。

(2) MC1及MC2動作，電動機作△接線運轉，如圖2-11(b)所示。

(3) 在電路圖中之標示，有時將MC1、MC2、MC3各標示為MCM、MCD、MCS。

① MC1→MCM（M, Main）：主接觸器，將電源接到電動機。

② MC2→MCD（D, Delta）：將三相繞組接成△接。

③ MC3→MCS（S, Star）：將三相繞組接成Y接。

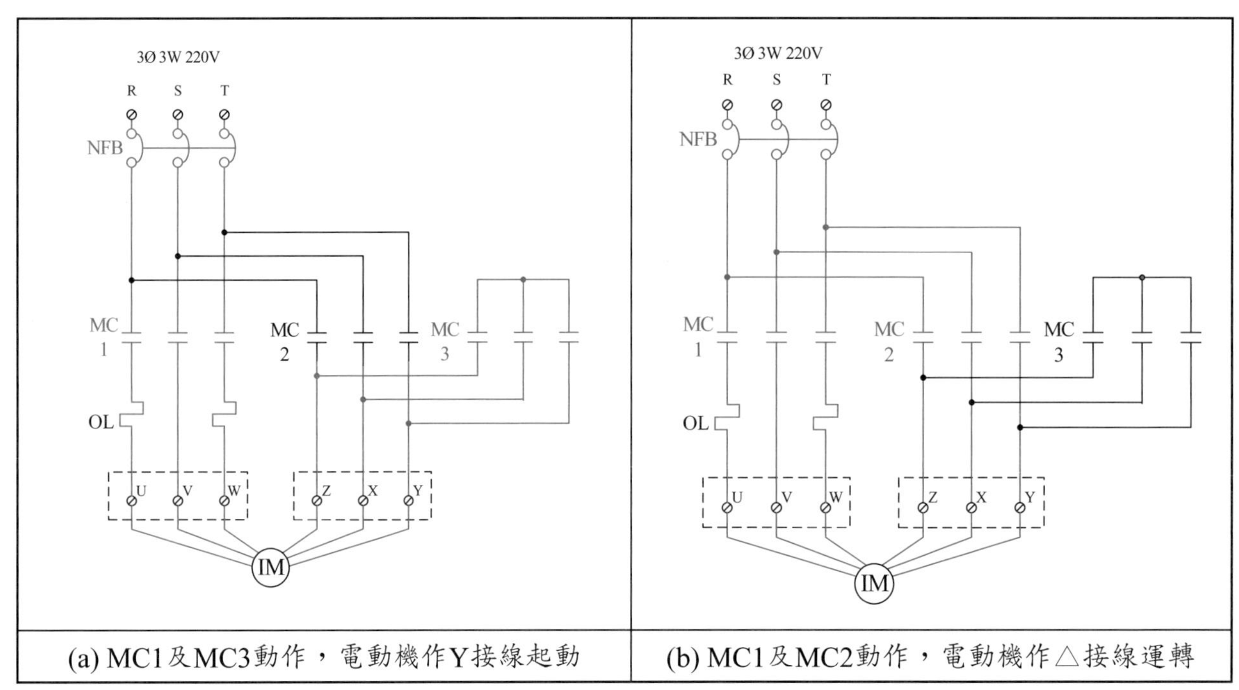

(a) MC1及MC3動作，電動機作Y接線起動 (b) MC1及MC2動作，電動機作△接線運轉

圖2-11 3ϕIM Y-△起動控制

如圖2-12所示也是3ϕIM Y-△起動控制的主電路圖，使用MC3將線圈的尾端X、Y、Z短路，接法是用△接。此種接法的優點，為MC3三個a接點之中，若有任何一個接點故障時，三個繞組的尾端X、Y、Z還是可以用V接線連接在一起，電動機的三相繞組仍然可以形成Y型接線起動；此接法另一個優點為MC3作△接線，則其接點電流較小，是原來的1/1.732倍。

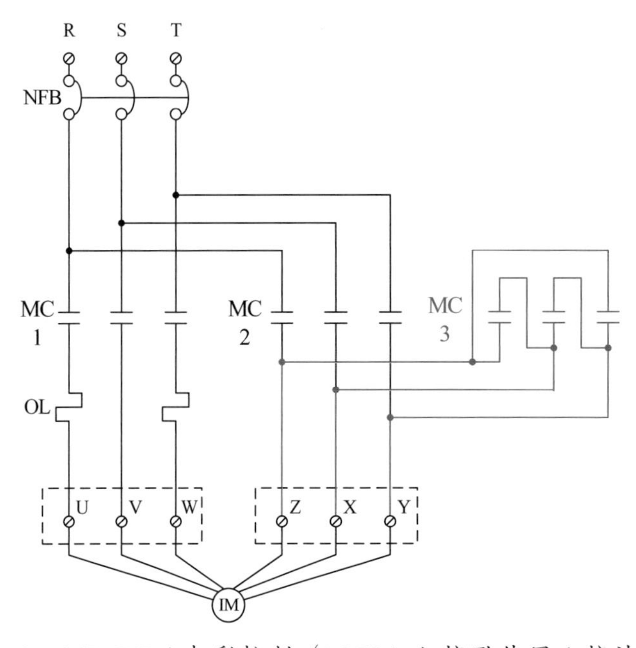

圖2-12 3ϕIM Y-△起動控制（MC3之主接點使用△接法）

第二節　控制電路

2-1　寸動電路

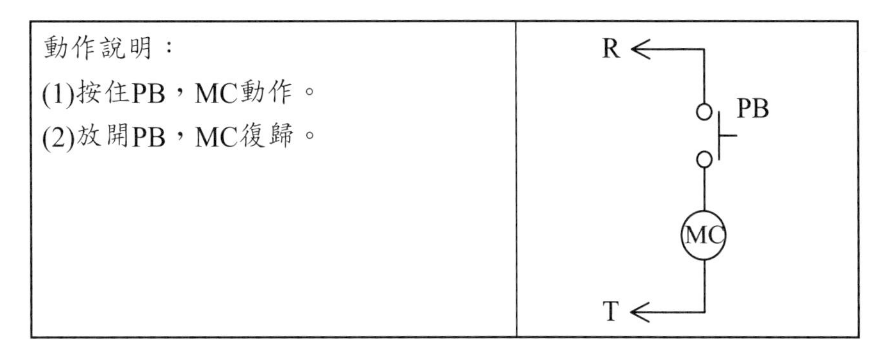

2-2　自保電路（記憶電路）

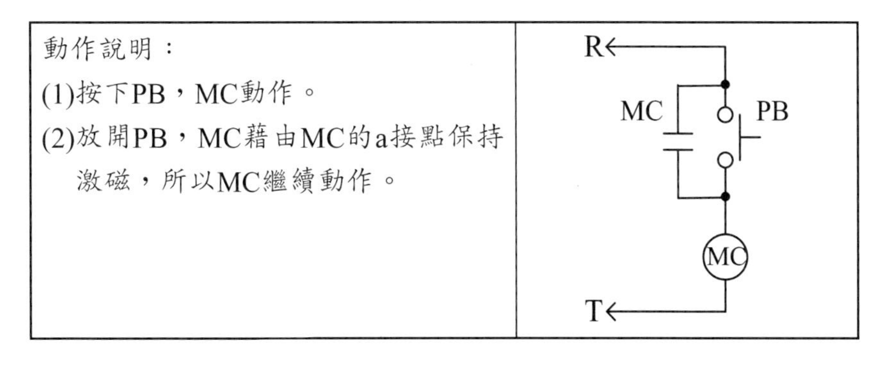

2-3　起動停止電路

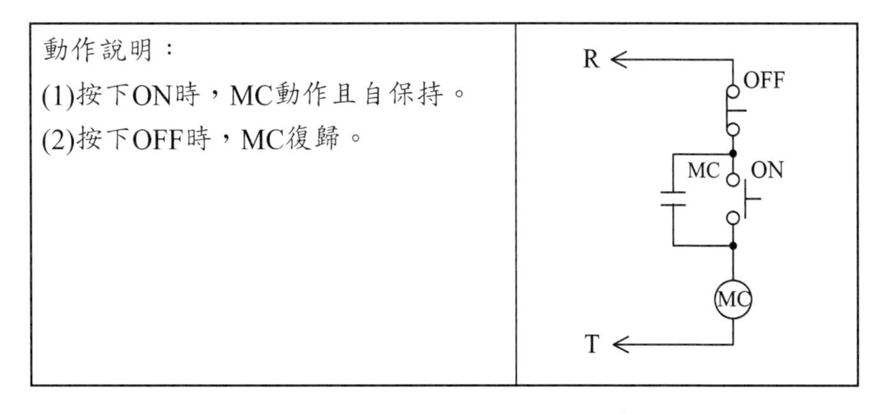

2-4 過載及警報電路

動作說明：	
(1)按下ON時，MC動作且自保持。 (2)按下OFF時，MC復歸。 (3)當OL動作時，MC復歸，BZ響。 (4)OL復歸時，BZ停響。	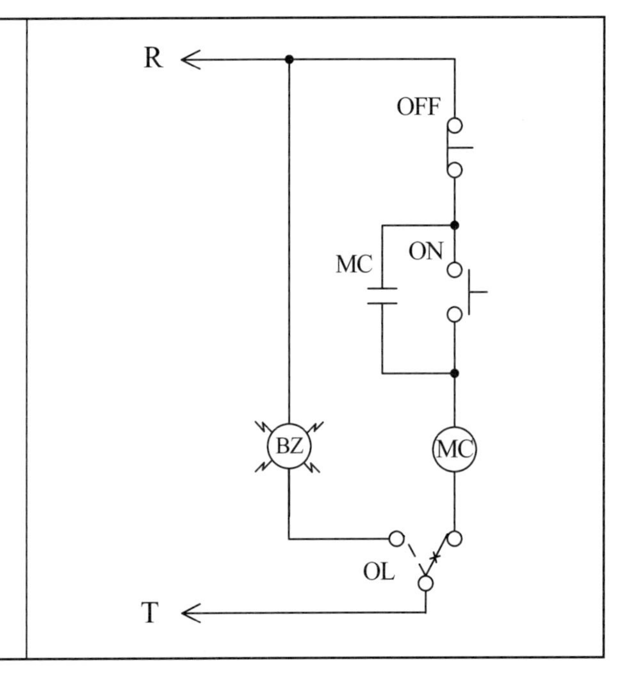

2-5 動作指示電路

動作說明：	
(1)當電源送電時，GL亮。 (2)按下PB2時，MC動作且自保，RL亮，GL熄。 (3)按下PB1時，MC復歸，GL亮，RL熄。 (4)當OL動作時，MC復歸，BZ響，GL亮，RL熄。 (5)OL復歸時，BZ停響。	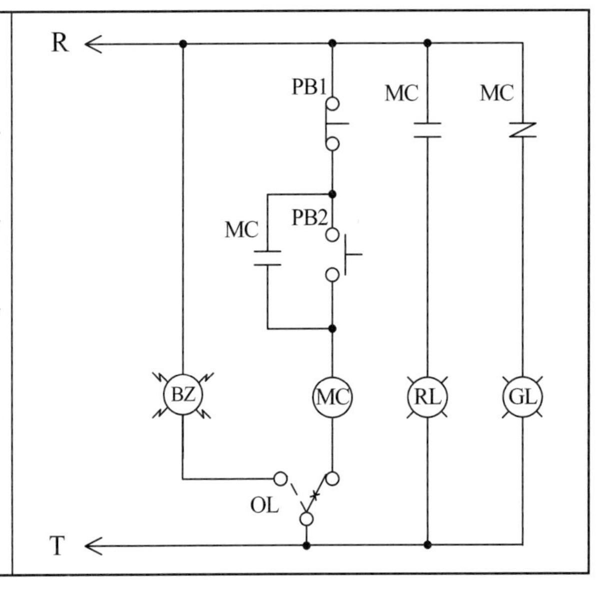

2-6　電動機正反轉控制

<table>
<tr><td>

動作說明：

(1)按下PB1，MCF動作，電動機正轉。

(2)按下PB2，MCF復歸，電動機停轉。

(3)按下PB3，MCR動作，電動機反轉。

(4)按下PB2，MCR復歸，電動機停轉。

(5)當OL動作時，MCF、MCR均跳脫，電動機停止運轉。

(6)為防止MCR及MCF同時動作，須作電氣連鎖保護。

</td><td>

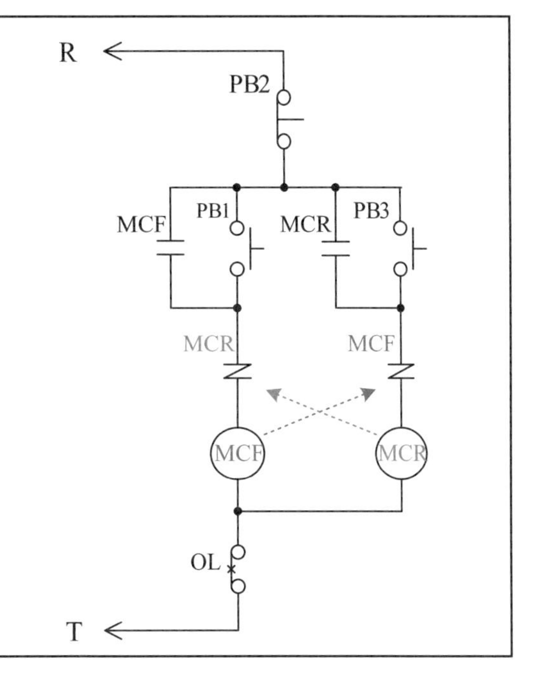

</td></tr>
</table>

2-7　三相感應電動機之Y-Δ降壓起動控制

<table>
<tr><td>

動作說明：

(1)按ON時， MCM、MCS動作，電動機作Y接線起動，且TR開始計時5秒。

(2)TR計時到，TR延時動作之b接點斷開，MCS復歸；TR延時動作之a接點導通，MCD動作，電動機作Δ接線運轉。

(3)按OFF時，MCS、MCD及MCM均跳脫，電動機停止運轉。

(4)當OL動作時，MCS、MCD及MCM均跳脫，電動機停止運轉。

(5)為防止MCS及MCD同時動作，須作電氣連鎖保護。

</td><td>

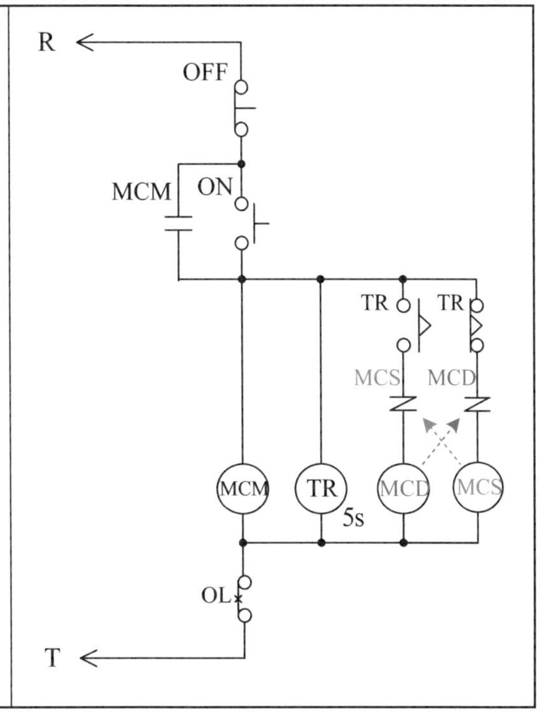

</td></tr>
</table>

自我評量

1. 低壓工業配線的電路圖包含__________電路和__________電路。
2. 一般主電路由______________________________等器材所組成。
3. 一般控制電路由____________________________等器材所組成。
4. 1ϕIM包含__________及__________等兩種繞組。
5. 3ϕIM正反轉控制的方法為__________。
6. 3ϕIM Y-△起動控制時，起動時為__________接線，__________動作；運轉時為__________接線，__________動作。
7. 請列出五種有關控制電動機運轉的電路名稱。

   (1)__________________ (2)__________________ (3)__________________
   (4)__________________ (5)__________________
8. 請列出七種工業配線基本控制電路的名稱。

   (1)__________________ (2)__________________ (3)__________________
   (4)__________________ (5)__________________ (6)__________________
   (7)__________________

◆解答◆

1. 主、控制
2. NFB、MC、OL、IM
3. PB、MC、OL、PL、BZ
4. 運轉繞組R1、R2 、起動繞組S1、S2
5. 將三相電源中任何兩條電源線對調
6. Y、MCS及MCM、△、MCD及MCM
7. (1) 1ϕIM直接起動控制 (2) 1ϕIM正反轉控制 (3) 3ϕIM直接起動控制
   (4) 3ϕIM正反轉控制 (5) 3ϕIM Y-△降壓起動控制
8. (1) 寸動電路 (2) 自保電路 (3) 起動停止電路
   (4) 警報電路 (5) 動作指示電路 (6) 電動機正反轉控制
   (7) Y-△降壓起動控制

第三章　裝置配線

第一節　電路圖

以圖3-1所示之3ϕIM起動停止控制電路為例，說明一般工業配線之裝置配線的方法，電路圖之左邊粗線部分，是為主電路，因控制電動機負載啟閉的電流較大，又稱為電力電路；右邊細線部分，是為控制電路，在線圈下方表示MC之a/b接點的使用數量，以本圖為例，MC使用a接點1個，作為自保接點，沒有用到b接點。

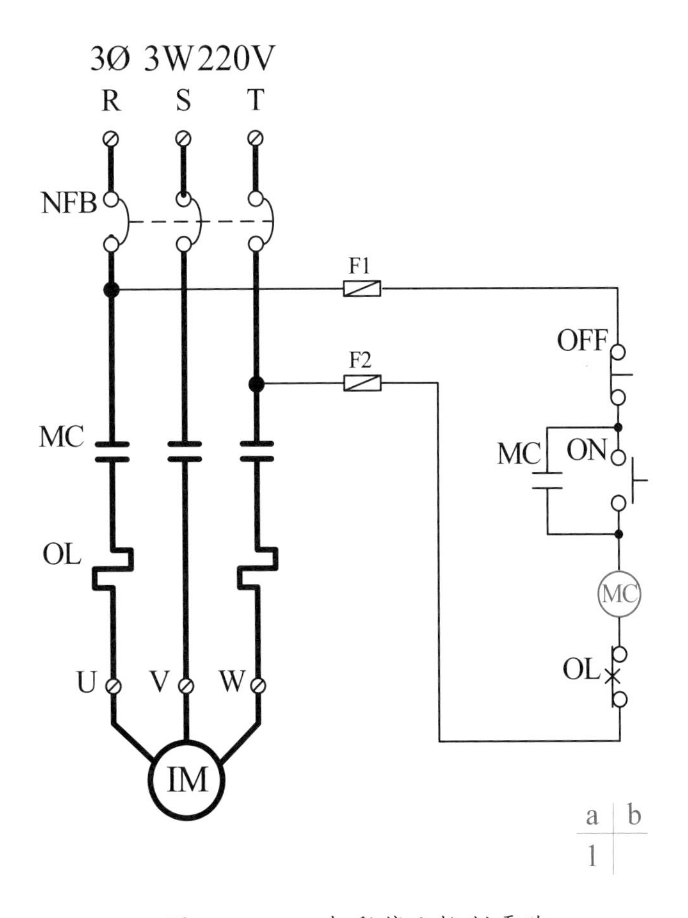

圖3-1　3ϕIM起動停止控制電路

第二節　動作說明

圖3-1 3ϕIM起動停止控制電路之動作說明如下：

1. 將NFB ON。
2. 按PB/ON，則MC動作且自保。
3. 按PB/OFF，則MC斷電。
4. 當MC ON中，若OL動作，MC 斷電。
5. 待故障排除，OL復歸，恢復正常動作。

第三節　配置圖

於實際配線時，要瞭解器具之需求，如圖3-2所示之器具配置圖，包含NFB、MC、OL、F1、F2及TB等五項器具裝置在器具板，控制電路包含PB/ON及PB/OFF等兩項器具裝置在操作板，端子台一只則用於連接器具板及操作板的配線。

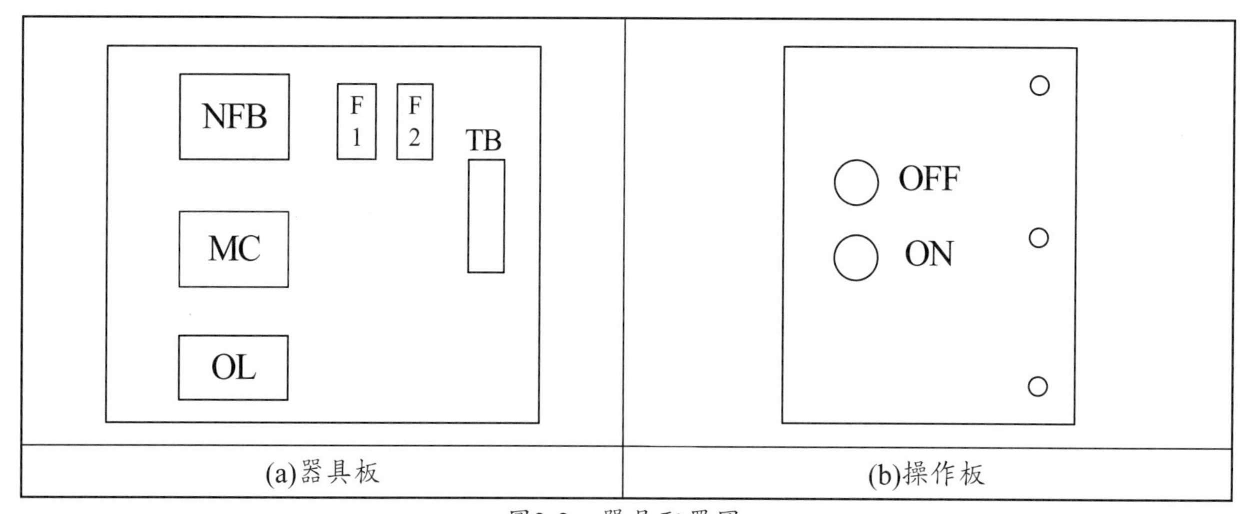

圖3-2　器具配置圖

第四節　主電路配線

如圖3-3(a)所示之主電路電路圖，從編號31~39之節點線號，共需配9條主電路的接線，如圖(b)所示為主電路的模擬配線圖。

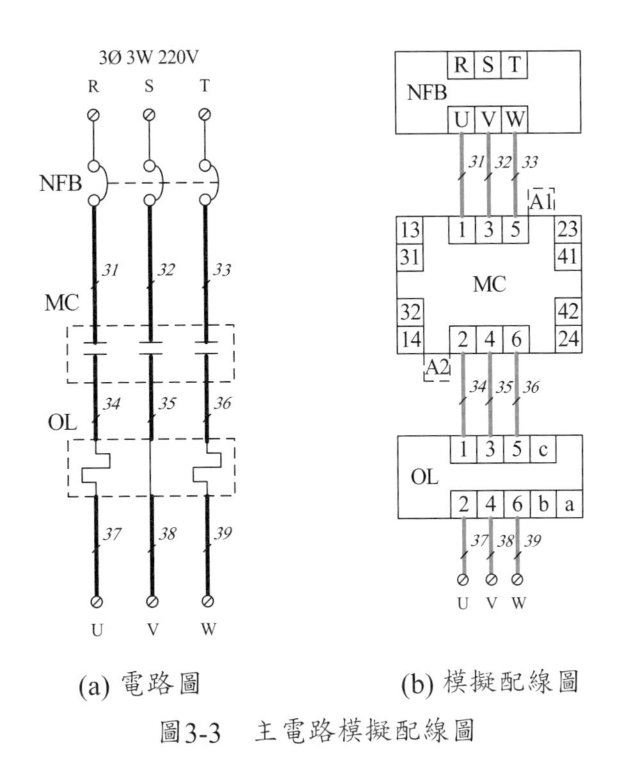

(a) 電路圖　(b) 模擬配線圖

圖3-3　主電路模擬配線圖

第五節　控制電路配線

以圖3-4(a)所示電動機起動停止之控制電路，說明控制電路的配線步驟。

【步驟1】控制電路圖標示配線編號。

在控制電路圖上，標示如下三種編號：

(1) 過門線號：首先要在控制電路圖中，判別操作板上的器具，如圖3-4(b)所示有ON及OFF按鈕開關，決定其要經過過門線的數量，並將其編號，即端子台過門線之編號，如圖3-4(c)中標示藍色的TB-1~TB-3。

(2) 線號：即線路節點之編號，如圖3-4(d)中標示紅色的數字1~7。

(3) 器具號碼：即器具接點之編號，如圖3-4(e)中標示黑色的13/14（MC之a接點）、A1/A2（MC之線圈）、c-b（OL之保護接點）。

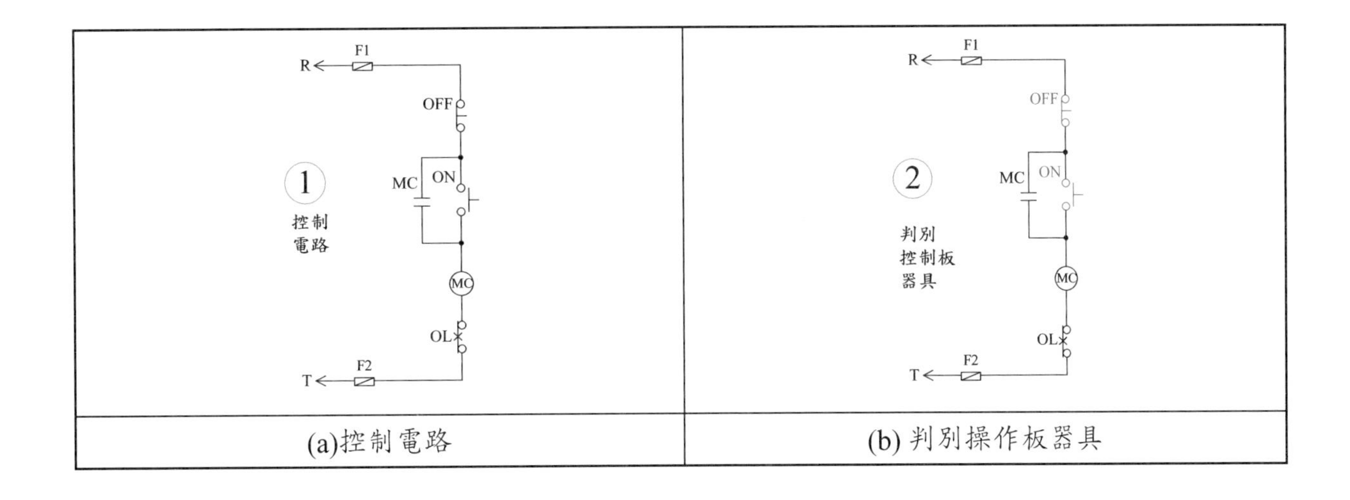

(a)控制電路　(b) 判別操作板器具

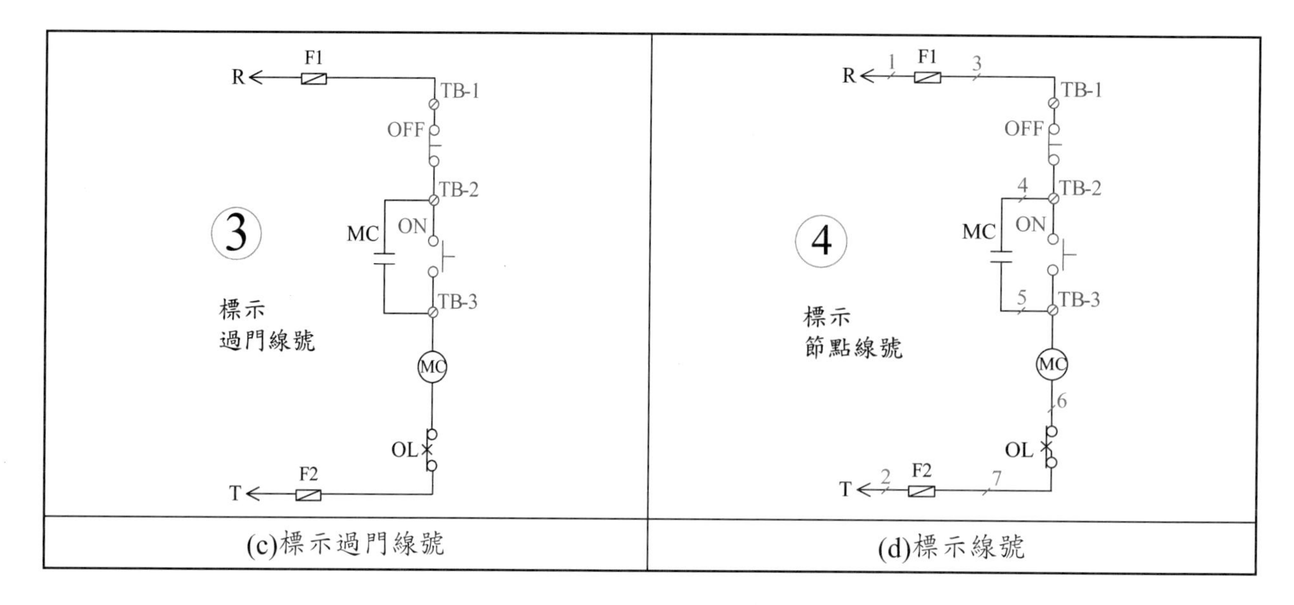

(c)標示過門線號　(d)標示線號

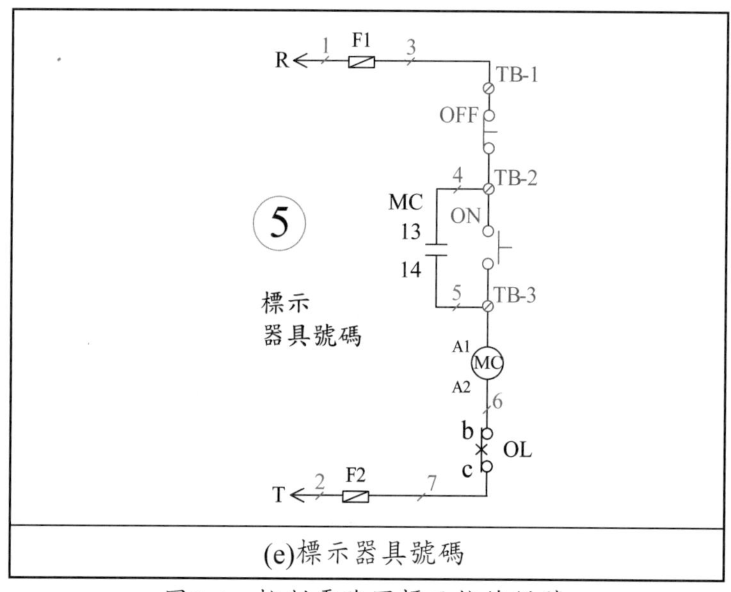

(e)標示器具號碼

圖3-4　控制電路圖標示接線編號

【步驟2】在模擬器具配置圖上，每個使用的器具接點，標示線號，如圖3-5中紅色之數字1~7。

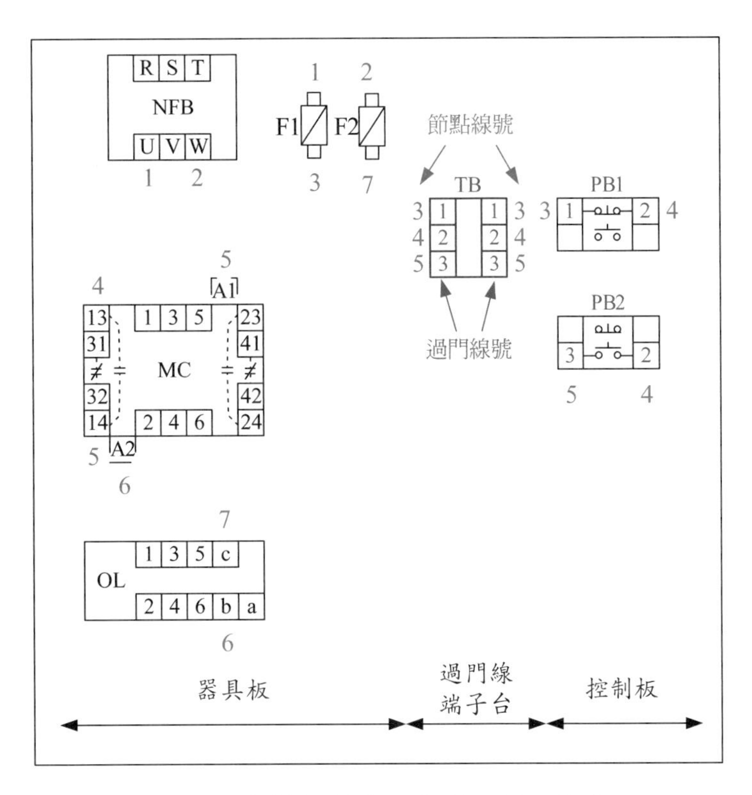

圖3-5　在模擬器具配置圖上標示線號

【步驟3】依照電路圖所編線號之順序，將相同線號的器具接點連接在一起，完成控制電路之接線，如圖3-6 (a)~(g)，其中線號3、4、5，就是過門線號TB 1、2、3。

【步驟4】目視檢查：依據控制電路圖中，MC線圈下方之a/b接點使用數量，進行配線目視檢查，確認配線之完整性。

工業配線丙級的術科考試，就是在測試考生如何規劃配線步驟，如何做計畫性配線施工。實際配線之原則，就是要「認識器材，照圖接線」，在實際動手配線之前，在電路圖上要規劃好各種編號；電路圖中的電路符號，在器具中找到相對應的器具接點；相對的，在每個器具接點上的接線，能夠在電路圖上找到相對應的電路符號，也就是電路圖與實際配線要一致，不能「圖歸圖，物歸物」。一個配電設備出廠交貨到使用者手中，所附電路圖及說明書等資料，一定是相符的，如此客戶驗收才會通過，需要維護保養時才會有所依據。

一般配線時應注意事項，彙整如下：

(1) 依據電路圖，由上而下，由左至右，依序配線。

(2) 同一個線號所有的接點，一次完成接線。

(3) 器具上單一個接點，最多只能裝置兩條導線。

(4) 在電路圖上任一個電路符號，與在器具上相對應的接點，要能正確辨認。

(5) 配線時應注意導線的水平與垂直的整齊佈線，多條導線時，要整理成束，或是以線槽配線。

(6) 單一條壓接端子導線固定在器具時，壓接端子的壓痕要向上。

(7) 兩條相同之壓接端子導線固定在器具時，兩個壓接端子要背靠背固定。

(8) 兩條不相同之壓接端子導線固定在器具時，除兩個壓接端子要背靠背固定外，線徑大的壓接端子要置於下方，如此作法可以減少固定時的接觸電阻。這個情況，經常出現在NFB的負載端，主電路的接線與控制電路的電源線兩條要固定在一起。

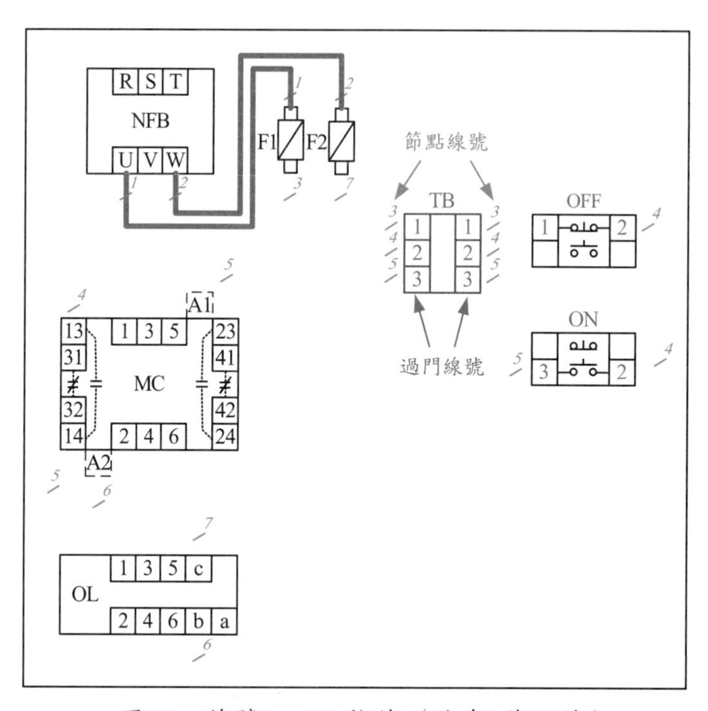

圖(a)　線號1、2之接線（共有2條配線）

線號1：①[NFB(U)→F1(上)]，線號2：①[NFB(W)→F2(上)]

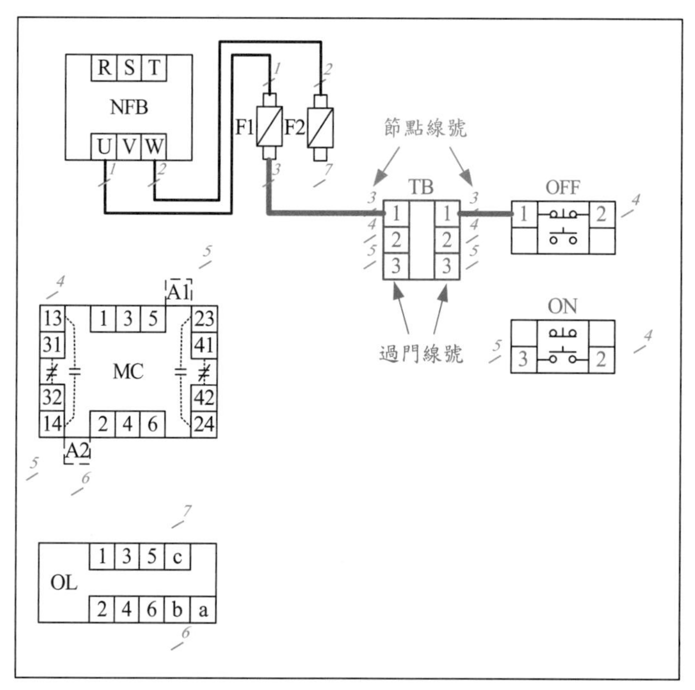

圖(b)　線號3之接線（共有2條配線）

線號3：①[F1(下)→TB-1(左)]，②[TB-1(右)→OFF(1/左/b)]

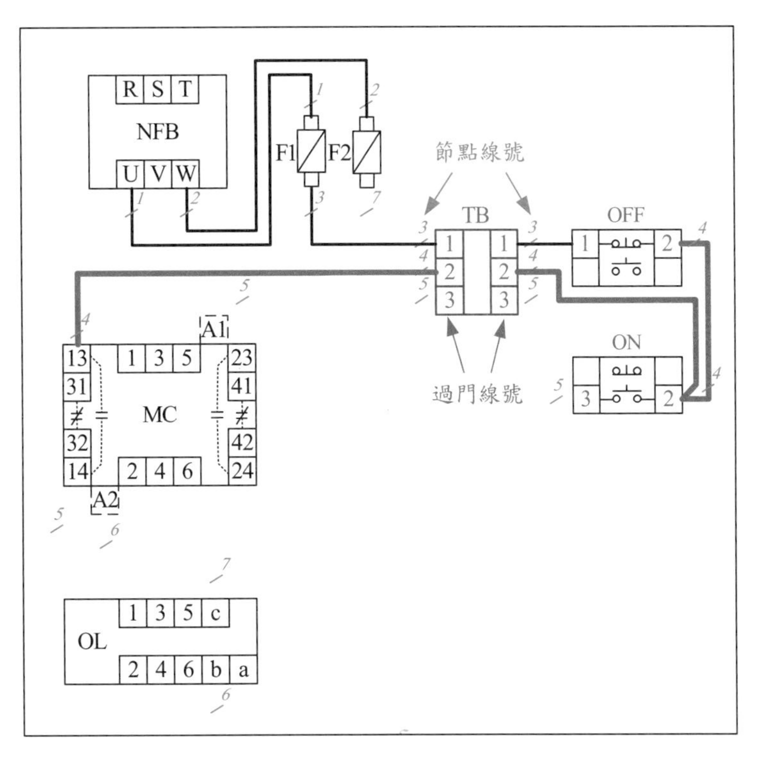

圖(c)　線號4之接線（共有3條配線）

線號4：①[MC(13/a/左上)→TB-2(左)]，②[TB-2(右)→ON(2/右/a)]，③[ON(2/右/a)→OFF(2/右/b)]

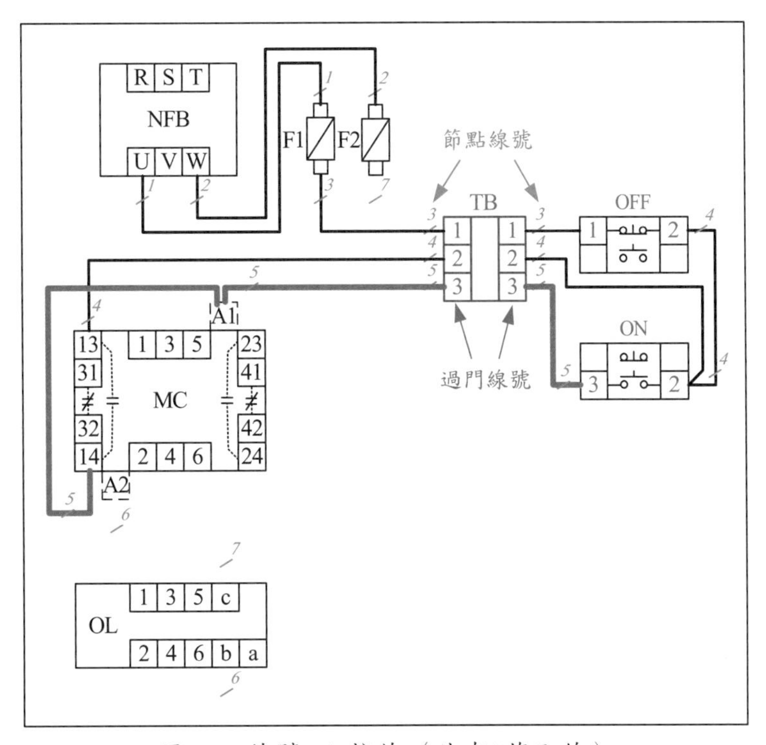

圖(d)　線號5之接線（共有3條配線）

線號5：①[MC(14/a/左下)→MC(A1)]，②[MC(A1)→TB-3(左)]，③[TB-3(右)→ON(3/左/a)]

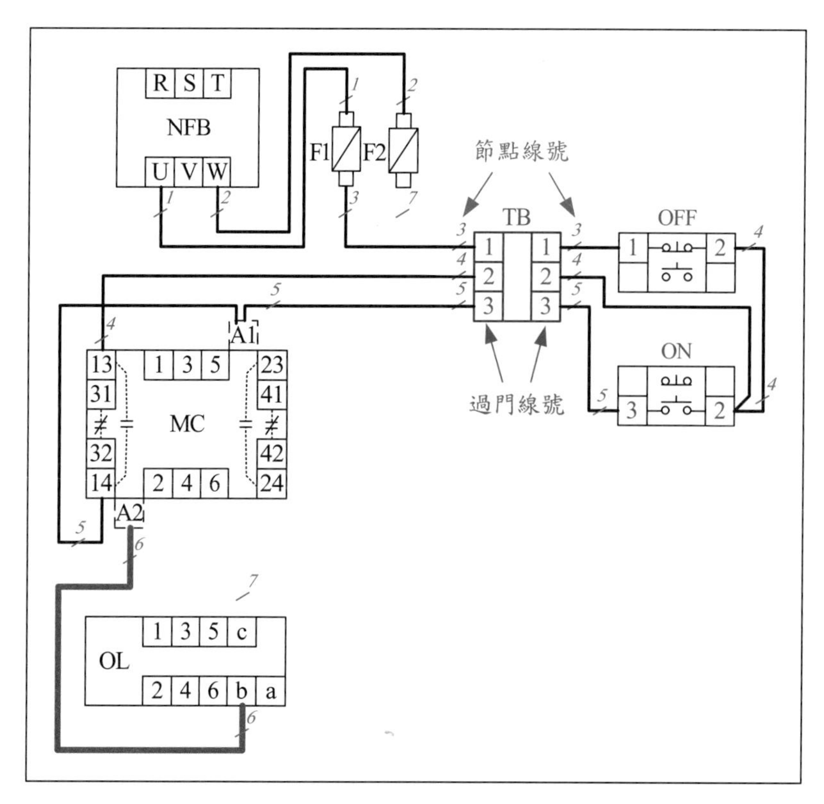

圖(e)　線號6之接線（共有1條配線）

線號6：①[MC(A2)→ OL(b)]

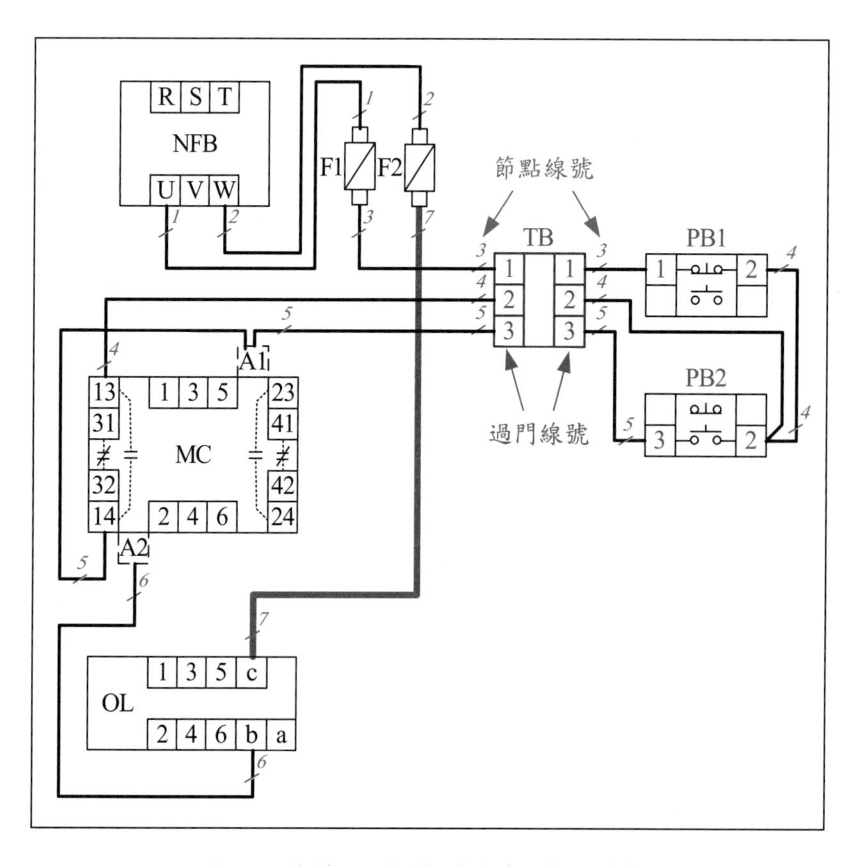

圖(f)　線號7之接線（共有1條配線）

線號7：①[OL(c)→ F2(下)]

圖3-6　控制電路之模擬接線圖

第六節　自主檢查

於控制電路配線完成以後，在送電試運轉之前，必須做自主檢查，以確保送電時，電路是安全的，接線是正確的，不會發生短路故障，並可檢查動作是否正常。

一般自主檢查方法可分為靜態測試與動態測試兩種，以圖3-1之電路為例，說明電路之靜態測試及動態測試的方法。

【檢查方法1】靜態測試

1. 主電路靜態測試方法
   (1) 將NFB ON，若$R_{RS} = R_{ST} = R_{TR} = \infty$，表電路沒有短路現象。
   (2) 用手將MC之動作桿壓下，若$R_{RS} = R_{ST} = R_{TR} = \infty$，表電路沒有短路現象。
2. 控制電路靜態測試方法
（假設電磁接觸器之電磁線圈MC的電阻值為300歐姆，即$R_{MC} = 300\Omega$）
   (1) 將三用電表的兩支測試棒放在線號1及2處，亦即控制電路電源R、T處，測量線號1及2的電阻R12之值。
   (2) R12 = ∞，表示電路沒有短路現象。
   (3) 按住PB/ON，若R12 = 300Ω，是為MC之電阻，表PB/ON的接線正確。
   (4) 用力按住MC之動作桿，使MC之輔助a接點導通，則R12 = 300Ω，為MC之電阻，表示MC的自保電路接線正確。
   (5) 於按住PB/ON的同時，也按下PB/OFF，則R12 = ∞，表PB/OFF的接線正確，可切斷MC的電路。
   (6) 同理，用力按住MC之動作桿，使MC之輔助a接點導通的同時，也按下PB/OFF，則R12 = ∞，表PB/OFF的接線正確，可切斷MC的自保電路。
   (7) 同理，於按住PB/ON，或用力按住MC之動作桿，使MC之輔助a接點導通的同時，若過載保護OL動作，則R12 = ∞，表OL的接線正確，可切斷MC的電路。
3. 逐點測量方法：依線號順序，逐點檢查是否接線正確。

【檢查方法2】動態測試

1. 實施送電之動態測試時，可依配線者對電路圖之動作瞭解，或依試題所提供的動作說明，逐項測試。一般而言，若靜態測試結果正確，則動態測試應該也會正確。
2. 在動態測試中，若發現電路中之MC，或GL、RL、BZ……等器具不動作，或動作不正確，則用電表測量各點電壓是否正確？或檢查器具接點是否正常？檢查接線是否正確？也就是可以應用術科檢定階段A：「故障檢修」的技術來檢查。

第七節　盤箱裝置施工

工業配線丙級技能檢定之階段B：裝置配線之術科測試部分，包含盤箱裝置的施工，須依據器具板的配置圖，完成器具板之定位、鑽孔、攻牙及器具固定等工作。

於盤箱裝置測試時，器具裝配的施工，要戴護目鏡及耳塞，以維護人身安全，各項施工的步驟說明如下：

【步驟1】劃線定位 依配置圖丈量尺寸，用鉛筆劃線，劃出器具的中心點，標示器具之固定點，並可用紅色印泥或色筆加強顯示固定點位置。	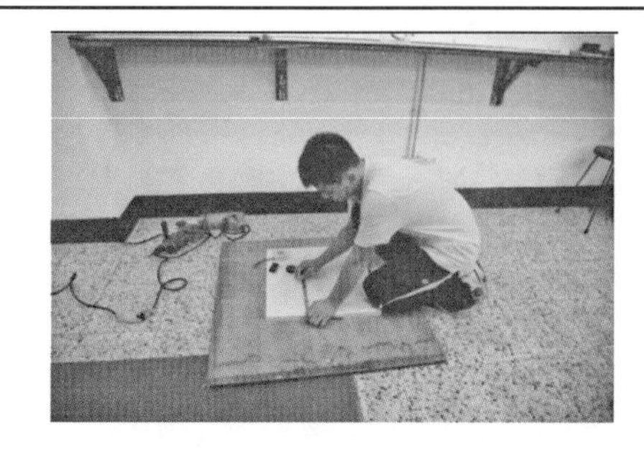
【步驟2】導孔製作 使用中心沖（Center Punch）製作導孔，便於電鑽鑽孔時之操作安全及準確性。	
【步驟3】鑽孔 因器具固定使用M4螺絲，所以選用約3.2mm（1/8"，俗稱1分）直徑的鑽頭，在2.0mm厚的鐵板上鑽孔。	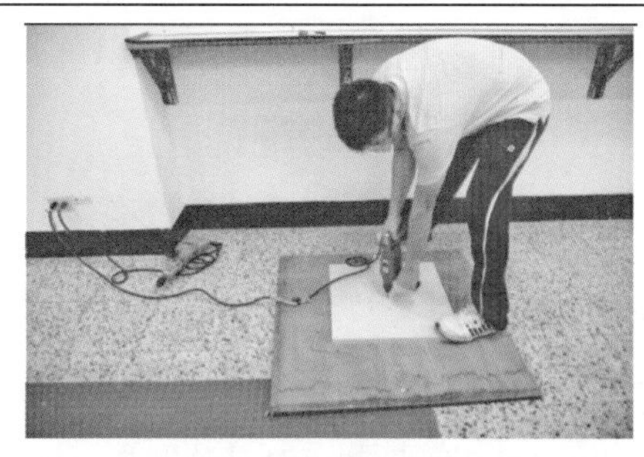
【步驟4】攻牙 使用自動攻牙機，裝配M4螺絲攻，完成M4的螺牙。當自動攻牙機壓下時，攻牙機順時針運轉攻牙；當自動攻牙機輕輕向上提起時，攻牙機逆時針運轉退出鐵板。	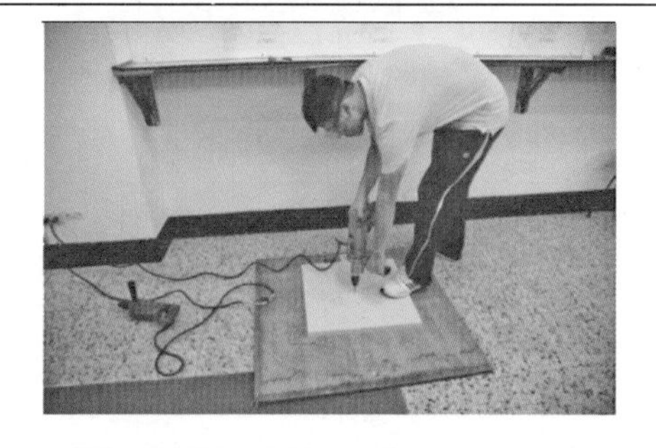

【步驟5】器具固定

依配置圖將器具排列於器具板上， 選用適當長度的螺絲固定器具。各項器具裝置時，要注意固定方向，例如電力電驛或限時電驛等器具，以能夠正向讀出銘牌說明文字為原則。

【步驟6】完工檢查

檢查盤箱加工是否符合評審規定，例如器具之固定尺寸、固定方向及牢固等項目，組合式端子台是否組合不當？是否使用端板。

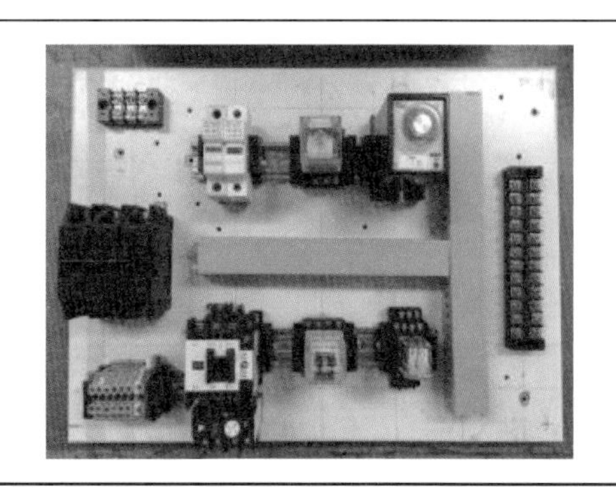

自我評量(一)

如圖3-7(a)所示，為3ϕIM起動停止，附過載保護控制之電路。

1. 如圖3-7(b)所示之控制電路，已經標示過門線、節點及器具接點等編號。
2. 請在圖3-7(c)之模擬器具配置圖上，完成控制電路之接線。
3. 請參考圖3-7(d)，完整之控制電路之模擬接線。
4. 請說明本控制電路之靜態及動態測試的方法。
5. 如下表，請依電路圖所標示之線號，計算各線號應接線之條數，以及相對應之過門線編號。

標示線號	1	2	3	4	5	6	7	8
應接線條數								
相對應之過門線編號								

◆參考答案◆

標示線號	1	2	3	4	5	6	7	8
應接線條數	1	1	3	3	3	2	1	1
相對應之過門線編號			TB-1	TB-2	TB-3	TB-4		

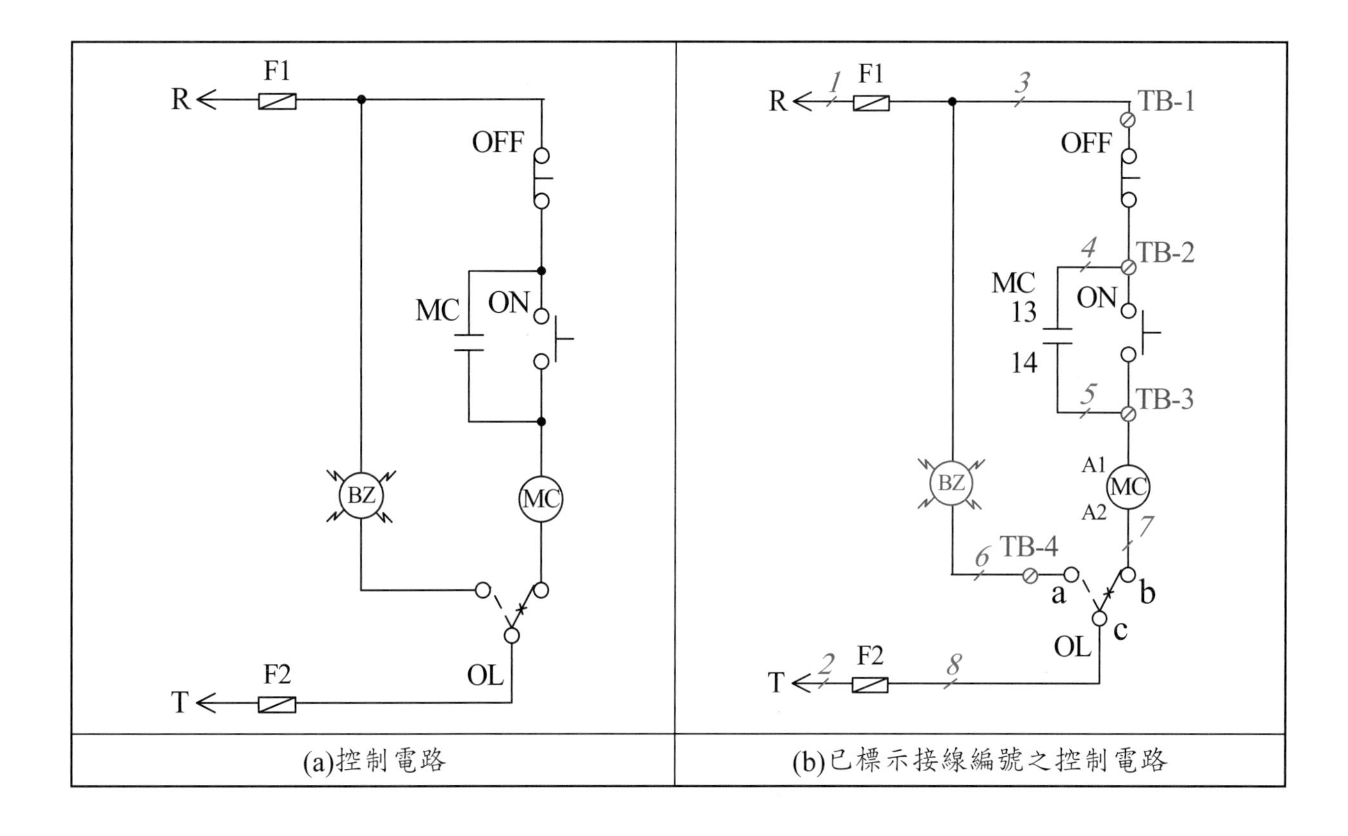

(a)控制電路 (b)已標示接線編號之控制電路

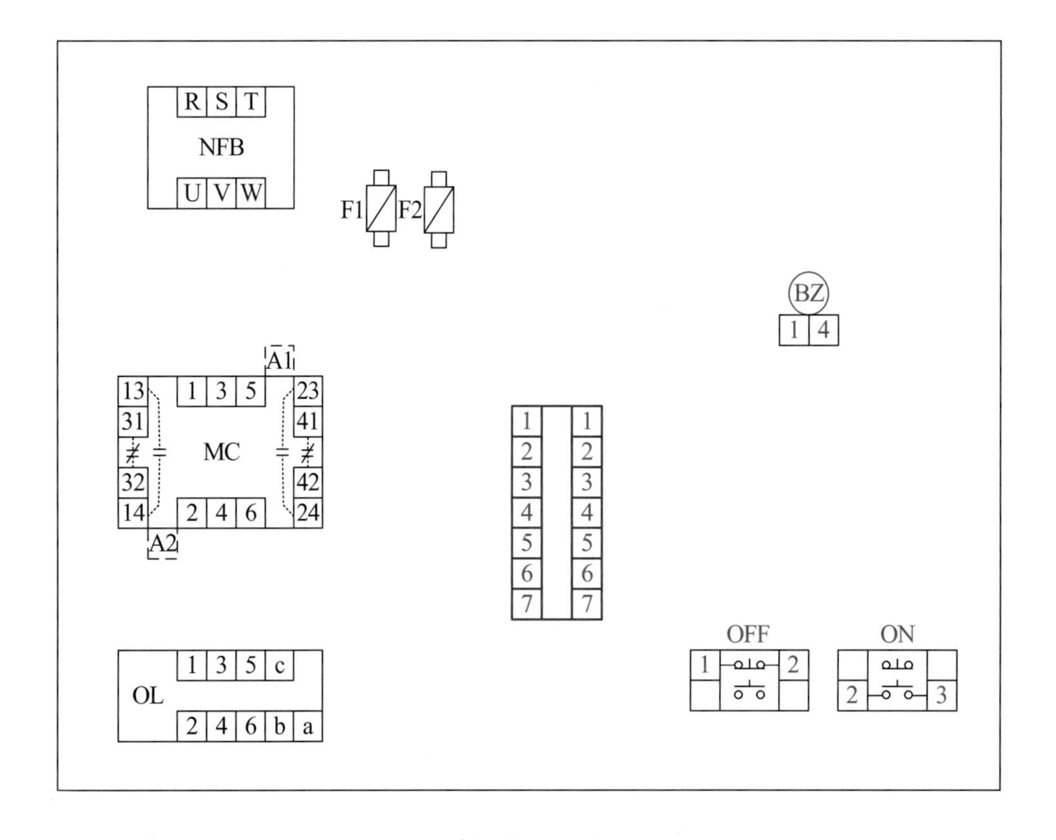

(c)模擬器具配置圖

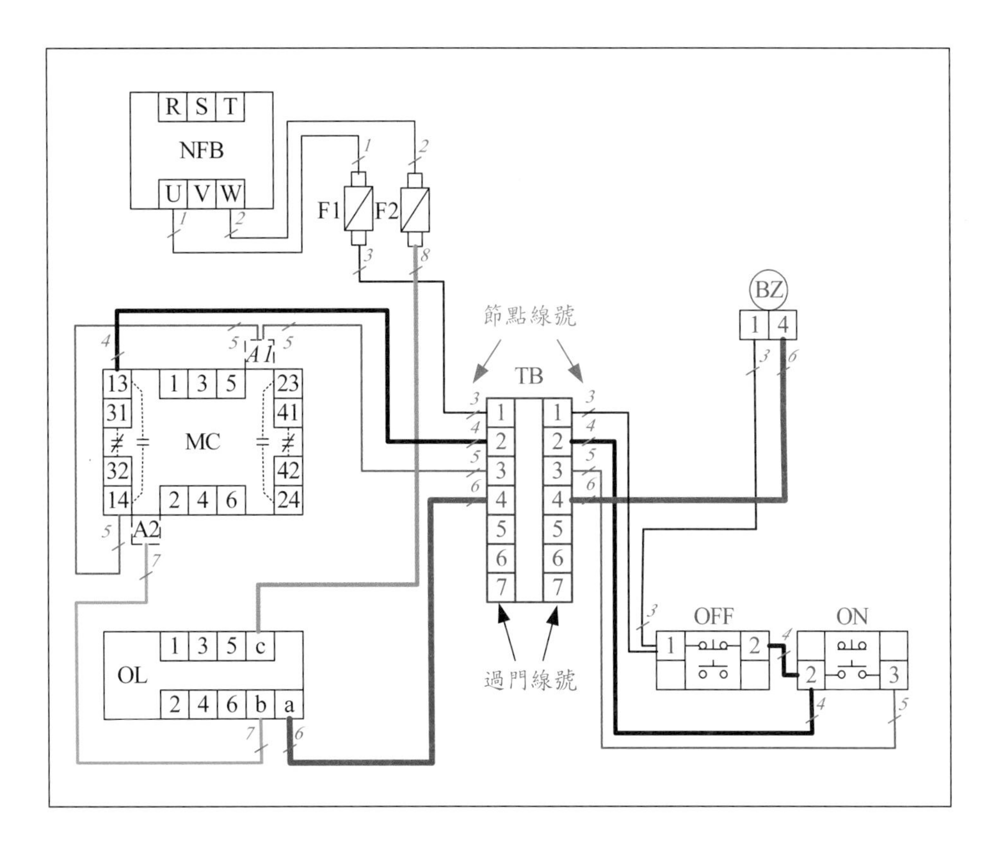

(d) 完成之控制電路模擬接線參考圖

圖3-7　3ϕIM起動停止，附過載保護控制電路

自我評量(二)

如圖3-8(a)所示為3ϕIM起動停止，附過載保護及指示燈之控制電路。

1. 如圖3-8(b)所示之控制電路，已經標示過門線、節點及器具接點等編號。
2. 請在圖3-8(c)已完成部分接線之模擬器具配置圖上，完成所有控制電路之接線。
3. 請參考圖3-8(d)，檢查控制電路模擬接線，是否正確？
4. 請說明本控制電路在實施靜態測試時之電阻值（假設MC、BZ、GL、RL之電阻均為300Ω）。
   (1) R12 = ________ Ω：三用電表的兩支測試棒放在節點線號1及2處時。
   (2) R12 = ________ Ω：按住PB/ON時。
   (3) R12 = ________ Ω：按住PB/ON時，且按下PB/OFF時。
   (4) R12 = ________ Ω：用力按住MC之動作桿，使MC之輔助a、b接點動作時。
   (5) R12 = ________ Ω：過載保護OL動作時。
5. 請說明本控制電路之靜態及動態測試的方法。

◆第4.題解答及說明◆

(1) R12 = 300 Ω，GL之電阻。

(2) R12 = 150 Ω，MC與GL兩負載之並聯電阻。

(3) R12 = 300 Ω，GL之電阻。

(4) R12 = 150 Ω，MC與RL兩負載之並聯電阻。

(5) R12 = 150 Ω，BZ與GL兩負載之並聯電阻。

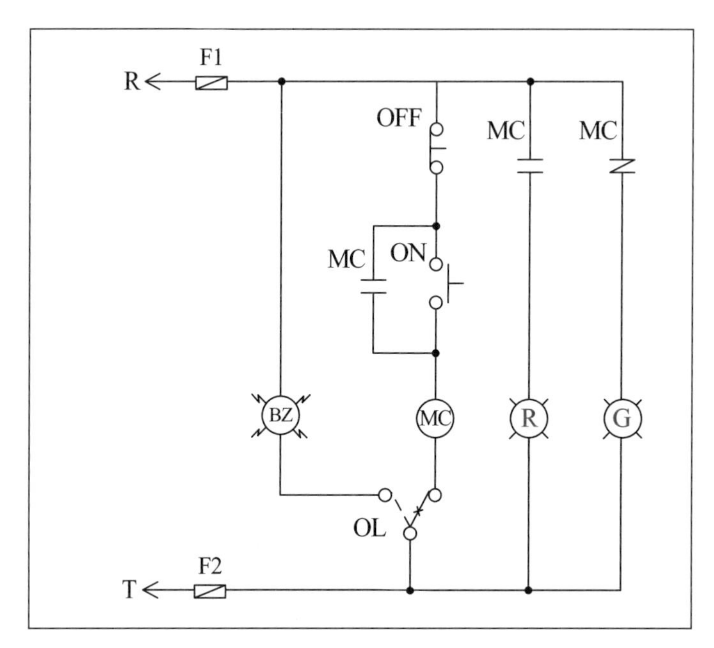

(a)控制電路

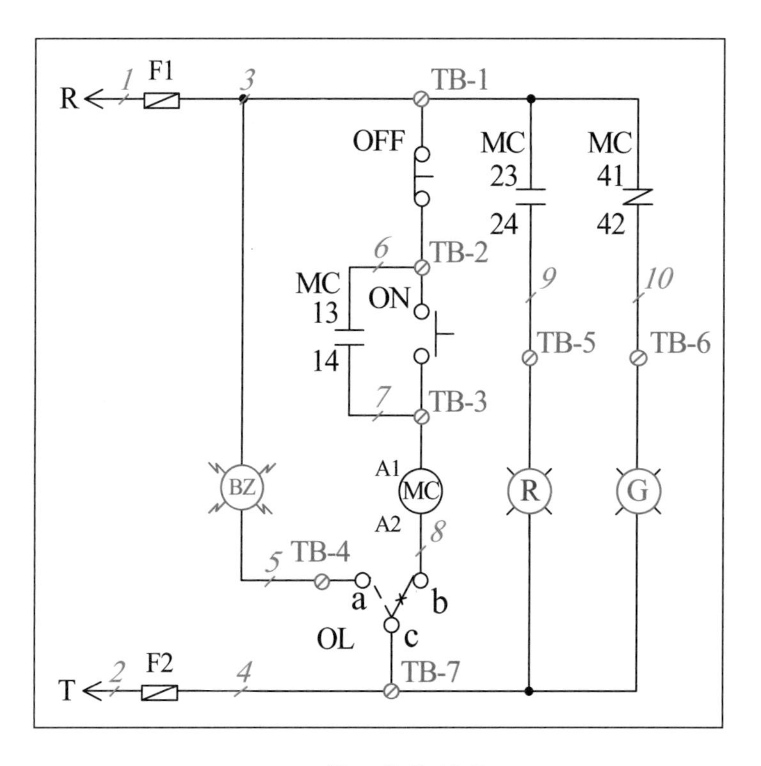

(b)已標示接線編號

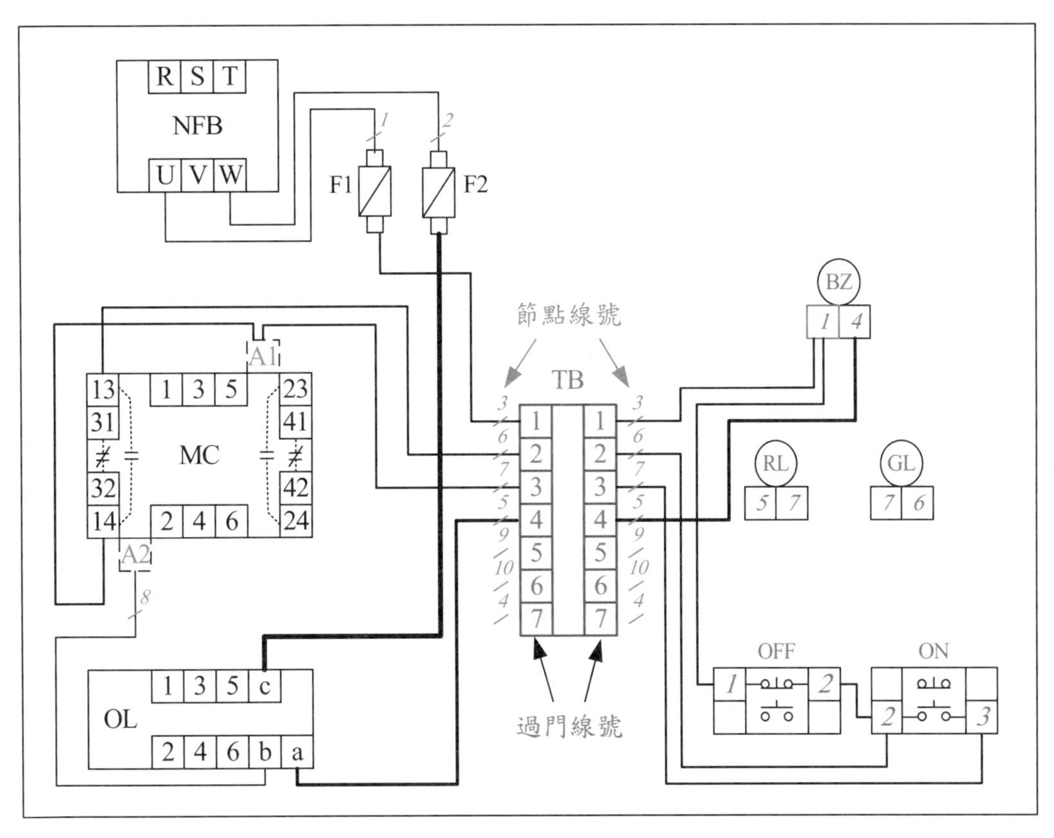

(c)模擬器具配置圖上已完成部分接線

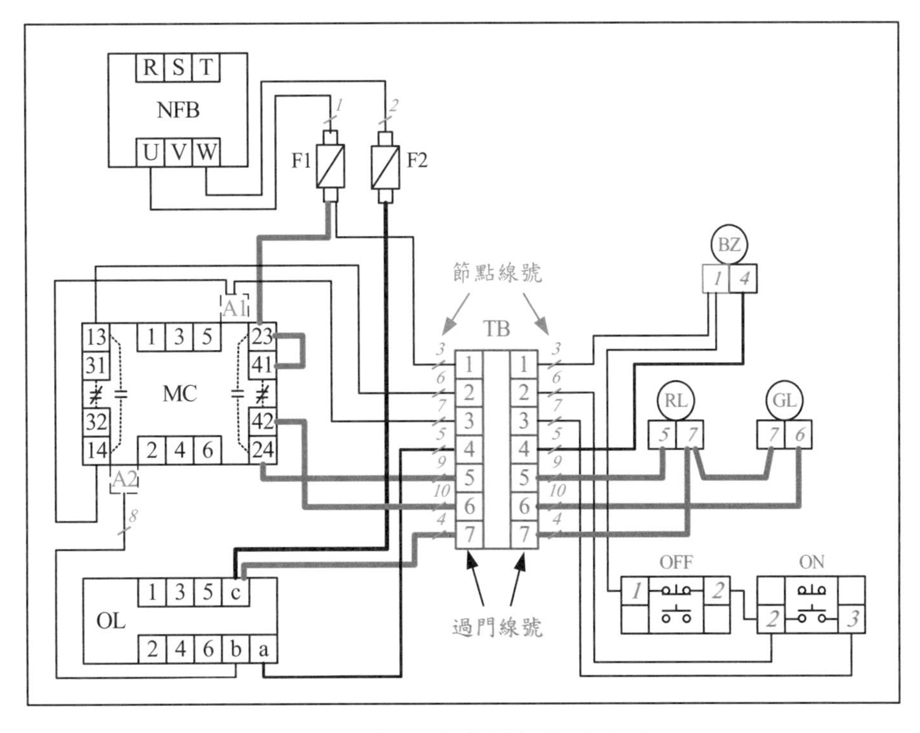

(d) 完成之控制電路模擬接線參考圖

圖3-8　3ϕIM起動停止，附過載保護及指示燈控制電路

自我評量(三)

1. 在裝置配線術科檢定時，承辦單位會提供術科檢定電路圖。

2. 請在下列空格裡，填入有規劃性的配線步驟，讀者亦可隨自己的練習心得或工作習慣調整之。

【步驟1】＿＿＿＿＿＿：規劃操作板與器具板之間的接線，將經過端子台的接線，加以編號。

【步驟2】＿＿＿＿＿＿：在電路圖上，每個使用的器具接點，標示號碼，尤其是使用腳座接線的電力電驛或限時電驛等器具。

【步驟3】＿＿＿＿＿＿：在電路圖上的節點，依序加以編號。

【步驟4】＿＿＿＿＿＿：先配控制電路，一定要「照圖配線」，依照在電路圖規劃之過門線號（或線號）之順序配線；將電路圖相同線號的節點，在器具上找到，將其接點連接在一起，檢查兩者的數量要相符，數量不能多，也不能少，才是正確，否則一定接線有錯誤。

【步驟5】＿＿＿＿＿＿：依據線圈下方規劃之a/b接點使用數量，進行線路目視檢查，確認配線之完整性。

【步驟6】＿＿＿＿＿＿：控制電路實施自主檢查，施行靜態測試及動態測試，確保接線正確，以及送電時，電路不會發生短路現象。

【步驟7】＿＿＿＿＿＿：依照主電路圖編號之順序，將相同線號的器具接點連接在一起。

【步驟8】＿＿＿＿＿＿：再次實施自主檢查，並將盤面之配線及線束加強整理，盡量整齊美觀，以符合評分標準。

◆參考答案◆

(1)過門線編號	(2)器具接點編號	(3)節點編號	(4)控制電路配線
(5)目視檢查	(6)自主檢查	(7)主電路配線	(8)全盤檢查

第四章　故障檢修步驟

工業配線丙級技能檢定之階段A：故障檢修之術科測試部分，是定位在產品出廠後的故障檢修，也就是配電盤箱設備之成品，在出廠前的品管作業均已完成，動作正常，品質優良；然後在使用一段時間以後，由於器具線材等的材料自然老化，不正常的操作使用，或外力的撞擊等原因，而發生器具接點或線路接續等故障現象。本項測試的目的，是要考生具備配電電路故障現象的檢出能力，也就是考生要瞭解電路圖的動作原理，才能發現故障的現象，分析及判斷故障的原因及處所，並加以確認之。

將附加開關（Switch，簡稱S）插入電路中，造成電路發生短路或斷路的故障現象，作為[故障檢修]測試之用。茲將電路故障的種類，說明如下：

(1) 短路故障

控制元件的接點應該斷路或短路者，使用外加開關將器具接點〔短路〕，造成短路故障。例如，一般PB/ON是使用常開接點，PB/OFF是使用常閉接點，但另使用一外加開關S將其短路，以產生按鈕開關接點短路而發生動作不正常的故障現象。

但短路故障用的開關，不會裝置在使MC或PL等負載造成短路之處，或在主電路三相電源之間製作相間之短路故障。

(2) 斷路故障

控制電路之配線應該是完整可正常動作的，使用外加開關S將電路之配線〔斷路〕，造成斷路故障。例如，在MC之前使用一外加開關將線路斷路，以產生MC不能動作的故障現象；或在PL之前或後使用一外加開關將線路斷路，以產生PL不亮的故障現象。

以圖4-1附加故障檢修開關之IM起動停止電路為例，說明各種故障點之發現，以及故障點分析及確認的方法。

圖4-1的動作順序，說明如下：

1. 將NFB ON，則GL亮。
2. 按PB2，則MC動作且自保，RL亮，GL熄。
3. 按PB1，則MC斷電，GL亮，RL熄。
4. 當MC ON中，若OL動作，則BZ響，MC 斷電，GL亮。
5. 待故障排除，OL復歸，BZ停響， GL亮。

故障檢修的主要步驟為故障點之發現、分析及確認，分述如下：

【步驟1】故障點之發現：依動作說明，逐條測試以發現故障情形。例如：指示燈之該亮而不亮，或指示燈之不該亮而亮；電磁接觸器之該動作而不動作，或電磁接觸器之不該動作而動作。

【步驟2】故障點之分析：依電路圖，分析故障點可能發生的原因及處所。

【步驟3】故障點之確認：在故障點可能發生的處所，以三用電表歐姆檔測量線路或器具接點的電阻，確認故障的原因是器具接點的短路故障，或是線路的斷路故障。

使用三用電表歐姆檔做故障點之確認時，電表需要先歸零校正，電表的指針，最好能將測量值指示在表頭的中央位置較佳，例如R = 300 Ω時，最好用Rx10檔最好。

在工業配線丙級技能檢定，術科測試的階段A部分：故障檢修之檢測電路中，每一題的故障點共設有10處，其中，在主電路的故障點設有2~3處，而在控制電路的故障點設有7~8處。

現以圖4-1所示之IM起動停止，附過載及指示電路為範例，說明將外加開關17只加

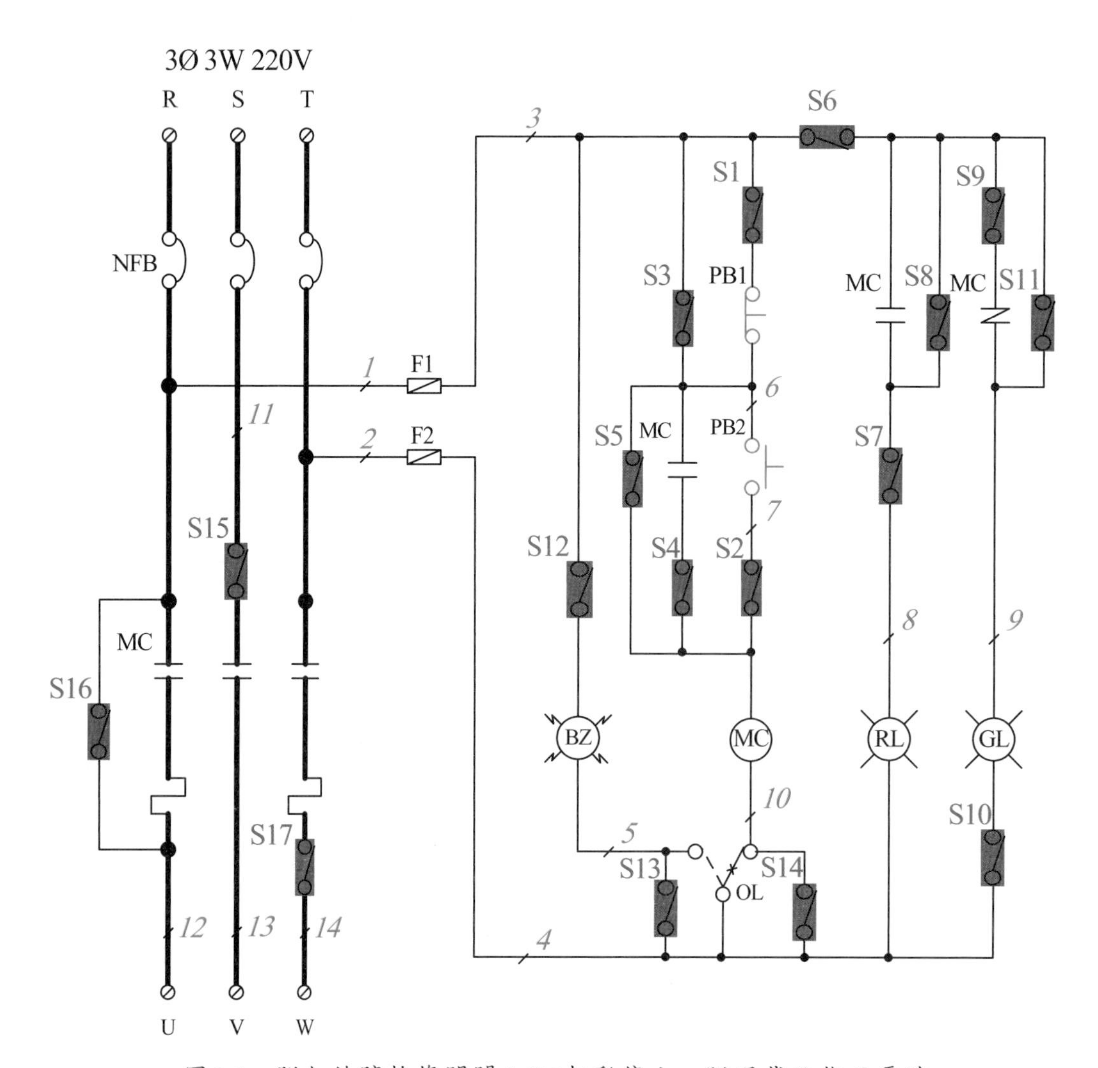

圖4-1　附加故障檢修開關之IM起動停止，附過載及指示電路

入電路中，以製作各種故障檢修的電路，而以表4-1顯示依動作說明逐條測試，以發現故障點，記錄故障的情形。另以表4-2，表示各故障點之設定、動作分析及確認的方法。

表4-1　依動作說明逐條測試，以發現故障點，記錄故障的情形

動作說明	發現故障點，記錄故障的情形
1.將NFB ON，則GL亮。	(1)S6 OFF：NFB ON，GL[不]亮 (2)S8 ON：NFB ON，RL[就]亮 (3)S9 OFF：NFB ON，GL[不]亮 (4)S10 OFF：NFB ON，GL[不]亮
2.按PB2，則MC動作且自保，RL亮，GL熄。	(1)S1 OFF：按PB2，則MC[不]動作 (2)S2 OFF：按PB2，則MC[不]動作 (3)S4 OFF：按PB2，則MC動作[不]自保 (4)S5 ON：[未]按PB2，MC動作 (4)S6 OFF：按PB2，則MC動作且自保，RL[不]亮 (5)S7 OFF：按PB2，則MC動作且自保，RL[不]亮 (6)S11 ON：按PB2，則MC動作且自保，GL[不]熄
3.按PB1，則MC斷電，GL亮，RL熄。	(1)S3 ON：按PB1，MC[不]斷電
4.當MC ON中，若OL動作，則BZ響，MC 斷電，GL亮。	(1)S12 OFF：OL動作，BZ[不]響 (2)S13 ON：OL[未]動作，BZ響 (3)S14 ON：若OL動作，MC [不]斷電
5.待故障排除，OL復歸，BZ停響， GL亮。	(1)S13 ON：OL復歸，BZ[不]停響

表4-2　故障點之設定、動作分析及確認方法

編號	故障點之設定	故障情形	故障點之動作分析及確認	備註
1	S1斷路	按PB2，MC[不]動作	PB1的點3與其他的點3斷路，即R(PB1/3-3) = ∞	S1、S2 故障情形相同， 但故障點不同
2	S2斷路	按PB2，MC[不]動作	PB2的點7與其他的點7斷路，即R(PB2/7-7) = ∞	
3	S3短路	MC動作自保後，按PB1，MC[不]斷電	PB1的點3與點6短路，即按PB1，R(PB1/3-6) = 0	
4	S4斷路	按PB2，MC動作，但[不能]自保	MC/a的點7與其他的點7斷路，即R(MC/a 7-7) = ∞	
5	S5短路	[未]按PB2，MC動作	PB2(或MC/a)的點6與點7短路，即未按PB2，R(PB2/6-7) = 0	

編號	故障點之設定	故障情形	故障點之動作分析及確認	備註
6	S6斷路	NFB ON，GL[不]亮 MC動作，RL[不]亮	MC/a、b的點3與其他的點3斷路， 即R(MC/a、b 3-3) = ∞	S6、S7 故障情形相同， 但故障點不同
7	S7斷路	MC動作，RL[不]亮	MC/a的點8與其他的點8斷路， 即R(MC/a 8-8) = ∞	
8	S8短路	MC[未]動作，RL亮	MC/a的點3與點8短路， 即R(MC/a 3-8) = 0	
9	S9斷路	MC[未]動作，GL[不]亮	MC/b的點3與其他的點3斷路， 即R(MC/b 3-3) = ∞	S6、S9、S10 故障情形相同， 但故障點不同
10	S10斷路	MC[未]動作，GL[不]亮	GL的點4與其他的點4斷路， 即R(GL/4-4) = ∞	
11	S11短路	MC動作，GL[不]熄。	MC/b的點3與點9短路， 即R(MC/b 3-9) = 0	
12	S12斷路	OL動作，BZ[不]響	BZ的點3與其他的點3斷路， 即R(BZ/3-3) = ∞	
13	S13短路	OL[未]動作，BZ響	OL未動作，OL的點4與點5短路， 即R(OL 4-5) = R(OL c-a) = 0	
14	S14短路	OL動作，MC[不]斷電	OL動作，OL/c-b的點4與點10短路， 即R(OL 4-10) = R(OL c-b) = 0	
15	S15斷路	(1)斷路故障：依主電路線路圖的線號，逐條測量之。 (2)短路故障：主電路MC的常開接點，逐點檢查之。 (3)在送電的情況下，也可用驗電筆，檢查非接地導線線路的短路或斷路情形。		
16	S16短路			
17	S17短路			

自我評量

1. 故障檢修電路的故障現象，有__________故障及__________故障兩種。
2. 故障檢修的步驟為故障點之__________、__________、__________。
3. 配電線路故障點之發現，可依__________，逐條測試以發現故障現象。例如：指示燈之__________，或指示燈之__________；電磁接觸器之__________，或電磁接觸器之__________。
4. 配電線路故障點之確認方法，在故障點可能發生的處所，以三用電表之歐姆檔測量__________或__________的電阻，以確認故障的原因是線路的__________，或是器具接點的__________。

◆答案◆

1. 短路、斷路
2. 發現、分析、確認
3. 動作說明、該亮而不亮、不該亮而亮、該動作而不動作、不該動作而動作
4. 連接導線、器具接點、斷路故障、短路故障

第二篇：工業配線丙級術科檢定試題解析

階段A：故障檢修

A0　故障檢修測試檢定工作說明及作答範例

一、檢定時間：故障檢修之檢測，其測試時間約為1小時

二、檢定工作內容

1. 依檢定場所提供的線路圖及動作說明，自行通電操作故障檢修測試盤（箱）。
2. 確認測試盤（箱）的動作符合線路圖及動作說明。
3. 盤體檢測：檢測出檢測箱為A.主線路故障、B.控制線路故障、C.主線路故障及控制線路故障，或D.檢測箱盤體正常，將檢測結果註記於盤體檢測答案欄之欄位。
4. 故障點檢測：檢測被設定故障狀況的測試盤（箱），在線路圖中註記故障點測試設定之序號、標示故障點之所在，並說明故障原因（短路或斷路）。

三、檢定工作執行之步驟

(一) 場地工作人員引導應檢人攜帶自備工具進入故障檢修部分之工作崗位，就定位後僅取出自備之三用電表、驗電筆及文具，自行確認故障檢修測試盤（箱）是否正常，時間為5分鐘，自行檢測完畢即回座（該測試可在通電或不通電之狀況下實施）。

(二) 自行檢測時間結束後，應檢人應回座，由監評人員開始做盤體檢測之設定（每套7題中應含蓋4種狀況），待全部檢定崗位均設定完畢後，監評人員請應檢人就定位；應檢人取出崗位上所放置之故障檢測線路圖及動作說明，書寫姓名後，開始作盤體檢測，其檢測時間為10分鐘。

(三) 應檢人僅能以三用電表或驗電筆在通電或不通電的情況下，檢測出檢測箱為主線路故障、控制線路故障、主線路故障及控制線路故障或檢測箱盤體正常等4種狀況。應檢人「不得」以下列方式檢測：

1. 打開設定盒及配線槽
2. 拉扯線路之配線
3. 將時間電驛或電力電驛之本體與底座分離
4. 鬆脫接點或改變任何接線

(四) 應檢人將檢測結果註記於線路圖中盤體檢測答案欄之欄位內，完成後回座。

(五) 監評人員待全部應檢人均回座後，宣佈盤體檢測測試結束，監評人員會同應檢

人打開故障設定盒，告知盤體檢測設定點之狀況。

(六) 監評人員將故障復歸至正常位置，開始設定編號「1」之故障。

(七) 待全部崗位均設定故障編號「1」完畢後，監評人員請應檢人就檢測崗位，應檢人開始作第一故障之檢測，該故障之檢測時間為10分鐘。

(八) 應檢人僅能以三用電表或驗電筆在通電或不通電的情況下，檢測出故障之所在，在故障檢測線路圖上標示故障點，說明故障狀態（短路或斷路），並註記故障序號。應檢人「不得」以下列方式檢測：

1. 打開設定盒及配線槽
2. 拉扯線路之配線
3. 將時間電驛或電力電驛之本體與底座分離
4. 鬆脫接點或改變任何接線

(九) 在10分鐘內提前完成檢測工作之應檢人需回座等待，測試時間到或應檢人全部均回座後，由監評人員會同應檢人打開故障設定盒，並告知故障設定點之所在。其後請應檢人再次回座等待，將編號「1」之故障復歸至正常位置，並開始設定編號「2」之故障。

(十) 依第十項所述，完成3個不同故障點之測試後，監評人員到各工作崗位收取故障檢測線路圖。應檢人在場地服務人員的引導下，攜帶自備工具進入裝置配線的工作崗位，準備作階段B之檢測。

(土) 監評人員開始依評審表，評閱應檢人已作答之故障檢測線路圖，逐項完成故障檢修部分之評分。已完成評分之故障檢測線路圖請裝訂於評審表後，以備事後查閱之用。

四、故障檢測作答範例

如圖所示為術科檢定階段A，故障故障檢修測試的作答範例。

〔盤體檢測〕

檢測出測試盤為如下任一故障狀況，將檢測結果A、B、C或D註記於盤體檢測答案欄即可。

(A)主線路故障。

(B)控制線路故障。

(C)主線路故障及控制線路故障。

(D)盤體正常。

〔故障點檢測〕

檢測被設定故障的測試盤，在線路圖中標示故障情形，包含下列三項：

(1)標示故障點之設定序號：1、2或3。

(2)標示故障點之所在：短路故障用雙箭號，斷路故障用單箭號。

(3)標示故障的原因為：短路或斷路。

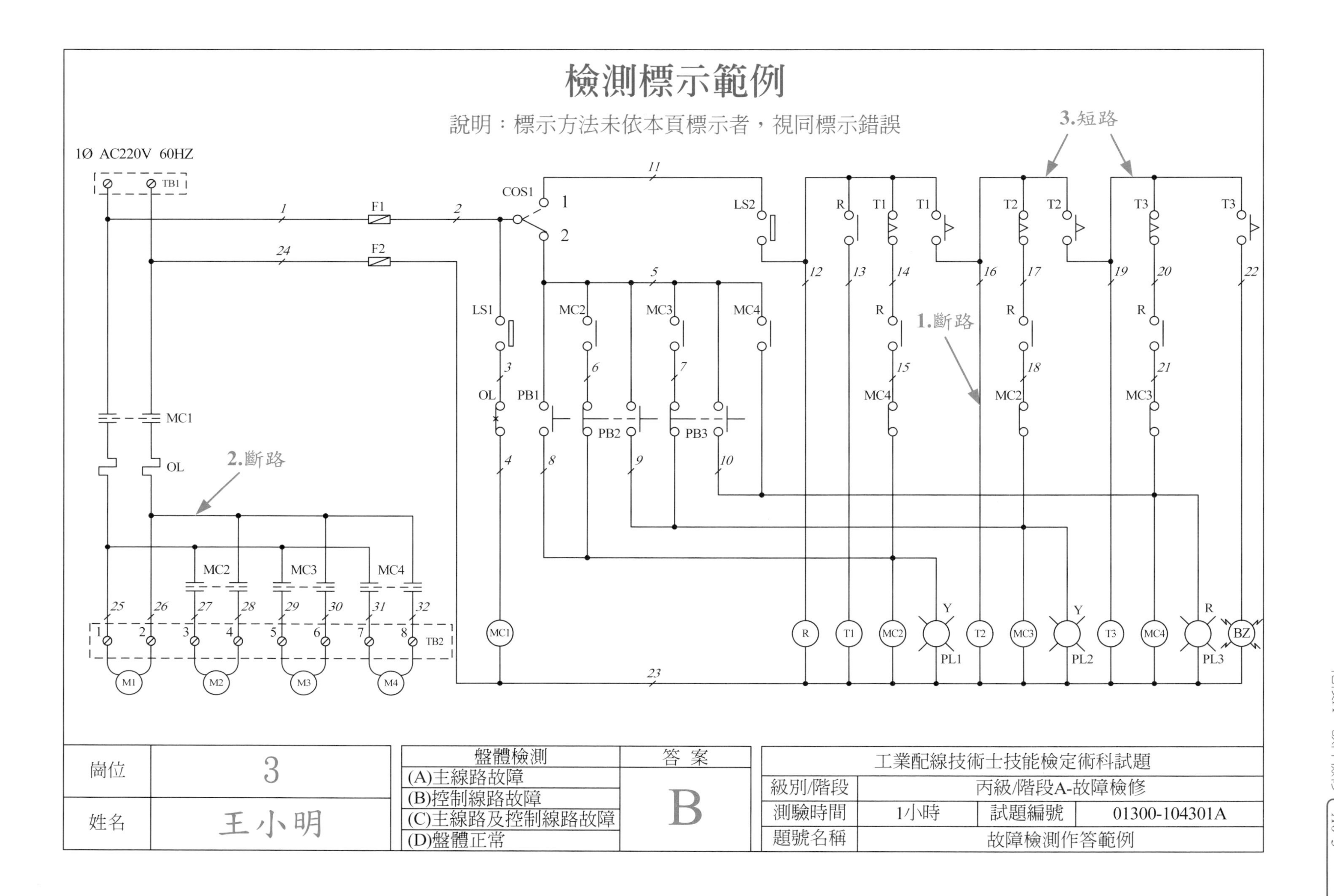

檢測標示範例
說明：標示方法未依本頁標示者，視同標示錯誤
1Ø AC220V 60HZ
TB1
F1
F2
COS1
LS1
LS2
OL
PB1
PB2
PB3
MC1
MC2
MC3
MC4
R
T1
T2
T3
BZ
PL1
PL2
PL3
TB2
M1
M2
M3
M4
1.斷路
2.斷路
3.短路
崗位
3
姓名
王小明
盤體檢測
(A)主線路故障
(B)控制線路故障
(C)主線路及控制線路故障
(D)盤體正常
答案
B
工業配線技術士技能檢定術科試題
級別/階段
丙級/階段A-故障檢修
測驗時間
1小時
試題編號
01300-104301A
題號名稱
故障檢測作答範例

A1 第一題 單相感應電動機順序起動控制

1-1 動作示意圖及配置圖

本試題為單相感應電動機順序起動控制，主要動作如下：

(1) COS1切於位置2時，是手動順序控制，以PB1、PB2、PB3控制M2、M3、M4順序起動。

(2) COS1切於位置1時，是自動順序控制，以T1、T2、T3控制M2、M3、M4順序起動。

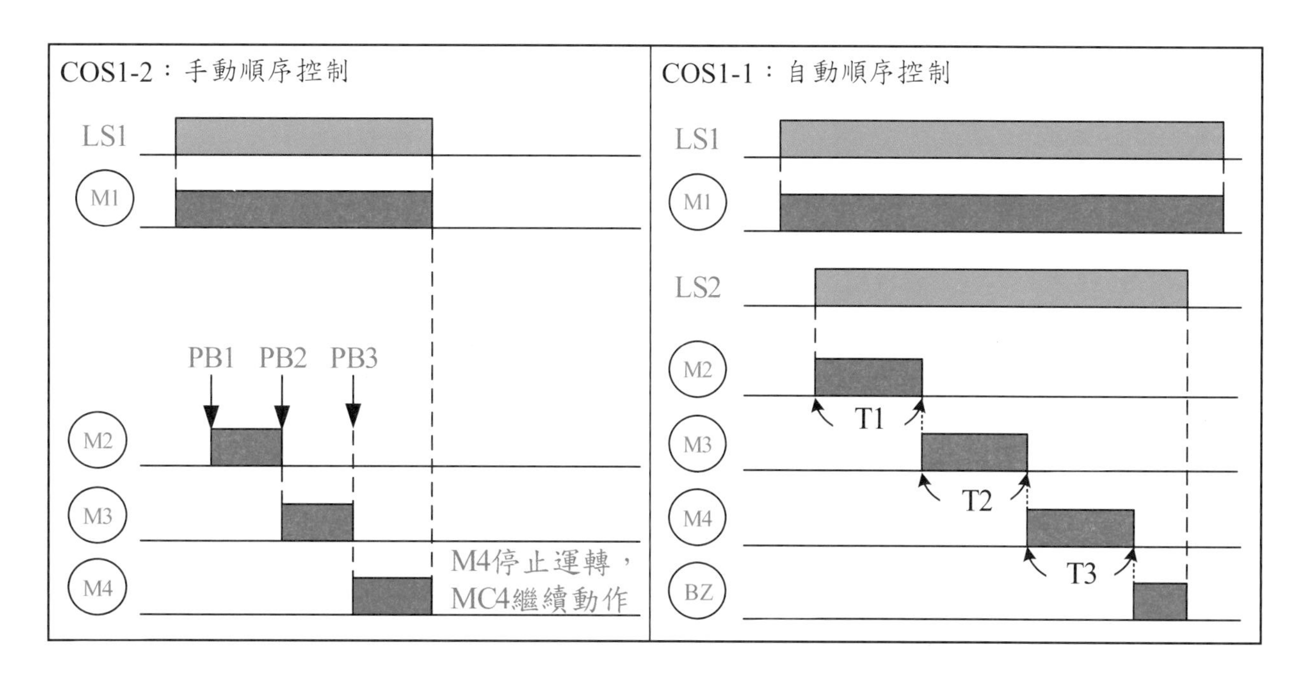

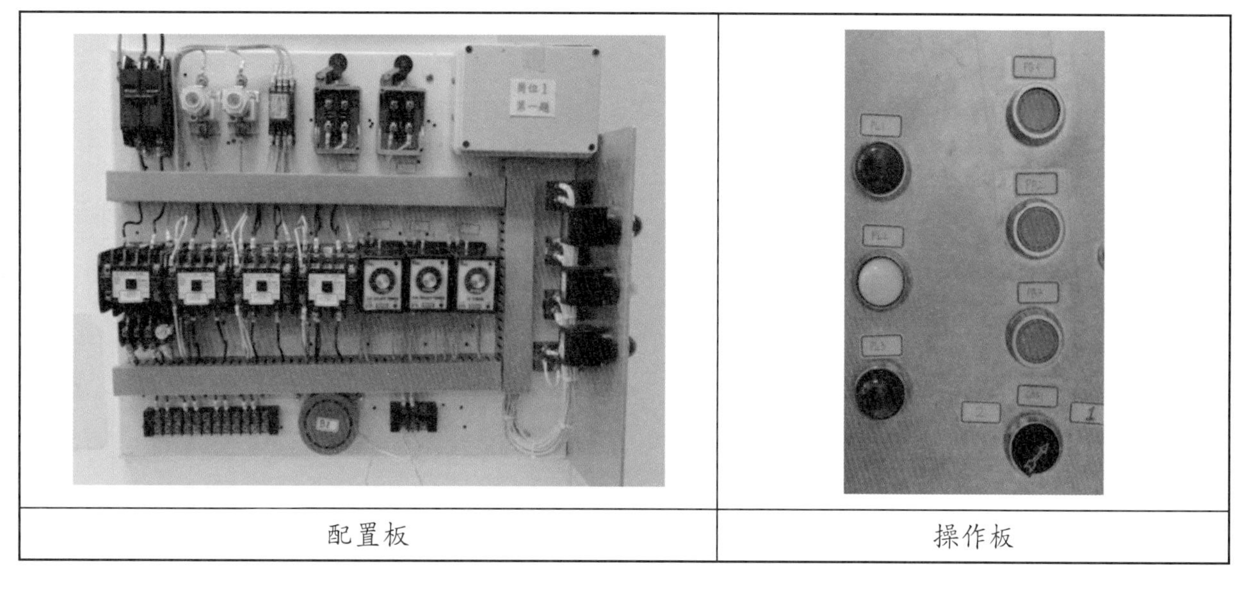

配置板　　操作板

1-2 線路圖

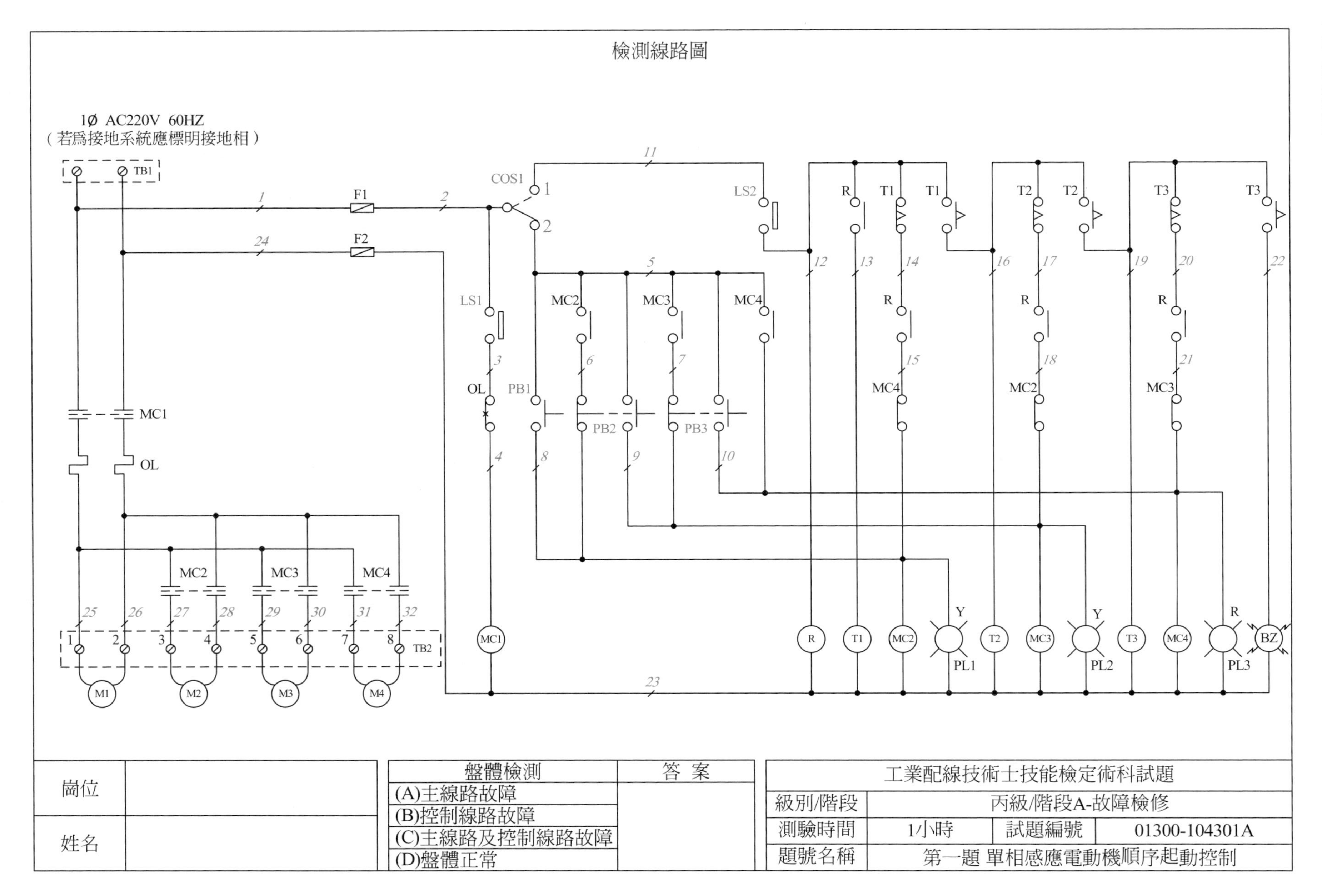
檢測線路圖
1Ø AC220V 60HZ
（若為接地系統應標明接地相）
TB1
TB2
F1
F2
COS1
LS1
LS2
PB1
PB2
PB3
OL
MC1
MC2
MC3
MC4
T1
T2
T3
R
BZ
PL1
PL2
PL3
M1
M2
M3
M4
盤體檢測
(A)主線路故障
(B)控制線路故障
(C)主線路及控制線路故障
(D)盤體正常
答案
崗位
姓名
工業配線技術士技能檢定術科試題
級別/階段
丙級/階段A-故障檢修
測驗時間
1小時
試題編號
01300-104301A
題號名稱
第一題 單相感應電動機順序起動控制

1-3 故障設定開關之線路圖

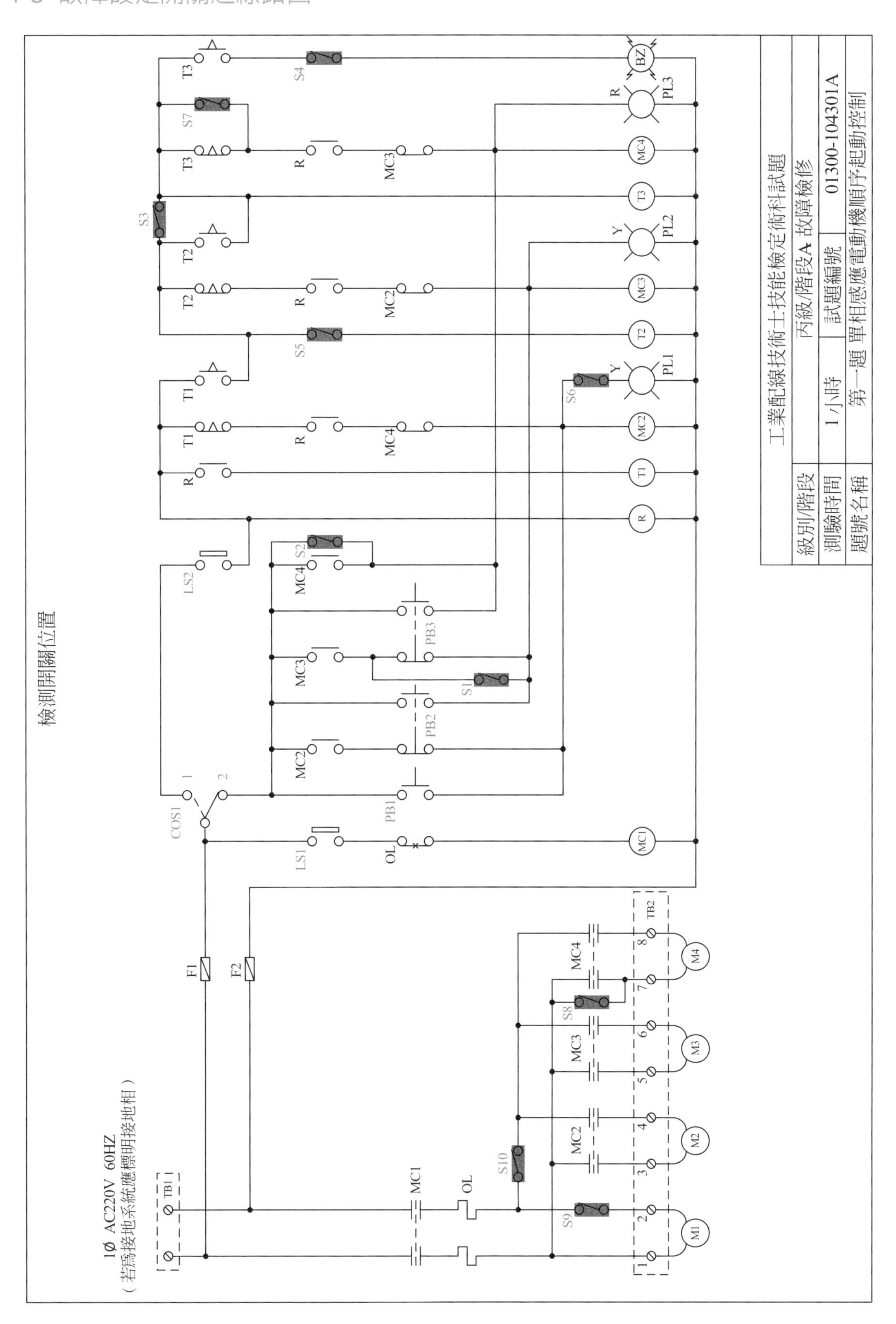

1-4 動作說明、設定故障開關並記錄故障情形

請將故障設定開關S1~S10逐一設定，依據試題之動作說明，逐條測試動作正常或故障之檢查，以發現故障點，並記錄故障的情形。

動作說明	設定故障開關， 並記錄故障情形
一、正常操作部分（OL正常狀況下）：	
1. 通電後，所有電動機停止[MC皆不動作、指示燈全熄]。	(1)
2. LS1動作時，M1電動機運轉[MC1動作]；LS1復歸時，M1電動機停止運轉[MC1復歸]。	(2)
3. 手動順序控制（COS1切於位置2時），其動作狀況如下：	
(1) LS1持續動作，M1電動機運轉[MC1動作]。	(3)
(2) 按PB1，M2電動機運轉[MC2動作、PL1亮]。	(4)
(3) 按PB2，M2電動機停止運轉[MC2復歸、PL1熄]；同時M3電動機運轉[MC3動作、PL2亮]。	(5)
(4) 按PB3，M3電動機停止運轉[MC3復歸、PL2熄]；同時M4電動機運轉[MC4動作、PL3亮]。	(6)
(5) 上述動作中，若LS1復歸，則所有電動機停止運轉[MC1復歸]，但其餘MC、指示燈及BZ狀態不變。	(7)
4. 自動順序控制（COS1切於位置1時），其動作狀況如下：	
(1) LS1持續動作，M1電動機運轉[MC1動作]。	(8)
(2) LS2持續動作，M2電動機運轉[MC2動作、PL1亮]，T1開始計時。	(9)
(3) T1計時到，M2電動機停止運轉[MC2復歸、PL1熄]；同時M3電動機運轉[MC3動作、PL2亮]，T2開始計時。	(10)
(4) T2計時到，M3電動機停止運轉[MC3復歸、PL2熄]；同時M4電動機運轉[MC4動作、PL3亮]，T3開始計時。	(11)
(5) T3計時到，M4電動機停止運轉[MC4復歸、PL3熄]，BZ響。	(12)
(6) 上述動作中，若LS2復歸，則M2、M3、M4電動機停止運轉[MC2、MC3、MC4復歸、指示燈全熄]，BZ停響。	(13)
(7) 上述動作中，若LS1復歸，則所有電動機停止運轉[MC1復歸]，但其餘MC、指示燈及BZ狀態不變。	(14)
二、異常部分：	
1. 在正常操作中，若OL動作，則所有電動機停止運轉[MC1復歸]，但其餘MC、指示燈及BZ狀態不變。	(15)

1-5 故障點之設定、動作分析及確認

故障點設定	故障情形	故障點之分析及確認
S1短路	一.3.(4) MC3動作後，按PB3，MC3及PL2[不]斷電。	
S2短路	一.3.(4) COS1切於位置2時，MC4[就]動作、PL3亮。	
S3短路	一.4.(3) T1計時到，MC4及PL3[就]動作，T3開始計時。	
S4斷路	一.4.(5) T3計時到，BZ[不]響。	
S5斷路	一.4.(3) T1計時到，T2[不]計時。	
S6斷路	一.3.(2) MC2動作、PL1[不]亮。 一.4.(2) MC2動作、PL1[不]亮。	
S7短路	一.4.(5) T3計時到，MC4[不]復歸、PL3[不]熄。	[備註]因S7將T3延時開斷的b接點（8、5腳）短路，須用測量電壓法做故障確認。
S8短路	(1)依主電路線路圖的線號，逐條測量之，以檢查線路斷路故障，及MC/a接點的短路故障。 (2)在送電的情況下，也可用驗電筆，檢查非接地導線的短路或斷路故障。	
S9斷路		
S10斷路		

（參考答案在A7-6頁）

A2 第二題 自動台車分料系統控制電路

2-1 動作示意圖及配置圖

本試題為自動台車分料系統控制電路，其構造示意圖如圖，有三個崗位，各有三個對應的PB控制之。

本試題之控制亦可使用於三樓貨梯控制系統，三個極限開關LS1、LS2、LS3，各檢出1F、2F、3F之樓層位置，三個按鈕開關PB1、PB2、PB3，為欲往樓層之按鈕。

(1) 當貨梯在一樓時，按PB2或PB3時，則電動機正轉，車廂上升，到二樓或三樓時停止。

(2) 當貨梯在三樓時，按PB1或PB2時，則電動機反轉，車廂下降，到一樓或二樓時停止。

(3) 當貨梯在二樓時，若按PB1時，則電動機反轉，車廂下降，到一樓時停止；若按PB3時，則電動機正轉，車廂上升，到三樓時停止。

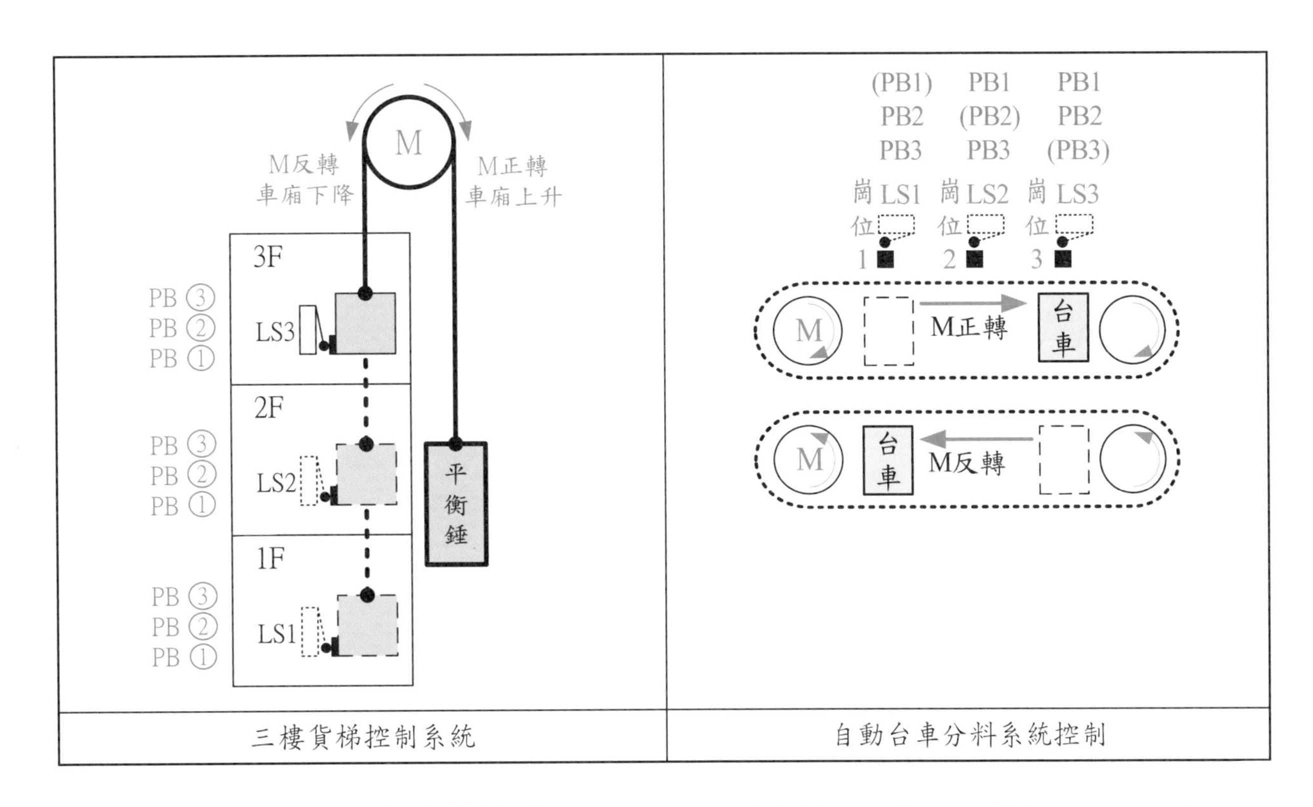

三樓貨梯控制系統	自動台車分料系統控制

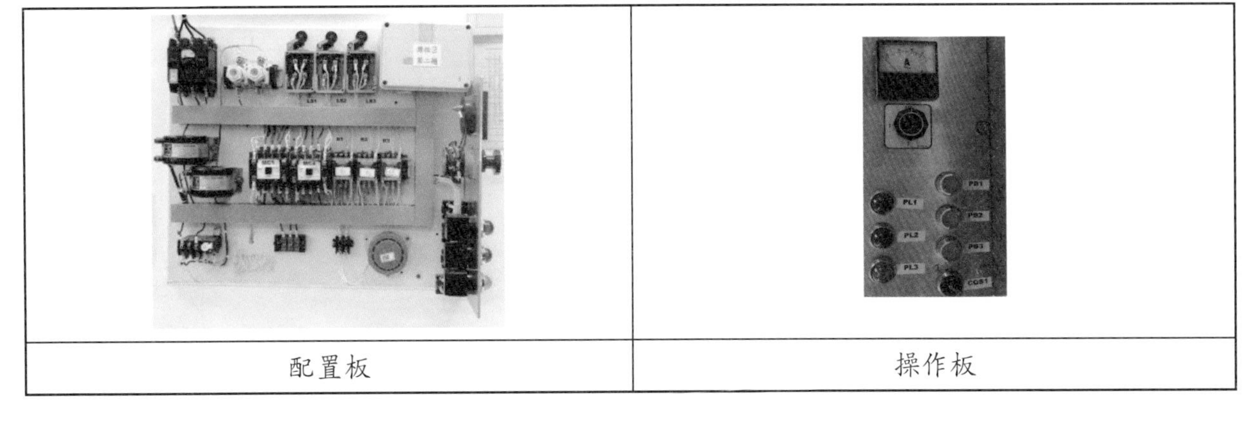

配置板	操作板

2-2 線路圖

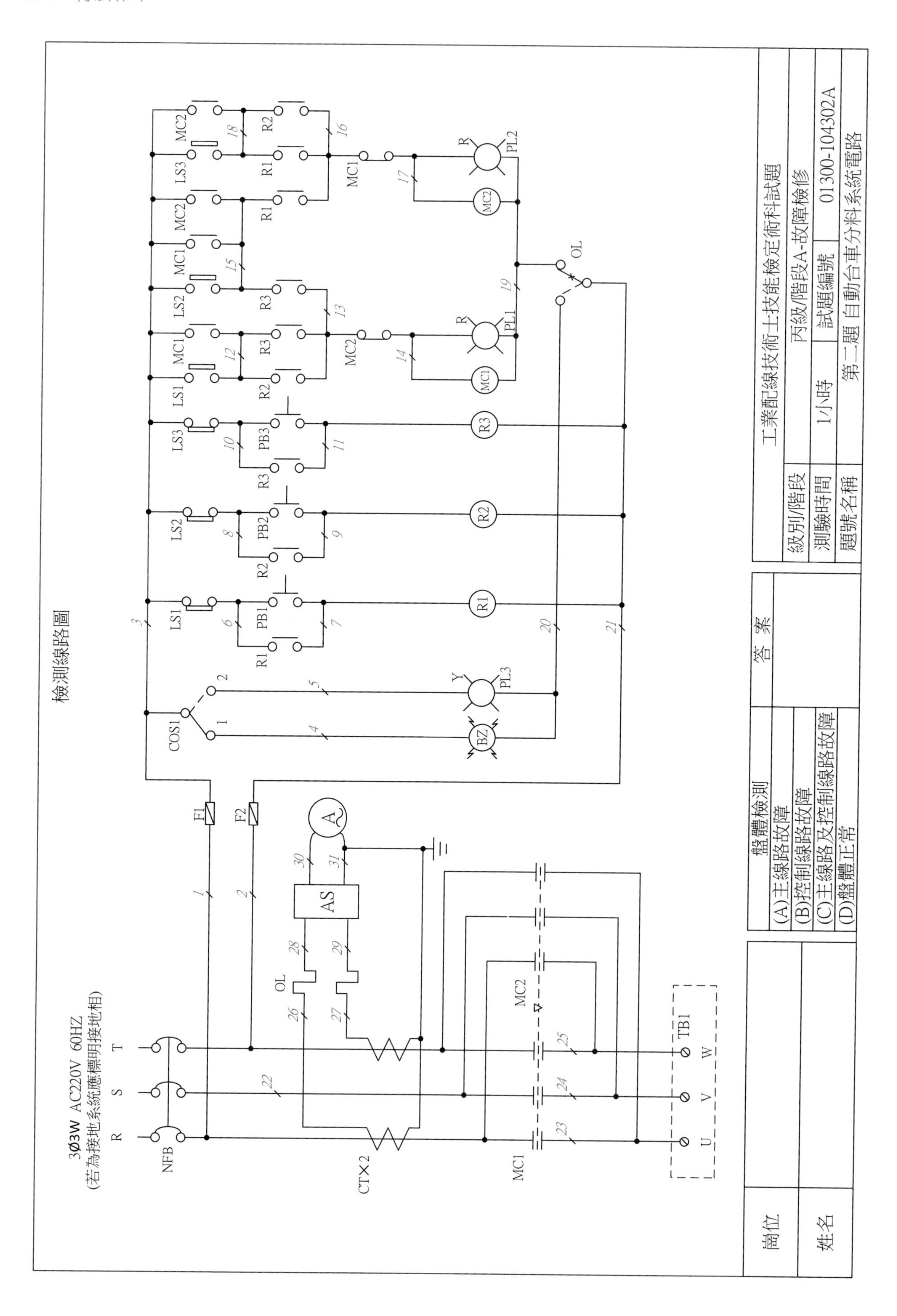
檢測線路圖
3Ø3W AC220V 60HZ
(若為接地系統應標明接地相)
R S T
NFB
CT×2
MC1
MC2
OL
AS
A
F1
F2
TB1
U V W
COS1
BZ
Y
PL3
R1
R2
R3
PB1
PB2
PB3
LS1
LS2
LS3
PL1
PL2
工業配線技術士技能檢定術科試題
級別/階段
丙級/階段A-故障檢修
測驗時間
1小時
試題編號
01300-104302A
題號名稱
第二題 自動台車分料系統電路
答案
盤體檢測
(A)主線路故障
(B)控制線路故障
(C)主線路及控制線路故障
(D)盤體正常
崗位
姓名

2-3 故障設定開關之線路圖

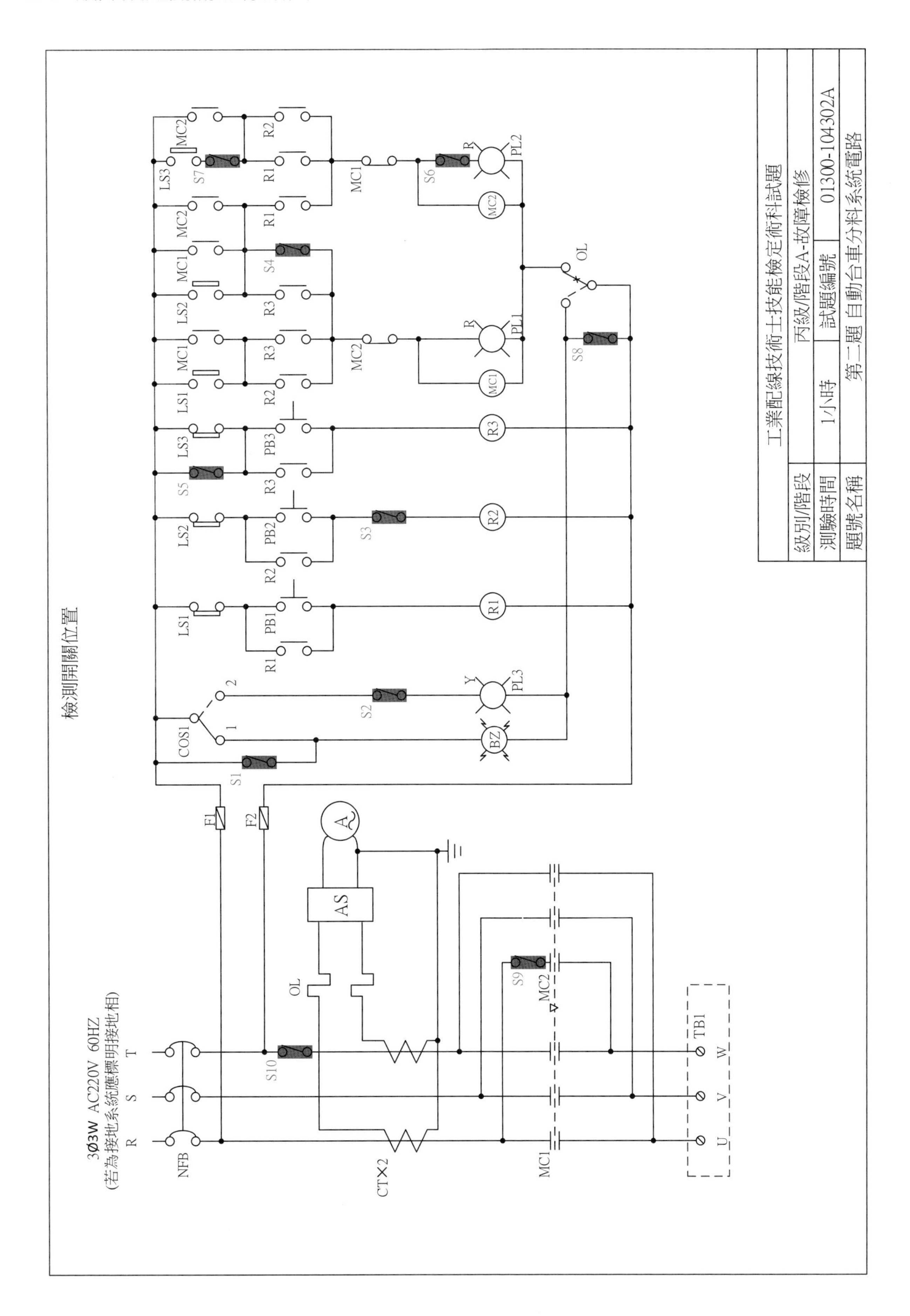

2-4 動作說明、設定故障開關並記錄故障情形

請將故障設定開關S1~S10逐一設定，依據試題之動作說明，逐條測試動作正常或故障之檢查，以發現故障點，並記錄故障的情形。

動作說明	設定故障開關，並記錄故障情形
一、正常操作部分（OL正常狀況下，且COS1切於位置1）：	
1. 通電後，電動機停止[MC皆不動作、指示燈全熄]。	(1)
2. 分料台車停於崗位1時，LS1動作：	
(1) 若按PB1時無任何動作。	(2)
(2) 若按PB2，則電動機正轉[MC1動作、PL1亮]，分料台車向右移動（註），LS1復歸；當分料台車到達崗位2時，LS2動作，電動機停止運轉[MC1復歸、PL1熄]。	(3)
(3) 若按PB3，則電動機正轉[MC1動作、PL1亮]，分料台車向右移動，LS1復歸；當分料台車到達崗位2時，LS2動作，電動機繼續正轉[MC1動作、PL1亮]，分料台車向右，LS2復歸；直到分料台車到達崗位3時，LS3動作，電動機停止運轉[MC1復歸、PL1熄]。	(4)
3. 分料台車停於崗位2時，LS2動作：	
(1) 若按PB1，則電動機反轉[MC2動作、PL2亮]，分料台車向左（註），LS2復歸；當分料台車到達崗位1時（LS1動作），電動機停止運轉[MC2復歸、PL2熄]。	(5)
(2) 若按PB2時無任何動作。	(6)
(3) 若按PB3，則電動機正轉[MC1動作、PL1亮]，分料台車向右，LS2復歸；當分料台車到達崗位3時，LS3動作，電動機停止運轉[MC1復歸、PL1熄]。	(7)
4. 分料台車停於崗位3時，LS3動作：	
(1) 若按PB1，則電動機反轉[MC2動作、PL2亮]，分料台車向左，LS3復歸；當分料台車到達崗位2時，LS2動作，電動機繼續反轉[MC2動作、PL2亮]，分料台車向左，LS2復歸；直到分料台車到達崗位1時，LS1動作，電動機停止運轉[MC2復歸、PL2熄]。	(8)
(2) 若按PB2，則電動機反轉[MC2動作、PL2亮]，分料台車向左，LS3復歸；當分料台車到達崗位2時，LS2動作，電動機停止運轉[MC2復歸、PL2熄]。	(9)
(3) 若按PB3時無任何動作。	(10)

動作說明	設定故障開關，並記錄故障情形
二、異常部分：	
1. 在正常操作中，若OL動作，則電動機停止運轉[MC1、MC2復歸]，分料台車停止，BZ響；將COS1由位置1切於位置2，則BZ停響，PL3亮。	(11)
註：電動機正轉時，分料台車向右移動；電動機反轉時，分料台車向左移動。	

2-5 故障點之設定、動作分析及確認方法

故障點設定	故障情形	故障點之分析及確認
S1短路	二.1 OL動作，若COS1切於位置1，則BZ響；若COS1切於位置2，則BZ[不]停響，PL3亮。	
S2斷路	二.1 OL動作，COS1切於位置2，則BZ停響，PL3[不]亮。	
S3斷路	一.2.(2) LS1動作，按PB2，R2[不]動作，MC1[不]動作，PL1[不]亮。 一.4.(2) LS3動作，按PB2，R2[不]動作，MC2[不]動作，PL2[不]亮。	
S4短路	一.3.(3) LS2動作，[未]按PB3，MC1動作、PL1亮。台車到達崗位3時，LS3動作，MC1[不]復歸、PL1[不]熄。	
S5短路	一.2.(3)或一.3.(3) 台車到達崗位3時，LS3動作，因R3[不]斷電，MC1[不]復歸、PL1[不]熄。	
S6斷路	一.3.(1)，一.4.(1)或一.4.(2) 當MC2動作，PL2[不]亮。	
S7斷路	一.4.(1)或一.4.(2) LS3動作，按PB1或PB2，MC2[不]動作、PL2[不]亮。	
S8短路	二.1 OL[未]動作，COS1切於位置1，則BZ響；COS1切於位置2，PL3亮。	
S9斷路	(1)依主電路線路圖的線號，逐條測量之，以檢查線路的斷路故障，及MC/a接點的短路故障。 (2)在送電的情況下，也可用驗電筆，檢查非接地導線的短路或斷路故障。	
S10斷路		

（參考答案在A7-7頁）

A3 第三題 三台輸送帶電動機順序運轉控制

3-1 動作示意圖及配置圖

本試題為三台輸送帶電動機順序運轉控制，主要動作有兩種：

(1) 自動順序控制：當COS1切至1時，則M1、M2、M3各運轉T1、T2、T3時間後再依序循環動作，當運轉時，若按下PB2則所有動作停止。

(2) 手動順序控制：當COS1切至2時，按PB1則M1、M2、M3各運轉T1、T2、T3時間後再依序循環動作，若按下PB2則所有動作停止。

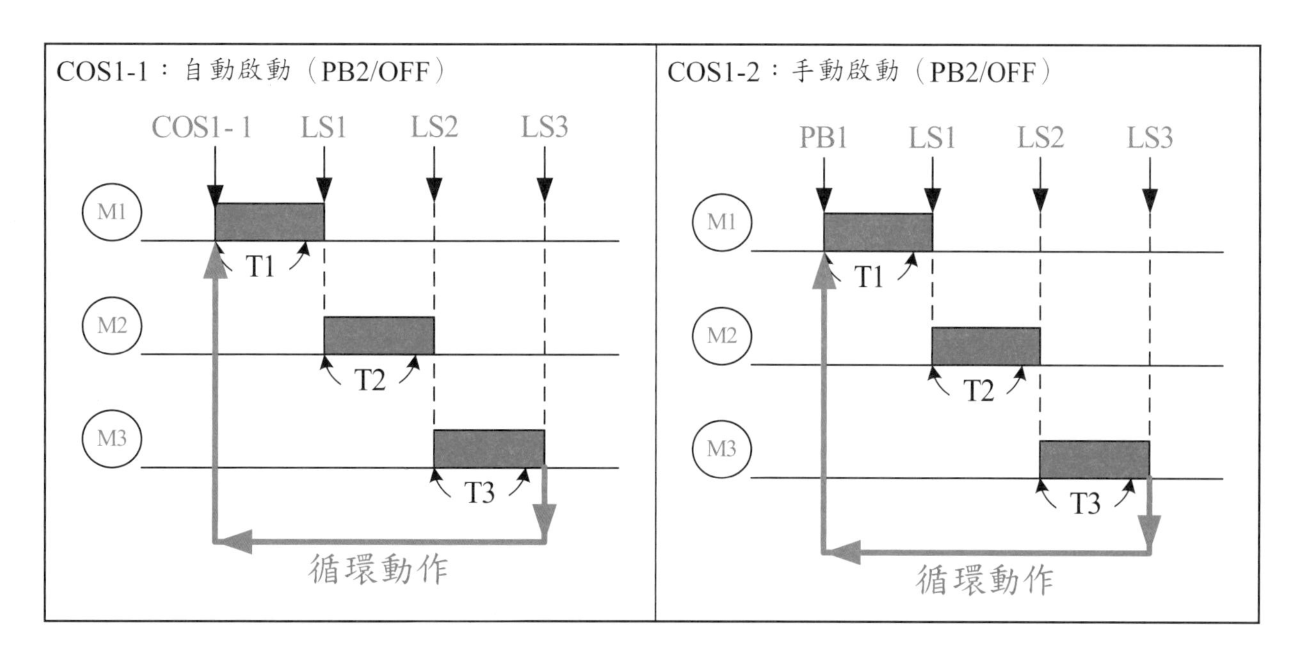

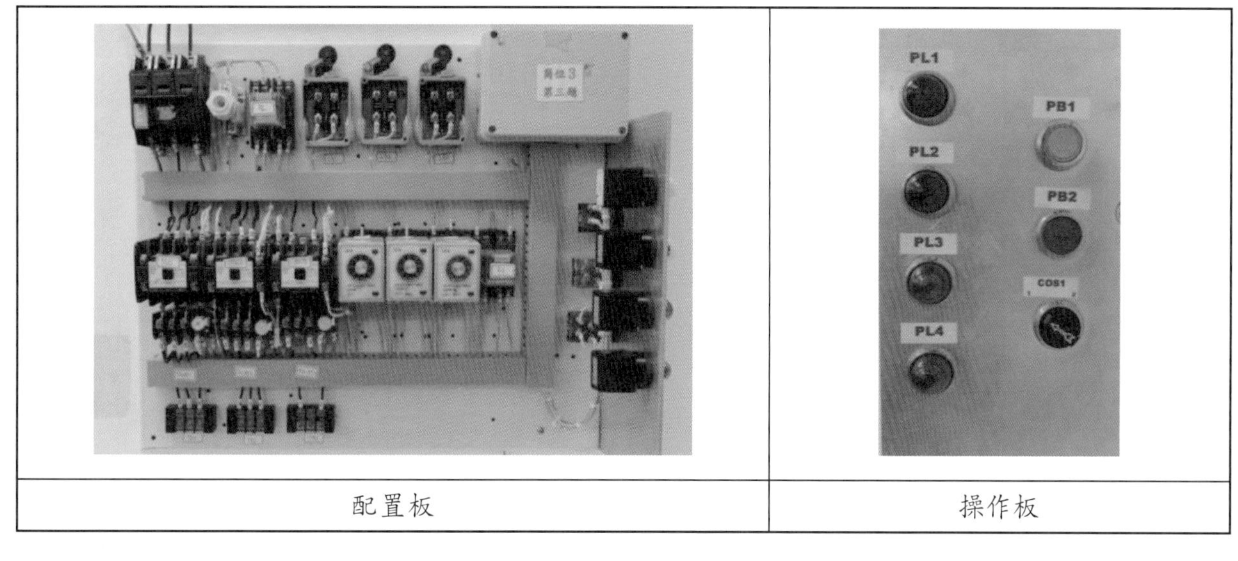

配置板	操作板

3-2 線路圖

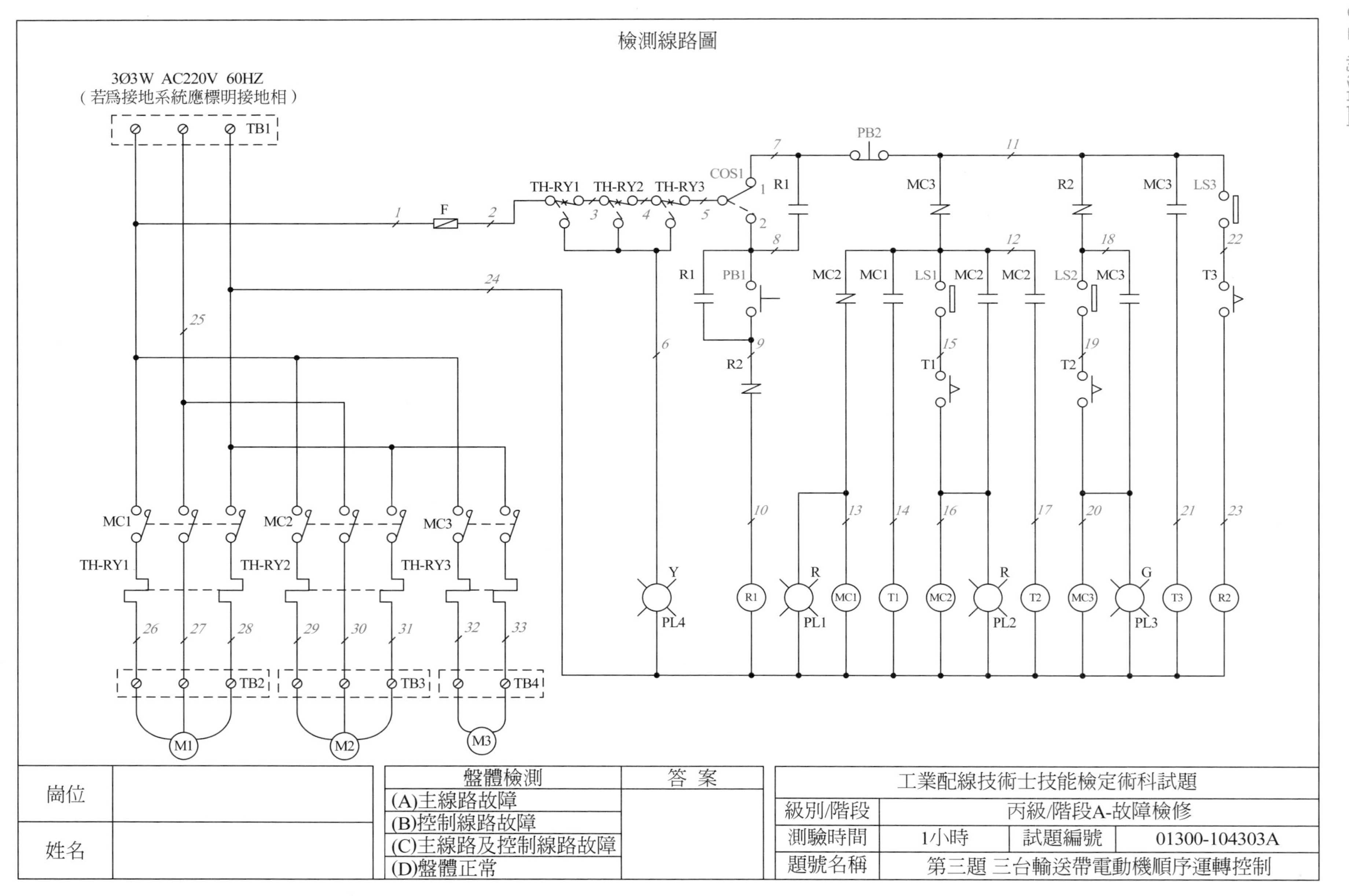
檢測線路圖
3Ø3W AC220V 60HZ
（若為接地系統應標明接地相）
TB1
TB2
TB3
TB4
F
TH-RY1 TH-RY2 TH-RY3
COS1
PB1
PB2
R1
R2
MC1
MC2
MC3
LS1
LS2
LS3
T1
T2
T3
PL1
PL2
PL3
PL4
M1
M2
M3
崗位
姓名
盤體檢測
(A)主線路故障
(B)控制線路故障
(C)主線路及控制線路故障
(D)盤體正常
答 案
工業配線技術士技能檢定術科試題
級別/階段
丙級/階段A-故障檢修
測驗時間
1小時
試題編號
01300-104303A
題號名稱
第三題 三台輸送帶電動機順序運轉控制

3-3 故障設定開關之線路圖

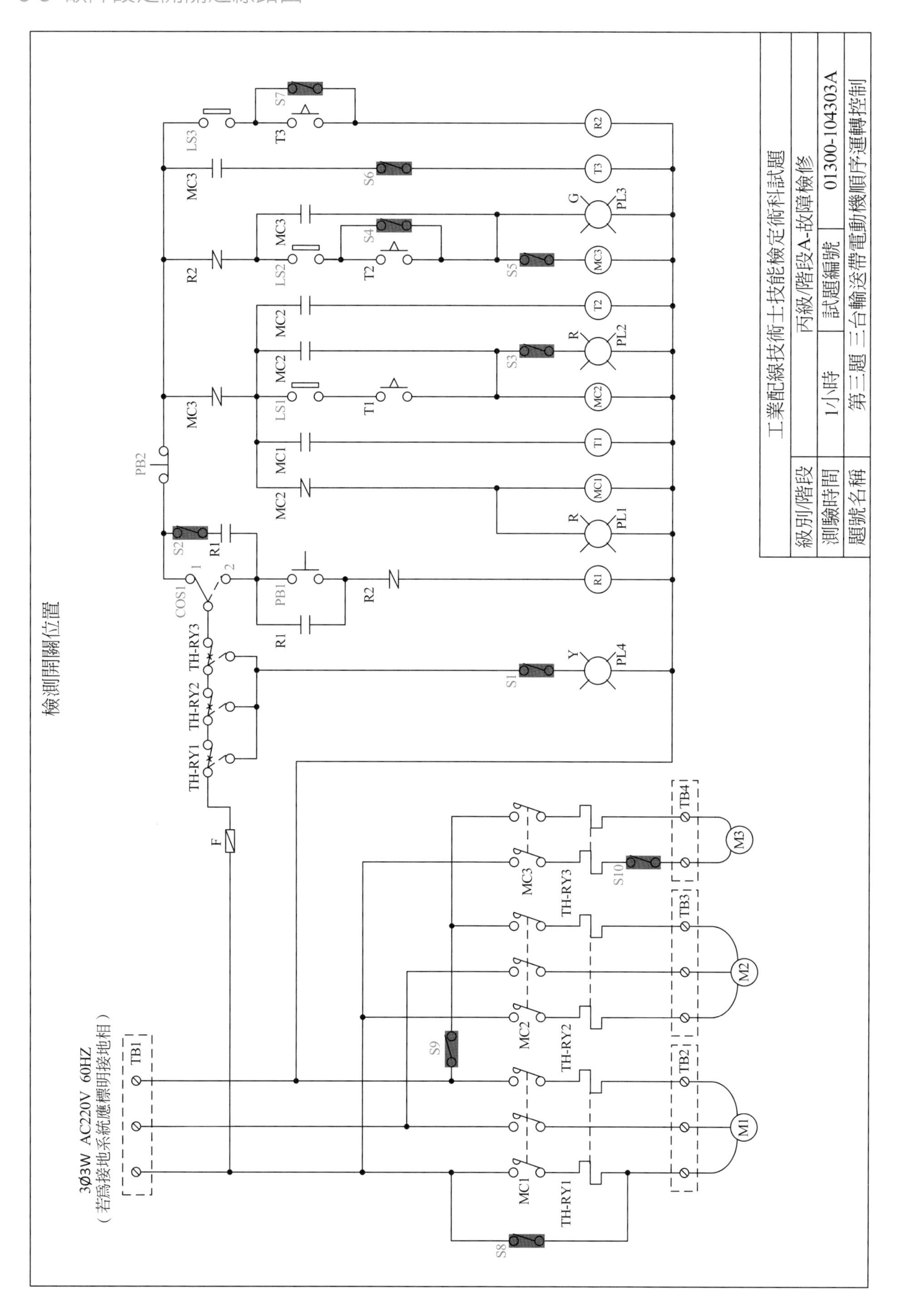

3-4 動作說明、設定故障開關並記錄故障情形

請將故障設定開關S1~S10逐一設定，依據試題之動作說明，逐條測試動作正常或故障之檢查，以發現故障點，並記錄故障的情形。

動作說明	設定故障開關，並記錄故障情形
一、正常操作部分（OL正常狀況下）：	
1. 自動啟動順序控制（COS1切於位置1時），其動作狀況如下：	
(1) M1電動機運轉[MC1動作、PL1亮]，T1開始計時。	(1)
(2) T1計時未到前，按LS1無作用；直到T1計時到，按LS1，M2電動機運轉[MC2動作、PL2亮]；同時M1電動機停止運轉[MC1復歸、PL1熄]，T2開始計時。	(2)
(3) T2計時未到前，按LS2無作用；直到T2計時到，按LS2，M3電動機運轉[MC3動作、PL3亮]；同時M2電動機停止運轉[MC2復歸、PL2熄]，T3開始計時。	(3)
(4) T3計時未到前，按LS3無作用；直到T3計時到，按LS3，M3電動機停止運轉[MC3復歸、PL3熄]；同時M1電動機運轉[MC1動作、PL1亮]，T1開始計時。	(4)
(5) 重複回復到(2)之動作。	
2. 手動啟動順序控制（COS1切於位置2時），其動作狀況如下：	
(1) 按PB1，M1電動機運轉[MC1動作、PL1亮]，T1開始計時。	(5)
(2) T1計時未到前，按LS1無作用；直到T1計時到，按LS1，M2電動機運轉[MC2動作、PL2亮]；同時M1電動機停止運轉[MC1復歸、PL1熄]，T2開始計時。	(6)
(3) T2計時未到前，按LS2無作用；直到T2計時到，按LS2，M3電動機運轉[MC3動作、PL3亮]；同時M2電動機停止運轉[MC2復歸、PL2熄]，T3開始計時。	(7)
(4) T3計時未到前，按LS3無作用；直到T3計時到，按LS3，M3電動機停止運轉[MC3復歸、PL3熄]。	(8)
3. 電路動作中，若按住PB2則所有電動機停止運轉[MC皆復歸、指示燈全熄]；放開PB2後，動作可重新進行。	(9)
二、異常部分：	
1. 在正常操作中，TH-RY1、TH-RY2或TH-RY3任一動作，則所有電動機停止運轉[MC皆復歸、PL4亮]。	(10)

3-5 故障點之設定、動作分析及確認方法

故障點設定	故障情形	故障點之分析及確認
S1斷路	二.1 TH-RY1或TH-RY2或TH-RY3任一動作，則所有電動機停止運轉MC皆復歸，PL4[不]亮。	
S2斷路	一.2.(1)COS1切於位置2時，按PB1，MC1[不]動作、PL1[不]亮，T1[不]計時。	
S3斷路	一.1.(2)LS1動作，T1計時到，MC2動作，PL2[不]亮。	
S4短路	一.1.(3)LS2動作，T2計時未到，MC3[動作]，PL3[亮]。	
S5斷路	一.1.(3)T2計時到，按LS2，MC3[不]動作，PL3亮。	
S6斷路	一.1.(3)T2計時到，MC3動作，T3[不]計時。	
S7短路	一.1.(4)LS3動作，T3計時未到，MC3[復歸]，PL3[熄]。	
S8短路	(1)依主電路線路圖的線號，逐條測量之，以檢查線路的斷路故障，或MC/a接點的短路故障。 (2)在送電的情況下，也可用驗電筆，檢查非接地導線的短路或斷路故障。	
S9斷路		
S10斷路		

（參考答案在A7-8頁）

A4 第四題 三相感應電動機之Y-△降壓起動控制(一)

4-1 動作示意圖及配置圖

本試題為三相感應電動機之Y-△降壓起動控制，主要動作如下：

(1) 當按下PB2時，MC1、MC3動作，電動機作Y結線起動，且計時器開始計時。

(2) 當計時時間到，MC1、MC2動作，電動機作△結線運轉。

(3) 當按下PB1，電動機停止運轉。

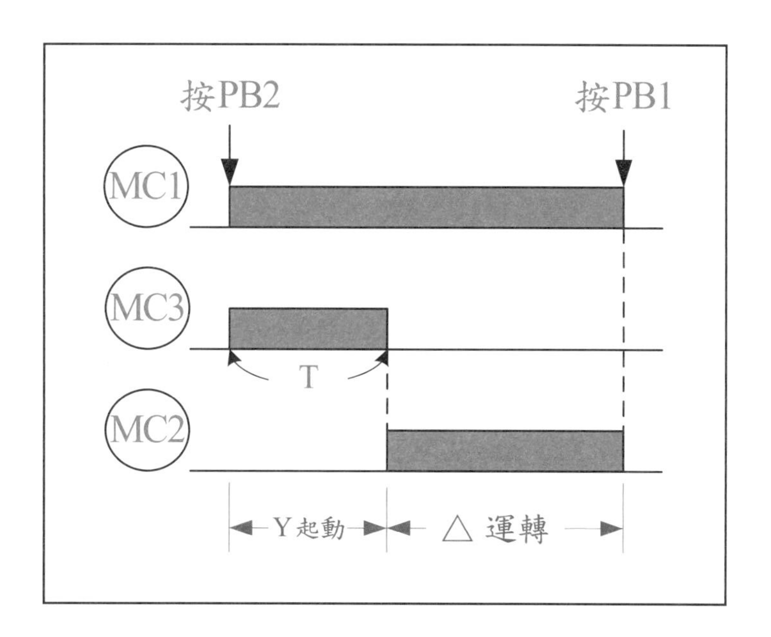

配置板	操作板

4-2 線路圖

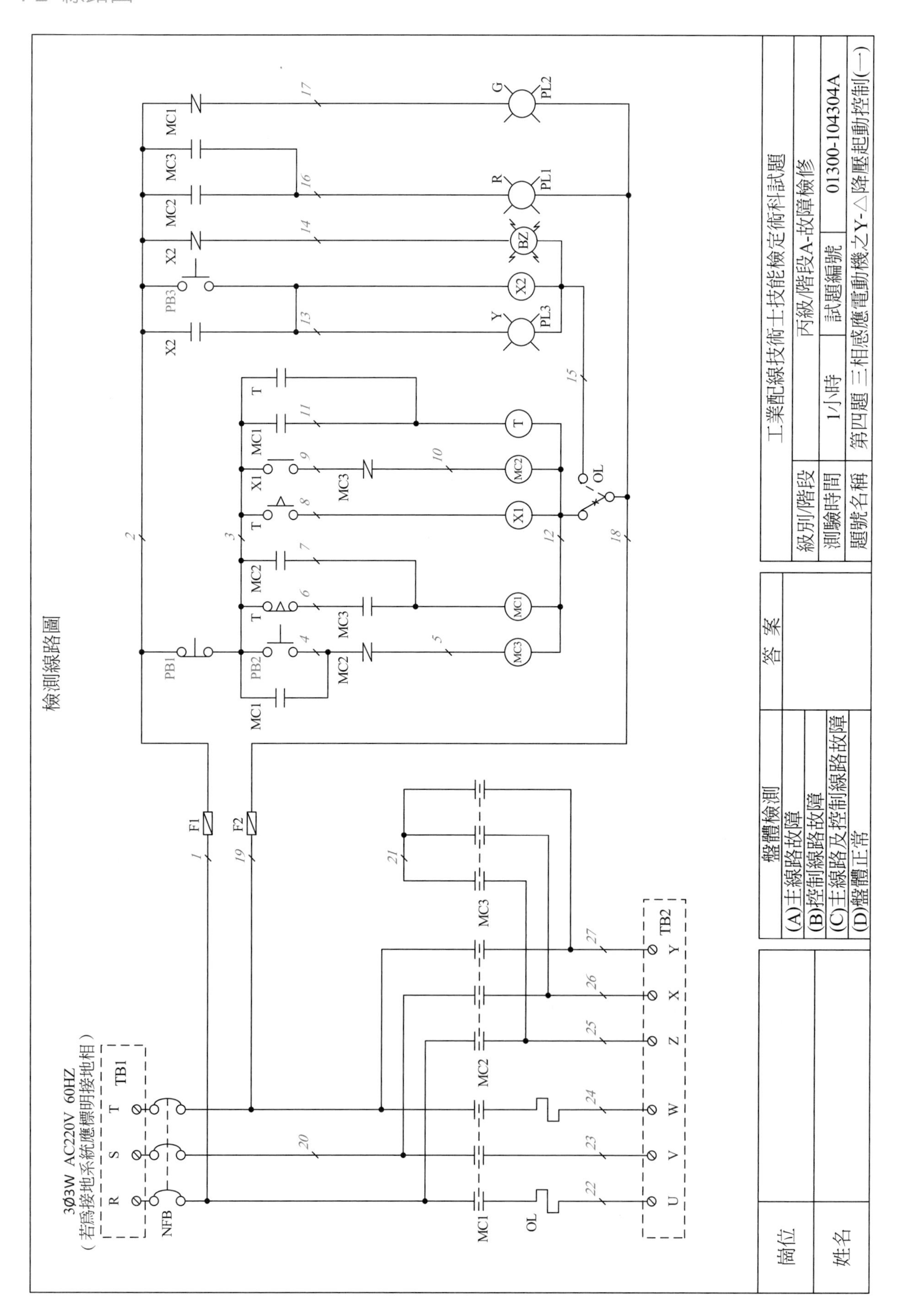
檢測線路圖
3Ø3W AC220V 60HZ
（若爲接地系統應標明接地相）
TB1
R S T
NFB
F1
F2
MC1
MC2
MC3
OL
TB2
U V W Z X Y
PB1
PB2
PB3
X1
X2
T
MC1
MC2
MC3
X1
X2
T
BZ
PL1
PL2
PL3
R
G
Y
工業配線技術士技能檢定術科試題
級別/階段
丙級/階段A-故障檢修
測驗時間
1小時
試題編號
01300-104304A
題號名稱
第四題 三相感應電動機之Y-△降壓起動控制(一)
盤體檢測
答案
(A)主線路故障
(B)控制線路故障
(C)主線路及控制線路故障
(D)盤體正常
崗位
姓名

4-3 故障設定開關之線路圖

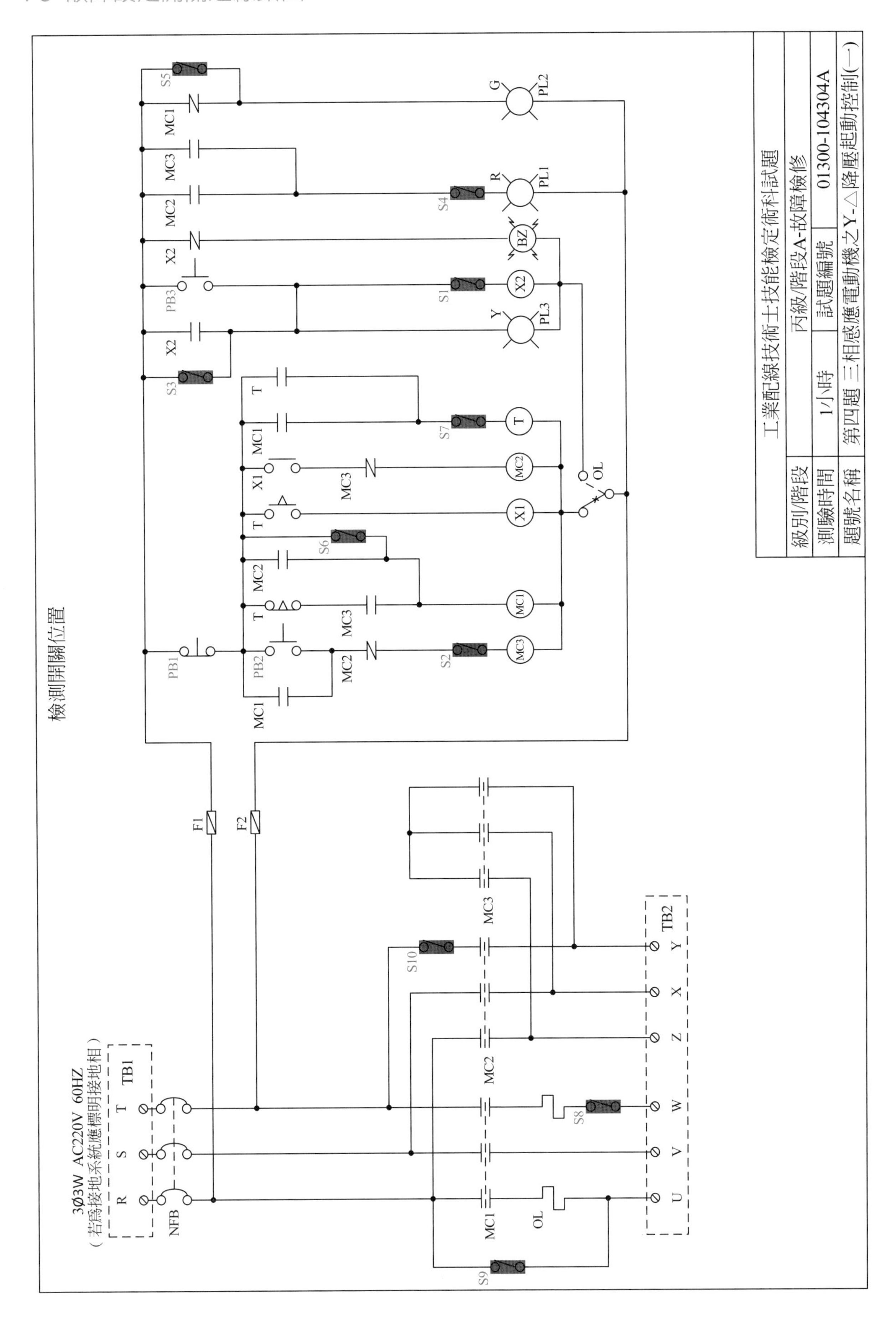

4-4 動作說明、設定故障開關並記錄故障情形

請將故障設定開關S1~S10逐一設定，依據試題之動作說明，逐條測試動作正常或故障之檢查，以發現故障點，並記錄故障的情形。

動作說明	設定故障開關，並記錄故障情形
一、正常操作部分（OL正常狀況下）：	
1. 通電後，電動機停止[MC皆不動作、PL2亮]。	(1)
2. 按PB2，電動機作Y結線起動[MC3及MC1動作、PL1亮、PL2熄]，T開始計時。	(2)
3. T計時到，電動機起動完成，轉換為△結線運轉[MC3復歸、MC1及MC2動作、PL1亮]。	(3)
4. 按PB1，則電動機停止運轉[MC皆復歸、PL1熄、PL2亮]。	(4)
二、異常部分：	
1. 在正常操作中，OL動作，則電動機停止運轉[MC皆復歸、PL2亮、BZ響]。	(5)
2. 此時按PB3，則[PL2及PL3亮、BZ停響]。	(6)

4-5 故障點之設定、動作分析及確認方法

<table>
<tr><th>故障點設定</th><th>故障情形</th><th>故障點之分析及確認</th></tr>
<tr><td>S1斷路</td><td>二.2 按PB3，PL3亮，BZ[不]停響。</td><td></td></tr>
<tr><td>S2斷路</td><td>一.2 按PB2， MC3[不]動作。</td><td></td></tr>
<tr><td>S3短路</td><td>二.1若OL動作，[未]按PB3，PL3[亮]，BZ停響</td><td></td></tr>
<tr><td>S4斷路</td><td>一.2或一.3 MC2或MC3動作，PL1[不]亮。</td><td></td></tr>
<tr><td>S5短路</td><td>一.2 按PB2，MC1動作，PL1亮、PL2[不]熄。</td><td></td></tr>
<tr><td>S6短路</td><td>一.1 通電後，[未]按PB2， MC1[動作]。</td><td></td></tr>
<tr><td>S7斷路</td><td>一.2 按PB2，MC3及MC1動作、PL1亮、PL2熄，T1[不]計時。</td><td></td></tr>
<tr><td>S8斷路</td><td rowspan="3">(1)依主電路線路圖的線號，逐條測量之，以檢查線路的斷路故障，或MC/a接點的短路故障。
(2)在送電的情況下，也可用驗電筆，檢查非接地導線的短路或斷路故障。</td><td></td></tr>
<tr><td>S9短路</td><td></td></tr>
<tr><td>S10斷路</td><td></td></tr>
</table>

（參考答案在A7-9頁）

A5 第五題 三相感應電動機之Y-△降壓起動控制(二)

5-1 動作示意圖及配置圖

本試題為三相感應電動機之Y-△降壓起動控制，主要動作如下：

(1) 當按下PB2時，MC1、MC3動作，電動機作Y結線起動，且計時器開始計時。

(2) 當計時時間到，MC1、MC2動作，電動機作△結線運轉。

(3) 當按下PB1，電動機停止運轉。

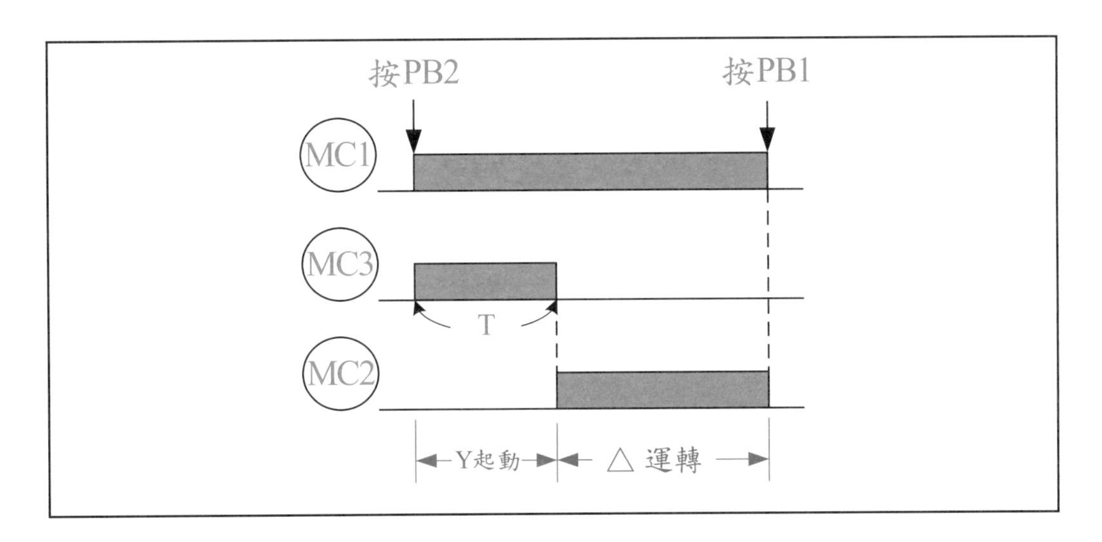

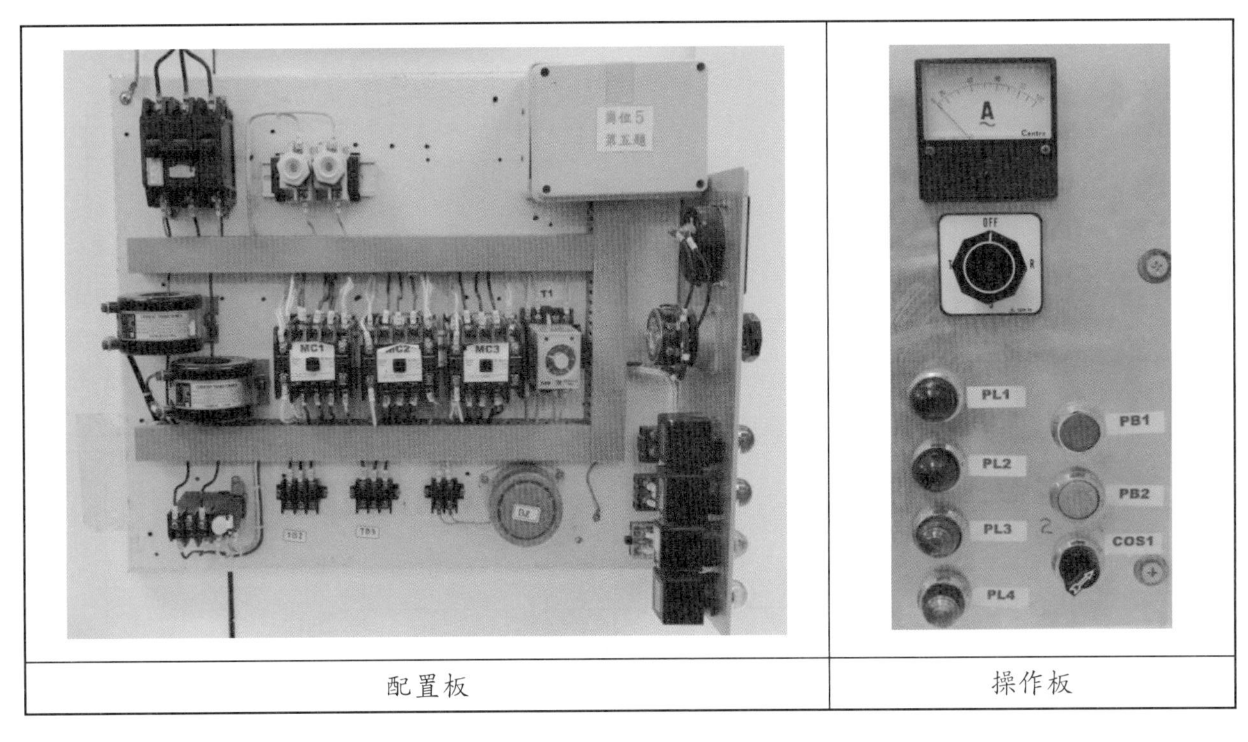

配置板	操作板

5-2 線路圖

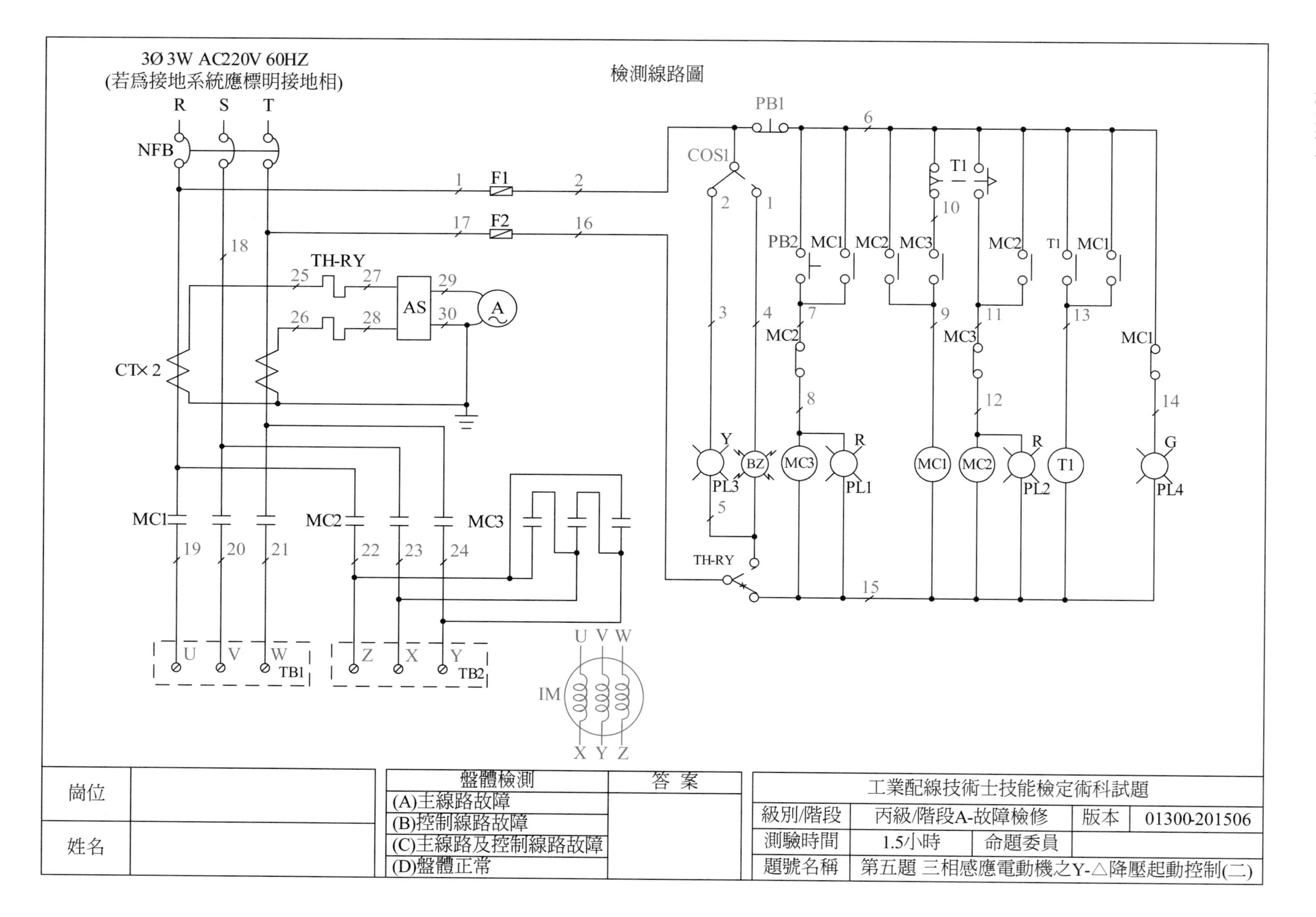

崗位	
姓名	

盤體檢測	答案
(A)主線路故障	
(B)控制線路故障	
(C)主線路及控制線路故障	
(D)盤體正常	

工業配線技術士技能檢定術科試題			
級別/階段	丙級/階段A-故障檢修	版本	01300-201506
測驗時間	1.5小時	命題委員	
題號名稱	第五題 三相感應電動機之Y-△降壓起動控制(二)		

5-3 故障設定開關之線路圖

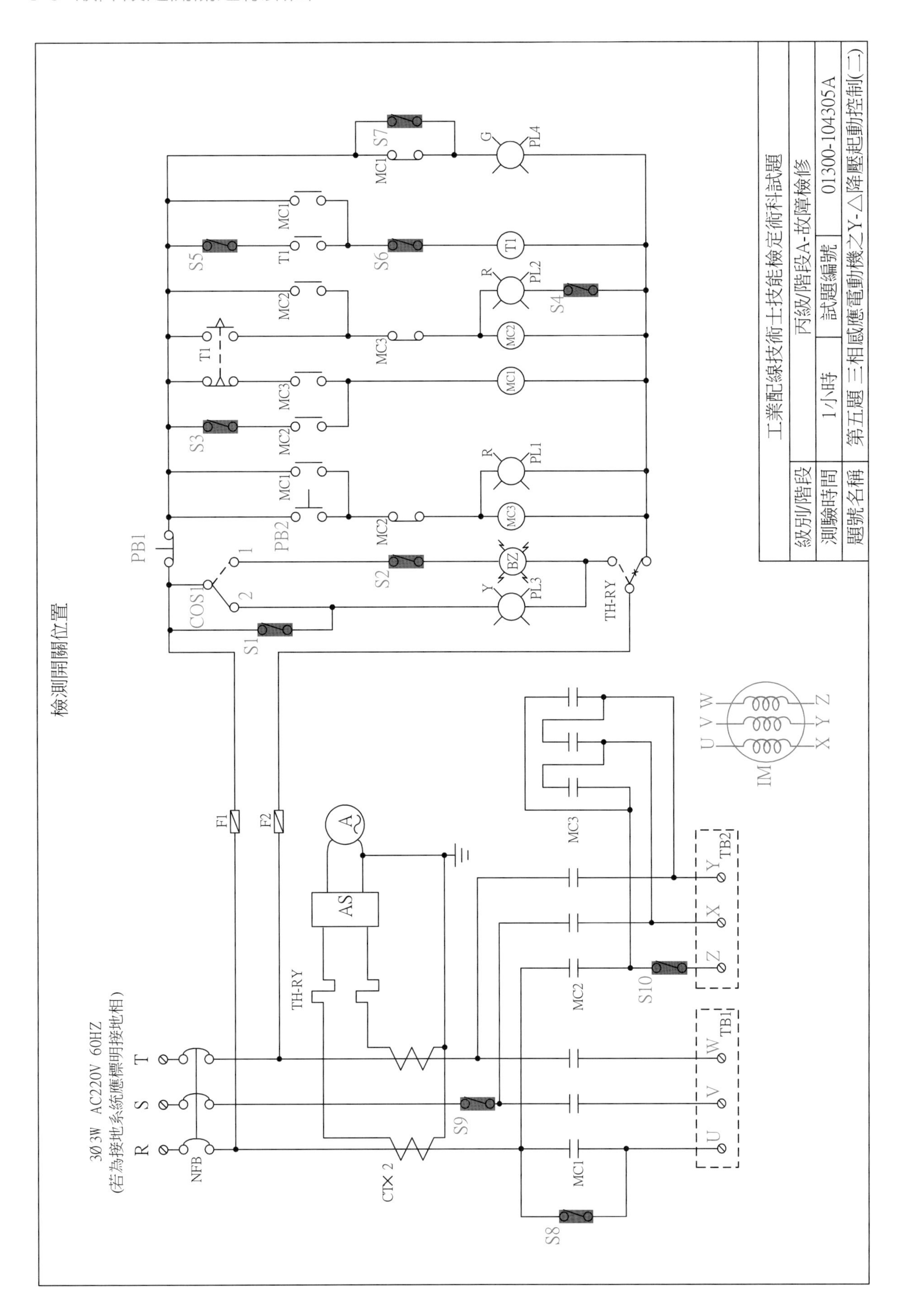

5-4 動作說明、設定故障開關並記錄故障情形

請將故障設定開關S1~S10逐一設定，依據試題之動作說明，逐條測試動作正常或故障之檢查，以發現故障點，並記錄故障的情形。

動作說明	設定故障開關，並記錄故障情形
一、正常操作部分（OL正常狀況下，且COS1切於位置1）：	
1. 通電後，電動機停止[MC皆不動作、PL4亮]。	(1)
2. 按PB2，則電動機作Y結線起動[MC1及MC3動作、PL1亮、PL4熄]，T1開始計時。	(2)
3. T1計時到，電動機起動完成，轉換為△結線運轉[MC3復歸、MC1及MC2動作、PL1熄、PL2亮]。	(3)
4. 按住PB1，則電動機停止運轉[MC皆復歸、指示燈全熄]。	(4)
5. 放開PB1，則PL4亮。	(5)
二、異常部分：	
1. 在正常操作中，TH-RY動作，則電動機停止運轉[MC皆復歸、指示燈全熄]，BZ響；將COS1由位置1切於位置2，則BZ停響，PL3亮。	(6)

5-5 故障點之設定、動作分析及確認方法

故障點設定	故障情形	故障點之分析及確認
S1短路	二.1 TH-RY動作，MC皆復歸、指示燈全熄，COS1切於位置1時，則BZ響，PL3[不]熄；若COS1切於位置2時，則BZ停響，PL3亮。	
S2斷路	二.1 TH-RY動作，COS1切於位置1時，則BZ[不]響。	
S3斷路	一.3 T1計時到，MC3復歸，MC1[不]動作、MC2動作、PL1熄、PL2亮，PL4亮。	
S4斷路	一.3 T1計時到，MC3復歸、MC1及MC2動作、PL1熄、PL2[不]亮。	
S5斷路	狀況①：一.3 T1計時到，MC1及MC2[不]動作。 狀況②：當S5斷路時，T1計時到，因不能靠T1之瞬時a接點自保，會有瞬間之斷電；但因器具接點動作速度的因素，MC1及MC2有時仍會動作。	
S6斷路	一.2 按PB2，MC1及MC3動作、PL1亮、PL4熄，T1[不]計時。	
S7短路	一.2 按PB2，MC1及MC3動作、PL1亮、PL4[亮]，T1計時。	
S8短路	(1)依主電路線路圖的線號，逐條測量之，以檢查線路的斷路故障，及MC/a接點的短路故障。 (2)在送電的情況下，也可用驗電筆，檢查非接地導線的短路或斷路故障。	
S9斷路		
S10斷路		

（參考答案在A7-10頁）

A6 第六題 三相感應電動機順序啓閉控制

6-1 動作示意圖及配置圖

本試題為三相感應電動機順序啟閉控制，主要動作如下：

(1) 當按下PB1時MC1動作，T1計時，計時時間到後，MC2動作，T2計時，計時時間到後，MC3動作，M1、M2、M3三只電動機按順序啟動運轉。

(2) 當按下PB2則MC1停止，T1又計時，計時時間到後，MC2停止；T2又計時，計時時間到後，MC3停止運轉，M1、M2、M3三只電動機按順序停止運轉。

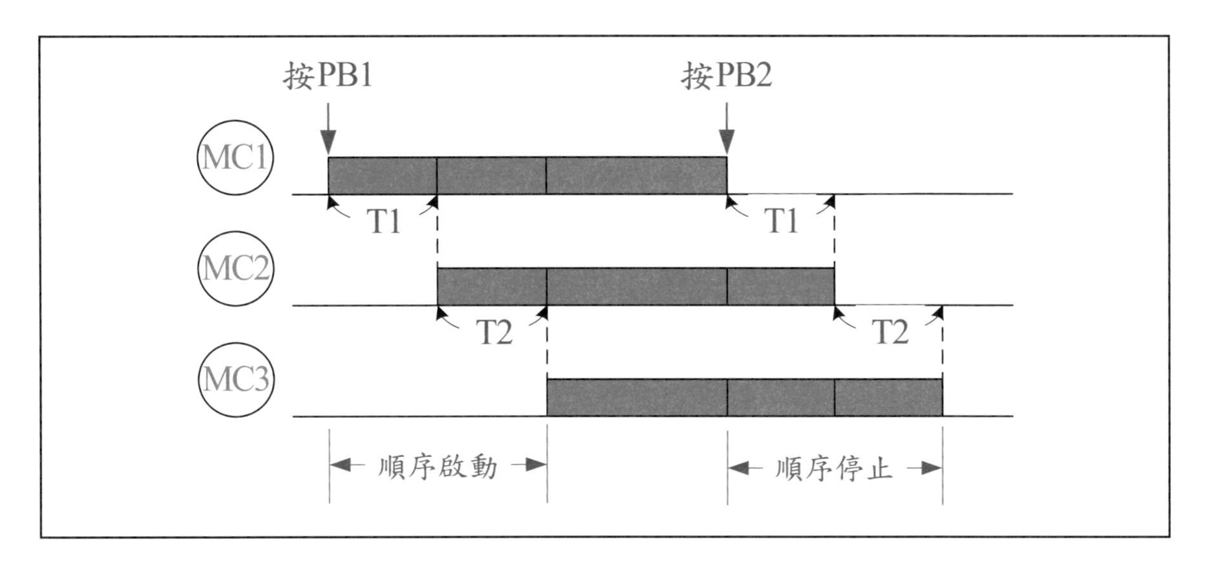

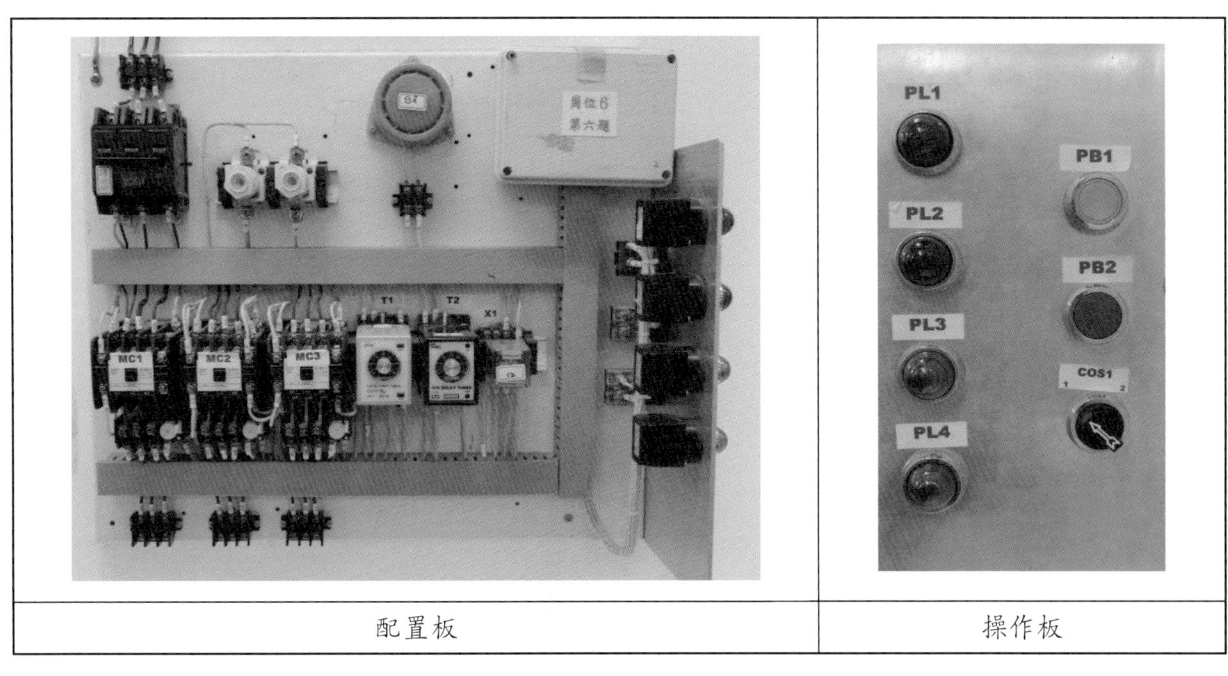

配置板 操作板

6-2 線路圖

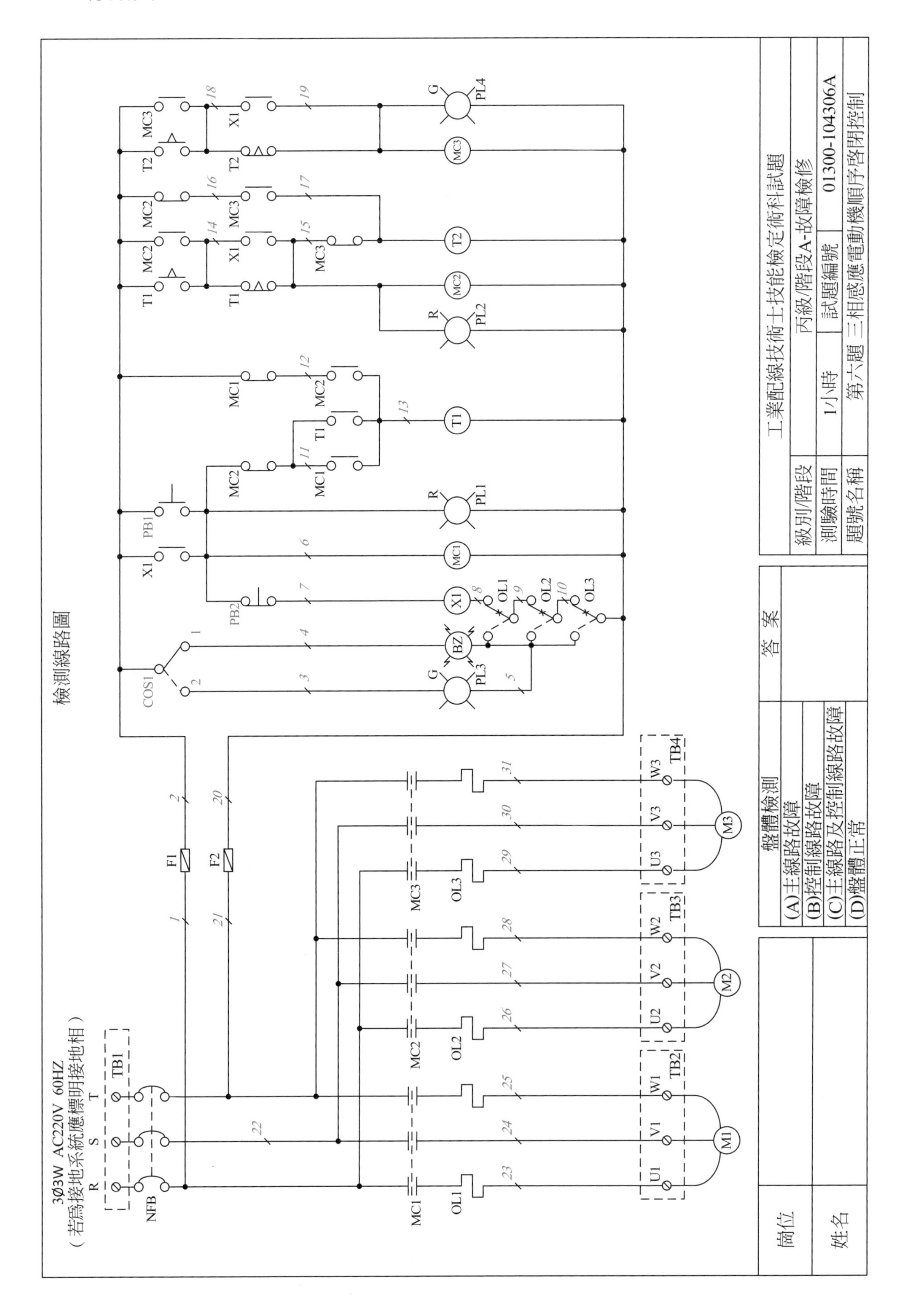
檢測線路圖
3Ø3W AC220V 60HZ
（若為接地系統應標明接地相）
工業配線技術士技能檢定術科試題
級別/階段
丙級/階段A-故障檢修
測驗時間
1小時
試題編號
01300-104306A
題號名稱
第六題 三相感應電動機順序啟閉控制
答案
盤體檢測
(A)主線路故障
(B)控制線路故障
(C)主線路及控制線路故障
(D)盤體正常
崗位
姓名

6-3 故障設定開關之線路圖

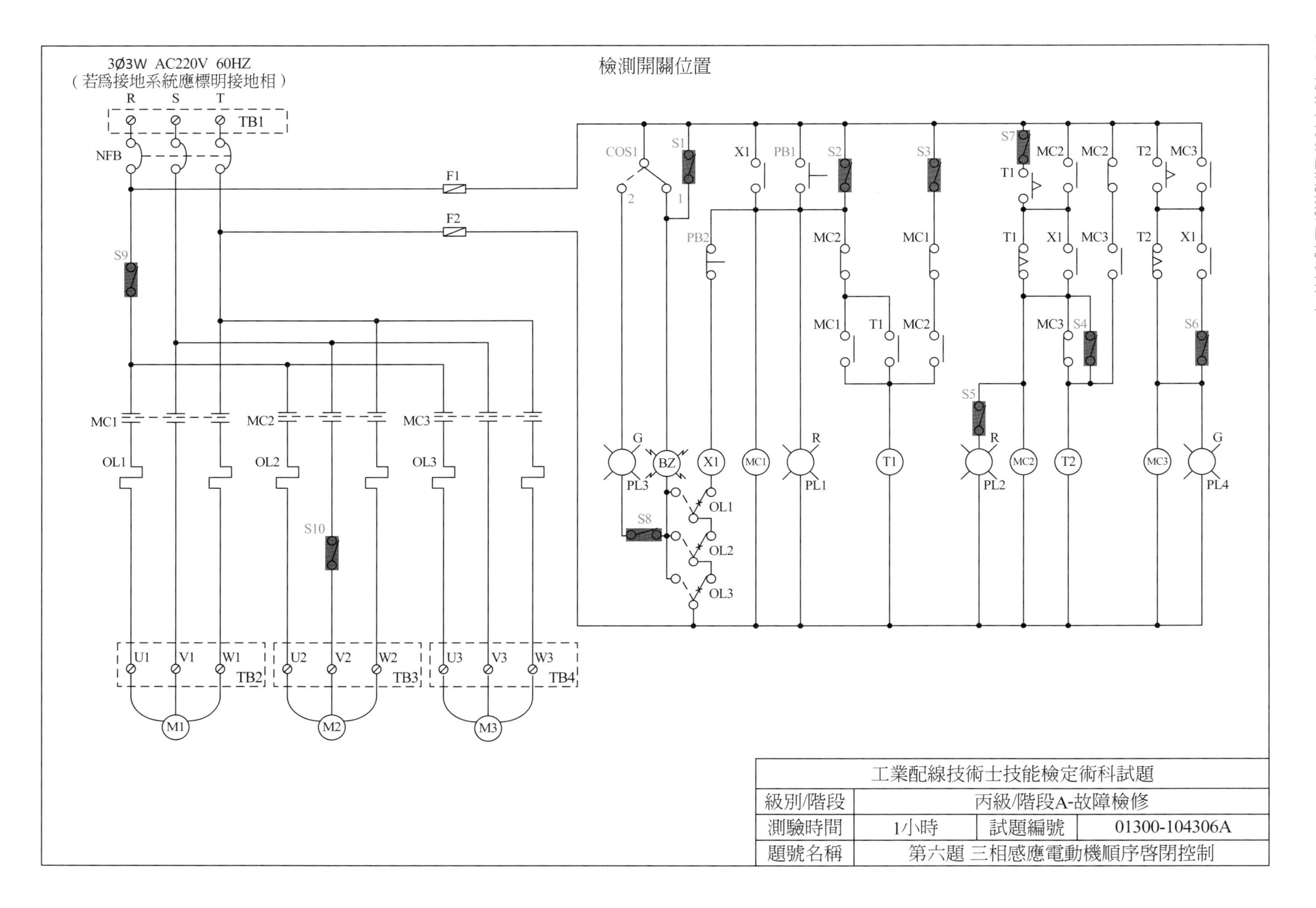

6-4 動作說明、設定故障開關並記錄故障情形

請將故障設定開關S1~S10逐一設定，依據試題之動作說明，逐條測試動作正常或故障之檢查，以發現故障點，並記錄故障的情形。

動作說明	設定故障開關，並記錄故障情形
一、正常操作部分（OL正常狀況下，且COS1切於位置1）：	
1. 通電後，所有電動機停止[MC皆不動作、指示燈全熄]。	(1)
2. 按PB1，則M1電動機運轉[MC1動作、PL1亮]，T1開始計時。	(2)
3. T1計時到，M2電動機加入運轉[MC2動作、PL2亮]，T2開始計時，T1斷電。	(3)
4. T2計時到，M3電動機加入運轉[MC3動作、PL4亮]，T2斷電。	(4)
5. 按PB2，M1電動機停止運轉[MC1復歸、PL1熄]，T1開始計時。	(5)
6. T1計時到，M2電動機停止運轉[MC2復歸、PL2熄]，T2開始計時，T1斷電。	(6)
7. T2計時到，M3電動機停止運轉[MC3復歸、PL4熄]，T2斷電。	(7)
二、異常部分：	
1. 在正常操作中，當OL1、OL2、OL3任一動作時，則已動作之電動機會依序停止運轉，BZ響；將COS1由位置1切於位置2，則BZ停響，PL3亮。	(8)

6-5 故障點之設定、動作分析及確認方法

故障點設定	故障情形	故障點之分析及確認
S1短路	二.1 OL1、OL2、OL3任一動作時，則已動作之電動機會依序停止運轉；此時若COS1切於位置1時，則BZ響；若COS1切於位置2時，則PL3亮，BZ[響]。	
S2短路	一.1 通電後，[未]按PB1，MC1動作、PL1亮，T1開始計時。	
S3斷路	一.5 按PB2，T1[不]計時。	
S4短路	一.4 T2計時到，MC3動作、PL4亮、T2[不]斷電。	
S5斷路	一.3 T1計時到，MC2動作、PL2[不]亮。	
S6斷路	一.4 T2計時到，MC3[不]動作、PL4[不]亮、T2[不]斷電。	
S7斷路	一.3 T1計時到，MC2[不]動作、PL2[不]亮，T2[不]計時，T1[不]斷電。	
S8斷路	二.1 當OL1、OL2、OL3任一動作時，則已動作之電動機會依序停止運轉；此時若COS1切於位置1時，則BZ響；若COS1切於位置2時，則PL3[不]亮。	
S9斷路	(1)依主電路線路圖的線號，逐條測量之，以檢查線路的斷路故障，及MC/a接點的短路故障。 (2)在送電的情況下，也可用驗電筆，檢查非接地導線的短路或斷路故障。	
S10斷路		

（參考答案在A7-11頁）

A7 第七題 往復式送料機自動控制電路

7-1 動作示意圖及配置圖

本試題為往復式送料機自動控制電路，主要動作如下：

(1) 當按下PB2時，MCF動作，電動機正轉。

(2) 若按住LS1時，T1計時。

(3) T1計時時間到，MCR，動作電動機反轉。

(4) 若按住LS2時，T2計時。

(5) T2計時時間到，MCF動作，電動機正轉。

(6) 重複步驟(2)~(5)之動作。

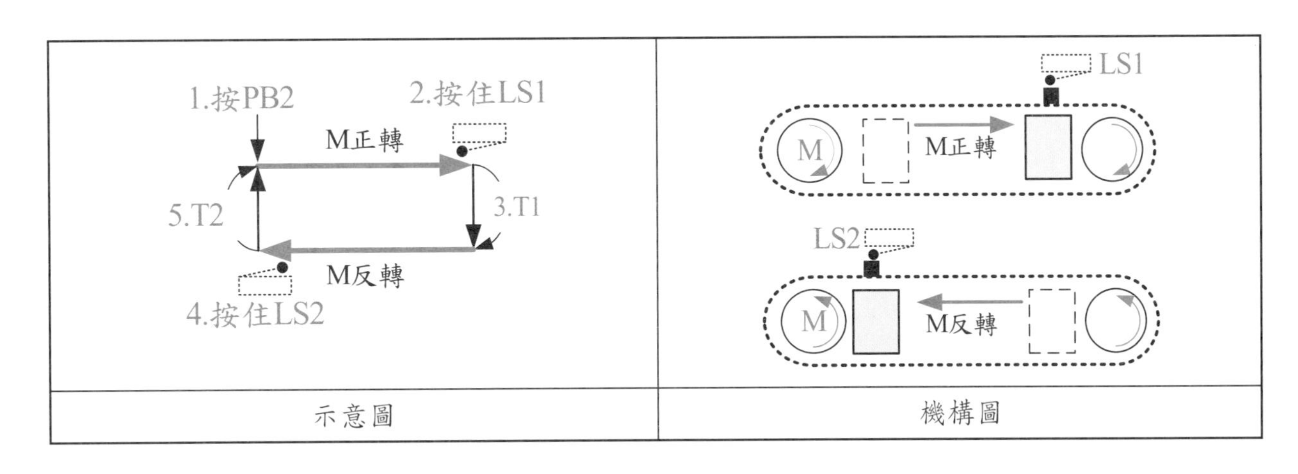

示意圖	機構圖

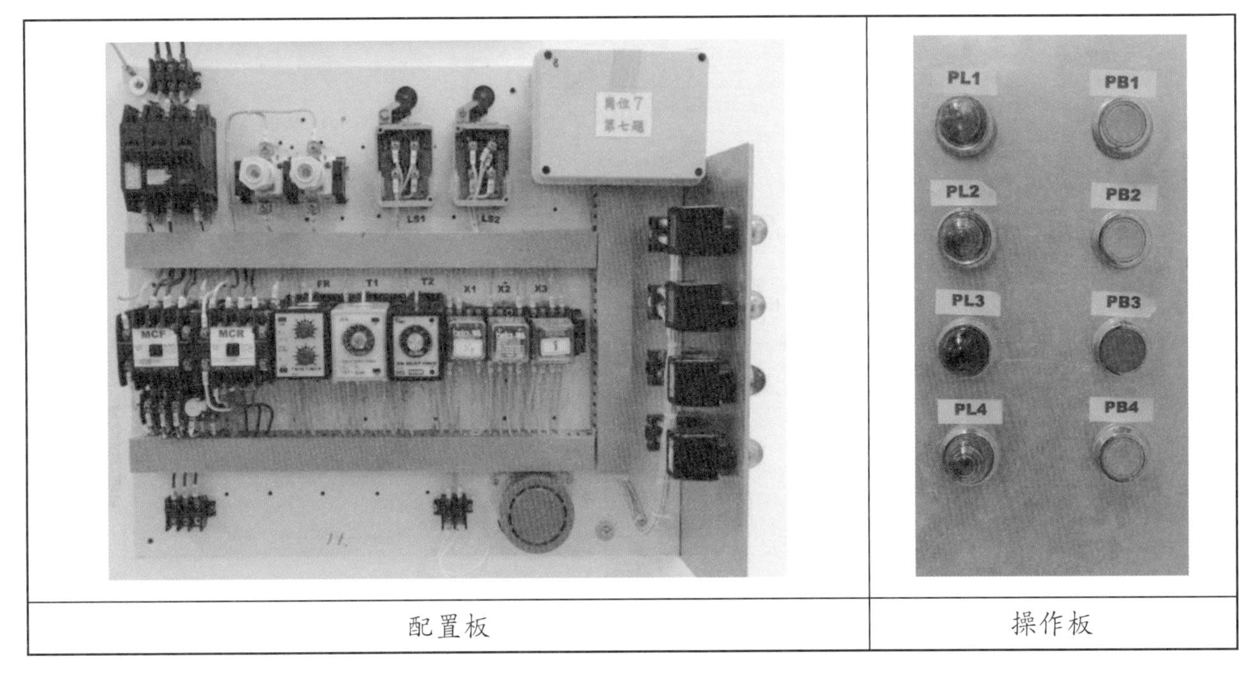

配置板	操作板

7-2 線路圖

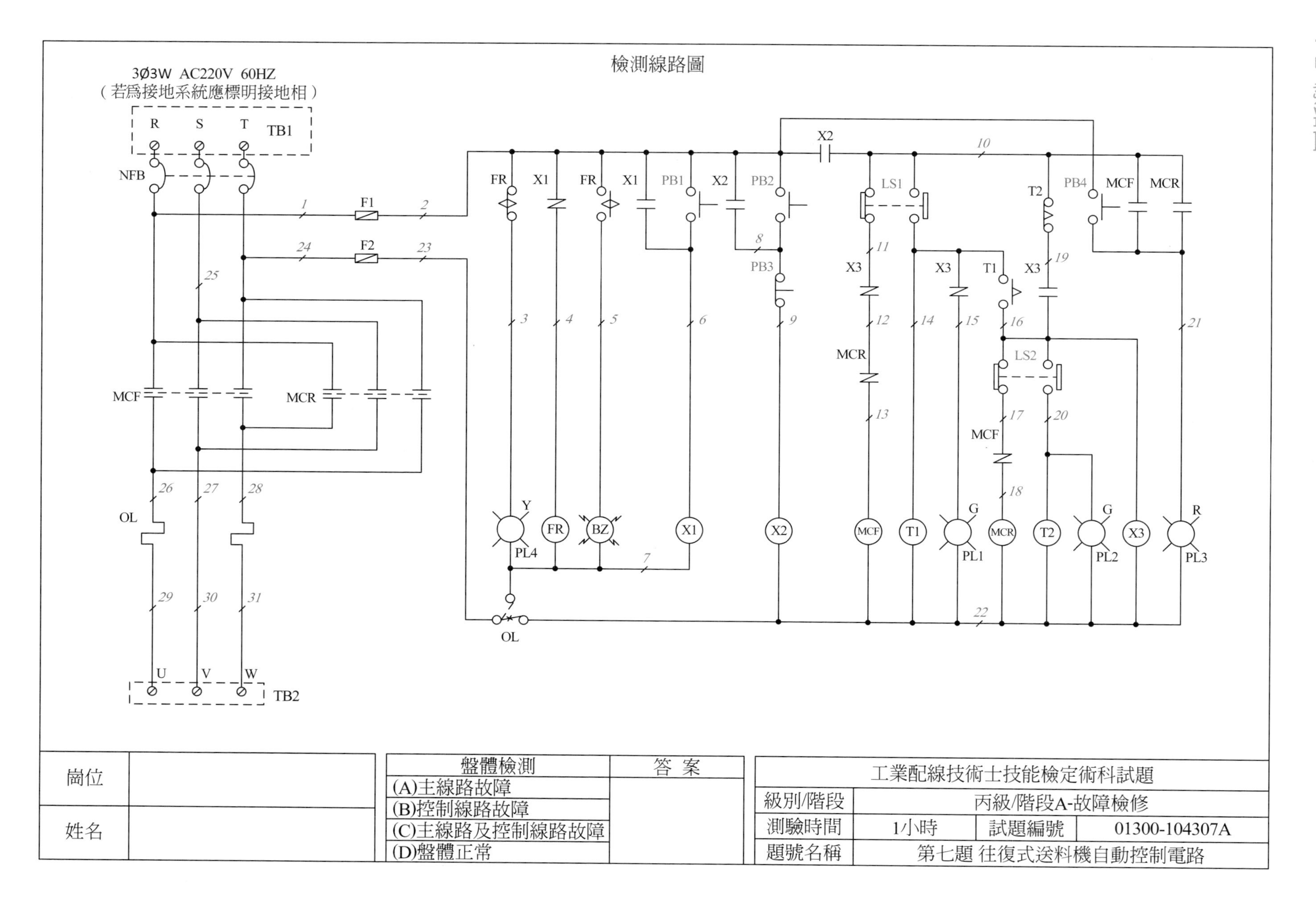
檢測線路圖
3Ø3W AC220V 60HZ
（若爲接地系統應標明接地相）
R S T TB1
NFB
F1
F2
MCF
MCR
OL
U V W
TB2
FR
X1
PB1
X2
PB2
PB3
LS1
X3
MCR
T1
LS2
MCF
T2
PB4
Y
PL4
FR
BZ
X1
X2
MCF
T1
G
PL1
MCR
T2
G
PL2
X3
R
PL3
崗位
姓名
盤體檢測
答案
(A)主線路故障
(B)控制線路故障
(C)主線路及控制線路故障
(D)盤體正常
工業配線技術士技能檢定術科試題
級別/階段
丙級/階段A-故障檢修
測驗時間
1小時
試題編號
01300-104307A
題號名稱
第七題 往復式送料機自動控制電路

7-3 故障設定開關之線路圖

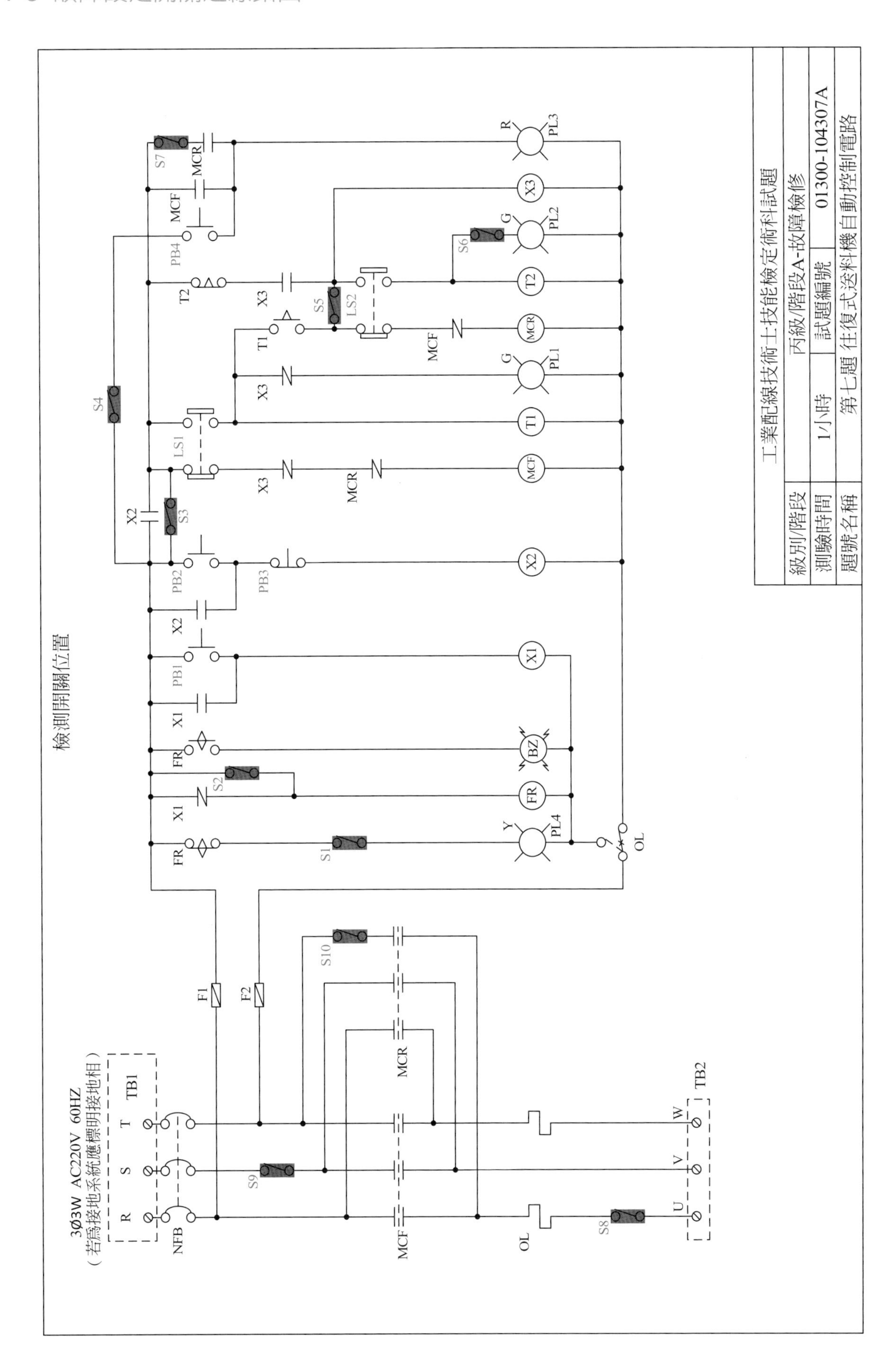

7-4 動作說明、設定故障開關並記錄故障情形

請將故障設定開關S1~S10逐一設定，依據試題之動作說明，逐條測試動作正常或故障之檢查，以發現故障點，並記錄故障的情形。

動作說明	設定故障開關，並記錄故障情形
一、正常操作部分（OL正常狀況下）：	
1. 通電後，電動機停止[MC皆不動作、指示燈全熄]。	(1)
2. 按住PB4，則PL3亮，放開PB4，則PL3熄。	(2)
3. 按PB2，電動機正轉[MCF動作、PL3亮]。	(3)
4. 按住LS1，電動機停止運轉，[MCF復歸、PL3熄、PL1亮]，T1開始計時（此時不可放開LS1）。	(4)
5. T1計時到，電動機反轉[MCR動作、PL3亮、PL1熄]。	(5)
6. 放開LS1，按住LS2，電動機停止運轉[MCR復歸、PL3熄、PL2亮]，T2開始計時（此時不可放開LS2）。	(6)
7. T2計時到，電動機正轉[MCF動作、PL3亮、PL2熄]，放開LS2。	(7)
8. 重複4～7動作	
9. 在上述動作中，按PB3，則電動機停止運轉[MC皆復歸、指示燈全熄]。	(8)
二、異常部分：	
1. 在正常操作中，當OL動作時，則電動機停止運轉[MC皆復歸、FR動作、BZ斷續響、PL4閃亮]。	(9)
2. 按PB1，則FR復歸、BZ停響、PL4亮。	(10)

7-5 故障點之設定、動作分析及確認方法

故障點設定	故障情形	故障點之分析及確認
S1斷路	二.1 OL動作時，MC皆復歸、FR動作、BZ斷續響、PL4[不]閃亮。	
S2短路	二.2 OL動作時，MC皆復歸、FR動作、BZ斷續響、PL4閃亮，按PB1，則FR[不]復歸、BZ[不]停響、PL4[閃]亮。	[備註]因S2將X1的b接點短路，須用測量電壓法做故障確認。
S3短路	一.1 通電後，[未]按PB2，MCF動作、PL3亮。	
S4斷路	一.2 按住PB4，則PL3[不]亮。	
S5斷路	一.5 T1計時到，MCR動作、PL3亮，但PL1[不]熄。	
S6斷路	一.6 按住LS2，T2開始計時，PL2[不]亮。	
S7斷路	一.5 T1計時到，MCR動作、PL3[不]亮。	
S8斷路	(1)依主電路線路圖的線號，逐條測量之，以檢查線路的斷路故障，及MC/a接點的短路故障。 (2)在送電的情況下，也可用驗電筆，檢查非接地導線的短路或斷路故障。	
S9斷路		
S10斷路		

（參考答案在A7-12頁）

【自我評量參考答案】

第一題　單相感應電動機順序起動控制

A1-4 動作說明、設定故障開關並記錄故障情形

設定故障開關，並記錄故障情形
(3) S2 ON時，[未]按PB3，MC4[動作]、PL3[亮]。
(4) S6 OFF時，MC2動作，PL1[不]亮。
(6) S1 ON時，按PB3，MC3[不]復歸、PL2[不]熄。 S2 ON時，[未]按PB3，MC4[動作]、PL3[亮]。
(10) S3 ON時，T1計時到，MC4[動作]、PL3[亮]、T3[計時]。 S5 OFF時，T2[不]計時。
(12) S7 ON時，T3計時到， MC4[不]復歸、PL3[不]熄、BZ響。 S4 OFF， BZ[不]響。

A1-5 故障點之設定、動作分析及確認方法

故障點設定	故障點之分析及確認
S1短路	按PB3，點7與點9短路；即按PB3，R(7-9) = 0
S2短路	MC4/a的點5與點10短路；即R(MC/a之5-10) = 0
S3短路	T2的點16與點19短路；即R(16-19) = 0
S4斷路	BZ的點22與其他的點22斷路；即R(BZ之22-22) = ∞
S5斷路	T2的點16與其他的點16斷路；即R(T2之16-16) = ∞
S6斷路	PL1的點8與其他的點8斷路；即R(PL1之8-8) = ∞
S7短路	根據故障現象判斷為S7將T3延時開斷的b接點（8、5腳）短路，即T3的點19與點20短路，R(19-20) = 0，但因術科檢定時規定時間電驛不能底座分離來測試。 另用測量電壓法做故障確認，當T3計時到，V19-20 = 0V，即表示T3的點19與點20短路。
S8短路	MC4的點25與點31短路；即R(25-31) = 0
S9斷路	TB2的點26與其他的點26斷路；即R(TB2之26-26) = ∞
S10斷路	OL、TB2的點26與MC2、MC3、MC4的點26斷路； 即R(OL、TB2之26- MC2、MC3、MC4之26) = ∞

第二題　自動台車分料系統控制電路

A2-4 動作說明、設定故障開關並記錄故障情形

設定故障開關，並記錄故障情形
(3) S3 OFF時，若按PB2，則MC1[不]動作、PL1[不]亮。
(4) S4 ON時，台車到達崗位3時，LS3動作， MC1[不]復歸、PL1[不]熄。 S5 ON時，台車到達崗位3時，LS3動作，因R3[不]斷電，MC1[不]復歸、PL1[不]熄。
(5) S6 OFF時，MC2動作、PL2[不]亮。
(7) S4 ON時，台車到達崗位3時，LS3動作，MC1[不]復歸、PL1[不]熄。 S5 ON時，台車到達崗位3時，LS3動作，因R3[不]斷電，MC1[不]復歸、PL1[不]熄。
(8) S6 OFF時，MC2動作、PL2[不]亮。 S7 OFF時，按PB1， MC2[不]動作、PL2[不]亮。
(9) S3 OFF時，若按PB2，則MC1[不]動作、PL1[不]亮。 S6 OFF時，MC2動作、PL2[不] 亮。 S7 OFF時，按PB2， MC2[不]動作、PL2[不]亮。
(11) S1 ON時，若OL動作， COS1切於位置1，則BZ響；COS1切於位置2，BZ[不]停響，PL3亮。 S2 OFF時，OL動作，若COS1切於位置2，PL3[不]亮。 S8 ON時，OL[未]動作，若COS1切於位置1，則BZ響；若COS1切於位置2，則PL3亮。

A2-5 故障點之設定、動作分析及確認方法

故障點設定	故障點之分析及確認
S1短路	COS1的點3與點4短路，即R(COS1/3-4) = 0
S2斷路	COS1的點5與點5斷路，即R(COS1/5-5) = ∞
S3斷路	R2的點9與其他的點9斷路，即R(R2/9-9) = ∞
S4短路	R3點13與點15短路，即R(R3/13-15) = 0
S5短路	LS3的點3與點10短路，即R(LS3/3-10) = 0
S6斷路	PL2的點17與其他的點17斷路，即R(PL2/17-17) = ∞
S7斷路	LS3的點18與其他的點18斷路，即R(LS3/18-18) = ∞
S8短路	OL的點20與點21短路，即R(20-21) = 0
S9斷路	MC2的點1與其他的點1斷路，即R(MC2/1-1) = ∞
S10斷路	NFB、F2的點2與MC1、MC2的點2斷路，即R(NFB、F2之2-MC1、MC2之2) = ∞

第三題　三台輸送帶電動機順序運轉控制

A3-4 動作說明、設定故障開關並記錄故障情形

設定故障開關，並記錄故障情形
(2) S3 OFF時，T1計時到，按LS1，MC2動作、PL2[不]亮。
(3) S4 ON時，T2計時[未]到前，按LS2，MC3動作、PL3亮。 S5 OFF時，T2計時到，按LS2，MC3[不]動作、PL3亮。 S6 OFF時，MC3動作，T3[不]計時。
(4) S7 ON時，T3計時[未]到前，按LS3，MC3復歸、PL3熄、MC1動作、PL1亮，T1開始計時。
(5) S2 OFF時，COS1切於位置2，按PB1，MC1[不]動作、PL1[不]亮，T1[不]計時。
(10) S1 OFF時，TH-RY1、TH-RY2或TH-RY3任一動作，PL4[不]亮。

A3-5 故障點之設定、動作分析及確認方法

故障點設定	故障點之分析及確認
S1斷路	PL4的點6與其他的點6斷路，即R(PL4/6-6) = ∞
S2斷路	R1的點7與其他的點7斷路，即R(R1/7-7) = ∞
S3斷路	PL2的點16與其他的點16斷路，即R(PL2/16-16) = ∞
S4短路	T2的點19與點20短路，即R(T2/19-20) = 0
S5斷路	MC3的點20與其他的點20斷路，即R(MC3/20-20) = ∞
S6斷路	T3的點21與其他的點21斷路，即R(T3/ 20-20) = ∞
S7短路	T3的點22與點23短路，即R(T3/22-23) = 0
S8短路	TH-RY1、TB2的點26與MC1的點1短路，即R(TH-RY1、TB2/26-1) = 0
S9斷路	MC2、MC3的點24與其他的點24斷路，即R(MC2、MC3/24-24) = ∞
S10斷路	TH-RY3的點32與其他的點32斷路，即R(TH-RY3/32-32) = ∞

第四題　三相感應電動機之Y-△降壓起動控制(一)

A4-4 動作說明、設定故障開關並記錄故障情形

設定故障開關，並記錄故障情形
(1) S6 ON時，通電後，[未]按PB2，MC1及MC3動作，T開始計時。
(2) S2 OFF時，按PB2，MC3[不]動作。 S4 OFF時，按PB2，MC3動作，PL1[不]亮。 S5 ON時，按PB2，MC1動作，PL2[不]熄。 S7 OFF時，按PB2，MC1動作，T[不]計時。
(3) S4 OFF時，當MC2動作，PL1[不]亮。
(5) S3 ON時，若OL動作，[未]按PB3，PL3[就]亮，但BZ[不]響。
(6) S1 OFF時，按住PB3時，PL3亮；放開PB3時，PL3[不]亮，且BZ[不]停響。

A4-5 故障點之設定、動作分析及確認方法

故障點設定	故障點之分析及確認
S1斷路	X2的點13與其他的點13斷路，即R(X2/13-13) = ∞
S2斷路	MC3的點5與其他的點5斷路，即R(MC3/5-5) = ∞
S3短路	X2點2與點13短路，即R(X2/2-13) = 0
S4斷路	PL1的點16與其他的點16斷路，即R(PL1/16-16) = ∞
S5短路	按MC1的連動桿，點2與點17短路，即R(MC1/2-17) = 0
S6短路	MC2的點3與點7短路，即R(MC2/3-7) = 0
S7斷路	T的點11與其他的點11斷路，即R(T/11-11) = ∞
S8斷路	OL的點24與其他的點24斷路，即R(OL/24-24) = ∞
S9短路	MC1的點1與OL的點22短路，即R(MC1/1-OL/22) = 0
S10斷路	MC2的點19與其他的點19斷路，即R(MC2/19-19) = ∞

第五題　三相感應電動機之Y-△降壓起動控制(二)

A5-4 動作說明、設定故障開關並記錄故障情形

設定故障開關，並記錄故障情形
(2) S6 OFF時，按PB2，MC1動作，T1[不]計時。 S7 ON時，按PB2，MC1動作， PL4[不]熄。
(3) S3 OFF時，T1計時到，MC2動作，MC1[不]動作。 S4 OFF時，T1計時到，MC2動作，PL2[不]亮。 S5 OFF時，狀況①：T1計時到，MC1及MC2[不]動作。 狀況②：當S5斷路時，T1計時到，因不能靠T1之瞬時a接點自保，會有瞬間之斷電；但因器具接點動作速度的因素，MC1及MC2有時仍會動作。
(6) S1 ON時， TH-RY動作，若COS1切於位置1時，PL3[不]熄。 S2 OFF時， TH-RY動作，若COS1切於位置1時，BZ[不]響。

A5-5 故障點之設定、動作分析及確認方法

故障點設定	故障點之分析及確認
S1短路	COS1的點2與點3短路，即R(COS1/2-3) = 0
S2斷路	BZ的點4與其他的點4斷路，即R(BZ/4-4) = ∞
S3斷路	MC2的點6與其他的點6斷路，即R(MC2/6-6) = ∞
S4斷路	PL2的點15與其他的點15斷路，即R(PL2/15-15) = ∞
S5斷路	T1的點6與其他的點6斷路，即R(T1/6-6) = ∞
S6斷路	T1的點13與其他的點13斷路，即R(T1/13-13) = ∞
S7短路	MC1的點6與點14短路，即R(MC1/6-14) = 0
S8短路	MC1的點1與點19短路，即R(MC1/1-19) = 0
S9斷路	NFB的點18與其他的點18斷路，即R(NFB/18-18) = ∞
S10斷路	TB2的點22與其他的點22斷路，即R(TB2/22-22) = ∞

第六題　三相感應電動機順序啓閉控制

A6-4 動作說明、設定故障開關並記錄故障情形

設定故障開關，並記錄故障情形
(2) S2 ON時，[未]按PB1，MC1動作、PL1亮，T1開始計時。
(3) S5 OFF時，T1計時到，MC2動作，PL2[不]亮。 S7 OFF時，T1計時到，MC2[不]動作、PL2[不]亮、T2[不]計時。
(4) S4 ON時，T2計時到，MC3動作、PL4亮，T2[不]斷電。 S6 OFF時，T2計時到，MC3[不]動作、PL4[不]亮。
(5) S3 OFF時，T1[不]計時。
(8) S1 ON時，COS1切於位置2時，則，BZ[不]停響。 S8 OFF時，COS1切於位置2時，則PL3[不]亮。

A6-5 故障點之設定、動作分析及確認方法

故障點設定	故障點之分析及確認
S1短路	COS1的點2與點4短路，即R(COS1/ 2-4) = 0
S2短路	PB1的點2與點6短路，即R(PB1/2-6) = 0
S3斷路	MC1的點2與其他的點2斷路，即R(MC1/2-2) = ∞
S4短路	按MC3的連動桿，點15與點17短路，即R(MC3/15-17) = 0
S5斷路	PL2的點15與其他的點15斷路，即R(PL2/15-15) = ∞
S6斷路	X1的點19與其他的點19斷路，即R(X1/19-19) = ∞
S7斷路	T1的點2與其他的點2斷路，即R(T1/2-2) = ∞
S8斷路	PL3的點5與其他的點5斷路，即R(PL3/5-5) = ∞
S9斷路	NFB、F1的點1與其他的點1斷路，即R(NFB、F1/1-1) = ∞
S10斷路	MC2的點27與其他的點27斷路，即R(MC2/27-27) = ∞

第七題　往復式送料機自動控制電路

A7-4 動作說明、設定故障開關並記錄故障情形

設定故障開關，並記錄故障情形
(2) S4 OFF時，按住PB4，則PL3[不]亮。
(3) S3 ON時，[未]按PB2，MCF動作、PL3亮。
(5) S5 OFF時，T1計時到，MCR動作、PL1[不]熄。 S7 OFF時，T1計時到，MCR動作、PL3[不]亮。
(6) S6 OFF時，放開LS1，按住LS2，MCR復歸，T2開始計時，PL2[不]亮。
(9) S1 OFF時，OL動作時，FR動作、BZ斷續響、PL4[不]亮。
(10) S2 ON時，按PB1，則FR[不]復歸、BZ[不]停響、PL4[閃]亮。

A7-5 故障點之設定、動作分析及確認方法

故障點設定	故障點之分析及確認
S1斷路	PL4的點3與其他的點3斷路，即R(PL4/3-3) = ∞
S2短路	根據故障現象判斷為S2將X1的b接點短路，即X1的點2與點4短路，R(2-4) = 0，但因術科檢定時規定輔助電驛不能與底座分離來測試。 另用測量電壓法做故障點確認，按PB1，X1動作，V74 = V72 = 220V，V24 = 0V，即表示X1的點2與點4短路
S3短路	X2的點2與點10短路，即R(X2/2-10) = 0
S4斷路	PB4的點2與其他的點2斷路，即R(PB4/2-2) = ∞
S5斷路	(T1、LS2/b點16)與其他的點16斷路，即R(T1、LS2/b點16-16) = ∞
S6斷路	PL2的點20與其他的點20斷路，即R(PL2/20-20) = ∞
S7斷路	MCR的點10與其他的點10斷路，即R(MCR/10-10) = ∞
S8斷路	OL的點29與其他的點29斷路，即R(OL/29-29) = ∞
S9斷路	NFB的點25與其他的點25斷路，即R(NFB/25-25) = ∞
S10斷路	MCR的點24與其他的點24斷路，即R(MCR/24-24) = ∞

階段B：裝置配線

B0　裝置配線術科檢定工作說明

一、檢定時間：裝置配線之檢測，其測試時間為3小時。

二、檢定工作內容

1. 依線路圖及材料表，檢視檢定場所提供的器材。
2. 依據器具板或操作板的配置圖，完成器具板或操作板之定位、鑽孔、攻牙及器具固定。
3. 依據線路圖完成器具板及操作板的配線。
4. 自主檢查。
5. 通電測試功能。

三、檢定工作執行之步驟

㈠ 監評人員待全部應檢人準備就緒後，宣佈開始本階段之檢測，時間為3小時。

㈡ 應檢人請先確認測試電源及工作電源。再依置放於崗位上的圖說檢視檢定場所提供的器材，發現器材有缺損或規格不符時，為維護檢定場秩序，請勿個別舉手報告或發問，將缺失狀況註記於材料表上，候監評人員及場地服務人員到達個別崗位時處理之。

㈢ 應檢人未確認測試電源及工作電源，未檢視器材因而導致燒損場地器材或自備電動工具時，除以不合格論處外需賠償或修護燒損之器材。

㈣ 在開始本階段檢測15分鐘後，監評人員會同場地服務人員至各崗位，處理應檢人註記在材料上缺損之材料（短缺者補足，故障者加以修護或更換）。

㈤ 應檢人需經監評人員認可後，始准予自行通電檢測功能。

㈥ 應檢人自行通電檢測發現有誤時，在檢定時間內可自行檢修。通電及檢修次數不限，但在通電檢測過程中若發生短路現象，監評人員應立即於評審表中予以缺點註記。

㈦ 檢定時間內，應檢人提前完成試題工作或中途棄權，監評人員應要求其清理工作崗位後離場，並於評審表中註記其離場時間。

㈧ 檢定計時到，全部應檢人停止工作並開始清理工作崗位，經監評人員認可後始可離場。

㈨ 應檢人離場後可暫時在場外休息等待，以便監評人員於評分作業發現疑義時傳喚諮詢。

㈩ 監評人員依動作說明，逐項檢測各項功能，以能完成動作說明內容者，其功能即屬正確。監評人員不得要求作出動作說明內容外之功能，發現功能有誤時請傳喚該應檢人，告知其失誤狀況，並簡要記載於評審表中。

⑾ 監評人員依評審表進行其餘各項評分作業，發現嚴重項目及主要項目缺點時，應註明缺點狀況。全部完成後，整理各應檢者之評審表並註記其評審結果，並將該場次之評審結果載明於成績記錄表中。

⑿ 監評人員檢視所有應檢者之個別測試評審表及成績記錄表，並予以簽名後點交承辦單位，即完成本場次檢定工作。

四、裝置配線工作範圍，分為三類

㈠ 主線路及控制線路配線：第一、二、三、四、五題。

㈡ 主線路及控制線路配線，控制線路線號編製與號碼管施作：第六題。

㈢ 主電路及控制線路配線，盤箱裝置：第七題。

五、主線路及控制線路配線，控制線路線號編制與號碼管施作（第六題）

㈠ 辦理單位於檢定前，依試題說明將器具固定於器具板及操作板上，器具板與操作板置放於檢定崗位。

㈡ 應檢人將控制線路（從F1、F2、F3之負載測開始，和3E RELAY及CONVERTER線路）完成線號編製。

㈢ 應檢人依線路圖完成主線路及控制線路之配線，並依自行編製之線號，完成號碼管施作，經自主檢查後，做功能測試。

六、主線路及控制線路配線，盤箱裝置（第七題）

㈠ 辦理單位於檢定前，依主線路及控制線路配線部分之試題說明，完成操作板及器具板之器具固定，將操作板及器具板置於檢定崗位。

㈡ 應檢人依線路圖完成主線路及控制線路之配線，經自主檢查後，作功能測試。

㈢ 依盤箱裝置圖及監評人員於術科檢定當天所選取之工作範圍，完成器具板上器具之裝置與固定。（詳見裝置配線部分第七題工作範圍說明）

第一題 單相感應電動機正反轉控制

1-1 動作示意圖及配置圖

本試題為單相感應電動機正反轉控制，為使用一個按鈕開關，控制電動機正反轉動作。本試題主要之動作功能及示意圖，如下所示：

1. NFB ON電源供電後，MCF動作，電動機正轉。
2. 按住PB1，MCF斷電，電動機停止。
3. 放開PB1，MCR動作，電動機逆轉。
4. 再按住PB1，MCR斷電，電動機停止。
5. 放開PB1，MCF動作，電動機正轉。
6. 重複2~5步驟之動作。

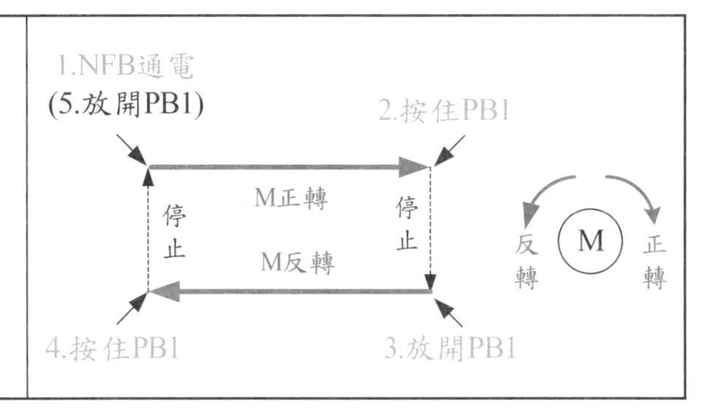

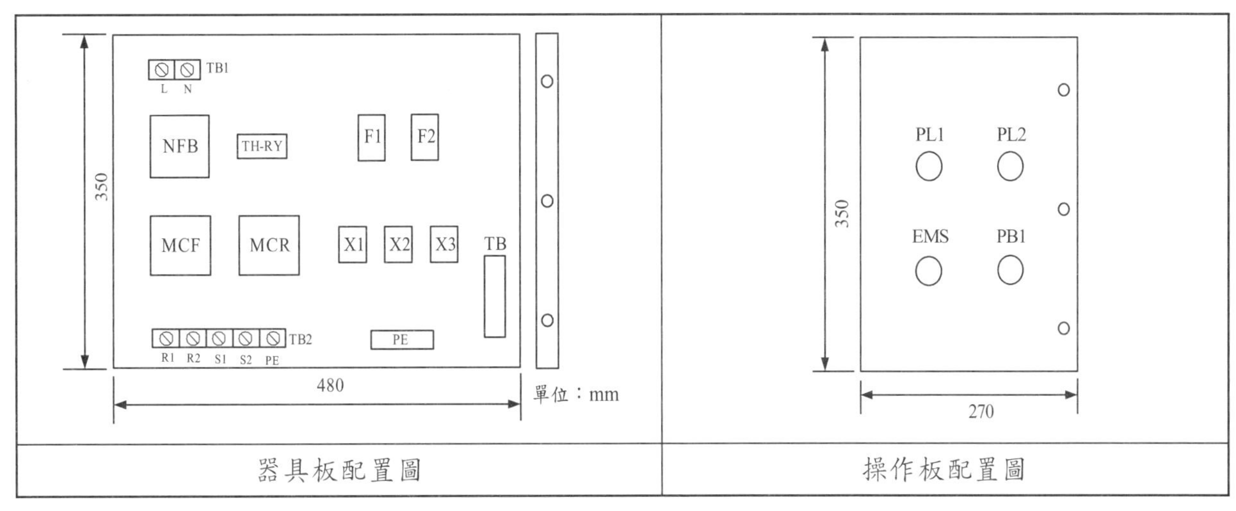

器具板配置圖　　操作板配置圖

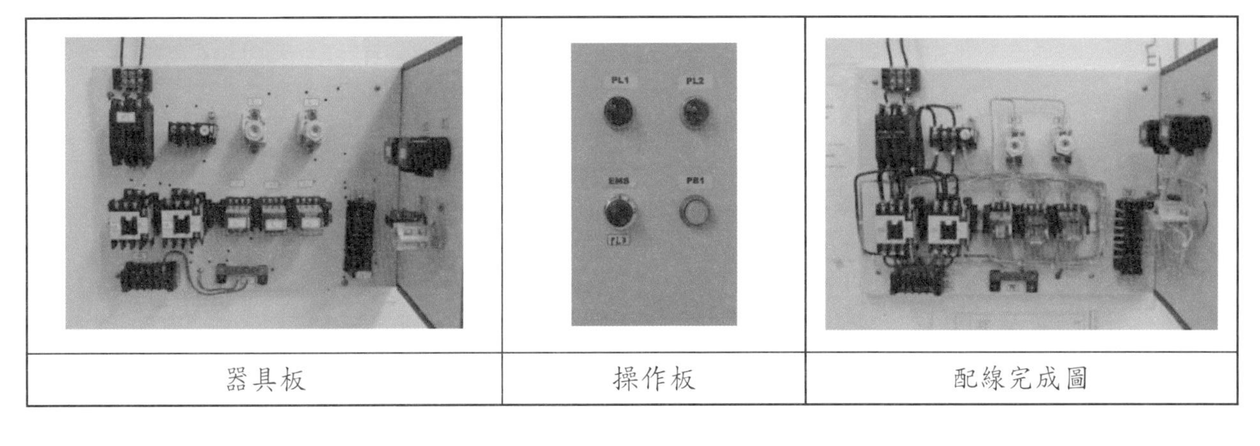

器具板　　操作板　　配線完成圖

1-2 線路圖：於檢定時，本頁分發至該題之工作崗位

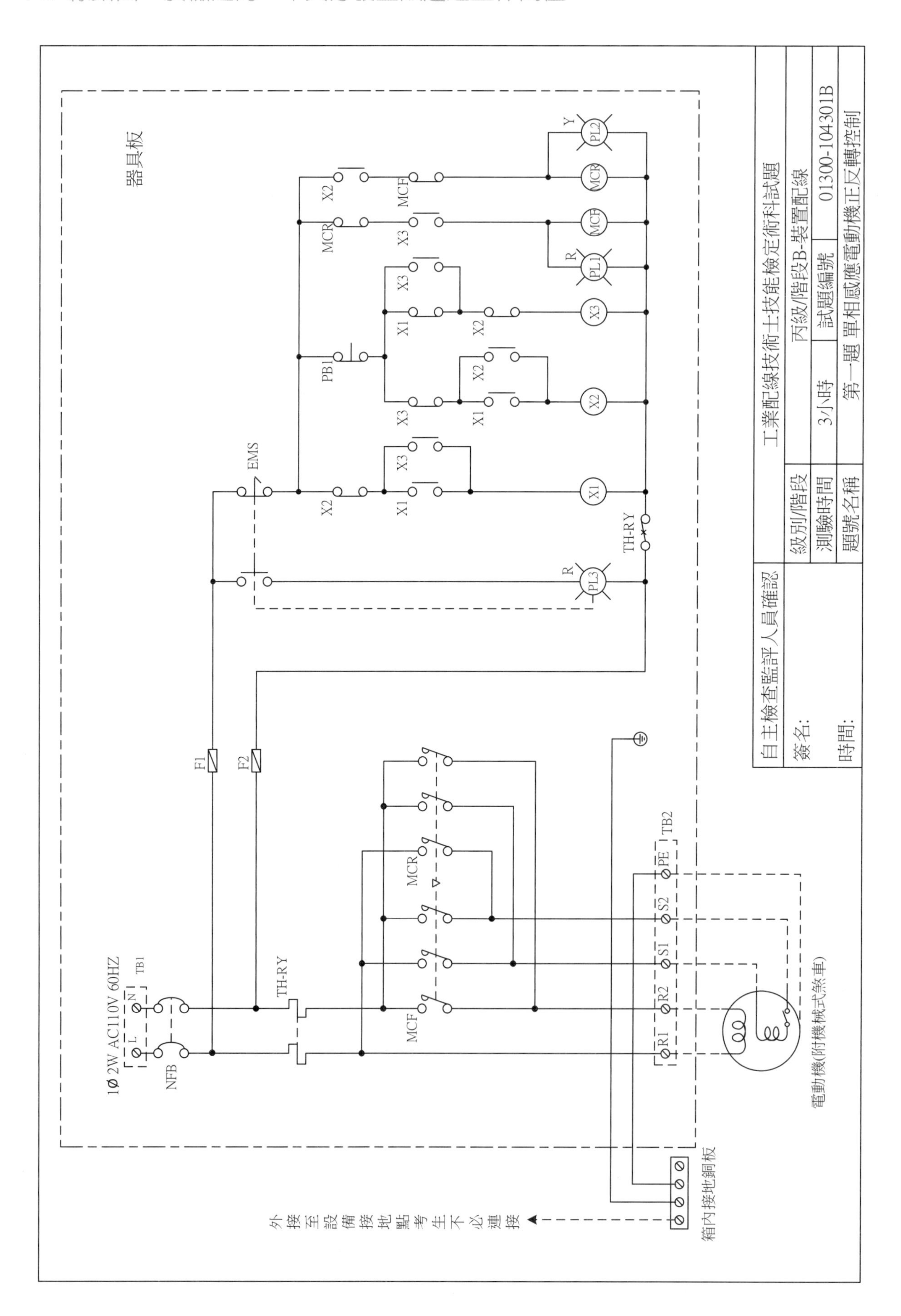

1-3 有配線編號之線路圖：配線編號的標示範例

(1) 在檢定時所分發之線路圖上，標註完成線號、過門線號及器具編號如下。

(2) 本題使用三只MK3P的電力電驛，因此在標註器具編號時，圖面上有點複雜。

(3) 建議使用三色螢光筆分別標示三只電力電驛之所在，並檢查a、b接點的使用數量。

(4) 使用黃色螢光筆標示配置在操作板上的器具（EMS、PL1~3），以利標示過門線號。

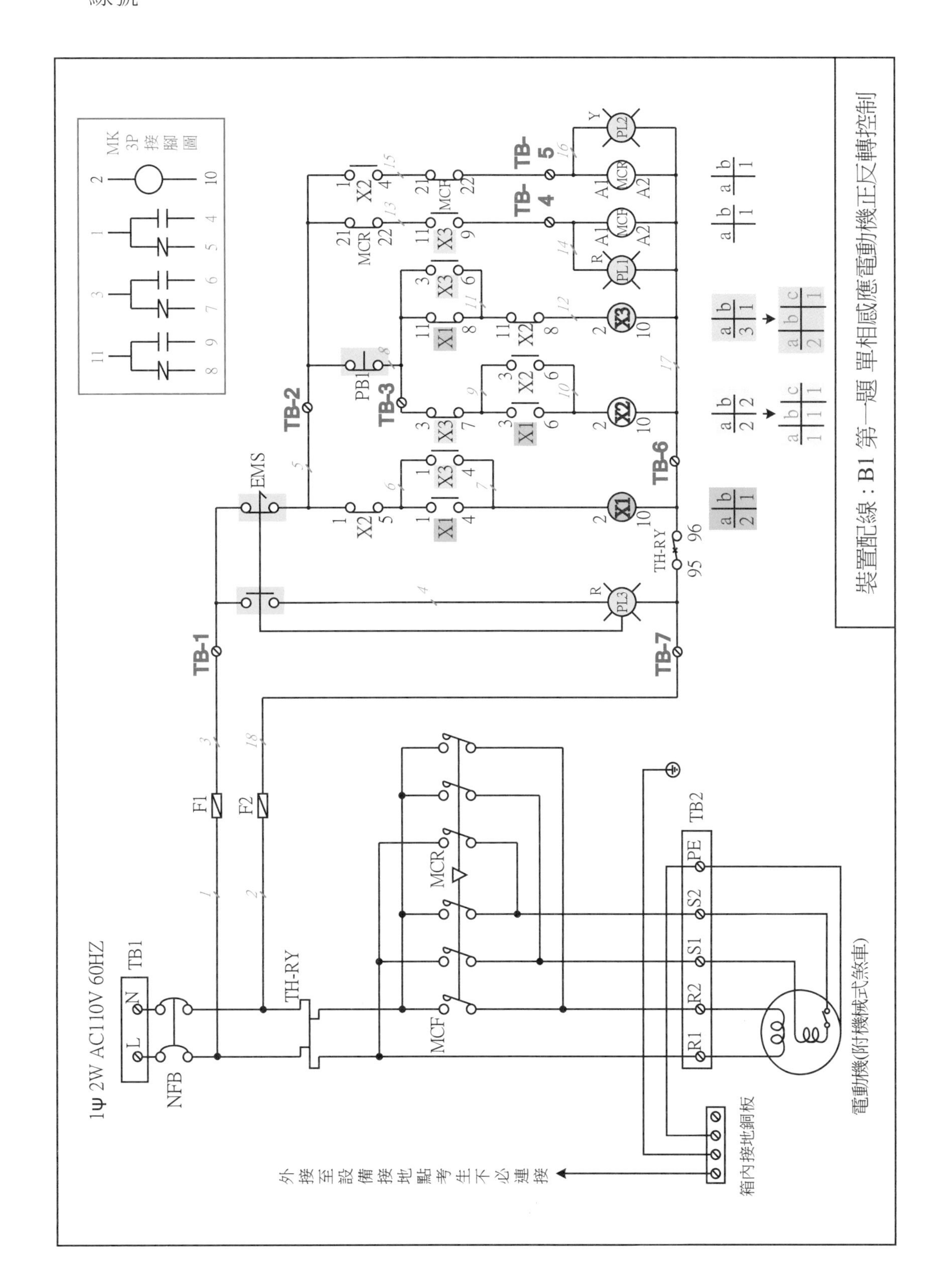

1-4 完成〔配線規劃〕之線路圖：增加接點的編號

工業配線技能檢定之裝置配線術科測試，目的在測試考生如何〔規劃配線〕，作計畫性的配線施工。

1. 裝置配線之原則，就是要「照圖配線，按圖施工」。
2. 在實際從事配線之前，於線路圖上完成〔配線規劃〕，做為施工的依據，不能「圖歸圖，物歸物」。
3. 亦即：在〔線路圖〕上的每個〔電路符號〕，和在〔器具盤〕上的每個使用到的〔器具接點〕，都要對應！

(一) 為何需要做〔配線規劃〕？

1. 養成良好的工作習慣。
2. 作為動手配線時的施工依據。
3. 留下書面資料，可作為檢修時的參考。
4. 配線時，只要〔配線規劃〕標註正確，配線的正確率幾乎可達100%。
5. 配線時倘有失誤，很快就可找出錯誤之處，完成檢修。
6. 在工廠配線或學校教學，能夠使用相同的〔配線規劃〕方法，則能提升配線的品質。

(二)〔配線規劃〕的內容

1.〔線路圖〕於檢定時會分發到工作崗位，供應檢人使用，因此只要按〔圖〕施工，保證〔成功〕！
2.〔配線規劃〕的標註內容
   (1)〔線號〕：在控制線路圖上的各節點，依序編號，建議將線號加〔#〕標註，以示區別。
   (2)〔過門線號〕：瞭解器具盤及操作盤兩者之間的器材配置及連接情形，建議將過門號加〔TB〕標註，以示區別。
   (3)〔接點編號〕：將線路圖上的接點依序標註編號，可預先盤查配線的接點總數量，然後按圖依序接線，不會漏失接線。
   (4)〔器具編號〕：將線路圖上各器具的接點標註編號，然後按圖施工即可，避免接錯。
   例如將MK-2P輔助電驛的線圈標註2-7，a接點標註1-3或8-6。
3. 在配線時將各節點的接線內容，配合〔口訣〕〔默唸〕：由〔口到〕，然後〔手到〕，可〔專心〕配線。
4. 在線路圖上的每個〔電路符號〕，能夠在器具盤中找到相對應的〔器具接點〕之配線。

5. 在器具盤上的每個〔器具接點〕之配線，能夠在線路圖上找到相對應的〔電路符號〕，如此即可隨時檢查接線是否正確。

㈢ 線路圖上完成〔配線規劃〕之步驟

〔準備〕：將配置在操作盤（或稱垂直盤）的器具加以標示，表示需要有過門線，例如使用黃色螢光筆標記。

〔第1步〕：依序標註〔線號〕，可作為〔配線順序〕的參考。

例如：#1~#18，表示本線路圖共有18個節點，亦即表示完成配線共有18個步驟，每個步驟須將該線號上所有的接點全部連接在一起。

〔線號〕的標註順序，以控制電路的兩條電源線為最優先，然後由上到下、由左至右為原則。

〔第2步〕：依序標註〔過門線號〕。

例如：TB-1~TB-7，表示本線路圖之過門線，共有7個。

〔第3步〕：依序標註〔接點編號〕。

例如：1~54，表示完成本控制線路圖之〔接點編號〕，共有54個接點。

依據標註線號的順序為之，由上到下、由左至右、由器具盤（平面盤）到操作盤（垂直盤）的順序為原則。

〔第4步〕：標註〔器具編號〕。

一般控制器材上的接點均有標示編號，以代表接腳的功能，例如MK-2P之補助電驛，2-7是電源接腳，1-3、8-6是a接點，1-4、8-5是b接點，若在線路圖上，標註〔器具編號〕，可利於配線。

〔動手配線〕：按〔圖〕施工，保證〔成功〕！

〔配線規劃第1步〕：依序標註〔線號〕

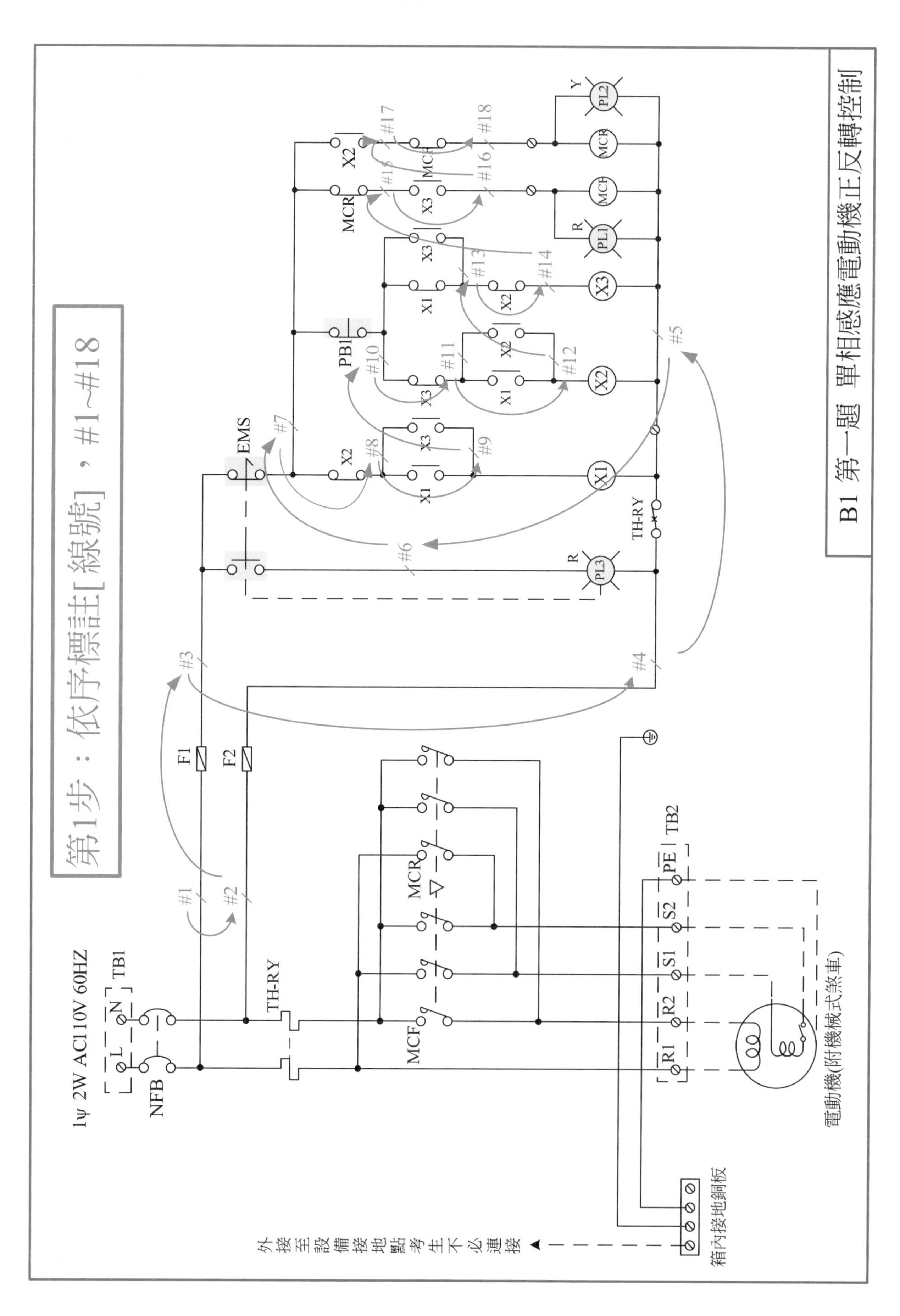

〔配線規劃第2步〕：依序標註〔過門線號〕

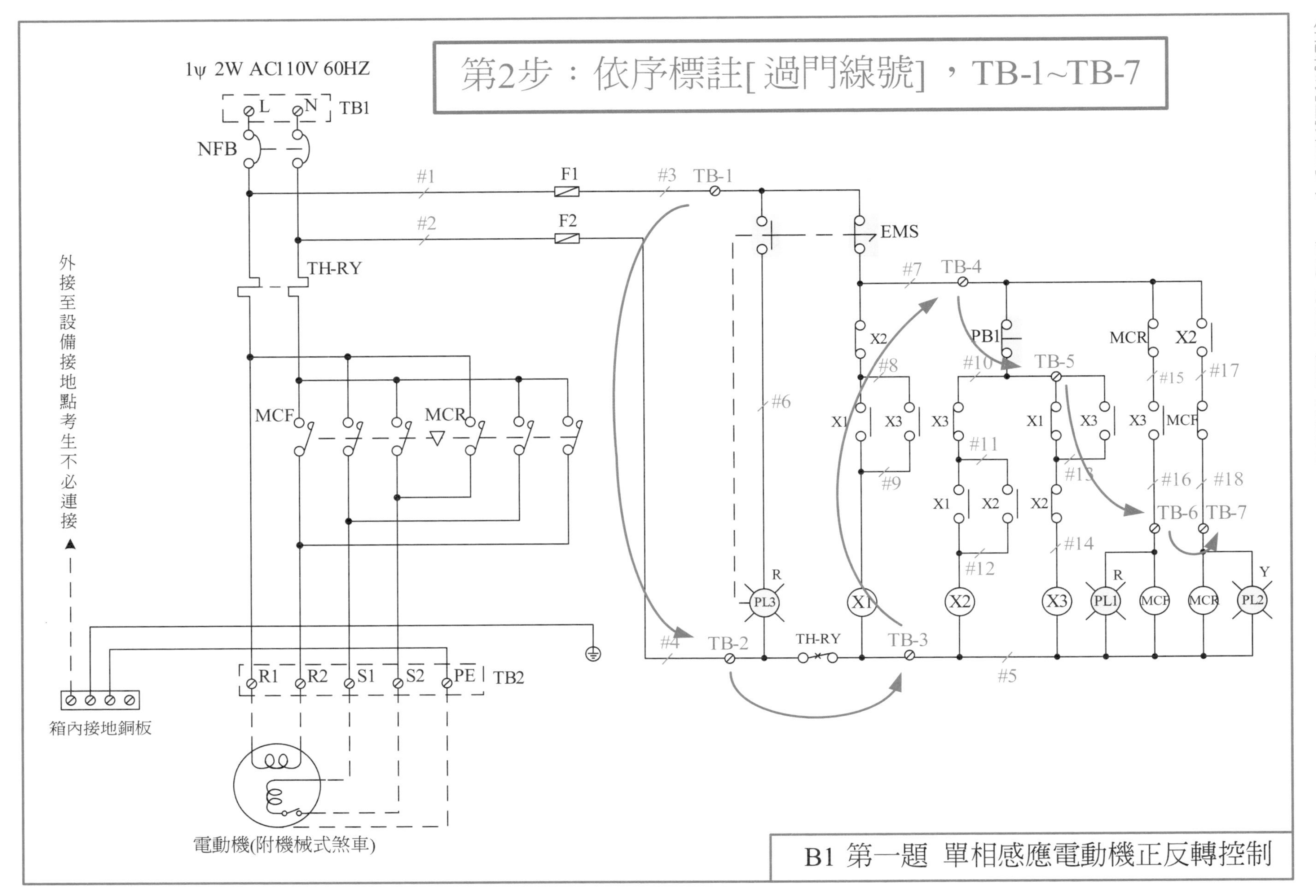

〔配線規劃第3步〕：依序標註〔接點編號〕

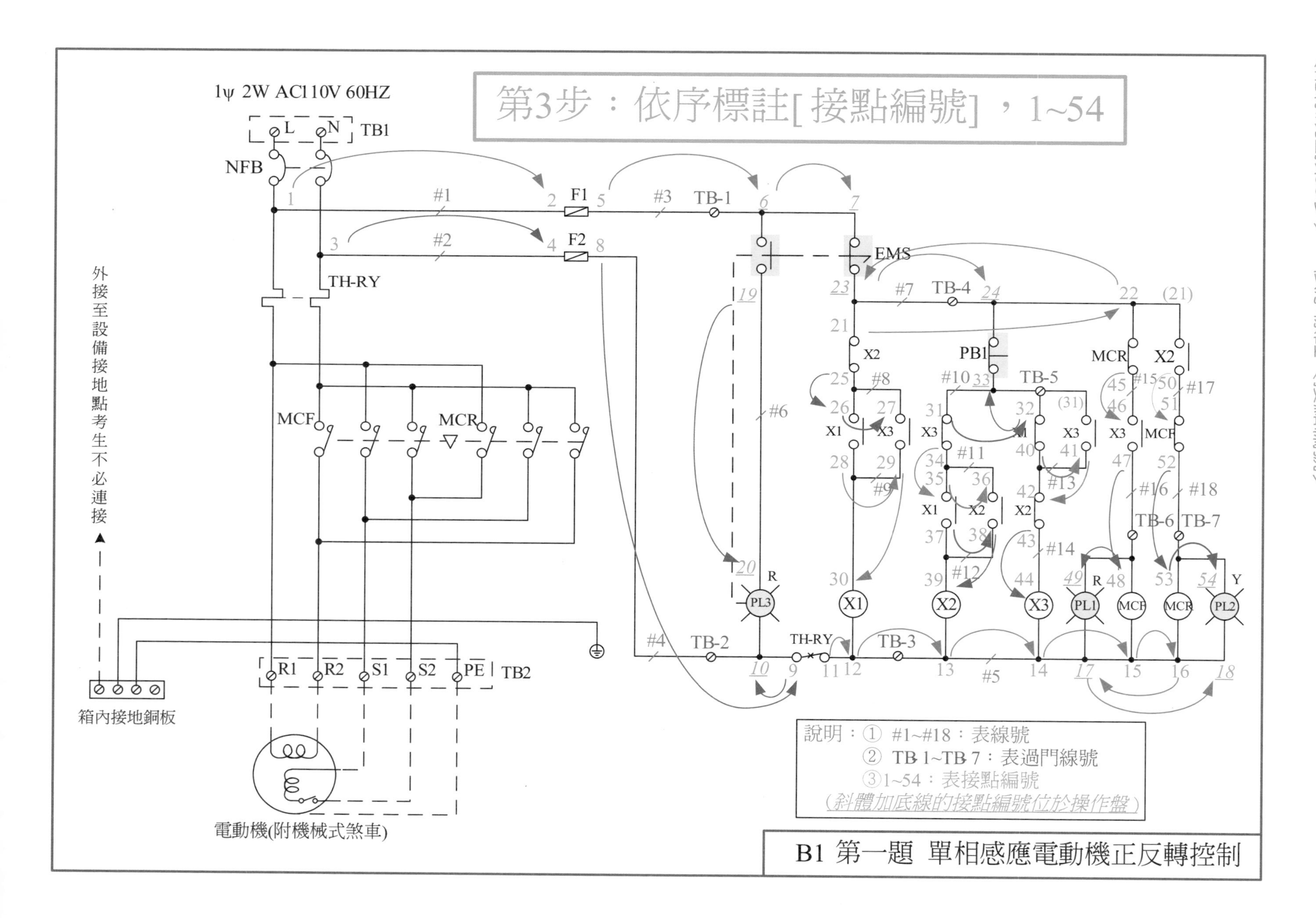

〔配線規劃第4步〕：標註〔器具編號〕

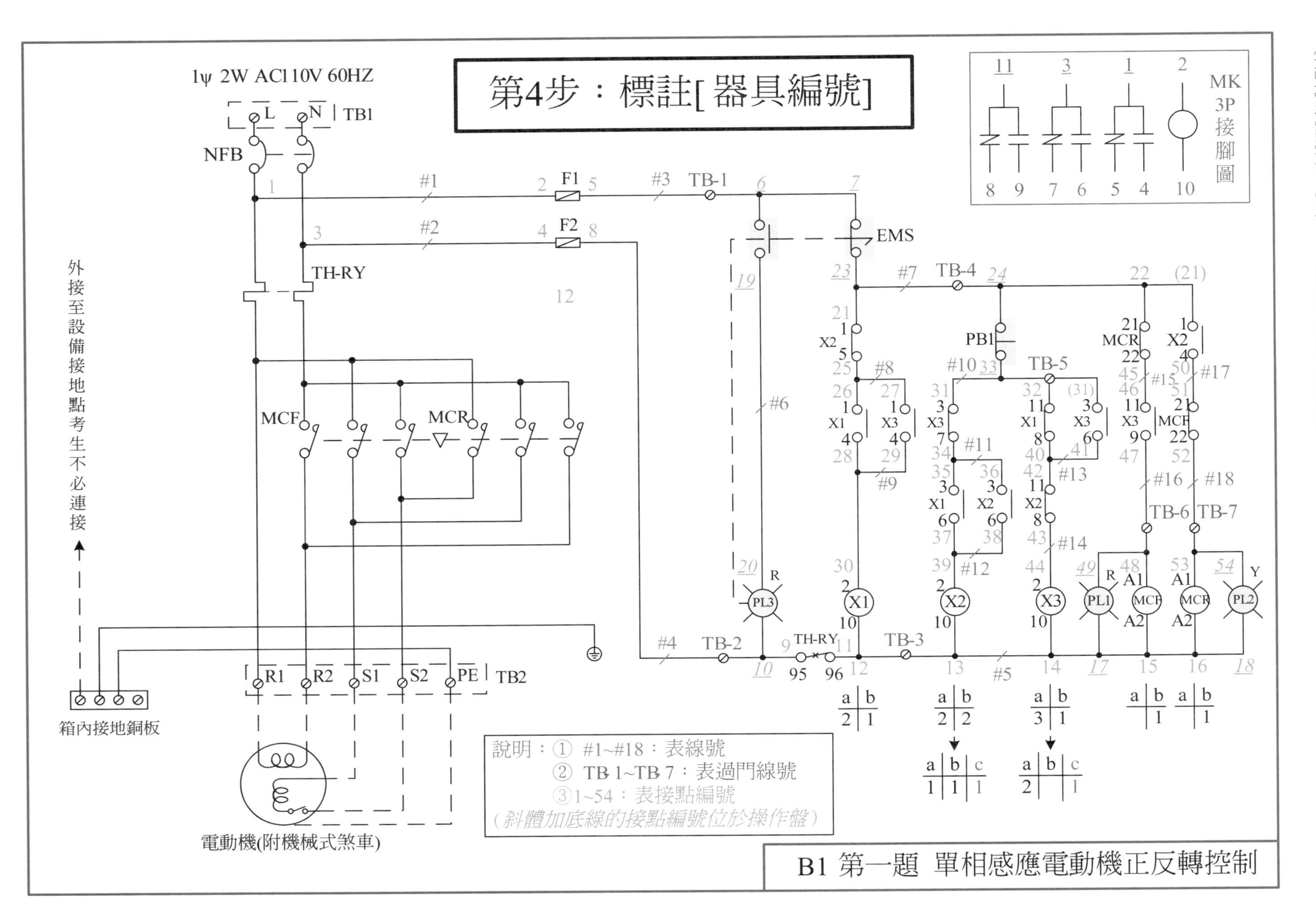

〔配線規劃完成〕：動手配線，按〔圖〕施工，保證成功

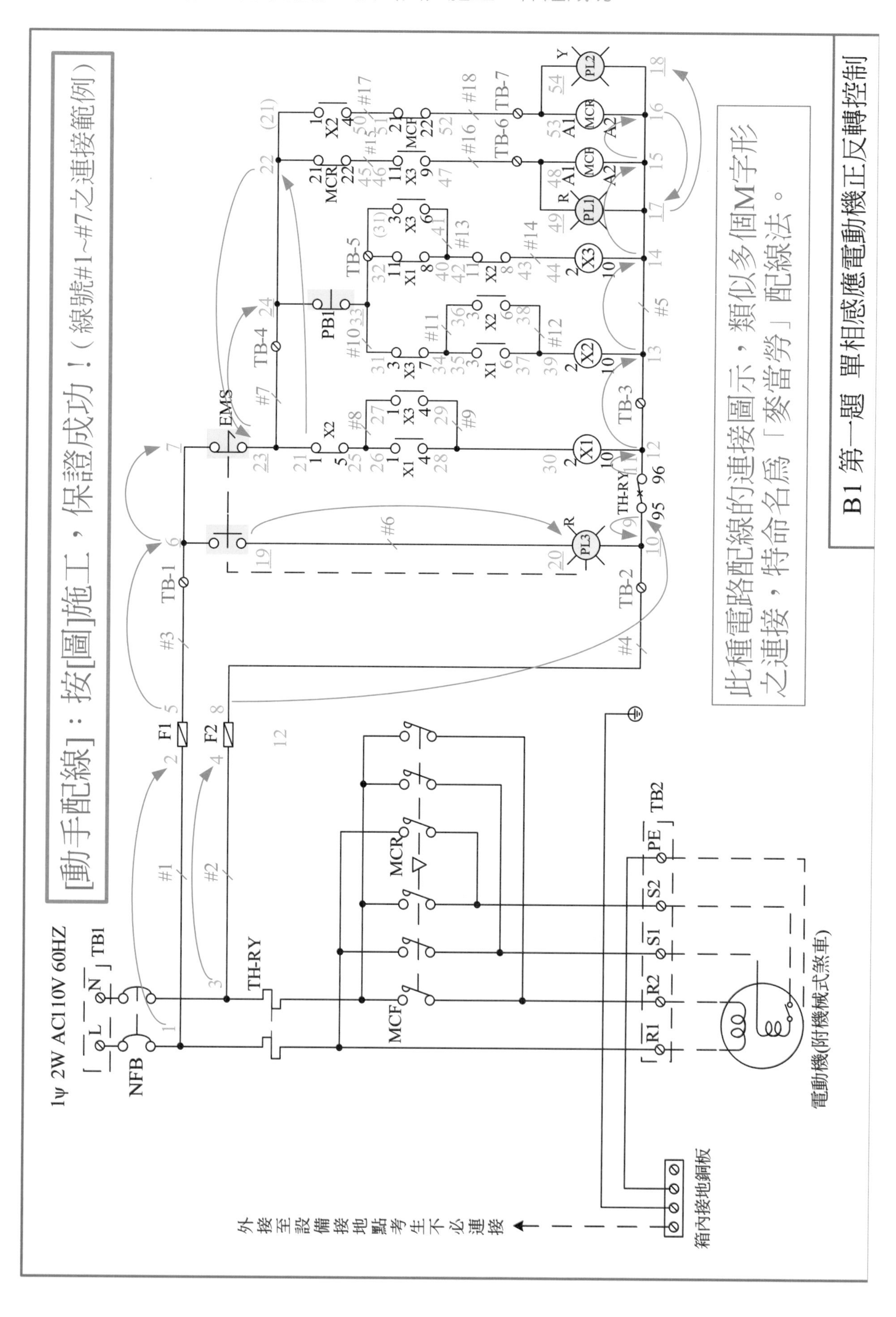

1-5 各節點接線順序詳細說明（B1接線口訣）

線號	過門線號	接點編號	接線點數	各節點 接線順序 詳細說明（B1接線口訣）
#1		1-2	2	①NFB(L)→②F1(上)［說明：#1接線口訣，→表接點的連接］
#2		3-4	2	③NFB(N)→④F2(上)［說明：#2接線口訣，線號#3以下之接點編號省略標示］
#3	TB-1	5-7	3=1+2	F1(下)➡EMS(上/左:a)→EMS(上/左:b)［說明：➡表經過端子台的連接］
#4	TB-2	8-10	3=2+1	F2(右)→OL(c:95)➡PL3(下/右)
#5	TB-3	11-18	8=6+2	OL(b:96)→X1(10)→X2(10)→X3(10)→MCF(A2)→MCR(A2)➡PL1(下/右)→PL2(下/右)
#6		*19-20*	*2=0+2*	*➡EMS(下/右:a)→PL3(上/左)*［19、20兩個接點都位於操作板上］
#7	TB-4	21-24	4=2+2	X2(1:c)→MCR(21:b/上)➡EMS(下/右:b)→PB1(上/左:b)
#8		25-27	3	X2(5:b)→X1(1:c)→X3(1:c)
#9		28-30	3	X1(4:a)→X3(4:a)→X1(2)
#10	TB-5	31-33	3=2+1	X3(3:c)→X1(11:c)➡PB1(下/右:b)
#11		34-36	3	X3(7:b)→X1(3:c)→X2(3:c)
#12		37-39	3	X1(6:a)→X2(6:a)→X2(2)
#13		40-42	3	X1(8:b)→X3(6:a)→X2(11:c)
#14		43-44	2	X2(8:b)→X3(2)
#15		45-46	2	MCR(22:b)→X3(11:c)
#16	TB-6	47-49	3=2+1	X3(9:a)→MCF(A1)➡PL1(上/左)
#17		50-51	2	X2(4:a)→MCF(21:b)
#18	TB-7	52-54	3=2+1	MCF(22:b)→MCR(A1)➡PL2(上/左)
其他		55-58	4	地線2條

1-6 模擬器具配置圖，請完成接線

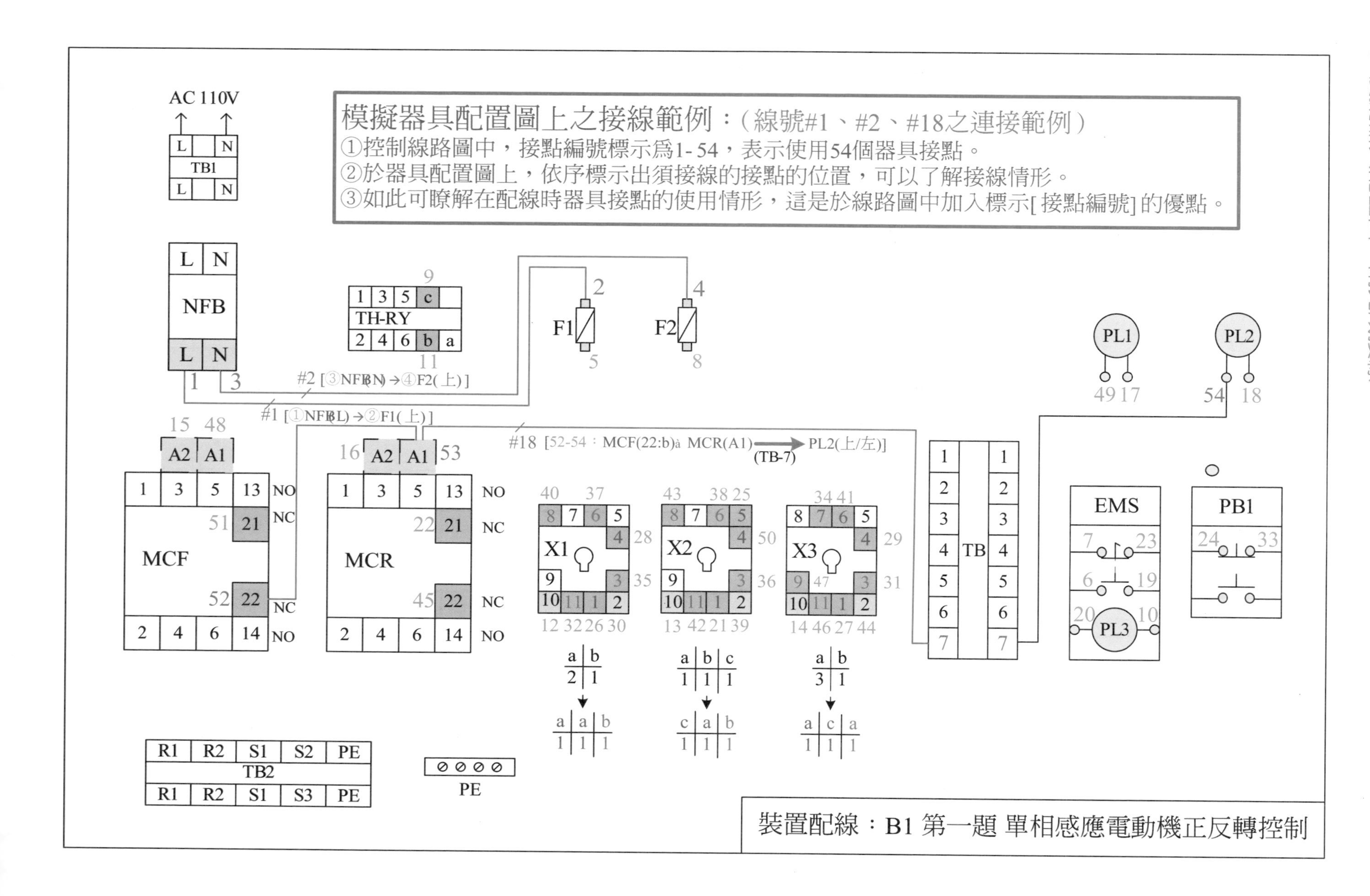

1-7 動作說明：檢定時，本頁提供給應檢人參考

一、積熱電驛（TH-RY）正常狀況及EMS（緊急停止開關）解除栓鎖時：

1. NFB ON電源供電後，X3及X1動作，PL1亮，MCF動作，電動機正轉。
2. 按住PB1，X3斷電，PL1熄，MCF斷電，電動機停止。
3. 放開PB1，則X2動作，X1斷電，PL2亮，MCR動作，電動機逆轉。
4. 再按住PB1，X2斷電，PL2熄，MCR斷電，電動機停止。
5. 放開PB1，則X3及X1動作，PL1亮，MCF動作，電動機正轉。
6. 重複2~5步驟之動作。

二、EMS（緊急停止開關）操作時：

1. 在正常動作中，按EMS（緊急停止開關）時，除PL3亮，動作中之X1、X2、X3、MCF及MCR斷電，動作指示燈PL1及PL2熄。
2. EMS（緊急停止開關）栓鎖解除之後，PL3熄，線路回復正常操作起始狀態。

三、過載部分：

1. 電動機運轉中，積熱電驛（TH-RY）動作時，動作中之X1、X2、X3、MCF及MCR斷電，動作指示燈PL1及PL2熄。
2. 積熱電驛（TH-RY）復歸時，線路回復正常操作起始狀態。

1-8 檢定材料表

項目	名稱	規格	單位	數量	備註
1	無熔線斷路器	2P 110VAC 10KA 50AF 15AT	只	1	
2	電磁接觸器	110VAC 1HP用	只	2	輔助接點1b
3	積熱電驛	110VAC 1HP用	只	1	
4	輔助電驛	110VAC 3c接點	只	3	接點X1 2a1b X2 1a 1b 1c X3 2a1c
5	卡式保險絲	2A 附座	只	2	
6	照光式按鈕開關	110VAC 殘留式30 mm ϕ	只	1	EMS、PL3
7	按鈕開關	紅色30 mm ϕ 1b	只	1	
8	指示燈	紅110AC 30 mm ϕ	只	1	
9	指示燈	黃110AC 30 mm ϕ	只	1	
10	端子台	2P 20A	只	1	
11	端子台	5P 20A	只	1	
12	端子台	7P 10A	只	1	
13	PVC電線	3.5mm^2 黑色	公尺	3	
14	PVC電線	3.5mm^2 綠色	公分	60	
15	PVC電線	1.25mm^2 黃色	公尺	30	
16	壓接端子	3.5-4mm^2 Y型	只	若干	
17	壓接端子	1.25-3mm^2 Y型	只	若干	
18	壓接端子	3.5-4mm^2 O型	只	若干	
19	束帶	2.5W×100Lmm	條	30	
20	接地銅板	附雙支架 4P	只	1	
21	捲型保護帶	寬 10mm	公分	60	
22	操作板	350L×270W×2.0D	只	1	開孔如面板圖
23	器具板	350L×480W×2.0D	只	1	四邊內摺25mm

第二題　乾燥桶控制電路

2-1 動作示意圖及配置圖

本試題為乾燥桶控制電路，COS1切於a位置時，是自動加熱狀態，COS1切於b位置時，是手動排風狀態。本試題主要之動作功能，以示意圖顯示於下：

一、COS1切於a位置：自動加熱狀態

1. MC1F ON 風車正轉。
2. MC2 ON 電熱器開始加熱。
3. 溫度上升到達設定值時，MC2OFF 電熱器斷電。

二、COS1切於b位置：手動排風狀態

1. COS2 切於ON位置，MC1R ON風車開始逆轉。
2. COS2 切於OFF位置，MC1ROFF風車停止逆轉。

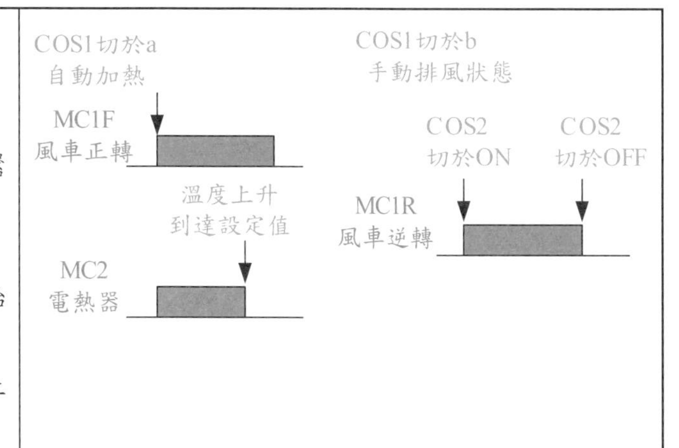

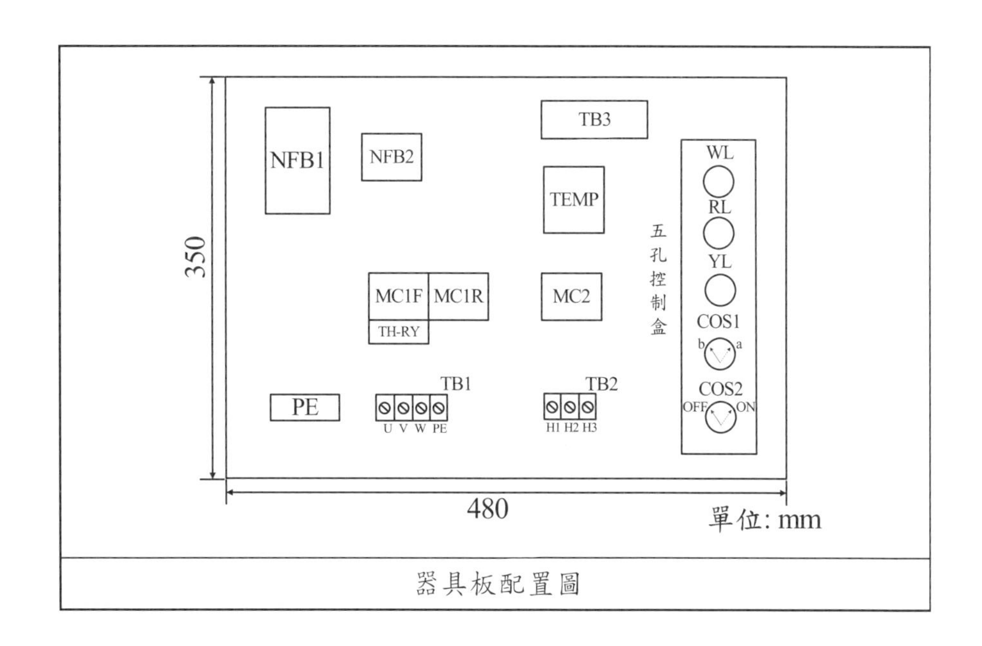

器具板配置圖

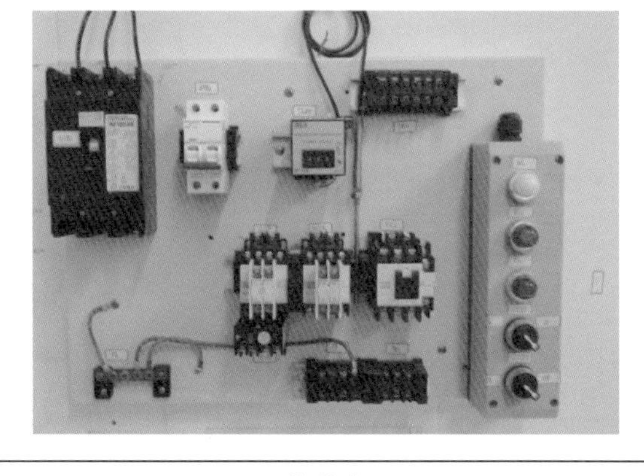

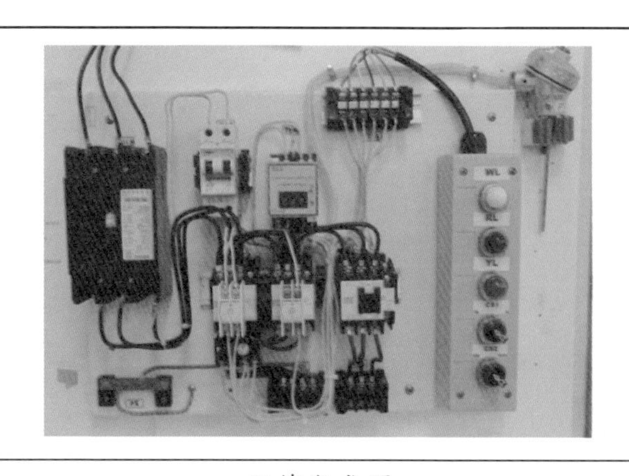

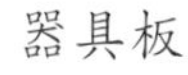

器具板　　配線完成圖

2-2 線路圖：於檢定時，本頁分發至該題之工作崗位

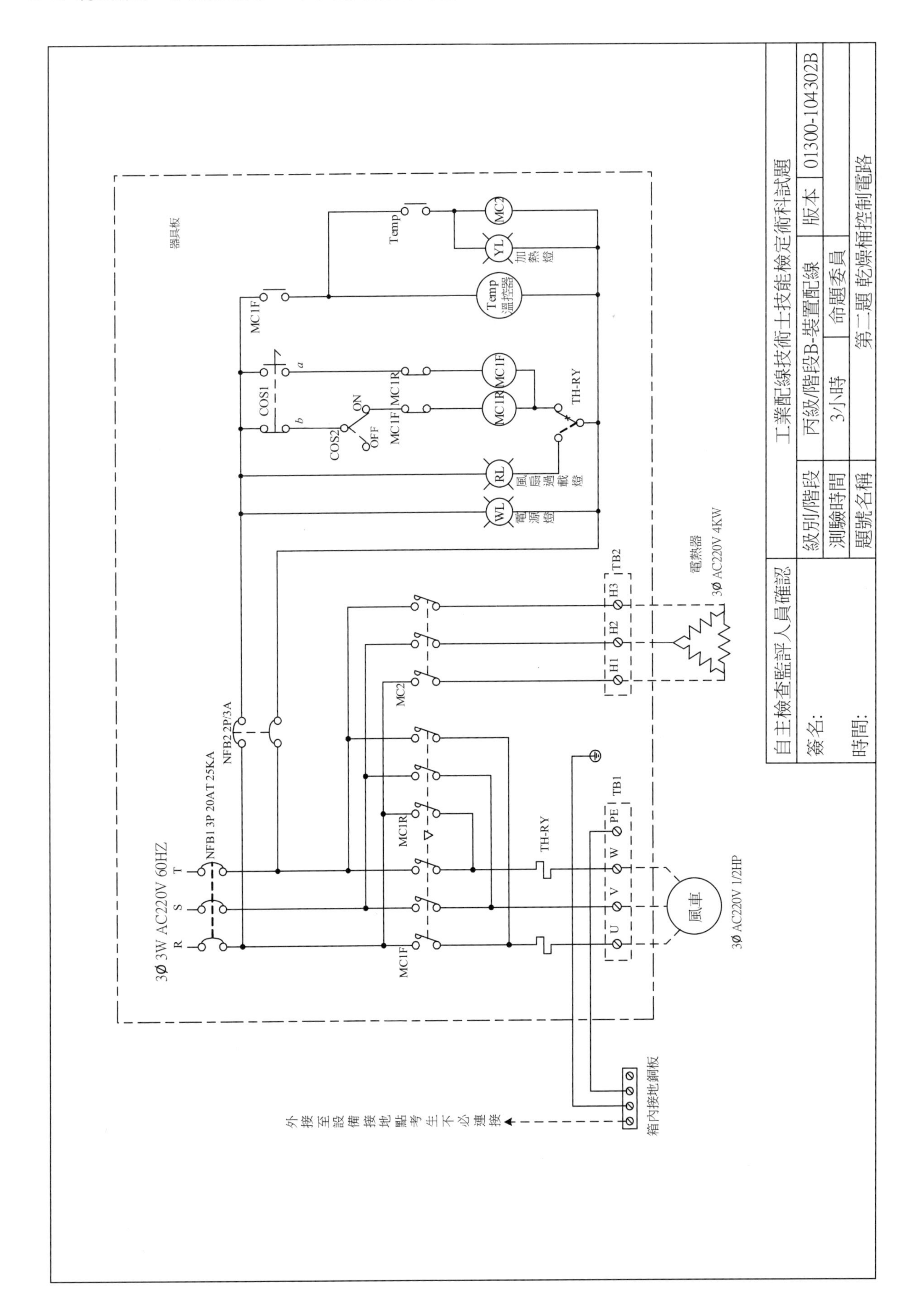

2-3 有配線編號之線路圖

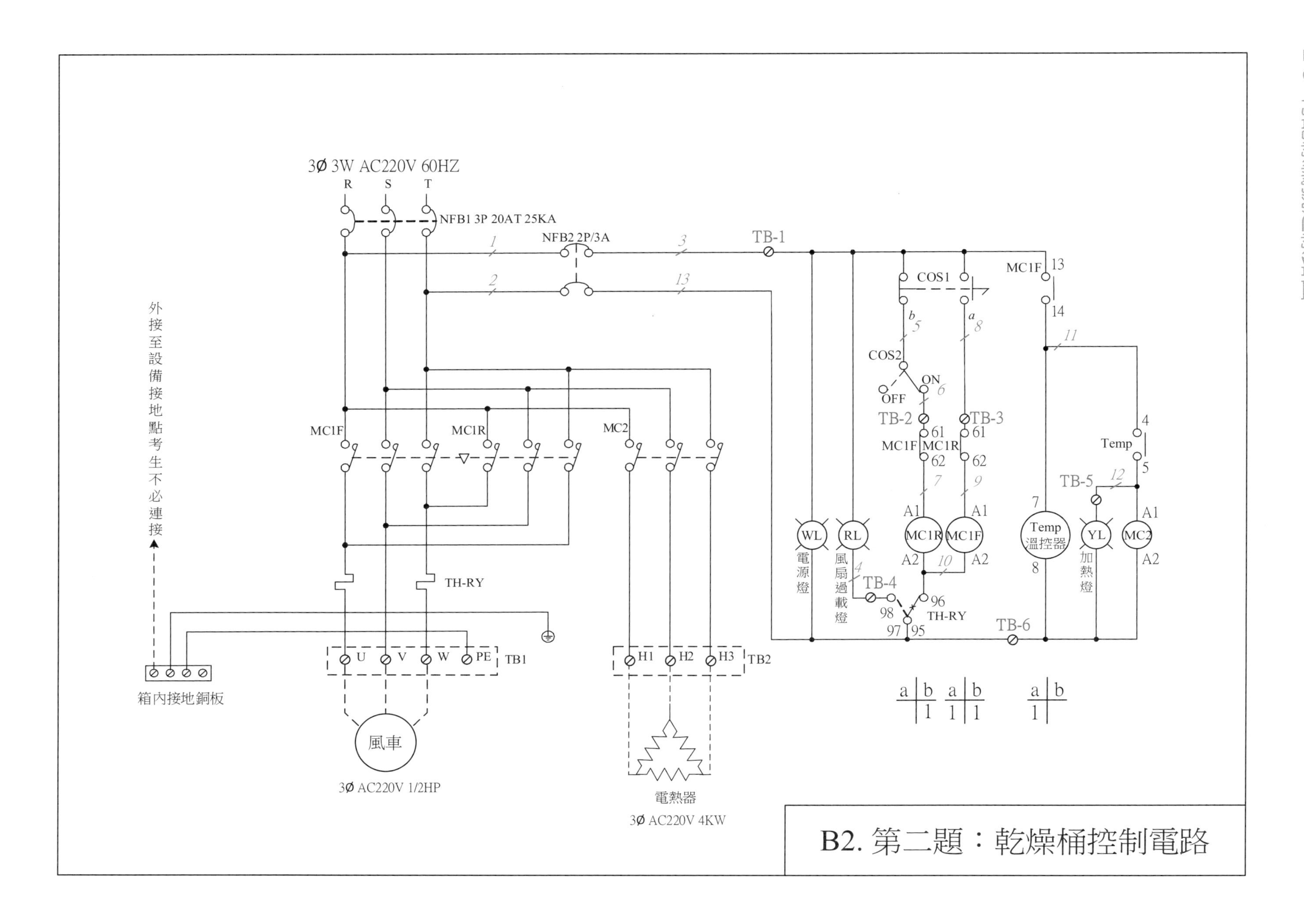

2-4 完成〔配線規劃〕之線路圖：增加接點的編號

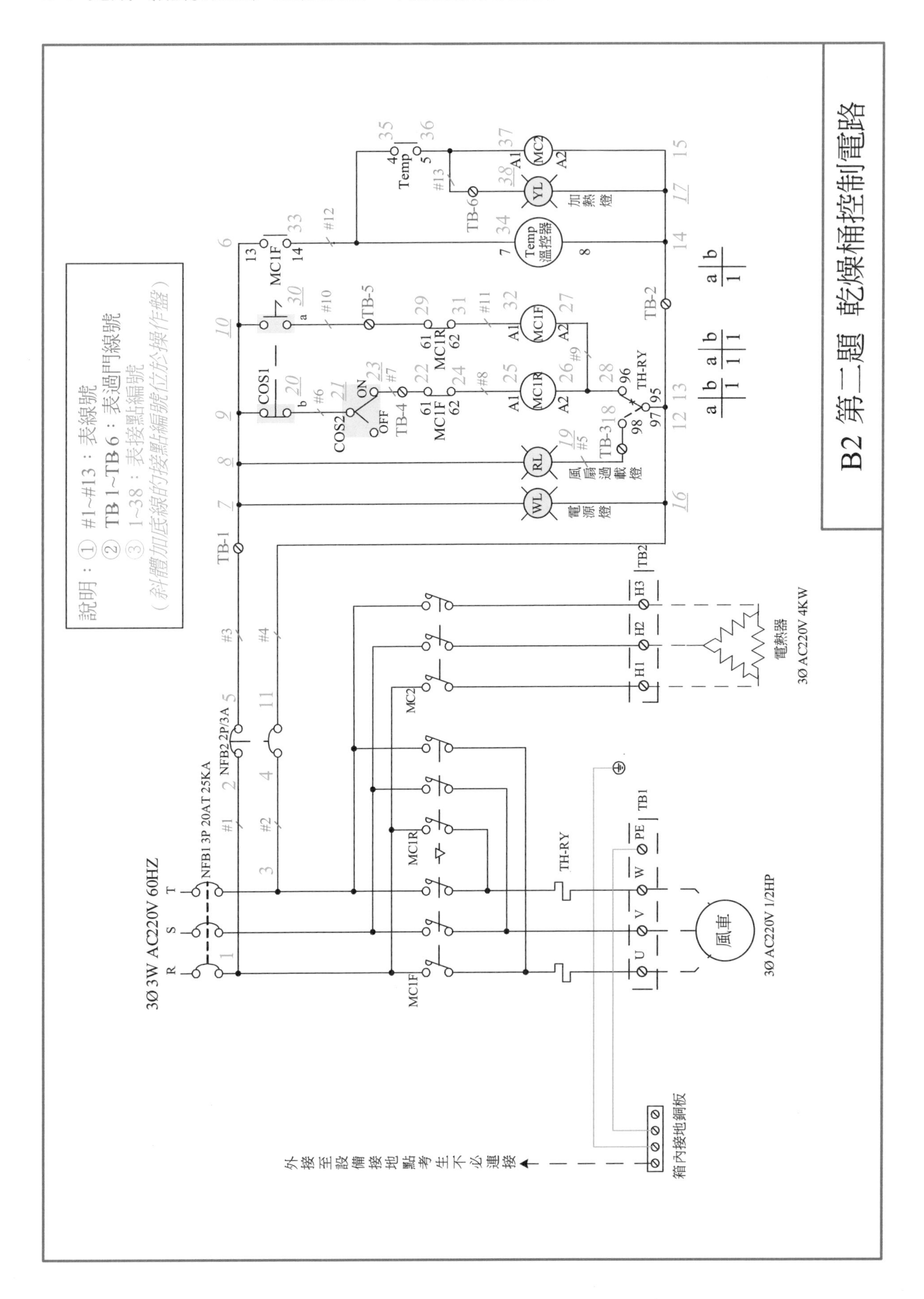

2-5 各節點接線順序詳細說明（B2接線口訣）

線號	過門線號	接點編號	接線點數	各節點 接線順序 詳細說明（B2接線口訣）
#1		1-2	2	①NFB1(U)→②NFB2(R)［說明：#1接線口訣，→表接點的連接］
#2		3-4	2	③NFB1(W)→④NFB2(T)［說明：#2接線口訣，線號#3以下之接點編號省略標示］
#3	TB-1	5-10	6=2+4	NFB2(U)→MC1F(13:a)➡WL(上)→RL(上)→COS1(標示b:上)→COS1(標示a:上) ［說明：➡表經過端子台的接點連接］
#4	TB-2	11-17	7=5+2	NFB2(W)→OL(a:97)→OL(b:95)→TC(8)→MC2(A2)➡WL(下)→YL(下)
#5	TB-3	18-19	2=1+1	OL(a:98)➡RL(下)
#6		*20-21*	*2=0+2*	*➡COS1(標示b:下)→COS2(標示ON:上)*［20、21兩個接點都位於操作板上］
#7	TB-4	22-23	2=1+1	MC1F(61:b)➡COS2(標示ON:下)
#8		24-25	2	MC1F(62:b)→ MC1R(A1)
#9		26-28	3	MC1R(A2)→MC1R(A2)→OL(b:96)
#10	TB-5	29-30	2=1+1	MC1R(61:b)➡COS1(標示a:下)
#11		31-32	2	MC1R(62:b)→MC1F(A1)
#12		33-35	3	MC1F(14:a)→TC(7)→TC(4)
#13	TB-6	36-38	3=2+1	TC(5)→MC2(A1)➡YL(上)
其他		39-42	4	**地線2條**

2-6 模擬器具配置圖，請完成接線

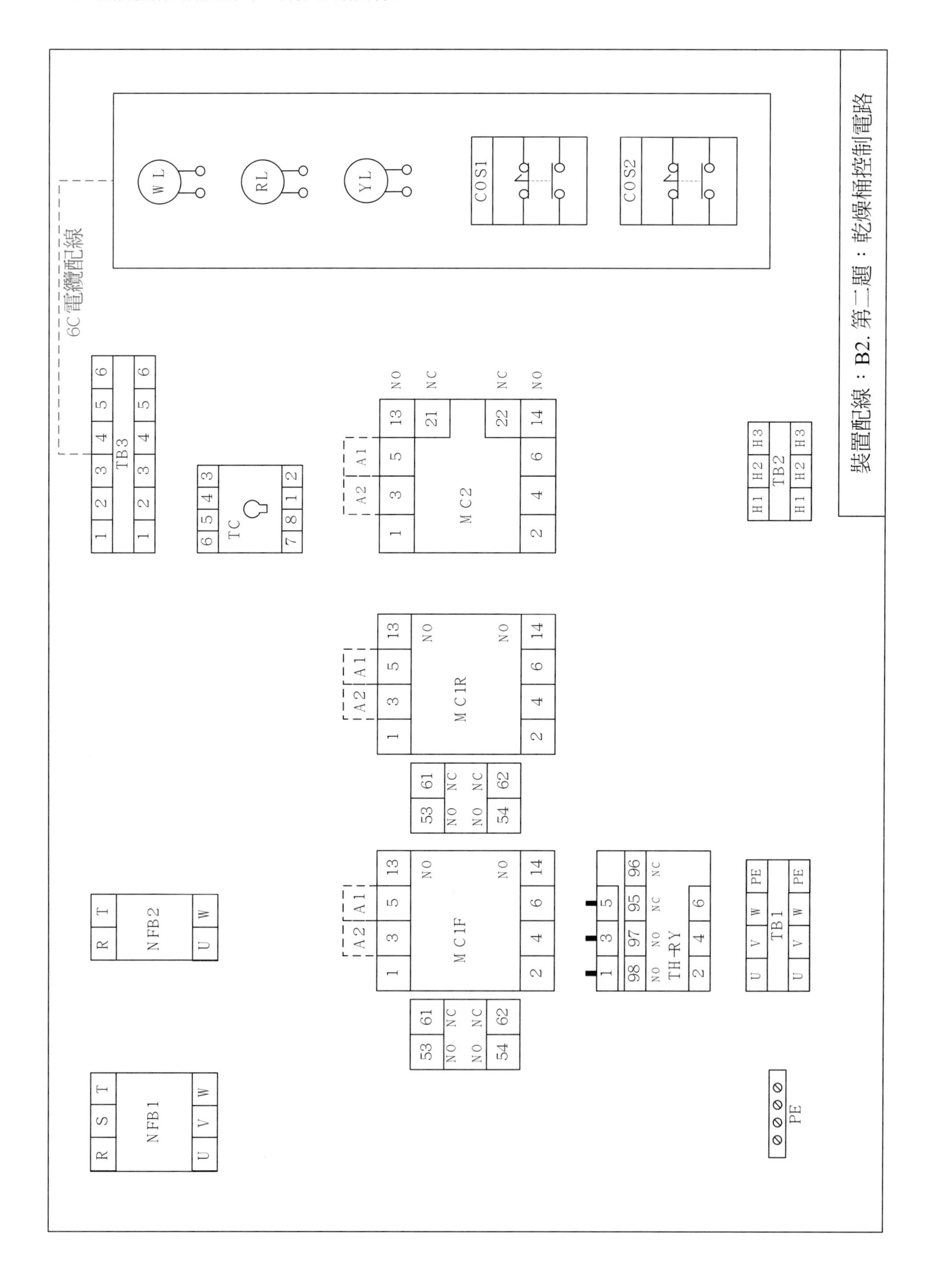

2-7 動作說明：檢定時，本頁提供給應檢人參考

一、受電部分：

1. NFB1 ON 主電源供電，NFB2 ON 控制電源供電，電源指示燈WL亮。

二、COS1設定在自動加熱狀態時：（COS1切於a位置）

1. MC1F ON 風車正轉。
2. MC2 ON 電熱器開始加熱，加熱指示燈YL亮。
3. 溫度上升到達設定值時，MC2 OFF 電熱器斷電，加熱指示燈YL熄。
4. 溫度下降低於設定值時，重複步驟2及3。

三、COS1設定在手動排風狀態時：（COS1切於b位置）

1. COS2 切於ON位置，MC1R ON風車開始逆轉，將餘溫強制排出。
2. COS2 切於OFF位置，MC1R OFF風車停止逆轉。

四、風車過載時：

1. 在風車正常運轉時，積熱電驛（TH-RY）動作，風車過載燈RL亮，MC1F、MC1R及MC2斷電，加熱指示燈YL熄。
2. 積熱電驛（TH-RY）復歸時，線路回復執行COS1、 COS2相對應狀態之動作。

※注意事項：

1. MC1F及MC1R間應有機械互鎖裝置，在電路圖中MC1F及MC1R應有電氣互鎖設計。
2. PT100感溫棒之連線應與溫度控制器直接連結，不得經過端子台。
3. 五孔控制盒與端子台間須以電纜線配置，並預留適當長度，不可拉得太緊。
4. 該電纜不得預先施作（含剝絕緣皮作業），或未以電纜線配置，則依評審表中「未按線路圖配線」項目處理。

2-8 檢定材料表

項目	名稱	規格	單位	數量	備註
1	無熔線斷路器	3P 220VAC 25KA 100AF 20AT	只	1	NFB1
2	無熔線斷路器	2P 220VAC 10KA 3A	只	1	NFB2
3	正逆轉專用電磁接觸器組	220VAC 1/2HP 1a1b	只	1	附機械互鎖 輔助接點 MC1F 1a1b MC1R 1b
4	過載電驛	220VAC 1/2HP 2素子(2E)	只	1	
5	電磁接觸器	220VAC 20A	只	1	輔助接點 MC2 不需要
6	溫度控制器	220VAC 0-100℃可接PT100感溫棒Relay輸出1a	只	1	1.底板固定式 2.附PT100感溫棒及連線
7	按鈕開關控制盒	5孔塑膠盒25 mm ϕ	只	1	
8	指示燈	紅黃白 AC220V 25 mm ϕ	只	各1	
9	選擇開關	2段 1a1b 25 mm ϕ	只	2	
10	端子台	3P 20A	只	1	
11	端子台	4P 20A	只	1	
12	端子台	6P 10A	只	1	
13	PVC電線	3.5 mm^2 黑色	公尺	3	
14	PVC電線	3.5 mm^2 綠色	公分	30	
15	PVC電線	1.25 mm^2 黃色	公尺	25	
16	壓接端子	3.5- 4 mm^2 Y型	只	若干	
17	壓接端子	1.25- 3 mm^2 Y型	只	若干	
18	壓接端子	3.5- 4 mm^2 O型	只	若干	
19	束帶	2.5W×100L mm	條	20	
20	電纜固定頭	配合0.75 mm^2 6C，多蕊電纜及5孔塑膠盒	只	1	
21	電纜	0.75 mm^2 6C	公分	60	
22	接地銅板	附雙支架4P	只	1	
23	器具板	350L×480W×2.0D	只	1	四邊內摺 25mm

第三題：電動空壓機控制電路

3-1 動作示意圖及配置圖

本試題為電動空壓機控制電路，控制空壓機運轉，以達到設定壓力之狀態。本試題主要之動作功能，以示意圖顯示於下：

1. 按啟動按鈕PB1，KM1動作，空壓機運轉。
2. 當壓力開關之壓力處於下限時，進氣閥門（Sol）開啟，PL5亮，空壓機作重車運轉。
3. 當壓力達於上限時，進氣閥門（Sol）關閉，PL5熄；空壓機作空車運轉，PL4亮；KA3開始計時。
4. 當KA3計時到，KM1斷電，空壓機停止。

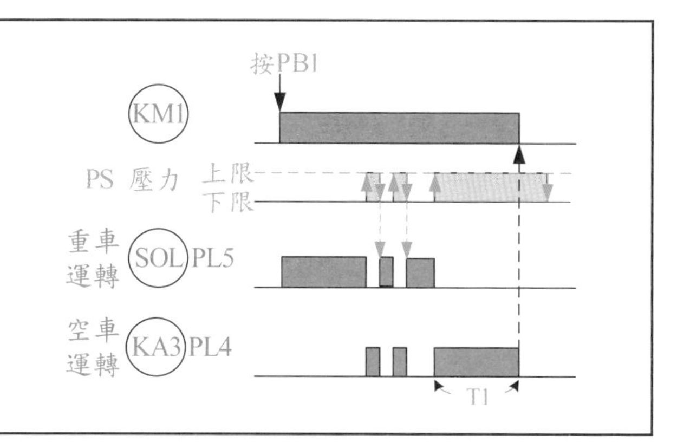

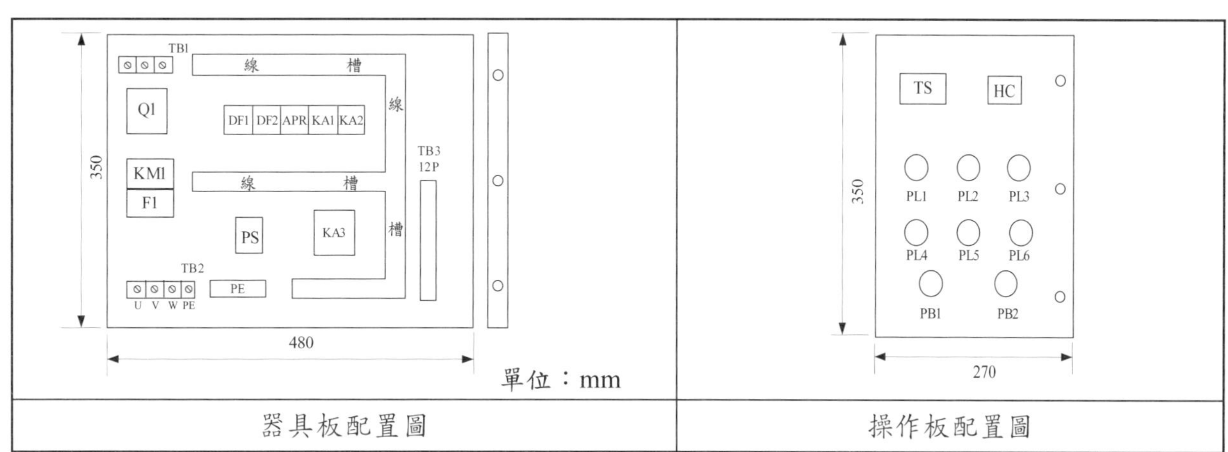

器具板配置圖	操作板配置圖

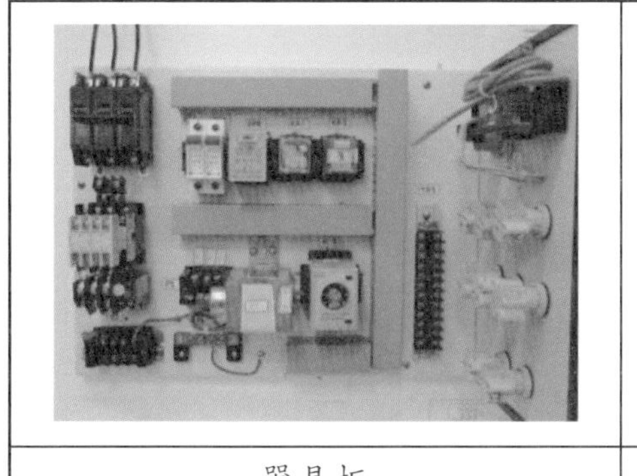

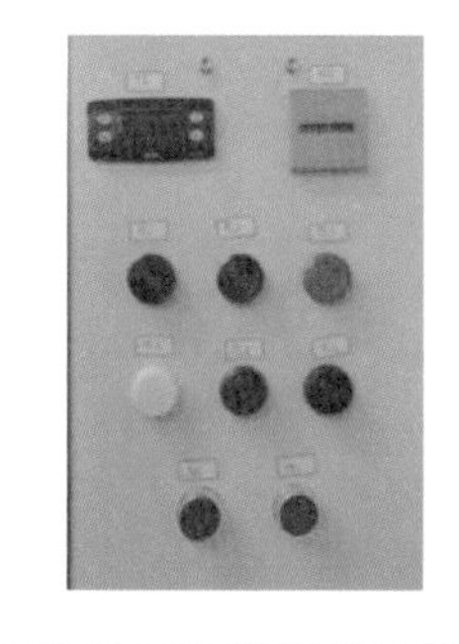

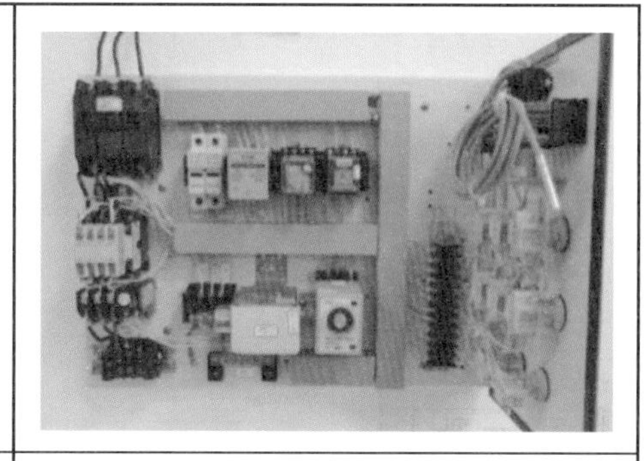

器具板	操作板	配線完成圖

3-2 線路圖：於檢定時，本頁分發至該題之工作崗位

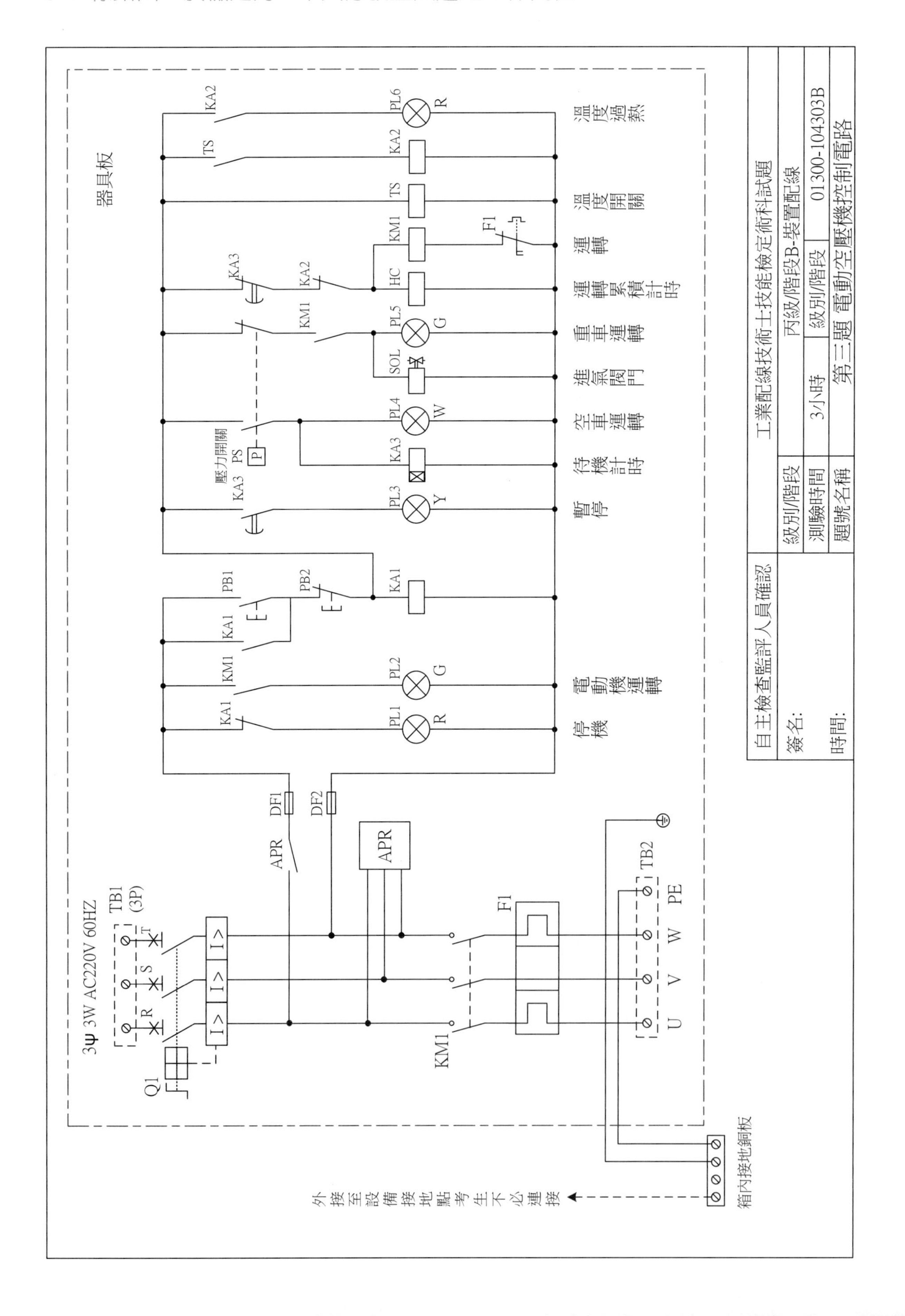

3-3 有配線編號之線路圖

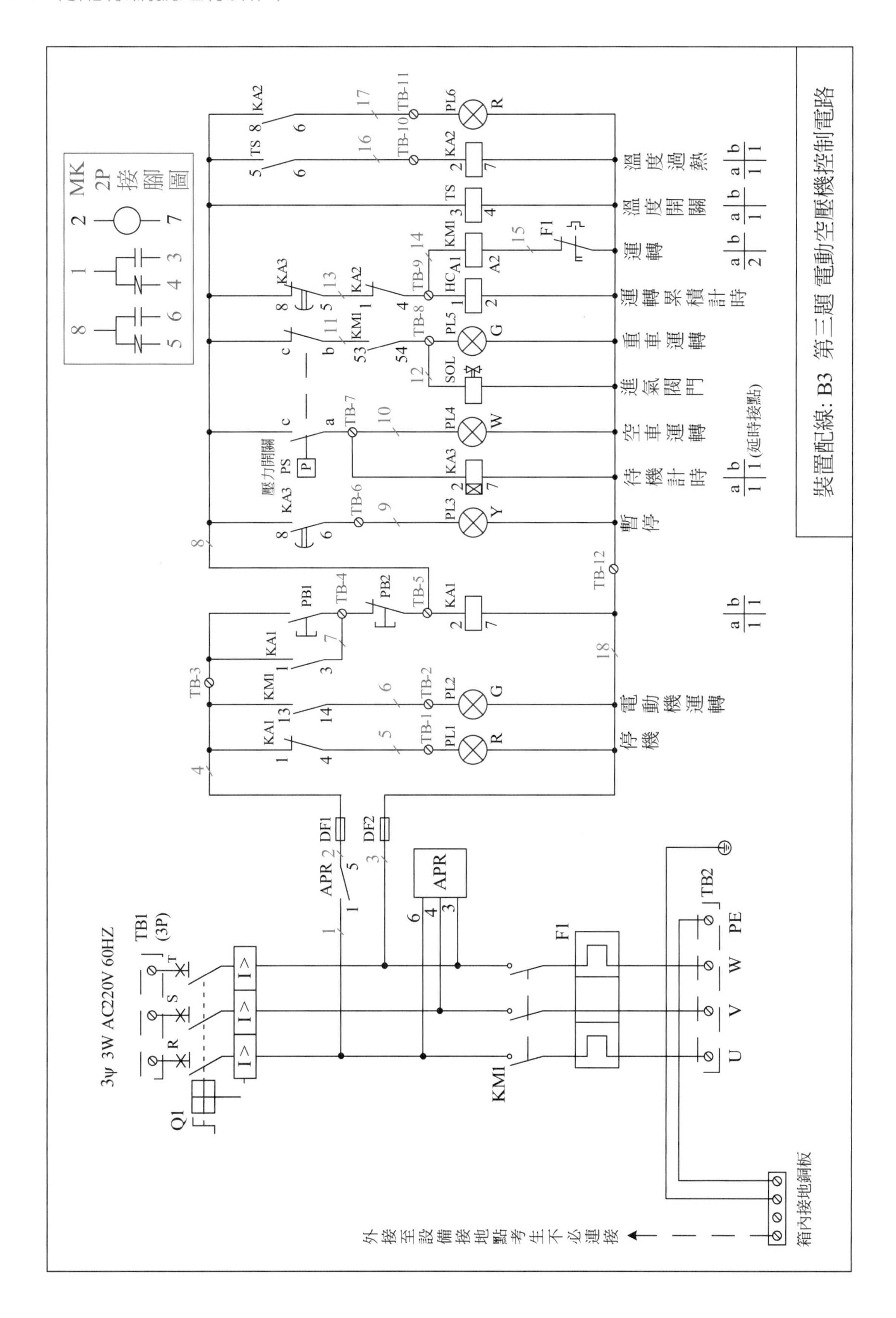

3-4 完成〔配線規劃〕之線路圖：增加接點的編號

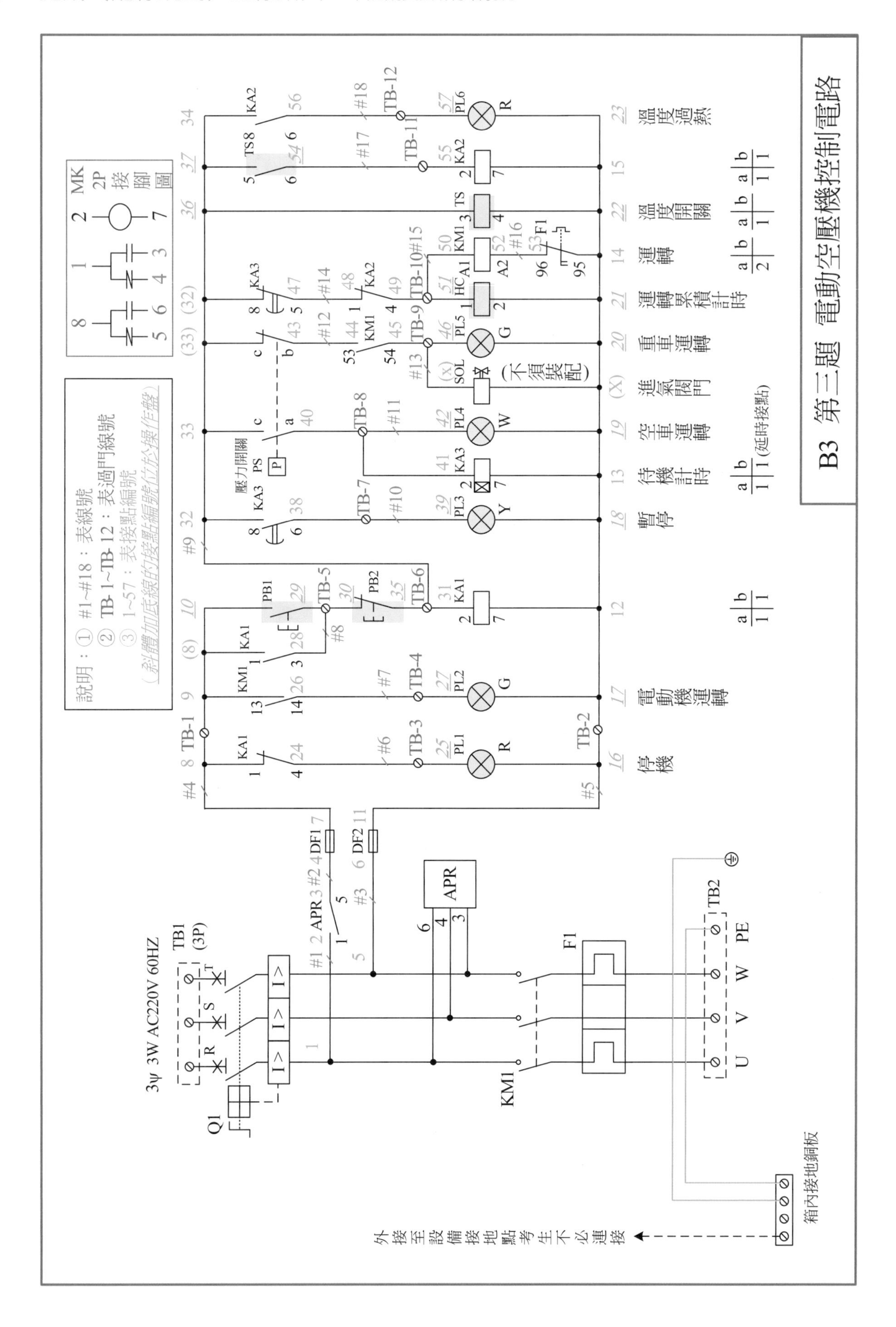

3-5 各節點接線順序詳細說明（B3接線口訣）

線號	過門線號	接點編號	接線點數	各節點 接線順序 詳細說明（B3接線口訣）
#1		1-2	2	①Q1(U)→②APR(1) ［說明：#1接線口訣，→表接點的連接］
#2		3-4	2	③APR(5)→④DF1(左)［說明：#2接線口訣］
#3		5-6	3	⑤Q1(W)→⑥DF2(左) ［說明：#3接線口訣，線號#3以下之接點編號省略標示］
#4	TB1	7-10	4=3+1	DF1(右)→KA1(1:c)→KM1(13:a)➡PB1(上:a)［說明：➡表經過端子台的連接］
#5	TB2	11-23	13=5+8	DF2(右)→KA1(7)→KA3(T/7)→F1(95:b)→KA2(7)➡PL1(下)→PL2(下) →PL3(下)→PL4(下)→PL5(下)→PL6(下)→TS(4)→HC(2)（SOL不須裝配）
#6	TB3	24-25	2=1+1	KA1(4:b)➡PL1(上)
#7	TB4	26-27	2=1+1	KM1(14:a)➡PL2(上)
#8	TB5	28-30	3=1+2	KA1(3:a)➡PB1(下:a)→PB2(上:b)
#9	TB6	31-37	7=4+3	KA1(2)→KA3(8:T/c)→PS(c)→KA2(8:a)➡PB2(下:b)→TS(3)→TS(5)
#10	TB7	38-39	2=1+1	KA3(6:T/a)➡PL3(上)
#11	TB8	40-42	3=2+1	PS(a)→KA3(T/2)➡PL4(上)
#12		43-44	2	PS(b)→KM1(53:a)
#13	TB9	45-46	2=1+1	KM1(54:a)➡PL5(上)［SOL不須裝配］
#14		47-48	2	KA3(5:T/b)→KA2(1:b)
#15	TB10	49-51	3=2+1	KA2(4:b)→KM1(A1)➡HC(1)
#16		52-53	2	KM1(A2)→F1(96)
#17	TB11	54-55	2=1+1	TS(6:a)➡KA2(2)
#18	TB12	56-57	2=1+1	KA2(6:a)➡PL6(上)
其他		58-67	10	**APR的3條電源線，地線2條**

3-6 模擬器具配置圖，請完成接線

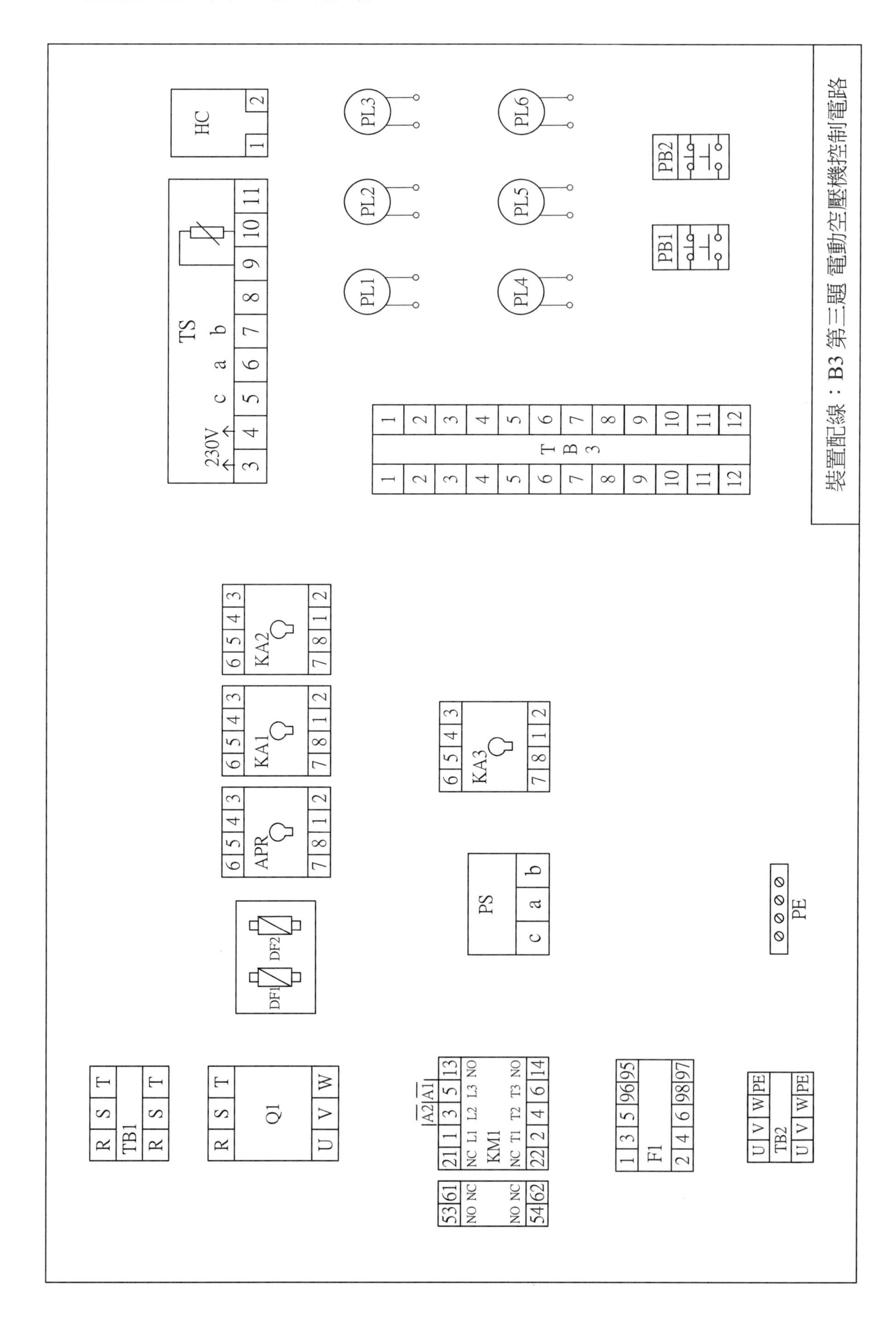

3-7 動作說明：檢定時，本頁提供給應檢人參考

一、通電後，若電源為正相序，則逆相防止電驛（APR）之接點接通，PL1亮，若電源為逆相序，則逆相防止電驛（APR）之接點斷開，指示燈全熄。

二、當電源為正相序，溫度開關之溫度不超過設定值時：

1. 按啟動按鈕PB1，KM1動作，PL1熄，PL2亮，空壓機運轉，累積計時器（HC）開始計時。
2. 當壓力開關之壓力處於下限時，進氣閥門（Sol）開啟，PL5亮，空壓機作重車運轉。
3. 當壓力達於上限時，進氣閥門（Sol）關閉，PL5熄；空壓機作空車運轉，PL4亮；KA3開始計時。
4. 當KA3計時中，若壓力低於下限，進氣閥門（Sol）再次打開，空壓機回復重車運轉，PL4熄，PL5亮。
5. 當KA3計時到，PL3亮，KM1斷電，空車運轉之空壓機停止，累積計時器（HC）同時停止計時。
6. 空壓機運轉中（空車或重車），若按停止按鈕PB2，則空壓機停止，除PL1外所有指示燈熄。
7. 空壓機運轉中（空車或重車），若過載電驛（F1）動作，則空壓機停止，PL2及PL5熄，其餘指示燈維持原來狀態。

三、當空壓機溫度開關之測定值達到設定值時，PL6亮，KM1斷電，運轉中之空壓機停止，PL2熄。

3-8 檢定材料表

項目	名稱	規格	單位	數量	備註
1	無熔線斷路器	3P 220VAC 10KA 50AF 20AT	只	1	Q1
2	逆相防止電驛	220VAC	只	1	APR
3	累積計時器	6位數，小時單位，盤面型	只	1	HC
4	電磁接觸器	220VAC 3HP 2a	只	1	KM1
5	積熱過載電驛	220VAC 3HP 2素子(2E)	只	1	F1
6	輔助電驛	220VAC 2c	只	2	KA1 1c, KA2 1a1b
7	限時電驛	220VAC ON Type 延時1c	只	1	KA3
8	按鈕開關	紅綠22 mmϕ 1a 1b	只	各1	
9	卡式保險絲	3A	只	2	
10	壓力開關	具有1a1b接點	只	1	PS
11	溫度開關	220VAC Relay輸出1a 4位數0～300°C盤面型	只	1	TS
12	指示燈	220VAC 22㎜ϕ LED型	只	6	R×2, G×2, Y×1, W×1
13	電源端子台	30A 3P	只	1	
14	負載端子台	30A 4P	只	1	
15	控制電路端子台	20A 12P	只	1	
16	PVC電線	3.5 mm^2 黑色	公尺	2	
17	PVC電線	3.5 mm^2 綠色	公分	60	
18	PVC電線	1.25 mm^2 黃色	公尺	40	
19	壓接端子	3.5- 4 mm^2 O型	只	若干	
20	壓接端子	3.5- 4 mm^2 Y型	只	若干	
21	壓接端子	1.25- 3 mm^2 Y型	只	若干	
22	捲型保護帶	寬 10 mm	公分	60	
23	接地銅板	附雙支架 4P	只	1	
24	束帶	2.5W×100L mm	條	20	
25	操作版	350L×270W×2.0D			開孔如面板圖
26	器具板	350L×480W×2.0D	只	1	四邊內摺25mm
27	PVC線槽	30mm×30mm側面開長條孔	公尺	1.2	

第四題：二台輸送帶電動機順序運轉控制

4-1 動作示意圖及配置圖

本試題為二台輸送帶電動機順序運轉控制，使用LS、PHS、PRS三個開關來檢出物件的位置，作電動機順序運轉之控制。本試題主要之動作功能，以示意圖顯示於下：

1. NFB ON，電動機及指示燈均不動作。
2. LS動作，SSC1觸發並導通，M1正轉。
3. PHS光電開關動作，SSC2觸發並導通，M2正轉。
4. PRS近接開關動作，M1、M2停止運轉。
5. 再次LS動作（按住LS），可重新執行第2項之動作。

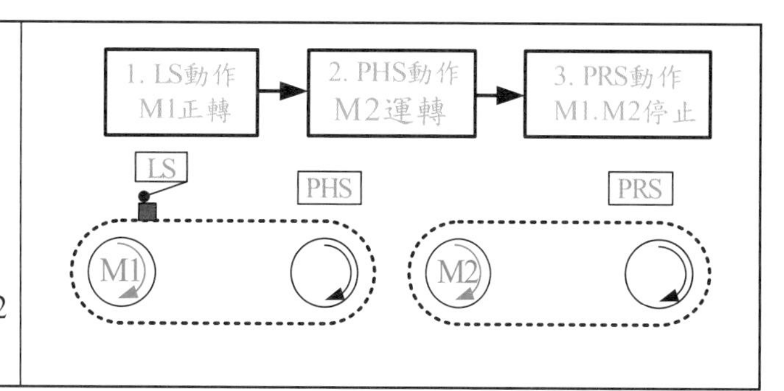

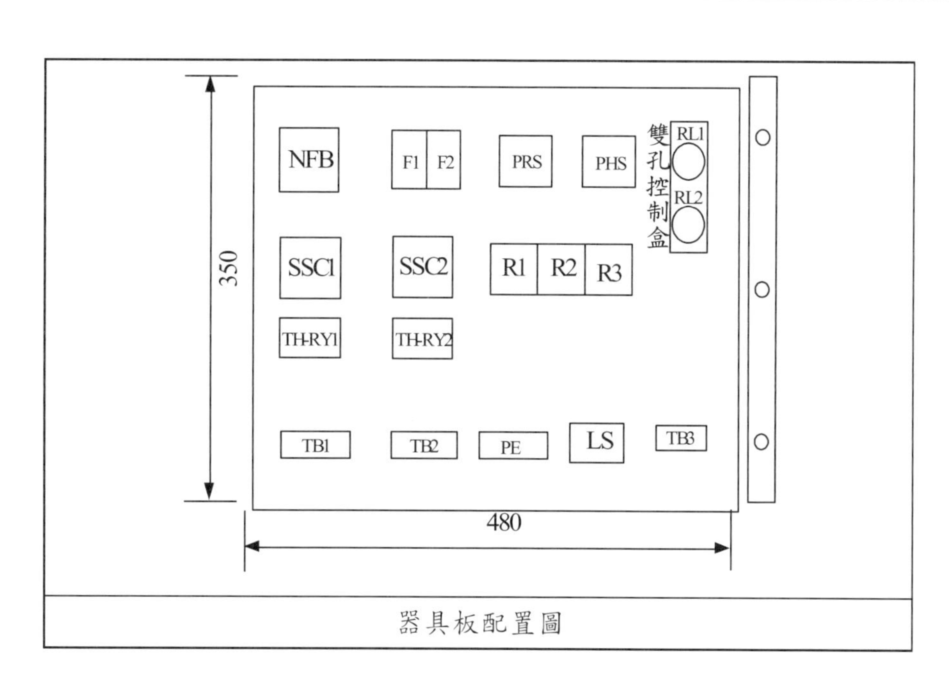

器具板配置圖

單位：mm

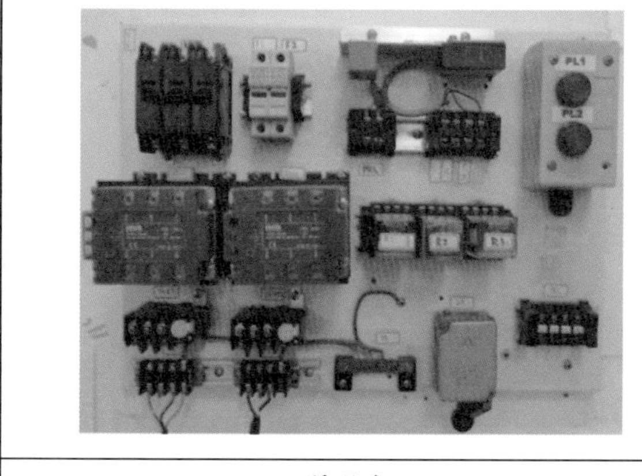	
器具板	完成圖

4-2 線路圖：於檢定時，本頁分發至該題之工作崗位

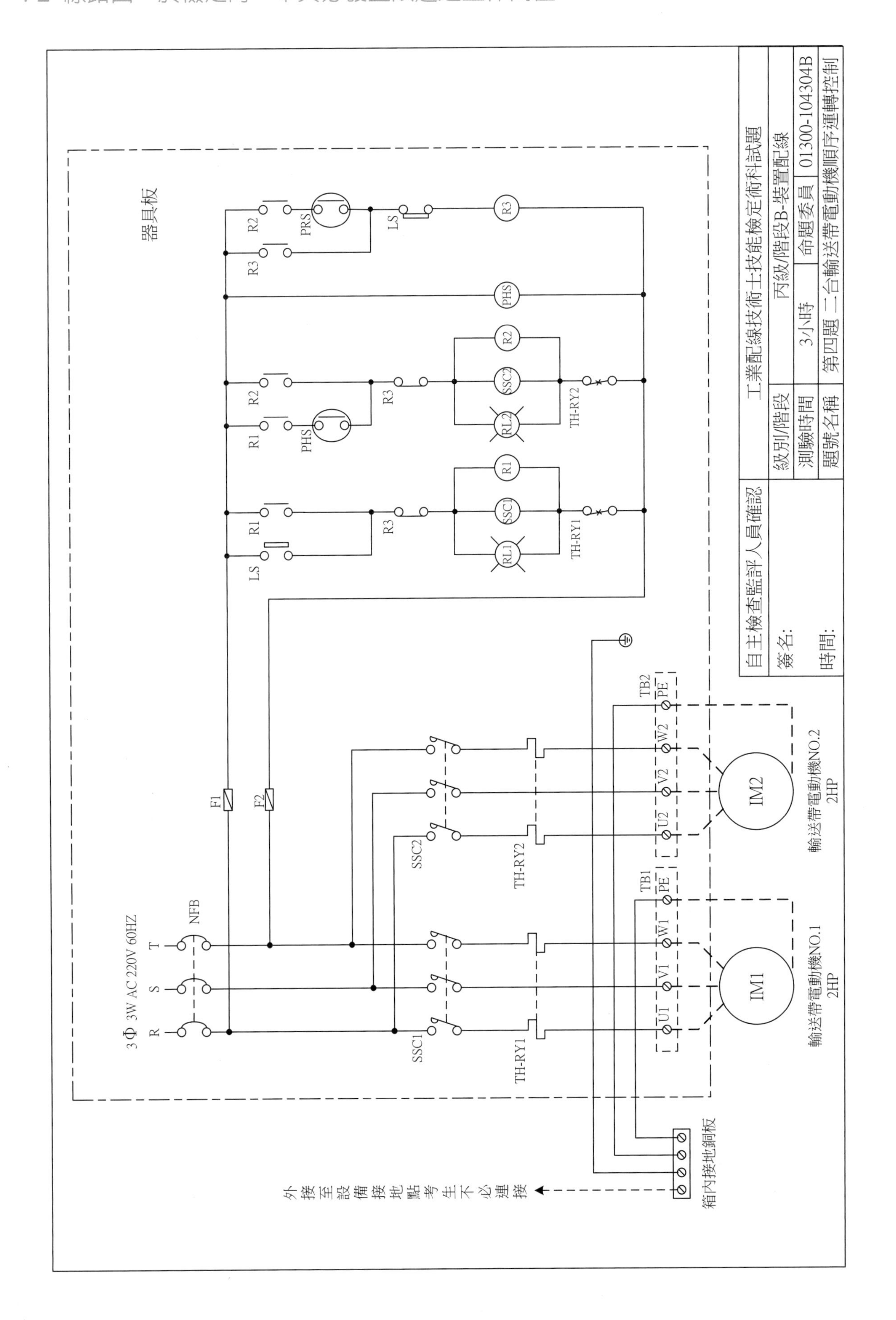

4-3 有配線編號之線路圖

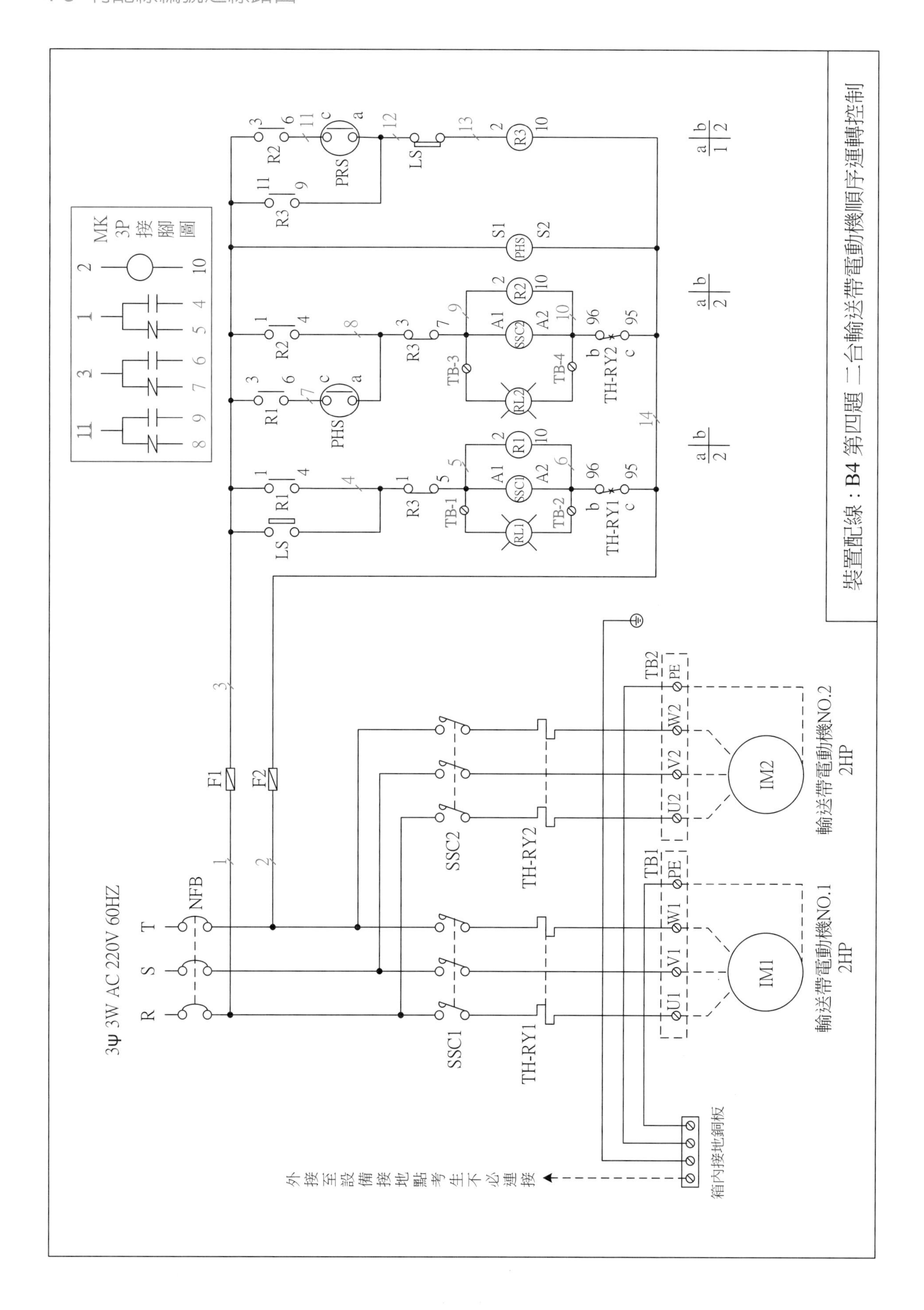

4-4 完成〔配線規劃〕之線路圖：增加接點的編號

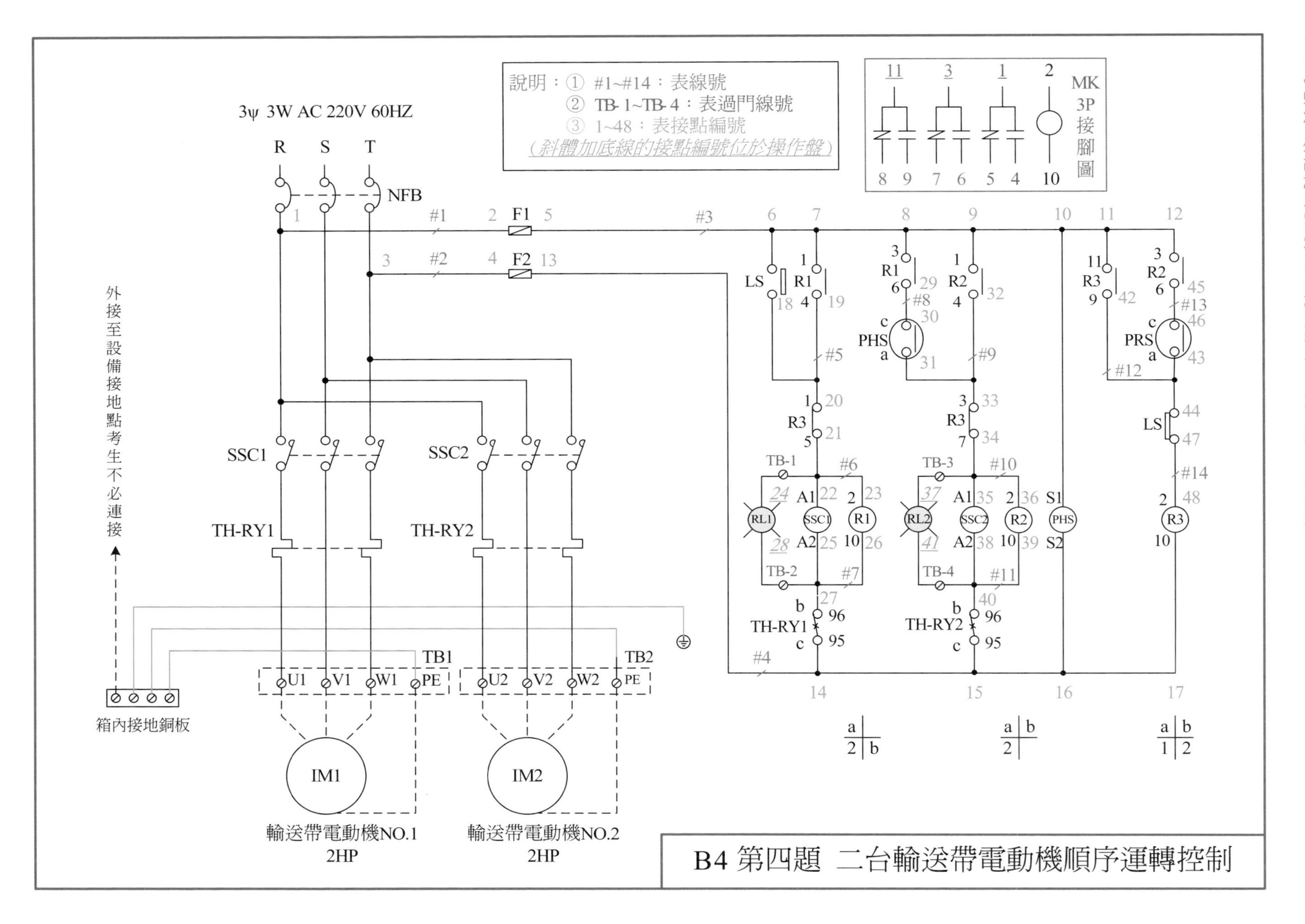

4-5 各節點接線順序詳細說明（B4接線口訣）

線號	過門線號	接點編號	接線點數	各節點 接線順序 詳細說明（B4接線口訣）
#1		1-2	2	①NFB(U)→②F1(左)［說明：#1接線口訣，→表接點的連接］
#2		3-4	2	③NFB(W)→④F2(左)［說明：#2接線口訣，線號#3以下之接點編號省略標示］
#3		5-12	8	F1(右)→LS(上:a)→R1(1:c)→R1(3:c)→R2(1:c)→PHS(S1) →R3(11:c)→R2(3:c)
#4		13-17	5	F2(右)→TH-RY1(95:c)→TH-RY2(95:c)→PHS(S2)→R3(10)
#5		18-20	3	LS(下:a)→R1(4:a)→R3(1:c)
#6	TB-1	21-24	4=3+1	R3(5:b)→SSC1(A1)→R1(2)➡RL1(上)
#7	TB-2	26-28	4=3+1	SSC1(A2)→R1(10)→TH-RY1(96:b)➡RL1(下)
#8		29-30	2	R1(6:a)→PHS(c)
#9		31-33	3	PHS(a)→R2(4:a)→R3(3:c)
#10	TB-3	34-37	4=3+1	R3(7:b)→SSC2(A1)→R2(2)➡RL2(上)
#11	TB-4	38-41	4=3+1	SSC2(A2)→R2(10)→TH-RY2(96:b)➡RL2(下)
#12		42-44	3	R3(9:a)→PRS(a)→LS(上:b)
#13		45-46	2	R2(6:a)→PRS(c)
#14		47-48	2	LS(下:b)→R3(2)
其他		49-54	6	地線3條

4-6 模擬器具配置圖，請完成接線

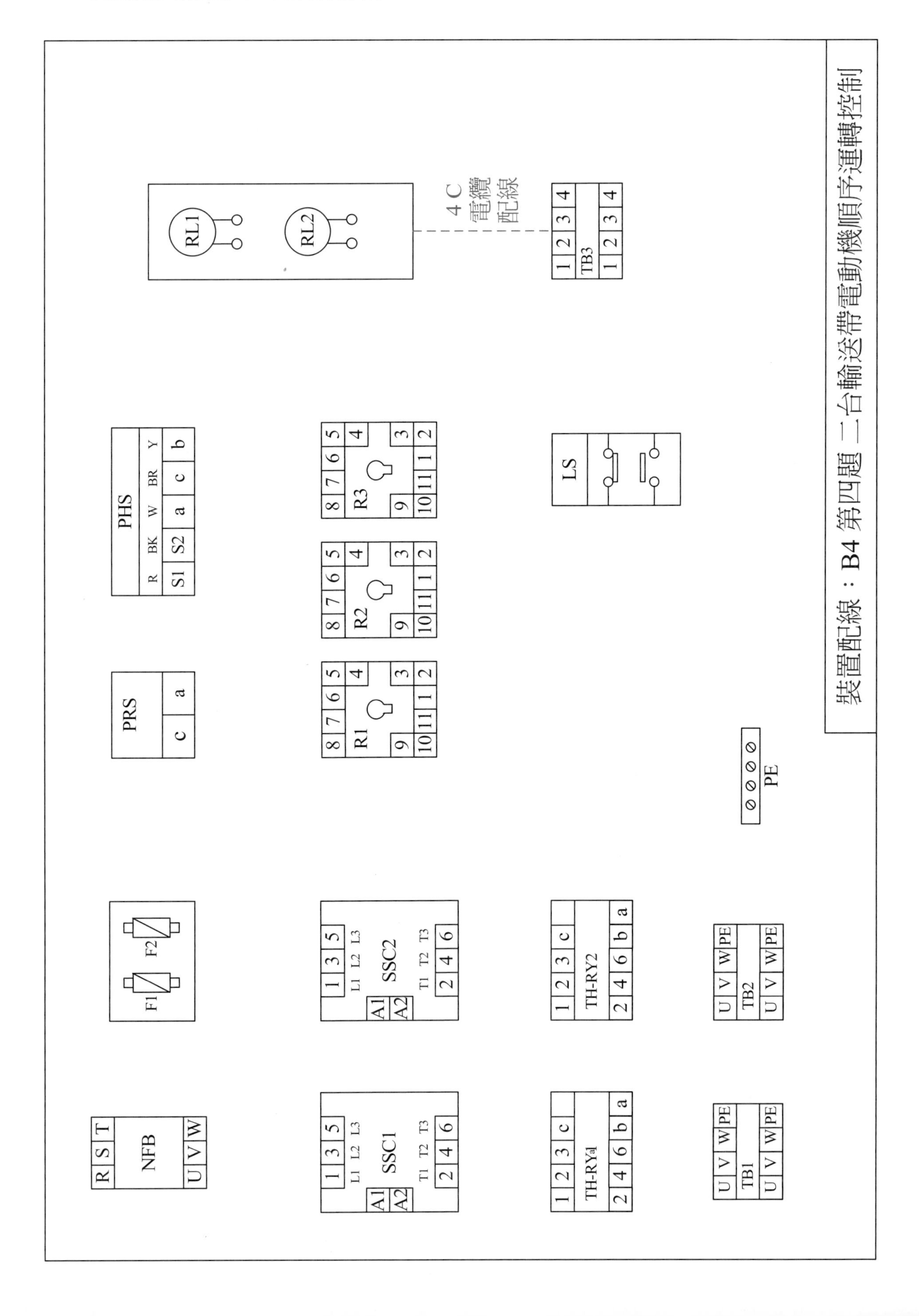

4-7 動作說明：檢定時，本頁提供給應檢人參考

一、正常狀況下：

1. NFB ON，電動機及指示燈均不動作。
2. LS動作（按住LS），SSC1觸發並導通，R1動作並自保，M1正轉，RL1亮。LS復歸（放開LS），SSC1持續導通。
3. M1運轉中，PHS光電開關動作，SSC2觸發並導通，R2動作並自保，M2正轉，RL2亮。PHS接點復歸，SSC2持續導通。
4. M1、M2運轉中，PRS近接開關動作，R3動作且自保，SSC1、SSC2復歸，M1、M2停止運轉，RL1、RL2熄。
5. 再次LS動作（按住LS），可重新執行第2項之動作 。

二、過載保護：

1. M1運轉中，TH-RY1動作，M1停止運轉RL1熄。
2. M2運轉中，TH-RY2動作，M2停止運轉RL2熄。

注意事項：

1. 指示燈控制盒與端子台間須以電纜線配置，並預留適當長度，不可拉得太緊。
2. 該電纜不得預先施作（含剝絕緣皮作業），或未以電纜線配置，則依評審表中「未按線路圖配線」項目處理。

4-8 檢定材料表

項目	名稱	規格	單位	數量	備註
1	無熔線斷路器	3P 220VAC 10KA 50AF 20AT	只	1	
2	固態接觸器	3 ϕ 220VAC 25A, 220VAC 觸發附底座型散熱器	只	2	
3	過載電驛	220VAC 2HP	只	2	
4	限制開關	1a1b 10A	只	1	輪動式
5	光電開關（PHS）	220VAC 1a接點	只	1	預先裝置好固定座
6	近接開關（PRS）	220VAC 1a接點	只	1	預先裝置好固定座
7	卡式保險絲	250VAC 2A 附座	只	2	
8	輔助電驛	220VAC 3a3b接點	只	3	接點 R1-R2 2a R3 1a2b
9	指示燈	紅220AC 25mm ϕ	只	2	LED 型
10	指示燈控制盒	二孔塑膠盒 25mm ϕ	只	1	
11	端子台	10A 4P	只	1	TB-3
12	端子台	20A 4P	只	2	TB-1、TB-2
13	PVC電線	3.5 mm^2 黑色	公尺	3	
14	PVC電線	3.5 mm^2 綠色	公分	40	
15	PVC電線	1.25 mm^2 黃色	公尺	30	
16	電纜	1.25 mm^2 4C	公分	50	
17	壓接端子	3.5-4 mm^2 Y型	只	若干	
18	壓接端子	1.25-3 mm^2 Y型	只	若干	
19	壓接端子	3.5- 4 mm^2 O型	只	若干	
20	束帶	2.5W×100Lmm	條	30	
21	電纜固定頭	配合4C電纜及二孔塑膠盒出線口	只	1	
22	器具板	350L ×480W×2.0D	只	1	四邊內摺 25mm
23	接地銅板	附雙支架 4P	只	1	
24	捲型保護帶	寬10mm	公分	60	
25	DIN軌道		公分	50	
26	感應電動機	3 ϕ 220VAC 2HP	只	2	可用較小容量感應電動機替代

第五題：二台抽水機交替運轉控制

5-1 動作示意圖及配置圖

本試題為二台抽水機交替運轉控制，使用FS液面控制器以感測水塔低水位，並用COS1以選擇手動操作（M, Manual），或自動操作（A, Automation）。本試題主要之動作功能，以示意圖顯示於下：

1. 手動操作（COS1置於M位置）：
   a.COS 2置於A位置：MC1 ON，IM1運轉。
   b.COS 2置於B位置：MC2 ON，IM2運轉。
2. 自動操作（COS1置於A位置）：
   a.FS感測上水塔低水位時，其a接點接通，交替電驛MR動作，a、b接點交替ON-OFF。
   b.MC1、MC2隨MR之a、b接點交替ON、OFF，MC1、MC2交替運轉或停止動作。

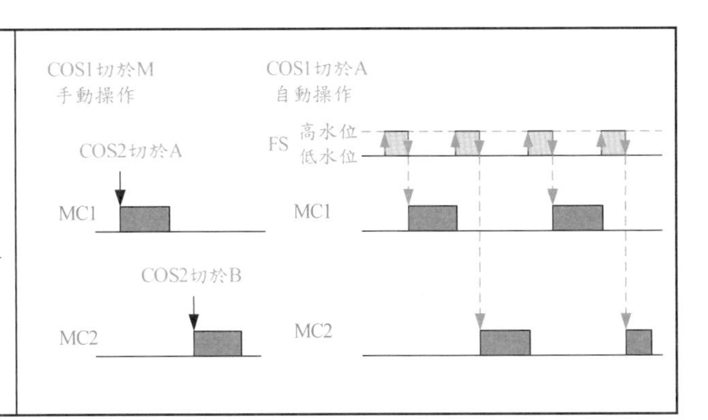

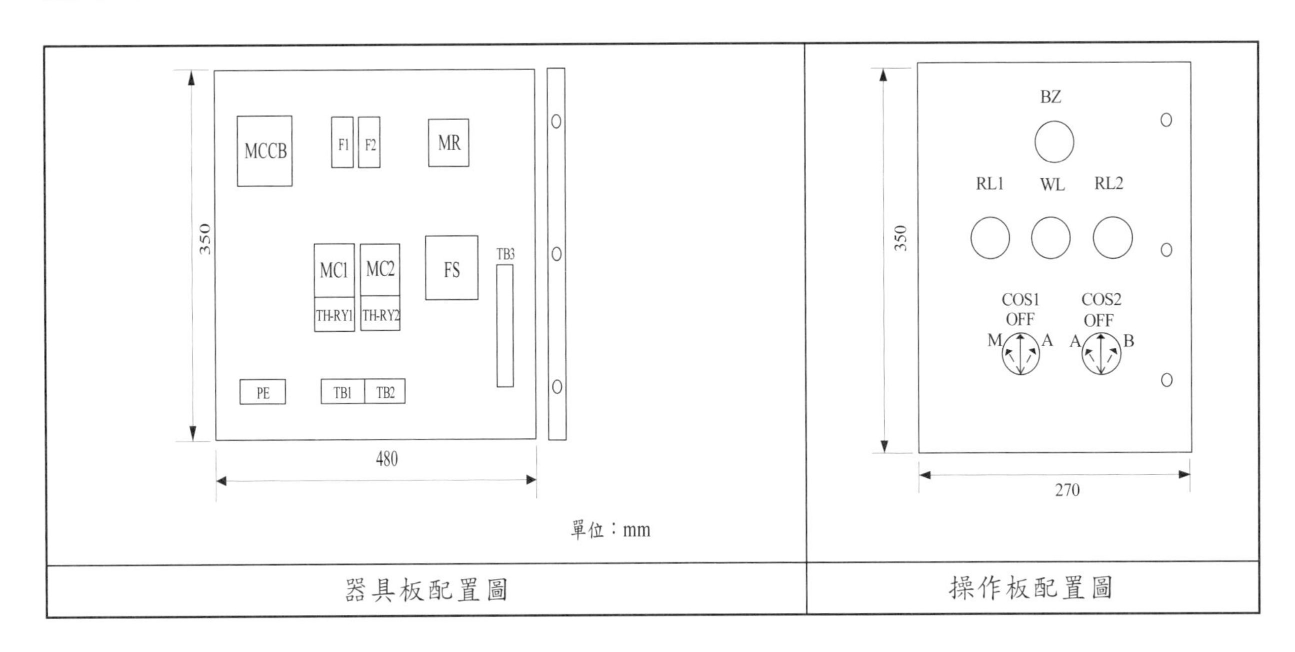

器具板配置圖　　操作板配置圖

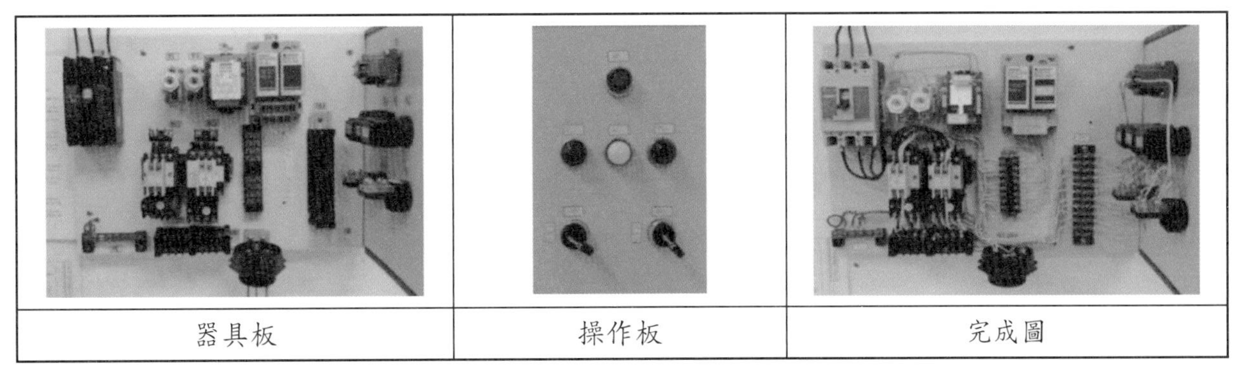

器具板　　操作板　　完成圖

5-2 線路圖：於檢定時，本頁分發至該題之工作崗位

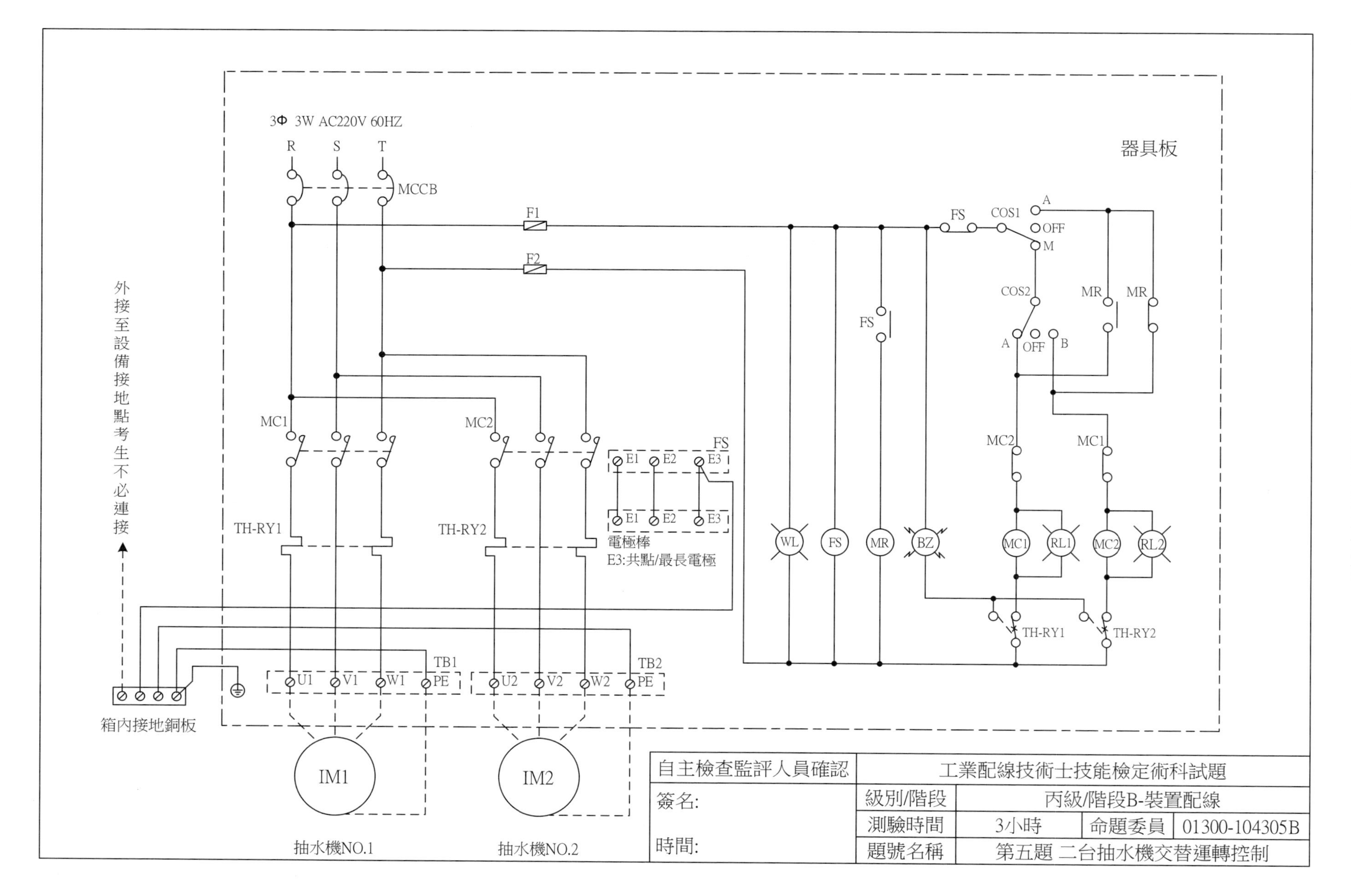

5-3 有配線編號之線路圖

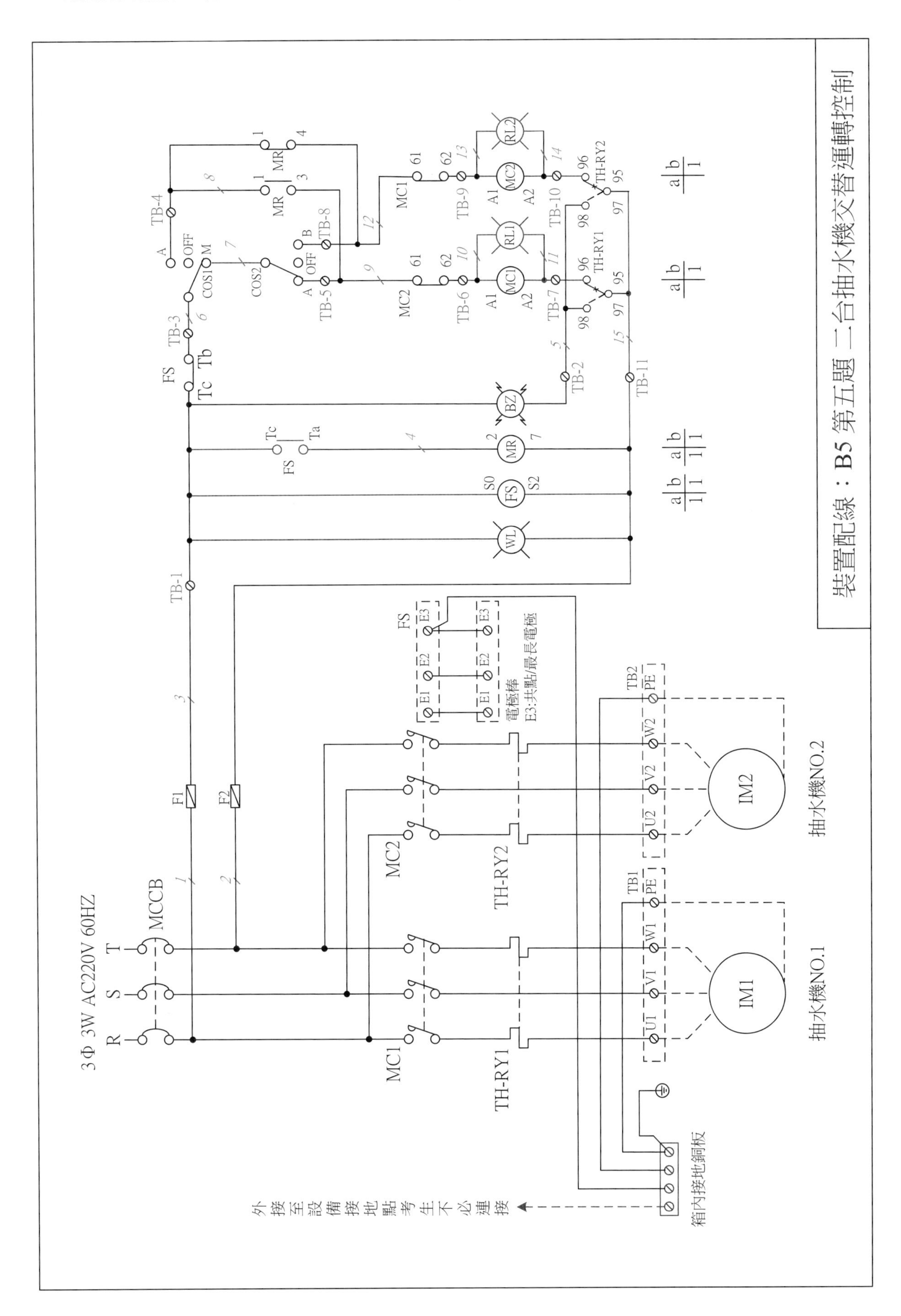

5-4 完成〔配線規劃〕之線路圖：增加接點的編號

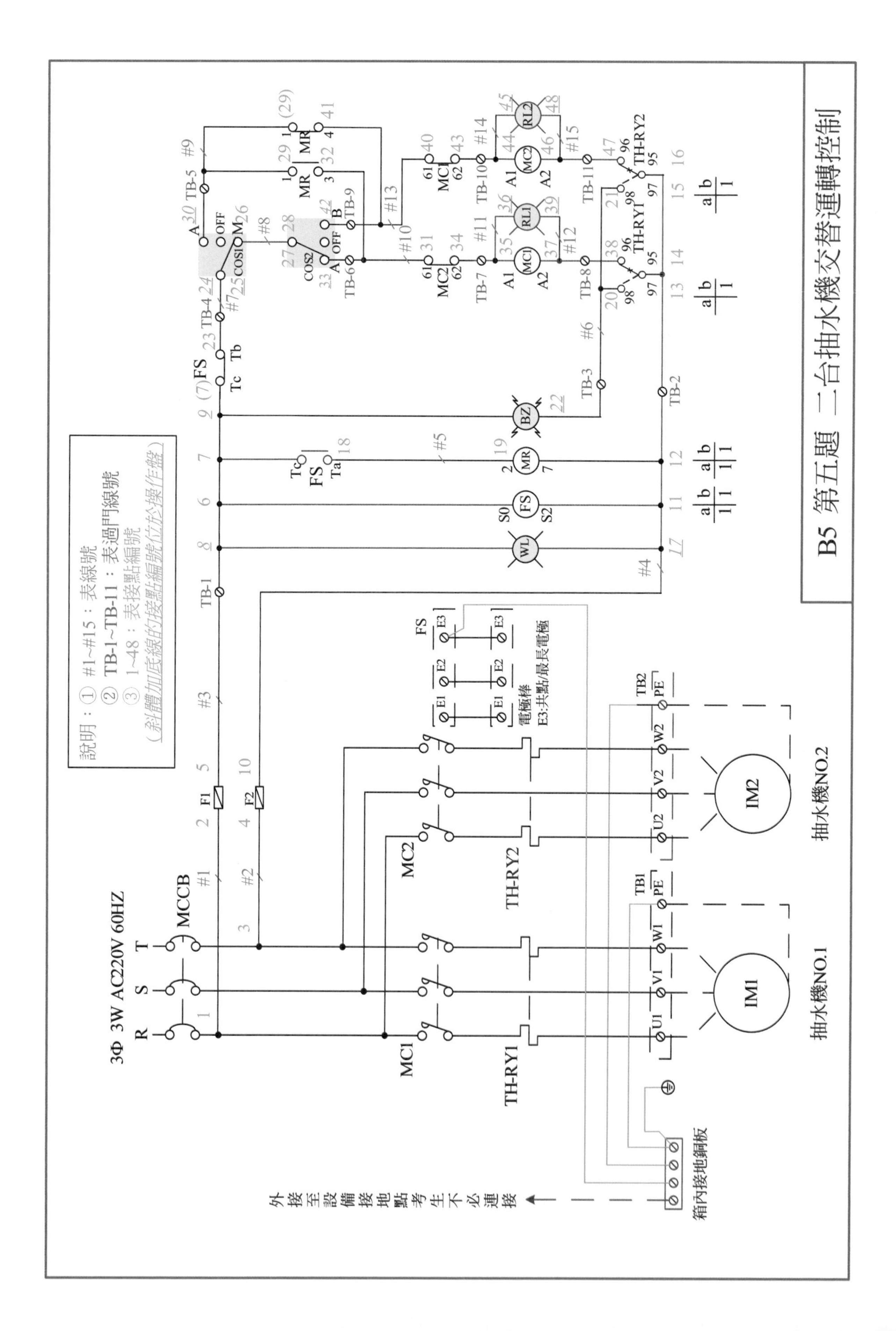

5-5 各節點接線順序詳細說明（B5接線口訣）

線號	過門線號	接點編號	接線點數	各節點 接線順序 詳細說明（B5接線口訣）
#1		1-2	2	①NFB(U)→②F1(左)［說明：#1接線口訣，→表接點的連接］
#2		3-4	2	③NFB(W)→④F2(左)［說明：#2接線口訣，線號#3以下之接點編號省略標示］
#3	TB-1	5-9	5=3+2	F1(右)→FS(S0)→FS(Tc)➡WL(上)→BZ(上)［說明：➡表經過端子台的連接］
#4	TB-2	10-17	8=7+1	F2(右)→FS(S2)→MR(7)→TH-RY1(97:a)→TH-RY1(95:b)→TH-RY2(97:a)→TH-RY2(95:b)➡WL(下)
#5		18-19	2=1+1	FS(Ta)→MR(2)
#6	TB-3	20-22	3=2+1	TH-RY1(98:a)→TH-RY2(98:a)➡BZ(下)
#7	TB-4	23-25	2=1+2	FS(Tb)➡COS1(標示A:左)→COS1(標示M:左)
#8		26-28	3	COS1(標示M:右)→COS2(標示A:上)→COS2(標示B:上)
#9	TB-5	29-30	2=1+1	COS1(標示A:右)➡MR(1:c)
#10	TB-6	31-33	3=2+1	MC2(61:b)→MR(3:a)➡COS2(標示A:下)
#11	TB-7	34-36	3=2+1	MC2(62:b)→MC1(A1)➡RL1(上)
#12	TB-8	37-39	3=2+1	MC1(A2)→TH-RY1(96:b)➡RL1(下)
#13	TB-9	40-42	3=2+1	MC1(61:b)→MR(4:b)➡COS2(標示B:下)
#14	TB-10	43-45	3=2+1	MC1(62:b)→MC2(A1)➡RL2(上)
#15	TB-11	46-48	3=2+1	MC2(A2)→TH-RY2(96:b)➡RL2(下)
其他		49-62	14	FS(E1)→電極棒(E1)，FS(E2)→電極棒(E2)，FS(E3)→電極棒(E3)，另加接地4處

5-6 模擬器具配置圖，請完成接線

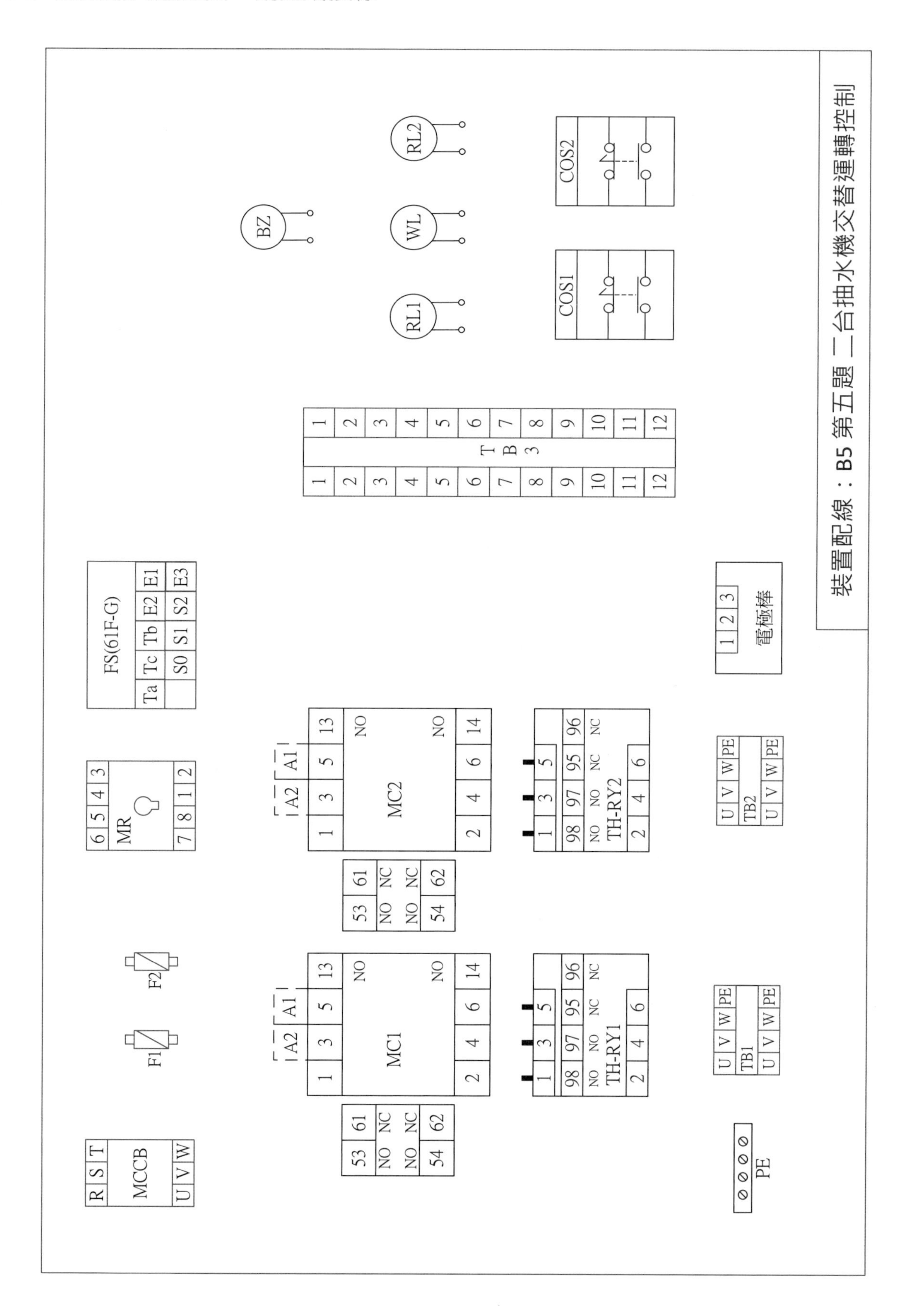

5-7 動作說明：檢定時，本頁提供給應檢人參考

一、正常狀況下：

1. MCCB ON WL亮，COS1置於OFF位置，（IM1、IM2靜止，RL1、RL2熄）。
2. 手動操作（COS1置於M位置）：
   a. COS 2置於A位置：MC1 ON IM1運轉，RL1亮；MC2 OFF IM2停止運轉，RL2熄。
   b. COS 2置於OFF位置：MC1、MC2 OFF，IM1，IM2停止運轉，RL1、RL2熄。
   c. COS 2置於Ｂ位置：MC1 OFF IM1停止運轉，RL1熄，MC2 ON，IM2運轉，RL2亮。
3. 自動操作（COS1置於A位置，檢測時，僅須就現況為狀況1或狀況2做單一項目測試）：
   a. 狀況1：若交替電驛MR之a接點ON
      (1) 上水塔低水位時，MC1 ON、IM1運轉、RL1亮。水位逐漸上升，當水塔達滿水位時，FS之b接點OFF，MC1 OFF，IM1停止運轉、RL1熄，同時FS之a接點ON，MR之a接點OFF，b接點ON。
      (2) 當用水後，水位逐漸下降，到達低水位時，FS之b接點ON，MC2 ON、IM2運轉、RL2亮。水位又逐漸上升，直到滿水位，FS之b接點OFF，MC2 OFF，IM2停止運轉、RL2熄，同時MR之a接點ON，b接點OFF。
      (3)如此反覆動作IM1、IM2交替運轉。
   b. 狀況2：若交替電驛MR之b接點ON
      (1)上水塔低水位時，MC2 ON、IM2運轉、RL2亮。水位逐漸上升，當水塔達滿水位時，FS之b接點OFF，MC2 OFF，IM2停止運轉、RL2熄，同時FS之a接點ON，MR之b接點OFF，a接點ON。
      (2)當用水後，水位逐漸下降，到達低水位時，FS之b接點ON，MC1 ON、IM1運轉、RL1亮。水位又逐漸上升，直到滿水位，FS之b接點OFF，MC1 OFF，IM1停止運轉、RL1熄，同時MR之b接點ON，a接點OFF。
      (3)如此反覆動作IM2、IM1交替運轉。

二、過載保護：

1. 無論手動／自動操作，當MC1 ON， IM1運轉中，TH-RY1動作，BZ響，MC1 OFF，IM1停止運轉，RL1熄。當故障排除，TH-RY1復歸，BZ停響， MC1 ON，IM1恢復運轉，RL1亮。
2. 無論手動/自動操作，當MC2 ON IM2運轉中，TH-RY2動作，BZ響，MC2 OFF，IM2停止運轉，RL2燈熄。故障排除，TH-RY2復歸，BZ停響， MC2動作，IM2運轉，RL2燈亮。

5-8 檢定材料表

項目	名稱	規格	單位	數量	備註
1	無熔線斷路器	3P 220VAC 25KA 100AF 30AT	只	1	
2	電磁接觸器	3φ220VAC 1HP 1b接點	只	2	
3	過載電驛	3.5A 2素子(2E)	只	2	
4	液面控制器	110/220VAC附液面感測棒	只	1	FS 接點1c
5	交替電驛	220VAC 1a1b接點	只	1	MR
6	卡式保險絲	250VAC 2A 附座	只	2	
7	選擇開關	三段式1a1b 30 mmφ附銘牌	只	2	中間段OFF
8	蜂鳴器	220VAC 30mmφ盤面型	只	1	
9	指示燈	220VAC 30mmφ白×1紅×2	只	3	
10	端子台	20A 4P	只	2	TB-1、TB-2
11	端子台	10A 12P	只	1	TB-3
12	PVC電線	3.5 mm^2 黑色	公尺	2	
13	PVC電線	3.5 mm^2 綠色	公分	50	
14	PVC電線	1.25 mm^2 黃色	公尺	30	
15	壓接端子	3.5- 4 mm^2 Y型	只	若干	
16	壓接端子	1.25- 3 mm^2 Y型	只	若干	
17	壓接端子	3.5- 4 mm^2 O型	只	若干	
18	束帶	2.5W×100Lmm	條	50	
19	操作板	350L×270W×2.0D	只	1	開孔如面板圖
20	器具板	350L×80W×2.0D	只	1	四邊內摺 25mm
21	捲型保護帶	寬 10mm	公分	60	
22	接地銅板	附雙支架 4P	只	1	

第六題：三相感應電動機Y-Δ降壓起動控制

6-1 動作示意圖及配置圖

本試題為三相感應電動機Y-Δ降壓起動控制，電動機以Y接線起動，以Δ接線運轉。本試題主要之動作功能，以示意圖顯示於下：

1. 按PB2，KM3動作後，KM1再動作，則電動機作Y結線啟動，且KM1開始計時。
2. KM1經設定計時5秒到，KM3跳脫，KM2動作，電動機作角結線運轉。
3. 按PB1，KM1、KM2、KM3均跳脫，電動機停止運轉。

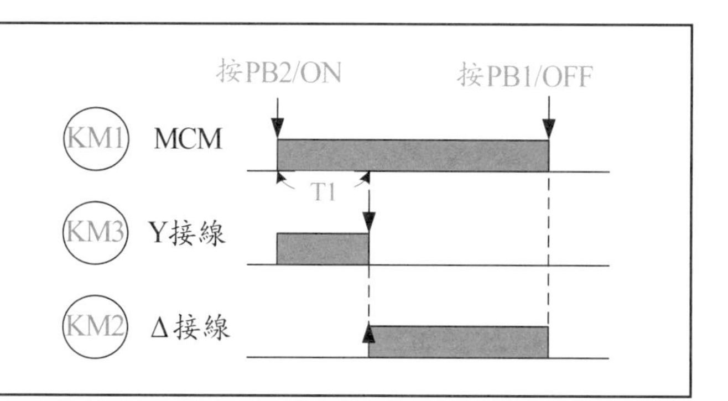

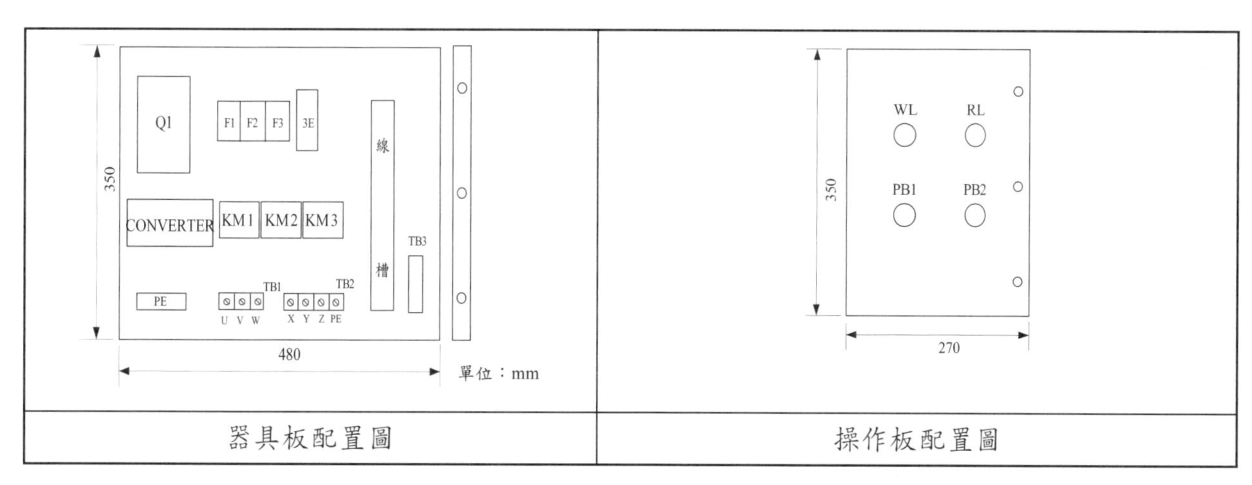

器具板配置圖　操作板配置圖

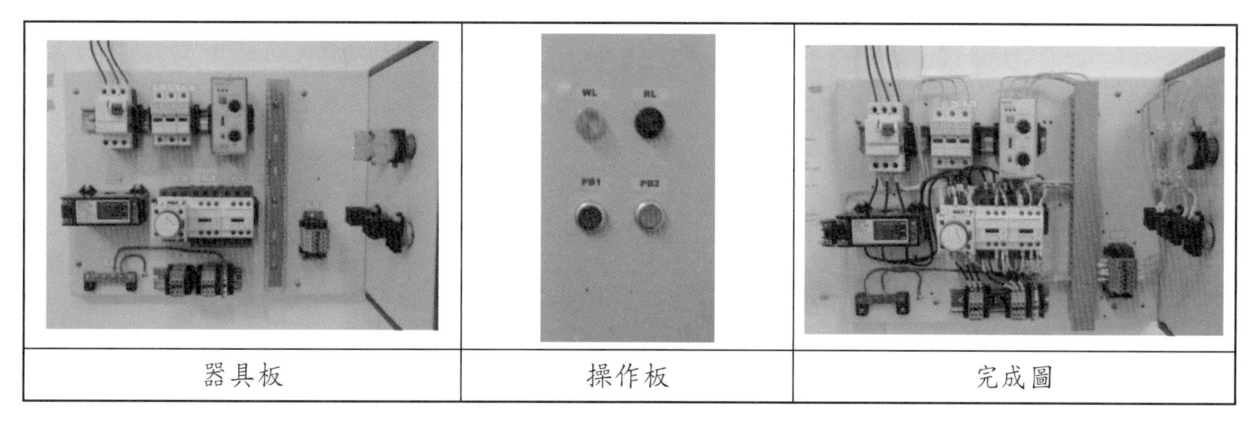

器具板　操作板　完成圖

6-2 線路圖：於檢定時，本頁分發至該題之工作崗位

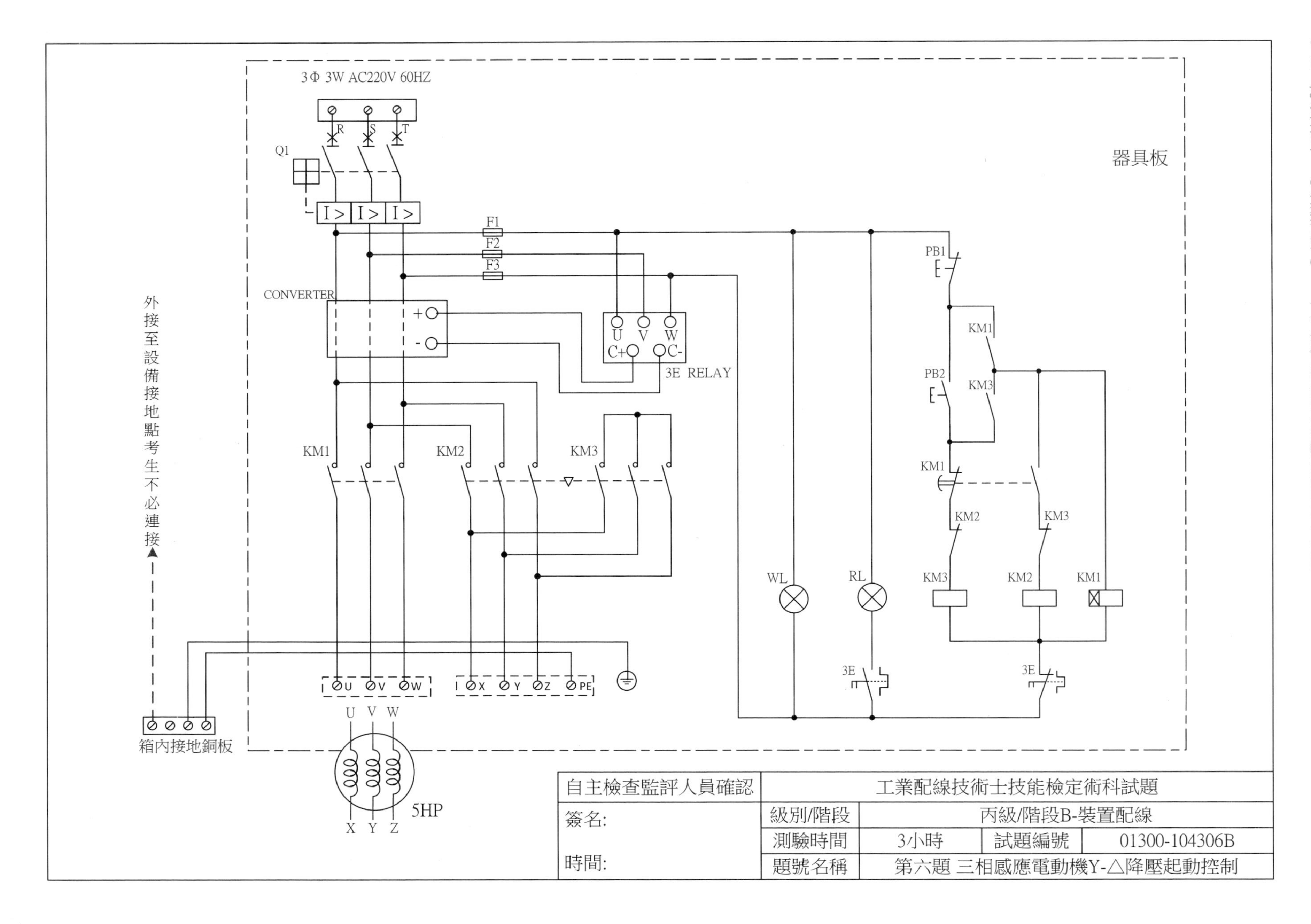

6-3 有配線編號之線路圖

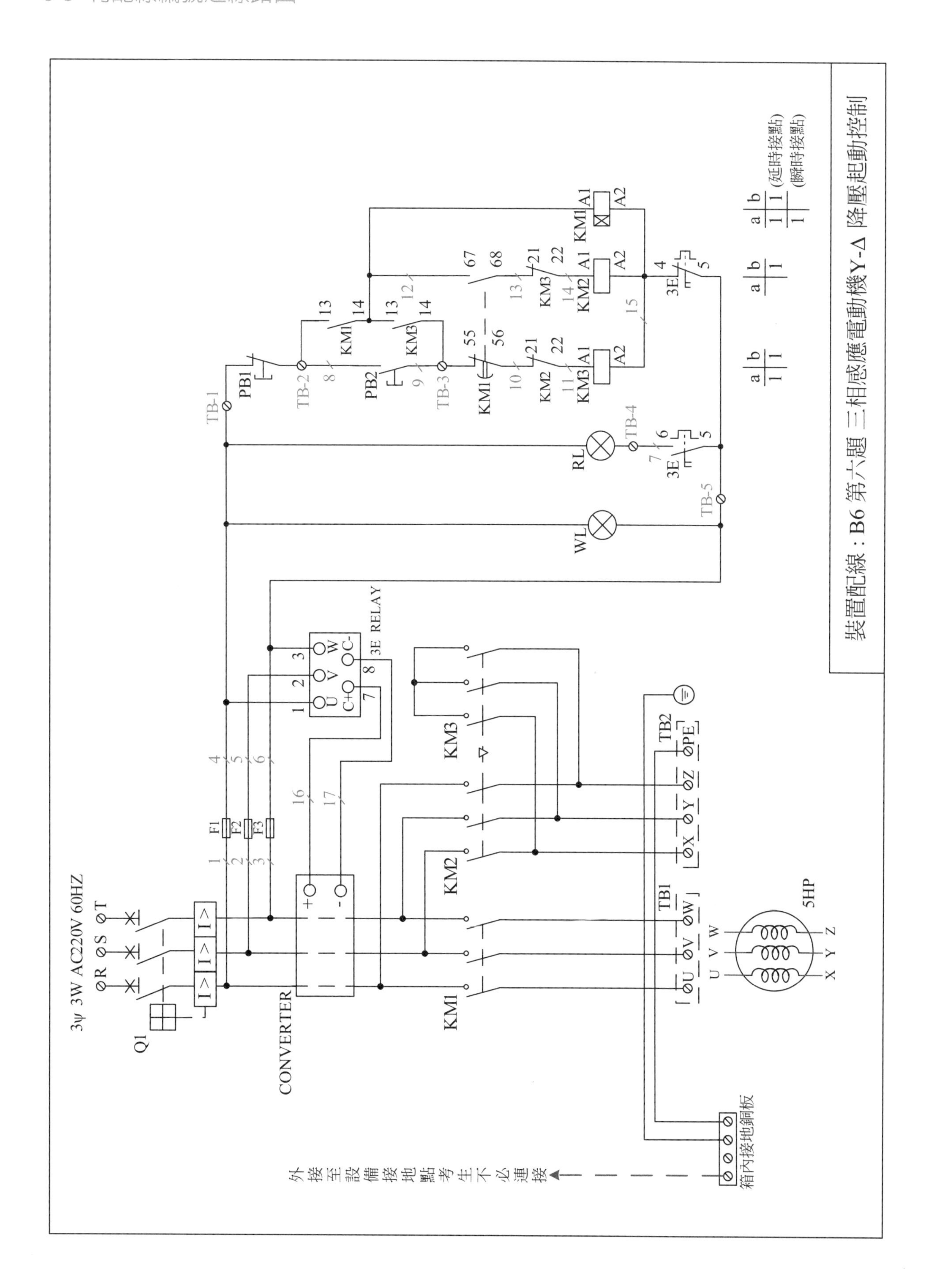

6-4 完成〔配線規劃〕之線路圖：增加接點的編號

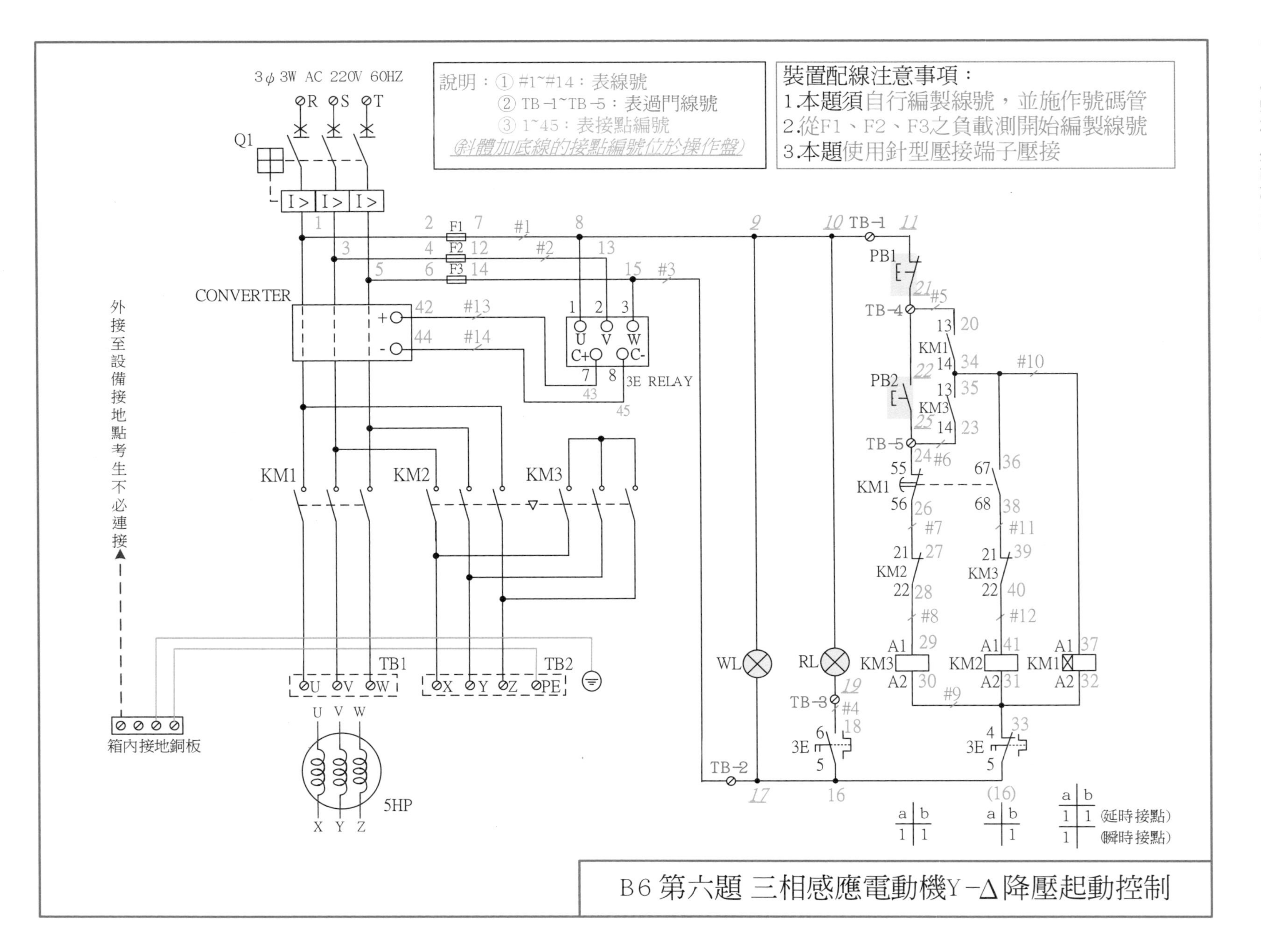

6-5 各節點接線順序詳細說明(B6接線口訣)

線號	過門線號	接點編號	接線點數	各節點 接線順序 詳細說明 (B6接線口訣)
		1-2	2	①Q1(U)→②F1(左)
		3-4	2	③Q2(V)→④F2(左)
		5-6	2	⑤Q3(W)→⑥F2(左)
#1	TB-1	7-11	5=2+3	F1(右)→3E(1:U)➡WL(上)→RL(上)→PB1(b:上) [說明：➡表經過端子台的連接]
#2		12-13	2	F2(右)→3E(2:V)
#3	TB-2	14-17	4=3+1	F3(右)→3E(3:W)→3E(5:c)➡WL(下)
#4	TB-3	18-19	2=1+1	3E(6:a)➡RL(下)
#5	TB-4	20-22	3=1+2	KM1(13:a)➡PB1(b:下)→PB2(a:上)
#6	TB-5	23-25	3=2+1	KM3(14:a)→KM1(55:T/b)➡PB2(a:下)
#7		26-27	2	KM1(56:T/b)→KM2(21:b)
#8		28-29	2	KM2(22:b)→KM3(A1)
#9		30-33	4	KM3(A2)→KM2(A2)→KM1(T/A2)→3E(4:b)
#10		34-37	4	KM1(14:a)→KM3(13:a)→M1(67:T/a)→KM1(T/A1)
#11		38-39	2	KM1(68:T/a)→KM3(21:b)
#12		40-41	2	KM3(22:b)→KM2(A1)
#13		42-43	2	CONVERTER(+)→3E(7:C+)
#14		44-45	2	CONVERTER(-)→3E(8:C-)
其他		46-49	4	地線2條

6-6 模擬器具配置圖，請完成接線

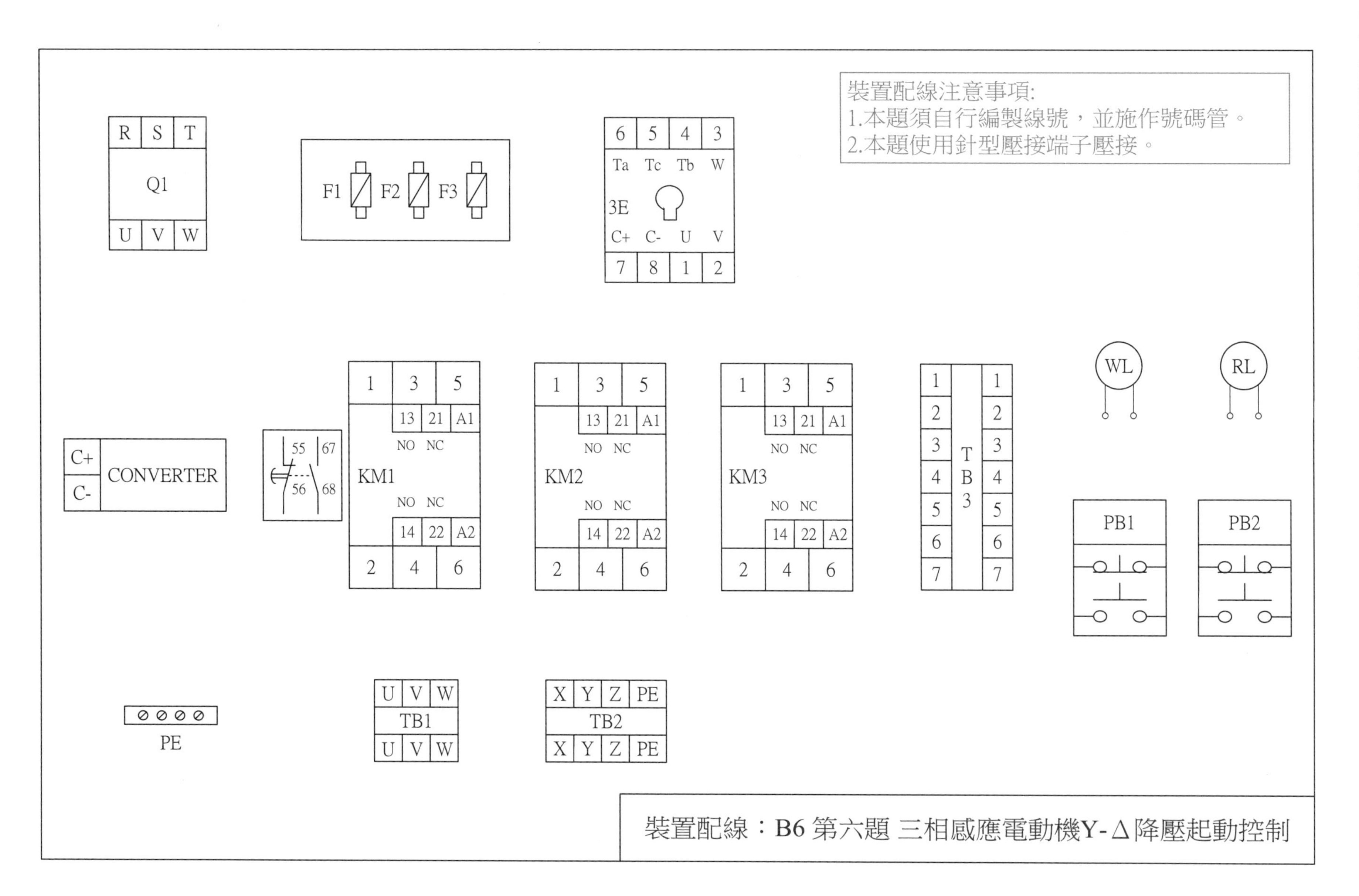

6-7 動作說明：檢定時，本頁提供給應檢人參考

一、Q1 ON，電源燈WL亮。

二、正常操作（當電源相序為正相序時）：

1. 按PB2，KM3動作後，KM1再動作，則電動機作Y結線啟動，且KM1開始計時。
2. KM1經設定計時5秒到，KM3跳脫，KM2動作，電動機作Δ結線運轉。
3. 按PB1，KM1、KM2、KM3均跳脫，電動機停止運轉。

三、異常情況：

1. 通電後，電源為逆相序時，3E電驛動作，RL及WL亮，電動機無法操作。
2. 電動機啟動或運轉中若發生欠相或過載時（以按壓3E電驛測試按鈕作測試），3E電驛動作，KM1、KM2、KM3均跳脫，電動機停止運轉，RL及WL亮。
3. 3E電驛復歸後， RL熄，電路回復正常操作之起始狀態。
4. 電動機啟動或運轉中若主電路發生短路，Q1跳脫，WL及RL熄，KM1、KM2、KM3均跳脫，電動機停止運轉。

註1：未施作號碼管（全部或部分），依評審表中「未完工」項目處理。

註2：線號編製錯誤，依評審表中「功能錯誤」項目處理。

註3：未依自行編製的線號施作號碼管，依評審表中「未按線路圖配線」項目處理。

註4：接有兩條導線的接點，僅套裝一只號碼管，依評審表中「接有兩條導線之同一接點上，僅套一號碼管」項目處理。

註5：應檢人將控制線路（從F1、F2、F3之負載測開始，和3E RELAY及CONVERTER線路）完成線號編製。

6-8 檢定材料表

項目	名稱	規格	單位	數量	備註
1	無熔線斷路器	3P 220VAC 25KA 25A	只	1	Q1，歐規
2	卡式保險絲	250VAC 2A 附座	只	3	
3	電磁接觸器組	3P 220VAC 5HP 具機械互鎖	只	2	輔助接點 KM2 1b KM3 1a1b 歐規
4	電磁接觸器	3P 220VAC 5HP 附上掛式Y-△專用Timer	組	1	輔助接點KM1 瞬時1a 延時1a1b 歐規
5	3E電驛	220VAC附電流轉換器	只	1	底板固定式
6	按鈕開關	紅綠 22mmϕ 1a1b	只	各1	歐規
7	指示燈	白紅 AC220V 22mmϕ	只	各1	歐規
8	端子台	20A 3P	只	1	歐規、TB-1
9	端子台	20A 4P	只	1	歐規、TB-2
10	端子台	10A 7P	只	1	歐規、TB-3
11	PVC電線	3.5 mm^2 黑色	公尺	5	
12	PVC電線	3.5 mm^2 綠色	公分	60	
13	PVC電線	1.25 mm^2 黃色	公尺	30	
14	壓接端子	2.0 mm^2 I（針型）	只	若干	
15	壓接端子	1.25 mm^2 I（針型）	只	若干	
16	壓接端子	2-4 mm^2 O 型	只	若干	
17	PVC線槽	30mm×30mm 直條形開孔	公分	32	
18	束帶	2.5W×100Lmm	條	20	
19	操作板	350L×270W×2.0D	只	1	開孔如面板圖
20	接地銅板	附雙支架 4P	只	1	
21	器具板	350L×480W×W2.0D	只	1	四邊內摺 25mm
22	捲型保護帶	寬10mm	公分	60	
23	DIN軌道		公分	60	
24	1~20號O型號碼圈	配合1.25 mm^{2}導線使用	只	各20	

6-9 號碼管裝置圖例

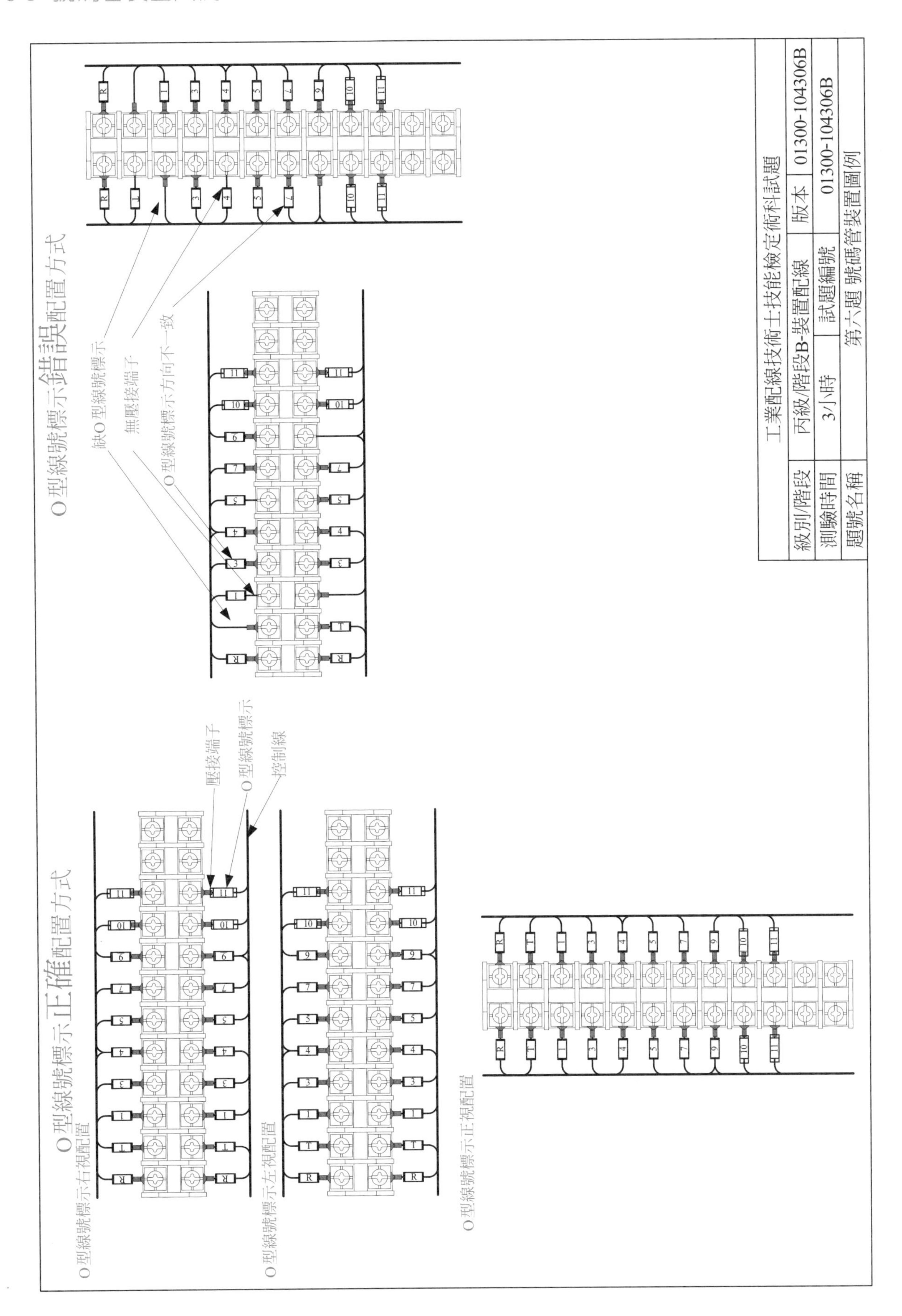
O型線號標示錯誤配置方式
缺O型線號標示
無壓接端子
O型線號標示方向不一致
O型線號標示正確配置方式
壓接端子
O型線號標示
控制線
O型線號標示右視配置
O型線號標示左視配置
O型線號標示正視配置
工業配線技術士技能檢定術科試題
級別/階段
丙級/階段B-裝置配線
版本
01300-104306B
測驗時間
3小時
試題編號
01300-104306B
題號名稱
第六題 號碼管裝置圖例

第七題：三相感應電動機正反轉控制及盤箱裝置

7-1 動作示意圖及配置圖

本試題為三相感應正反轉控制，使用PB2及PB1各作為電動機正轉之ON及OFF按鈕開關；使用PB4及PB3各作為電動機逆轉之ON及OFF按鈕開關。本試題主要之動作功能，以示意圖顯示於下：

1. 按PB2，KM1動作，電動機正轉；按PB1，KM1斷電，電動機停止。
2. 按PB4，KM2動作，電動機逆轉；按PB3，KM2斷電，電動機停止。
3. KM1及KM2間裝有機械連鎖裝置。

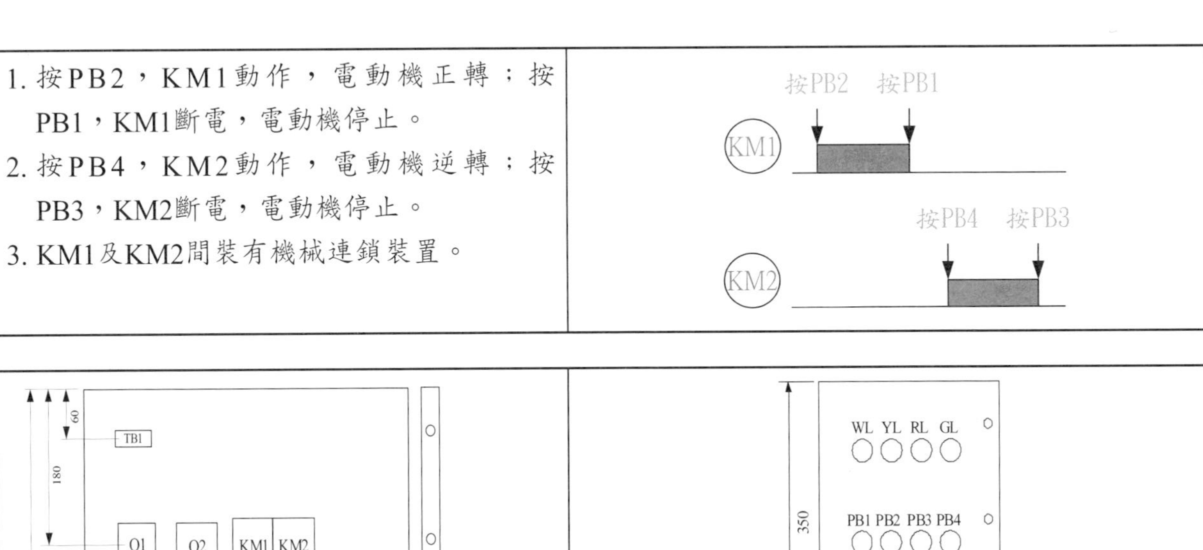

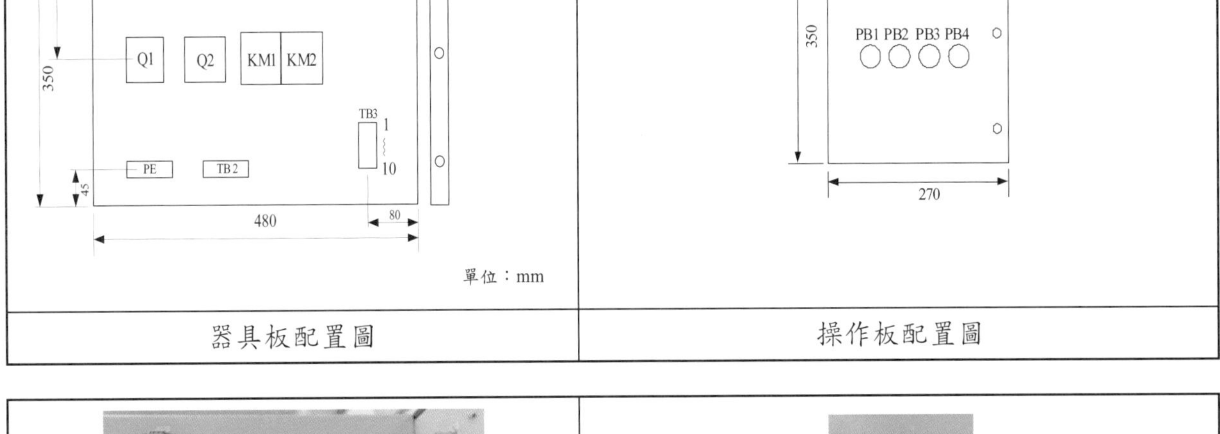

器具板配置圖　　操作板配置圖

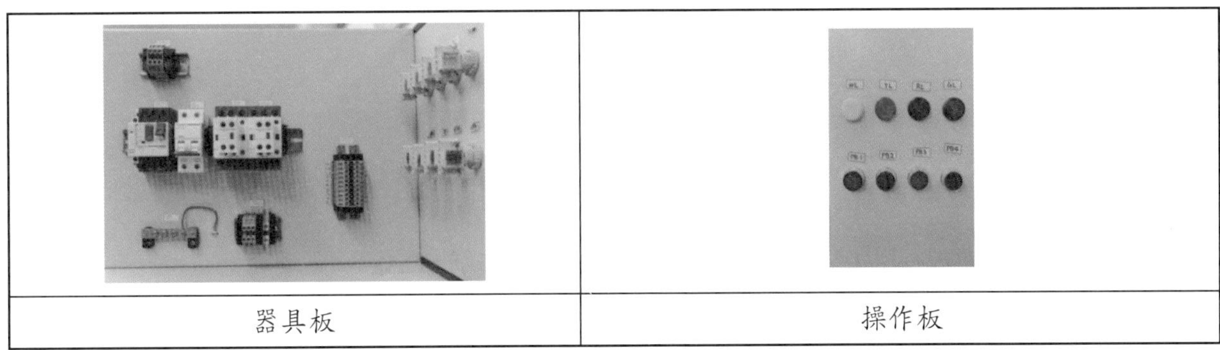

器具板　　操作板

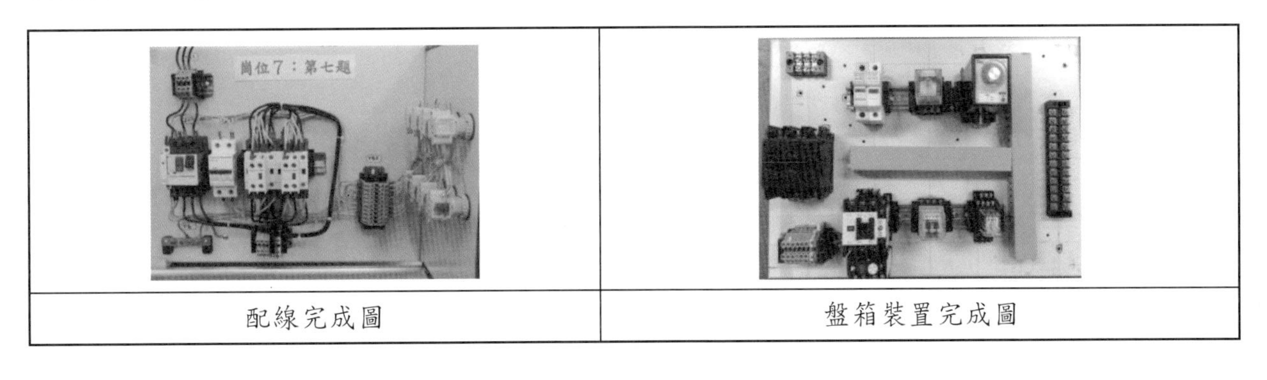

配線完成圖　　盤箱裝置完成圖

7-2 裝置配線第七題工作範圍說明

一、本題工作範圍分為：

1. 依配線圖，完成主線路及控制線路配線。
2. 依盤箱裝置圖，完成器具定位、鑽孔、攻牙、器具固定及配線槽製作與固定。
3. 配線圖與盤箱裝置圖各為不同之圖說，兩者並無關聯。

二、主線路及控制線路配線部分，配線端末使用絕緣端子壓接。

三、盤箱裝置分為五部分：

1. A部分：含3P固定式端子台、7P組合式端子台及12P固定式端子台。
2. B部分：含3P NFB（無熔線斷路器）。
3. C部分：含卡式保險絲、3P電力電驛及限時電驛。
4. D部分：含電磁開關、2P電力電驛及4P電力電驛。
5. E部分：含橫向線槽（230mm長）及直向線槽（280mm長）。

四、盤箱裝置之工作範圍，於術科檢定當天由監評人員就上列五部分選取三部分施作，該選取部分註記於盤箱裝置圖上。

五、盤箱裝置之工作範圍，超出或少於選取部分時，將依評審表所列扣分。

7-3 線路圖：於檢定時，本頁分發至該題之工作崗位

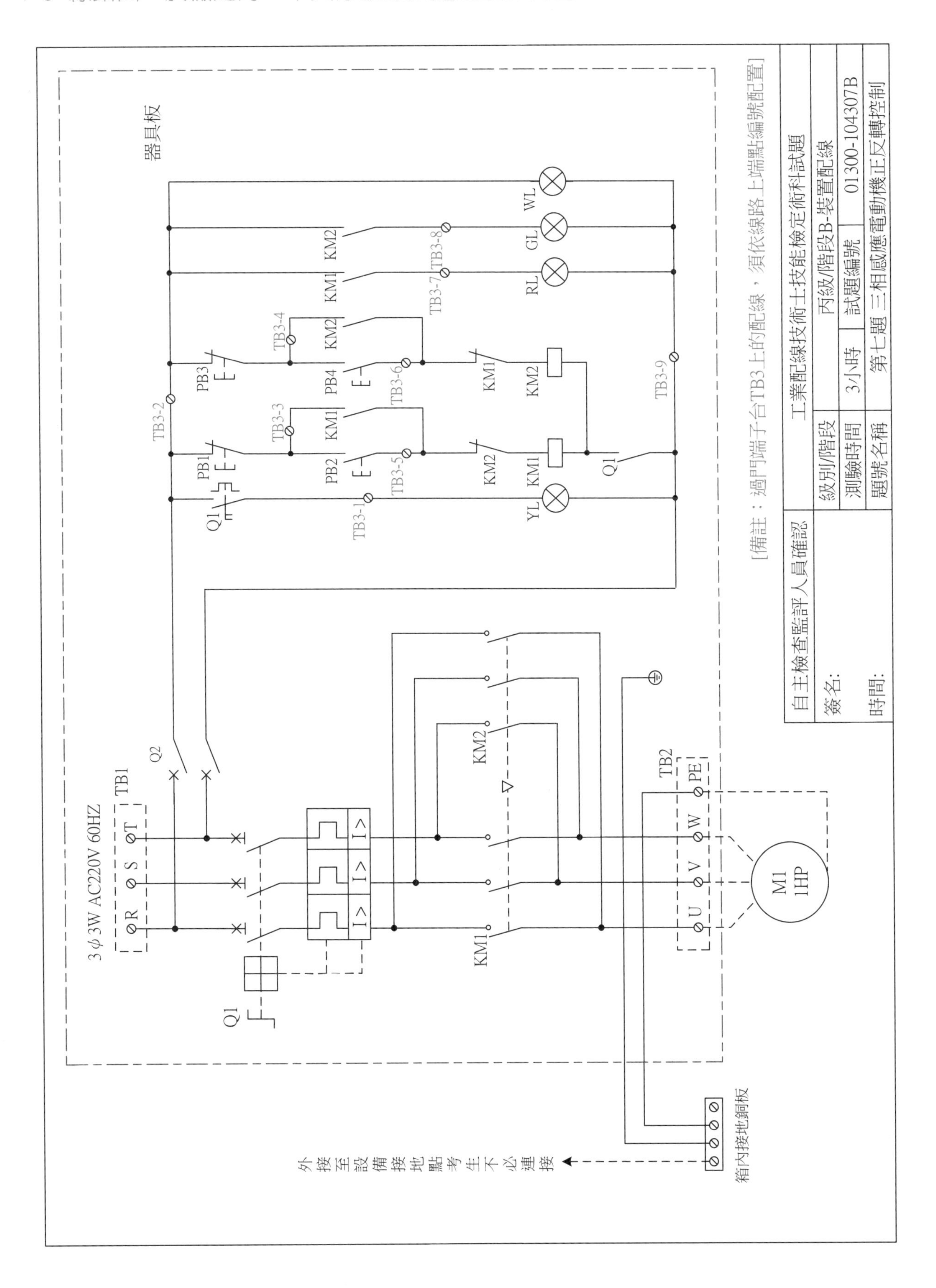

7-4 有配線編號之線路圖

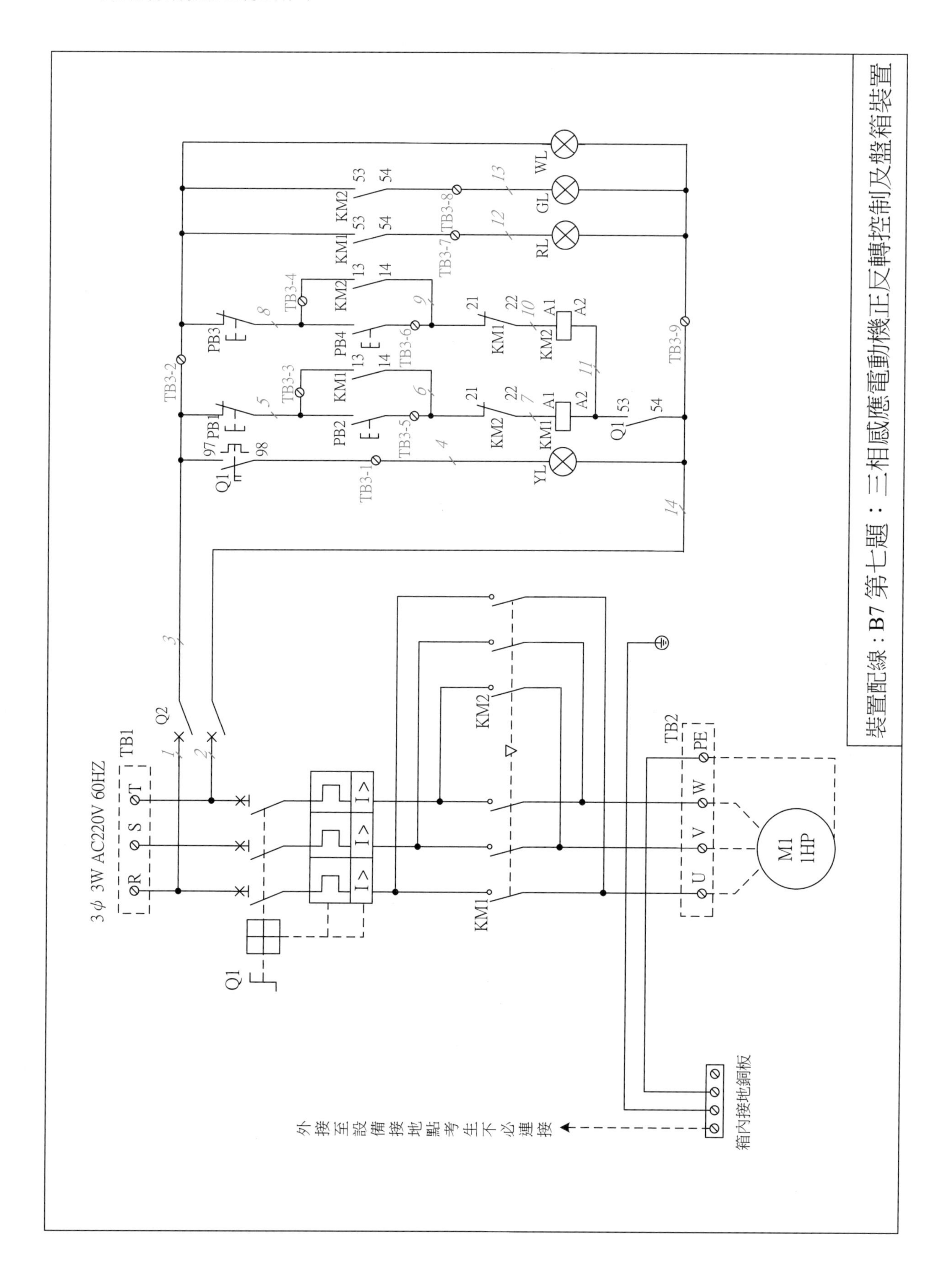

7-5 完成〔配線規劃〕之線路圖：增加接點的編號

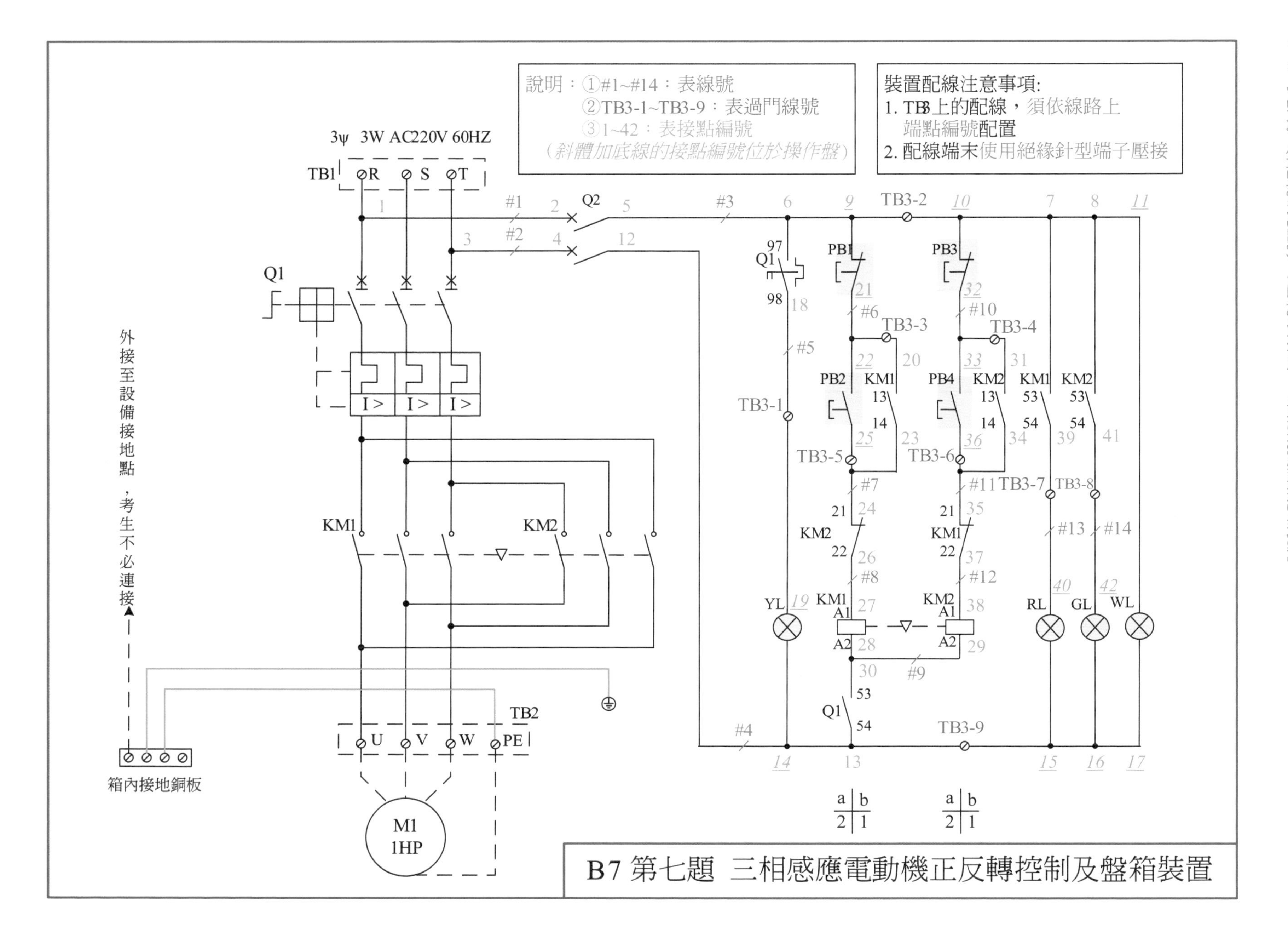

7-6 各節點接線順序詳細說明（B7接線口訣）

線號	過門線號	接點編號	接線點數	各節點 接線順序 詳細說明（B7接線口訣）
#1		1-2	2	①TB1(R)→②Q2(R)［說明：#1接線口訣，→表接點的連接］
#2		3-4	2	③TB1(T)→④Q2(T)［說明：#2接線口訣，線號#3以下之接點編號省略標示］
#3	TB3-2	5-11	7=4+3	Q2(U)→Q1(97:a)→KM1(53:a)→KM2(53:a)➡PB1(b:上)→PB3(b:上)→WL(上) ［說明：➡表經過端子台的連接］
#4	TB3-9	12-17	6=2+4	Q2(W)→Q1(54:a)➡YL(下)→RL(下)→GL(下)→WL(下)
#5	TB3-1	18-19	2=1+1	Q1(98:a)➡YL(上)
#6	TB3-3	20-22	3=1+2	KM1(13:a)➡PB1(b:下)→PB2(a:上)
#7	TB3-5	23-25	3=2+1	KM1(14:a)→KM2(21:b)➡PB2(a:下)
#8		26-27	2	KM2(22:b)→KM1(A1)
#9		28-30	3	KM1(A2)→KM2(A2)→Q1(53:a)
#10	TB3-4	31-33	3=1+2	KM2(13:a)➡PB3(b:下)→PB4(a:上)
#11	TB3-6	34-36	3=2+1	KM2(14:a)→KM1(21:b)➡PB4(a:下)
#12		37-38	2	KM1(22:b)→KM2(A1)
#13	TB3-7	39-40	2=1+1	KM1(54:a)➡RL(上)
#14	TB3-8	41-42	2=1+1	KM2(54:a)➡GL(上)
其他		43-46	4	地線2條

7-7 模擬器具配置圖，請完成接線

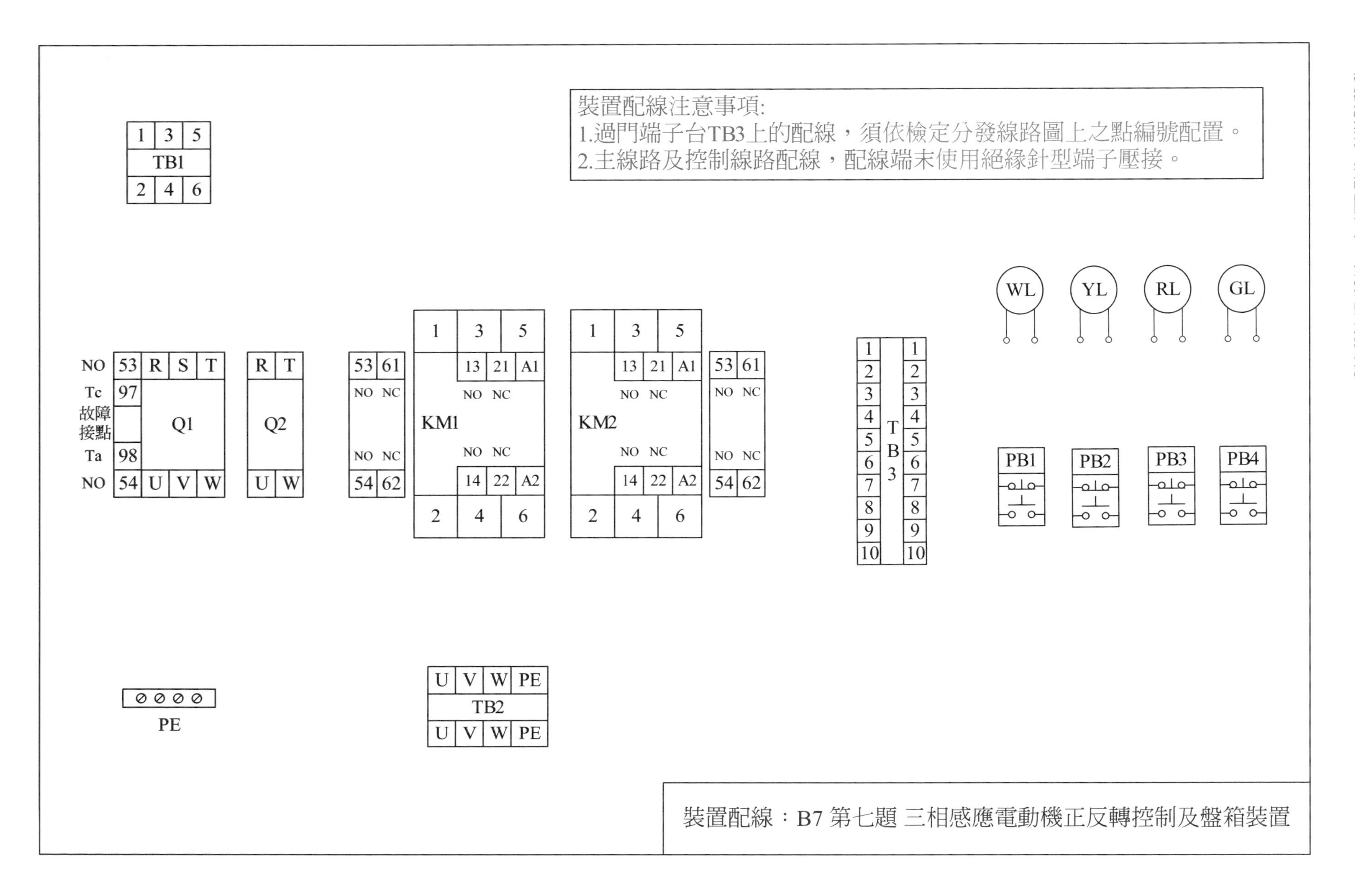

7-8 動作說明：檢定時，本頁提供給應檢人參考

1. Q1 & Q2各為獨立之開關，在一次側並接，當欲作運轉操作時，主電源Q1未ON， 控制電源Q2 ON時，操作PB2或PB4，電動機無作用。
2. Q1 ON主電源供電且Q2 ON ，控制電源供電，WL亮。
3. 按PB2，KM1動作，電動機正轉，RL亮；按PB1， KM1斷電，電動機正轉停止，RL熄。
4. 按 PB4， KM2動作，電動機逆轉，GL亮；按PB3， KM2斷電，電動機逆轉停止，GL熄。
5. 電動機過載、欠相或短路時，Q1跳脫斷電，故障燈YL亮，KM1及KM2均跳脫， RL及GL熄。
6. 當故障情況（過載、欠相或短路）全部復歸時，故障燈YL熄。Q1重新送電，WL亮， KM1及KM2待命啟動電動機。

註1：KM1及KM2間應裝有機械連鎖裝置；控制線路圖中，KM1及KM2具有電氣連鎖設計。

註2：做電動機過載、欠相、短路測試時，可操作Q1測試機構。

註3：過門端子台TB3上的配線，若未依線路上端點編號配置時，依評審表中「未按線路圖配線」項目處理。

7-9 檢定材料表

第七題　配線部分檢定材料表

項目	名稱	規格	單位	數量	備註
1	電動機保護斷路器	3P 220VAC 25KA 2.5-4A過載可調 瞬跳值為10倍以上	只	1	歐規
2	電動機保護斷路器 輔助接點	具有故障1a瞬時1a輔助接點可與 第一項結為一體	只	1	歐規
3	正逆轉電磁接觸器	3P 220VAC 10A以上具機械互鎖及各 2a1b輔助接點	組	1	歐規
4	斷路器	2P 220VAC 10KA 3A	只	1	歐規
5	指示燈	白紅綠黃220VAC 22㎜ϕLED	只	各1	歐規
6	按鈕開關	綠 22㎜ϕ附1a接點	只	2	歐規
7	按鈕開關	紅 22㎜ϕ附1b接點	只	2	歐規
8	端子台	30A以上3P組合式附端板及擋片	只	1	歐規、TB-1
9	端子台	30A以上4P組合式附端板及擋片	只	1	歐規、TB-2
10	端子台	20A 10P組合式附端板及擋片、及1-10端 點編號	只	1	歐規、TB-3
11	PVC電線	2.0 mm^2 黑色	公尺	3	
12	PVC電線	2.0 mm^2 綠色	公分	30	
13	PVC電線	1.25 mm^2 黃色	公尺	30	
14	絕緣壓接端子	2.0 mm^2 I（針型）	只	若干	（藍色）
15	絕緣壓接端子	1.25 mm^2 I（針型）	只	若干	（紅色）
16	絕緣壓接端子	2.0- 4 mm^2 O 型	只	若干	（黃色）
17	束帶	2.5W×100Lmm	條	50	
18	捲型保護帶	寬 10mm	公分	60	
19	操作板	350L×270W×2.0D	只	1	開孔如面板圖
20	器具板	350L×480W×2.0D	只	1	四邊內摺 25mm
21	接地銅板	附雙支架，4P	只	1	
22	DIN軌道		公分	80	

7-10 第七題盤箱裝置圖

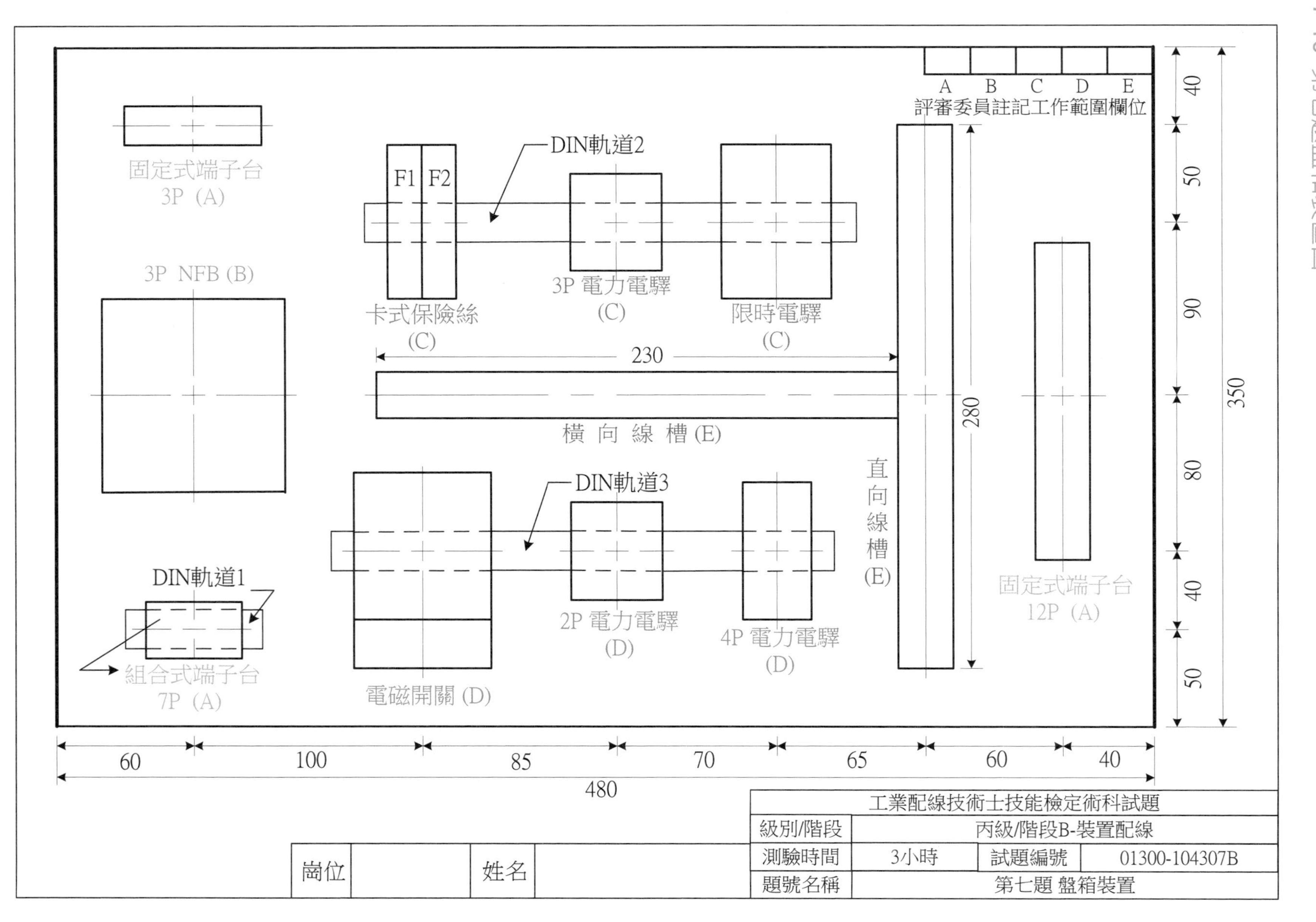

7-11 第七題盤箱裝置部分檢定材料表

項目	名稱	規格	單位	數量	備註
1	器具板	480×350×2.3mm	片	1	
2	固定式端子台	20A 3P	只	1	
3	固定式端子台	20A 12P	只	1	
4	組合式端子台	20A 7P含接地端子1只	組	1	附端板
5	端子台固定片	配合組合式端子台使用	片	2	
6	電力電驛	3P 220VAC 附底座	只	1	
7	電力電驛	2P 220VAC 附底座	只	1	
8	電力電驛	4P 220VAC 附底座	只	1	
9	限時電驛	220VAC 延時1a1b 附底座	只	1	
10	電磁開關	220VAC 5HP	只	1	
11	無熔線斷路器	3P 220VAC 10KA 50AF 20AT	只	1	
12	PVC配線槽	30×30mm	公分	55	
13	DIN軌道	240mm	支	2	DIN軌道2 DIN軌道3
14	DIN軌道	90mm	支	1	DIN軌道1
15	卡式保險絲	2A	只	2	
16	螺絲	M4 10mm 20mm 30mm長	支	各20	
17	墊圈	配合M4螺絲使用	片	20	
18	鑽頭	3.2mm	支	若干	
19	螺絲攻	M4	支	若干	

說明：下列為施作第七題盤箱裝置部分所需工具，由檢定承辦單位提供（每崗位一套）。

1.手提電鑽：110VAC，鑽頭直徑10mm以下。

2.手提自動攻牙機：110VAC，可攻M4螺牙。

3.量度工具：30cm鋼尺或公制卷尺。

4.劃線用鉛筆、中心沖。

5.絕緣端子壓接鉗，線槽剪（鋸）切工具。

6.安全護目鏡及耳塞。

附錄

- 附錄1　術科測試應檢人須知
- 附錄2　術科測試自備工具表
- 附錄3　術科測試評審表
- 附錄4　故障檢修及裝置配線第七題工作範圍設定表
- 附錄5　學科測試試題解析
- 附錄6　工業配線丙級學科測試有關公式
- 附錄7　工業配線丙級術科測試時間配當表
- 附錄8　術科測試重點提示

附錄1　術科測試應檢人須知

一、本術科檢定分為故障檢修（共七題）及裝置配線（共七題）兩階段。應檢人須就兩項檢測試題中，各抽一題完成檢測工作，必須兩階段均合格才算通過本術科檢定。

二、檢定時間：

㈠ 階段A：故障檢修之檢測，其測試時間約為1小時。（詳細時程請參閱檢定執行步驟）

㈡ 階段B：裝置配線之檢測，其測試時間為3小時。

三、檢定工作內容：

㈠ 故障檢修部分：

1. 依檢定場所提供的線路圖及動作說明，自行通電操作故障檢修測試盤（箱）。
2. 確認測試盤（箱）的動作符合線路圖及動作說明。
3. 盤體檢測：檢測出檢測箱為主線路故障、控制線路故障、主線路故障及控制線路故障或檢測箱盤體正常，將檢測結果註記於盤體檢測答案欄之欄位。
4. 故障點檢測：檢測被設定故障狀況的測試盤（箱），在線路圖中註記故障點之序號及標示故障點之所在，並說明故障原因（短路或斷路）。

㈡ 裝置配線部分：

1. 依線路圖及材料表，檢視檢定場所提供的器材。
2. 依據器具板或操作板的配置圖，完成器具板或操作板之定位、鑽孔、攻牙及器具固定。
3. 依據線路圖完成器具板及操作板的配線。
4. 自主檢查。
5. 通電測試功能。

四、應檢人於應檢日前一個月收到承辦單位寄送之試題及相關資料，請詳細閱讀。

五、應檢人應於承辦單位排定之時間到達指定之地點報到，報到結束逾15分鐘以上者，不得進場測試。另遲到之應檢人對於抽題結果不得有異議。

六、自備工具表內所列之工具種類及數量，為完成本檢定工作所須之最低要求，應檢人可視個人工作習慣攜帶其他工具。但不得要求檢定場提供任何工具，或向同場次應檢人商借或共用。

七、檢定進行中，應檢人因故須暫時離場時，須經監評人員同意，且檢定時間繼續計算。

八、應檢人須維護場地之整潔，注意材料之經濟使用與工作之安全。

九、檢定器材損壞經監評人員判定為應檢人操作不當所造成時，檢定場需予以更換該器材，但應記主要缺點一次，若器材螺絲滑牙，檢定場應予更換或修護之。

十、注意事項：

(一) 實作時應按照試題上之規定，中華民國國家標準（CNS）及經濟部頒佈之「屋內線路裝置規則」及相關法規施工。

(二) 配線時應依規定選擇適當容量與色別之導線。

(三) 器具之裝配，參考器具板相關位置配置圖，並需鑽孔及攻牙固定之。

(四) 裝置配線部分之檢定開始後15分鐘內，應檢人應自行檢查所需器材及表計是否良好，如有問題應依檢定場地規定處理，否則一律視為應檢人之疏忽，按評審表所列項目評審；若自備工具及儀表無法測試，經監評人員認定者不在此限。

(五) 絞線線端應使用端子，接於指示燈、按鈕開關、切換開關、輔助電驛及限時電驛等各項器具之線端及主線路一律使用端子。

(六) 有下列行為者視為作弊，以不合格論：

1. 私自夾帶任何圖說及器材入場。
2. 將檢定場內所發器材攜出場外。
3. 相互討論，協助他人裝配或由他人代作。

(七) 應檢人應檢查檢定承辦單位是否提供下列圖說：

1. 故障檢修部分：
   (1) 抽中試題之線路圖及動作說明。
   (2) 相關電驛及表計之內部接線圖。
2. 裝置配線部分：
   (1) 抽中試題之線路圖及動作說明。
   (2) 材料表及配置圖。
   (3) 無法使用三用電表測試之器具應提供其內部接線圖。

(八) 中途離場未能完成全部檢定測試者，依棄權處理，且不得要求退費。

(九) 其他檢定場相關事項於現場說明。

附錄2　術科測試自備工具表

項目	名稱	規格	單位	數量	備註
1	剝線鉗	8mm^{2}以下	支	1	
2	壓接鉗	8mm^{2}以下	支	1	
3	螺絲起子	十字型	組	1	
4	螺絲起子	一字型	組	1	
5	尖嘴鉗	6″	支	1	
6	斜口鉗	6″	支	1	
7	電工刀		支	1	
8	鋼尺	30cm以下	支	1	
9	卷尺	3M	只	1	
10	三用電表		只	1	
11	標籤紙		張	3	
12	鉛筆		支	3	
13	驗電筆	接觸型	支	1	非感應型
14	鑽頭	3.3mmϕ	支	若干	
15	絲攻	M4用	支	若干	

說明：1.以上所列僅供參考，其他自備工具不在此限。
　　　2.不得使用非檢定場地提供之電動工具。

附錄3　術科測試評審表

技術士技能檢定工業配線職類丙級術科測試評審表

試題編號：01300-104301~7〈A、B〉

檢定日期：＿＿＿＿＿＿＿＿＿＿　檢定起訖時間：＿＿＿＿＿＿＿＿＿＿

第一頁／共三頁

<table>
<tr><td>姓　　名</td><td></td><td>評審結果</td></tr>
<tr><td>術科測試編號</td><td></td><td>□及格　　□不及格</td></tr>
<tr><td colspan="2">一、凡有下列情事之一者，為不及格
（凡具本項缺失者，不進行後續評分）</td><td>請註明其具體事實</td></tr>
<tr><td colspan="2">(一)違反技術士技能檢定作業及試場規則第48條相關規定，以不及格論者。</td><td></td></tr>
<tr><td colspan="2">(二)未能於規定時間內完成
□中途放棄　　□未完成</td><td></td></tr>
<tr><td colspan="2">(三)其他（如：重大缺失…）
□＿＿＿＿＿＿＿＿
□＿＿＿＿＿＿＿＿</td><td></td></tr>
<tr><td colspan="3">二、評審項目及標準</td></tr>
</table>

<table>
<tr><td colspan="3" rowspan="2">・階段A故障檢修：故障設定（請於協調會時完成註記）</td><td>工作崗位</td><td></td></tr>
<tr><td>題　　號</td><td></td></tr>
<tr><td colspan="3">盤體檢測設定</td><td colspan="2">評審結果</td></tr>
<tr><td colspan="3">□(A)主線路故障　　□(B)控制線路故障
□(C)主線路及控制線路故障　　□(D)盤體正常</td><td colspan="2">□正確／□錯誤</td></tr>
<tr><td colspan="5">本項評審結果正確，即為本項合格。</td></tr>
<tr><td colspan="3">故障檢測設定</td><td colspan="2" rowspan="2">評審結果</td></tr>
<tr><td>序號</td><td>開關</td><td>故障位置設定</td></tr>
<tr><td>1</td><td></td><td>□短路／□斷路</td><td colspan="2">□正確／□錯誤</td></tr>
<tr><td>2</td><td></td><td>□短路／□斷路</td><td colspan="2">□正確／□錯誤</td></tr>
<tr><td>3</td><td></td><td>□短路／□斷路</td><td colspan="2">□正確／□錯誤</td></tr>
<tr><td colspan="5">本項評審結果，兩個（含）以上正確為本項合格。</td></tr>
<tr><td colspan="4">階段A總評結果（兩分項均合格為合格；檢測時違反檢定執行步驟第二項第7及12點所列情事者，即評定為本項不合格）</td><td>□合格／□不合格</td></tr>
</table>

第二頁／共三頁

．階段B裝置配線：		工作崗位	
		題　　號	
A.嚴重項目：有下列一項缺點評為不合格，主要項目及次要項目即不必評分。	缺點以×為之		缺點內容簡述
1.未接地、破壞器材（如切開號碼管裝置）或使用非檢定場地準備之電動工具			
2.短路或功能錯誤			
3.主電路或控制電路全部未壓接			
4.未按線路圖配線			
5.自行通電檢測發生短路2次（含）			
6.由監評小組列舉事實認定為嚴重缺點			
B.主要項目：依下列每一項缺點扣分	扣　　分		缺點內容簡述
1.控制線（全部或部份）未經過門端子台	40分		
2.控制線（全部或部份）應入線槽而未入線槽	40分		
3.未經線槽之導線（全部或部份）未成線束	40分		
4.控制線同一水平或垂直路徑之線束超過一束	40分		
5.配線超出板面	40分		
6.主電路5只（含）以上未使用壓接端子	20分		
7.控制電路10只（含）以上未使用壓接端子	20分		
8.導線選色錯誤	20分		
9.成品中遺留導體	20分		
小　　計			
C.次要項目：依下列每一項缺點扣分	扣　　分		備　　註
1.未經監評人員簽名即自行送電	20分		
2.主電路4只（含）以下未使用壓接端子	10分		
3.控制電路9只（含）以下未使用壓接端子	10分		
4.號碼管配置或裝置方向不當	10分		
5.導線絕緣皮損傷5處（含）以上	5分		
6.導線絕緣皮剝離不當5處（含）以上	5分		
7.壓接不當10只（含）以上	5分		
8.端子固定不當5處（含）以上	5分		
9.導線分歧不當3處（含）以上	5分		
10.接有兩條導線之同一接點上，僅套一號碼管	5分		
11.工作完畢板面或工作周圍未做清潔處理	5分		
小　　計			

<table>
<tr><th>D.盤箱裝置項目：依下列每一項缺點扣分（第7題適用）</th><th colspan="2">扣　分</th><th>備　註</th></tr>
<tr><td>1.未施作或未劃器具中心線</td><td>50分</td><td></td><td rowspan="3">有左列三項之一扣分即評為不合格</td></tr>
<tr><td>2.鑽孔、攻牙、剪（鋸）切時，未戴護目鏡或耳塞</td><td>50分</td><td></td></tr>
<tr><td>3.器具超出或少於選取部份</td><td>50分</td><td></td></tr>
<tr><td>4.器具固定尺寸超過誤差值±5mm（含）以上</td><td>每處10分</td><td></td><td rowspan="6"></td></tr>
<tr><td>5.線槽尺寸超過誤差值±5mm（含）以上</td><td>每處10分</td><td></td></tr>
<tr><td>6.器具固定方向錯誤</td><td>每處5分</td><td></td></tr>
<tr><td>7.組合式端子台組合不當（或未使用端板）</td><td>每處5分</td><td></td></tr>
<tr><td>8.器具固定鬆動</td><td>每處2分</td><td></td></tr>
<tr><td>9.孔洞多餘</td><td>每孔2分</td><td></td></tr>
<tr><td>小　計</td><td colspan="2"></td><td></td></tr>
<tr><td>B、C、D項扣分總計</td><td colspan="2"></td><td></td></tr>
<tr><td>階段B總評結果
（扣分總計超過40分（不含）評定為不合格）</td><td colspan="3">□合格 / □不合格</td></tr>
</table>

備註：階段A及階段B均「合格」者，即評定為術科測試「及格」。

監評長
簽　名＿＿＿＿＿＿＿＿＿＿

監評人員
簽　名＿＿＿＿＿＿＿＿＿＿

〈請勿於測試結束前先行簽名〉

附録4　故障檢修及裝置配線第七題工作範圍設定表

工業配線丙級術科技能檢定　　檢定日期：____年____月____日

故障檢修及裝置配線第七題工作範圍設定表　　（第一套～第三套試題用）

一、盤體檢測設定表　　※本表設定後，限監評人員使用，不得洩漏※

崗位號碼	1	2	3	4	5	6	7	
答案								第一套試題
故障設定點								
崗位號碼	8	9	10	11	12	13	14	
答案								第二套試題
故障設定點								
崗位號碼	15	16	17	18	19	20	21	
答案								第三套試題
故障設定點								

二、故障點檢測設定表

崗位號碼	1	2	3	4	5	6	7	
第一故障設定點								第一套試題
第二故障設定點								
第三故障設定點								
崗位號碼	8	9	10	11	12	13	14	
第一故障設定點								第二套試題
第二故障設定點								
第三故障設定點								
崗位號碼	15	16	17	18	19	20	21	
第一故障設定點								第三套試題
第二故障設定點								
第三故障設定點								

三、盤箱裝置工作範圍設定表

崗位號碼	7	14	21
工作範圍一			
工作範圍二			
工作範圍三			

監評長
簽　名________________

監評人員
簽　　名________________

工業配線丙級術科技能檢定　　　　檢定日期：____年____月____日

故障檢修及裝置配線第七題工作範圍設定表　　　　（第四套～第六套試題用）

一、盤體檢測設定表　　　　※本表設定後，限監評人員使用，不得洩漏※

崗位號碼	22	23	24	25	26	27	28
答案							
故障設定點							
崗位號碼	29	30	31	32	33	34	35
答案							
故障設定點							
崗位號碼	36	37	38	39	40	41	42
答案							
故障設定點							

第四套試題　第五套試題　第六套試題

二、故障點檢測設定表

崗位號碼	22	23	24	25	26	27	28
第一故障設定點							
第二故障設定點							
第三故障設定點							
崗位號碼	29	30	31	32	33	34	35
第一故障設定點							
第二故障設定點							
第三故障設定點							
崗位號碼	36	37	38	39	40	41	42
第一故障設定點							
第二故障設定點							
第三故障設定點							

第四套測試題　第五套測試題　第六套測試題

三、盤箱裝置工作範圍設定表

崗位號碼	28	35	42
工作範圍一			
工作範圍二			
工作範圍三			

監評長
簽　名________________

監評人員
簽　　名________________

附錄5　學科測試試題解析

工業配線丙級學科檢定試題解析

一、學科測試計分方式：學科檢定試題為單一選擇題，共80題，每題1.25分，答錯不扣分，考試時間100分鐘，60分及格。

二、本書學科附有詳解，在重點解析的說明中使用灰底的標示，是為加強讀者的印象與記憶，若欲自我檢測學習成效，可至「士林高商技術士技能檢定線上測驗系統」的網頁自我練習，網址為http://onlinetest.slhs.tp.edu.tw/。

三、欲了解歷屆試題的出題方式，讀者可上「勞動部勞動力發展署技能檢定中心全球資訊網」查閱，網址為http://www.labor.gov.tw/home.jsp?pageno=201109290021。

四、在每個試題與解析的題號之前，均加註工作項目編號，方便讀者快速找到試題。例：題號3-40為「工作項目03電氣器具之使用」題庫中的第40題。

五、本書彙整工業配線丙級學科測試計算題使用的相關公式，利於考生複習。

六、在學科題庫的每個工作項目之後，皆附有解答。請讀者在完成自我測驗後，核對所附解答，自行批改。謹建議讀者將每個題目分類為：(1)完全可理解的試題，(2)部分理解的試題，及(3)完全陌生的試題等項目，以方便複習。

七、將學科題庫的工作項目分類，列表如下，題庫共有500題。

編號	工作項目	題數	題號標示
1	識圖與繪圖	62	1-1～1-62
2	電氣器具之裝置	72	2-1～2-72
3	電氣器具之使用	150	3-1～3-150
4	主電路裝配	145	4-1～4-145
5	控制電路裝配	122	5-1～5-122
6	檢查及故障排除	62	6-1～6-62
	合計	613	

工作項目01：識圖與繪圖

(　　) *1-1.* 如圖所示IEC國際標準符號為
①有機械連鎖之電驛線圈　②沒有機械連鎖之電驛線圈
③接於直流之電驛線圈　④接於交流之電驛線圈。

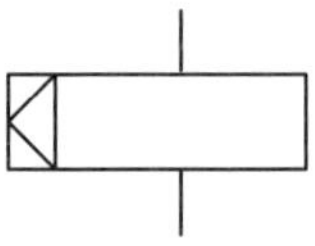

(　　) *1-2.* 如圖所示IEC國際標準符號為
①有機械連鎖之電驛線圈　②沒有機械連鎖之電驛線圈
③接於直流之電驛線圈　④接於交流之電驛線圈。

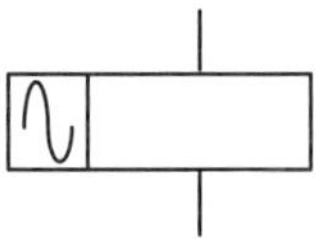

(　　) *1-3.* 如圖所示IEC國際標準符號為
①有機械連鎖之常閉接點　②能限時動作的常閉接點
③極限開關的常開接點　④極限開關的常閉接點。

(　　) *1-4.* 如圖所示IEC國際標準符號為
①有機械連鎖之常開接點　②能限時動作的常開接點
③常開接點　④常閉接點。

(　　) *1-5.* 如圖所示IEC國際標準符號為
①有機械連鎖之常開接點　②能限時動作的常開接點
③按鈕開關的常開接點　④按鈕開關的常閉接點。

(　　) *1-6.* 如圖所示IEC國際標準符號為
①有機械連鎖之常閉接點　②能限時動作的常閉接點
③緊急停止用之常開接點　④緊急停止用之常閉接點。

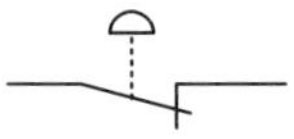

(　　) *1-7.* 如圖所示IEC國際標準符號為
①拉動以啟閉之常閉接點　②轉動以啟閉之常閉接點
③能限時動作之常閉接點　④緊急停止用之常閉接點。

(　　) *1-8.* 如圖所示IEC國際標準符號為
①拉動以啟閉之常開接點　②轉動以啟閉之常開接點
③能限時動作之常開接點　④緊急停止用之常開接點。

(　　) *1-9.* 如圖所示IEC國際標準符號為
①指示燈　②電阻　③線圈　④蜂鳴器。

(　　) *1-10.* 如圖所示IEC國際標準符號為
①蜂鳴器　②能閃爍的指示燈
③接交流電之電磁鐵　④接於交流之電驛線圈。

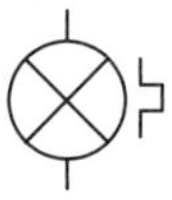

(　　) *1-11.* 如圖所示IEC國際標準符號為
①指示燈　②蜂鳴器

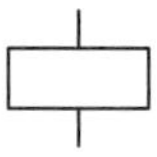

③電驛之線圈　　④栓型保險絲。

(　　)1-12. 線圈符號旁加註TC者為
①投入線圈　　②動作線圈
③記憶線圈　　④跳脫線圈。

(　　)1-13. 如圖所示之符號為 
①三相三線△接法　　②三相三線Y接法
③三相三線△接法，一線接地　　④三相四線Y接法。

(　　)1-14. 如圖所示之符號為 
IM
①電磁電驛線圈　　②感應電動機
③同步電動機　　④交流電流表。

(　　)1-15. 如圖所示之符號為 
G
①交流電動機　　②直流電動機
③直流發電機　　④交流發電機。

(　　)1-16. 如圖所示之符號為 
G
①直流發電機　　②交流發電機
③直流電動機　　④接地電壓表。

(　　)1-17. 如圖所示之符號為 
IM
①繞線型感應電動機　　②鼠籠型感應電動機
③感應發電機　　④同步發電機。

(　　)1-18. 零相比流器之符號為
① 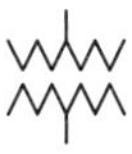　　② 
③ 　　④ 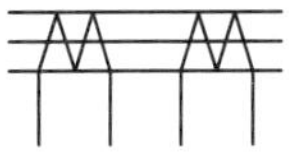　。

(　　)1-19. 如圖所示之符號為 
VAR
①無效功率表　　②有效功率表
③視在電力表　　④功因表。

(　　)1-20. 如圖所示之符號為 
PF
①功率表　　②瓦時表
③功因表　　④無效功因表。

(　　)1-21. 如圖所示之符號為 
V
①電流表　　②電壓表
③功因表　　④瓦特表。

( )1-22. 下列符號中何者表示電解質電容器？

① 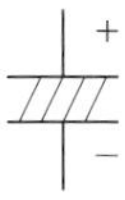　　　　②

③ 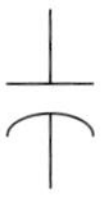　　　　④。

( )1-23. 如圖所之符號為

①紅色指示燈　②白色指示燈

③黃色指示燈　④綠色指示燈。

GL

( )1-24. 如圖所示之符號為

①單極單投開關　②三極雙投開關

③三極單投開關　④單極雙投開關。

( )1-25. 如圖所示之符號為

①可變電阻器　②固定電阻器

③可調自耦變壓器　④變壓器。

( )1-26. 如圖所示之符號為

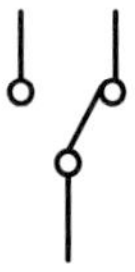

①a接點　②b接點

③c接點　④殘留接點。

( )1-27. 下列何者為雙極雙投之開關符號？

① 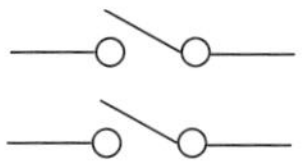　　　　②

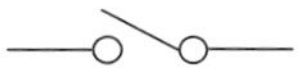

③ 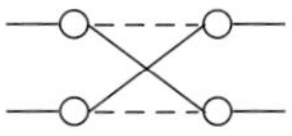　　　　④。

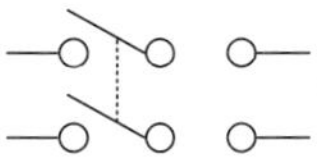

( )1-28. 如圖所示之符號為

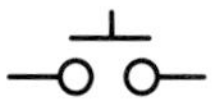

①電磁開關b接點　②電磁開關a接點

③按鈕開關a接點　④按鈕開關b接點。

( )1-29. 如圖所示之符號為

①通電延時動作電驛a接點　②斷電延時復歸電驛a接點

③手動復歸b接點　④殘留a接點。

( )1-30. 如圖所示之符號為

①a接點　②b接點

③熱動a接點　④限時復歸a接點。

( )1-31. 如圖所示之符號為

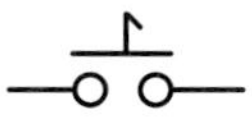

①限時動作接點　②殘留接點

③手捺開關接點 ④自動復歸接點。

( ) 1-32. 限制開關（Limit Switch）之常開接點（N.O）符號為

① 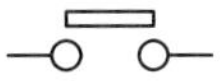 ②

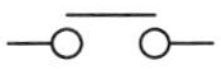

③  ④  。

( ) 1-33. 如圖所示之符號為

①按鈕開關 ②限制開關

③光電開關 ④切換開關之接點。

( ) 1-34. 自動電壓調節器之英文縮寫符號為

①AVR ②PCB

③ACB ④OCB。

( ) 1-35. 避雷器之英文縮寫為

①RC ②SC

③LA ④TB。

( ) 1-36. 接線端子台的英文縮寫符號為

①TB ②PB

③ACB ④COS。

( ) 1-37. 限制開關的英文縮寫符號為

①BS ②PS

③SS ④LS。

( ) 1-38. 直流的英文縮寫符號為

①AC ②BC

③CC ④DC。

( ) 1-39. 如圖所示之符號為

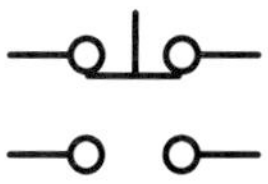

①按鈕開關接點 ②限制開關接點

③閃爍電驛接點 ④限時電驛接點。

( ) 1-40. 如圖所示之符號為

①電阻器 ②積熱電驛

③熱敏電阻 ④輔助電驛。

Th-Ry

( ) 1-41. 如圖所示之符號為

①電磁開關a接點 ②電磁開關b接點

③按鈕開關a接點 ④按鈕開關b接點。

( ) 1-42. 變壓器之符號為

①  ②

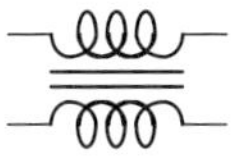

③  ④ 。

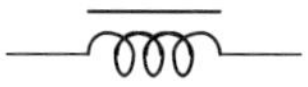

( ) 1-43. 如圖所示之符號為

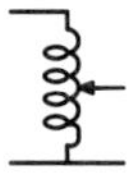

①可調電阻器 ②可調自耦變壓器

③電鈴 ④蜂鳴器。

( ) 1-44. 電子裝置中，符號表示

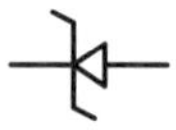

①電晶體 ②整流二極體

③放大器 ④穩壓二極體。

( ) 1-45. 如圖所示之符號為

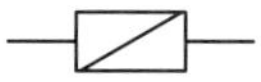

①保險絲 ②電阻

③線圈 ④電驛。

( ) 1-46. 如圖所示之符號為

①接地 ②短路

③斷路 ④中性線。

( ) 1-47. 如圖所示之符號為

K L

①驅動線圈 ②電磁接觸器

③磁場線圈 ④比流器。

( ) 1-48. 如圖所示之符號為

①SCR ②UJT

③NPN晶體 ④PNP晶體。

( ) 1-49. 如圖所示氣壓控制閥，其型式為

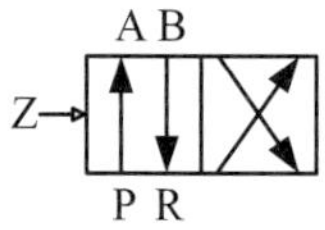

A B Z P R

①四孔二位閥 ②四孔三位閥

③五孔二位閥 ④五孔三位閥。

( ) 1-50. 通電開始計時的延時電驛，其計時到接點斷開的接點符號為

①  ②

③  ④ 。

( ) 1-51. 限制開關LS未受到碰觸時，其內部b接點的電路符號為

① 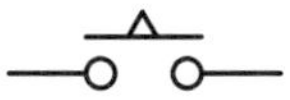 ②

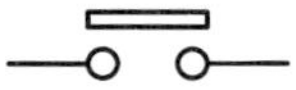

③  ④  。

(　　) 1-52. 如圖所示IEC國際標準符號為

①限時動作之常開接點　②緊急停止用之常閉接點

③積熱過載保護電驛常開接點　④轉動以啟閉之常開接點。

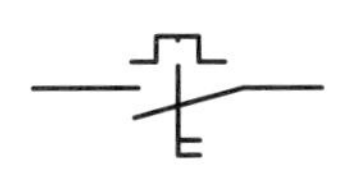

(　　) 1-53. 如圖所示IEC國際標準符號為

①電磁接觸器輔助常開接點　②電磁接觸器線圈

③電磁接觸器輔助常閉接點　④輔助電驛常開接點。

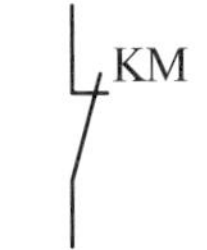

(　　) 1-54. 如下圖所示IEC國際標準符號為

①限時電驛線圈　②輔助電驛線圈

③指示燈　④溫度開關線線。

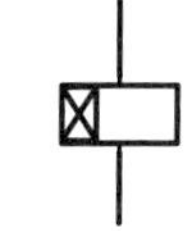

(　　) 1-55. 如圖所示IEC國際標準符號

①限時電驛通電延時常閉接點　②限時電驛通電延時常開接點

③限時電驛斷電延時常閉接點　④限時電驛斷電延時常開接點。

(　　) 1-56. 如圖所示IEC國際標準符號

①限時電驛通電延時常閉接點　②限時電驛通電延時常開接點

③限時電驛斷電延時常閉接點　④限時電驛斷電延時常開接點。

(　　) 1-57. 如圖所示為兩只電磁接觸器（KM1、KM2）主接點符號，中間虛線及▽符號代表兩只電磁接觸器

①通電延時　②電器連鎖

③斷電延時　④機械連鎖。

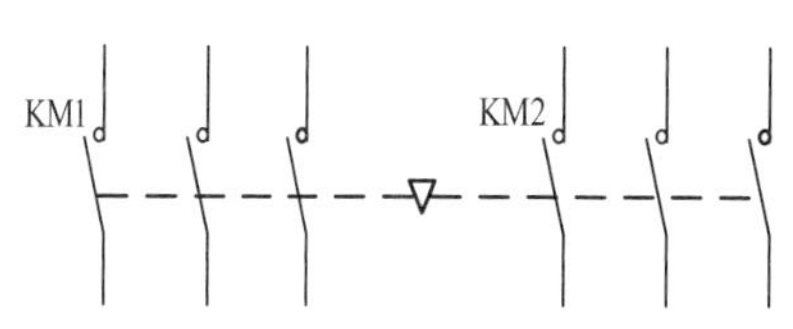

(　　) 1-58. 如圖所示為電動機保護斷路器之IEC符號，此斷路器具有下列哪些保護功能

①短路、延時

②短路、過載

③延時、過載

④跳脫、變頻。

(　　) 1-59. 閃爍電驛a接點的符號為

①　②

③　④

(　　) 1-60. 如圖所示為電動機保護斷路器之IEC符號，其操作方式為

①自動切換自動跳脫

②自動切換手動跳脫

③手動切換自動跳脫

④手動切換手動跳脫。

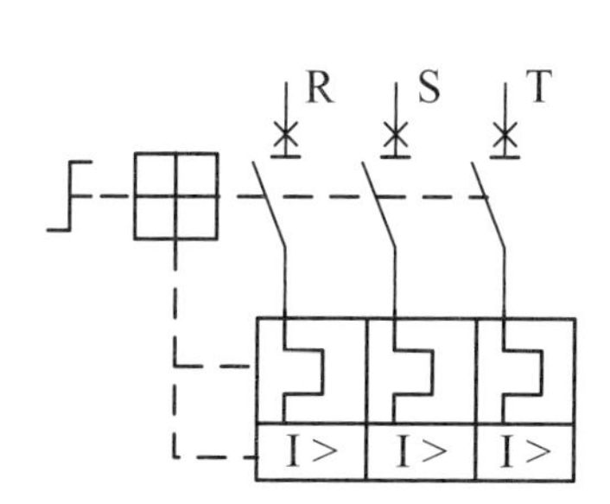

(　　)*1-61.* 如下圖所示氣壓控制閥，其型式為

①五口三位中位全開並附手動開關　②五口三位中位全閉並附手動開關

③三口五位中位全閉並附手動開關　④三口五位中位全開並附手動開關

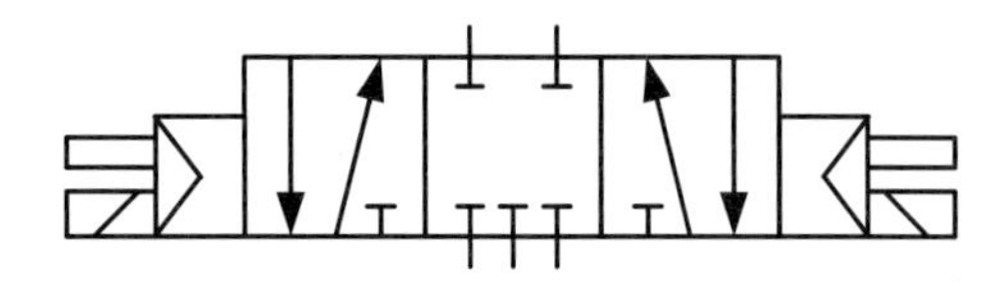

(　　)*1-62.* 如下圖所示氣壓控制閥，其型式為

①二口五位自動復歸　②三口五位中位全閉

③五口二位自動復歸　④五口三位中位全閉

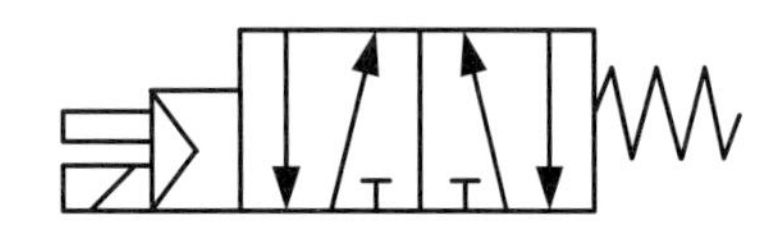

◆解答◆

*1-1.*① *1-2.*④ *1-3.*④ *1-4.*② *1-5.*③ *1-6.*④ *1-7.*① *1-8.*② *1-9.*④ *1-10.*②
*1-11.*③ *1-12.*④ *1-13.*③ *1-14.*② *1-15.*③ *1-16.*② *1-17.*① *1-18.*② *1-19.*① *1-20.*③
*1-21.*② *1-22.*① *1-23.*④ *1-24.*③ *1-25.*① *1-26.*③ *1-27.*④ *1-28.*③ *1-29.*② *1-30.*③
*1-31.*② *1-32.*① *1-33.*② *1-34.*① *1-35.*③ *1-36.*① *1-37.*④ *1-38.*④ *1-39.*① *1-40.*②
*1-41.*② *1-42.*② *1-43.*② *1-44.*④ *1-45.*① *1-46.*① *1-47.*④ *1-48.*④ *1-49.*① *1-50.*②
*1-51.*④ *1-52.*③ *1-53.*③ *1-54.*① *1-55.*② *1-56.*① *1-57.*④ *1-58.*② *1-59.*③ *1-60.*③
*1-61.*② *1-62.*③

◆解析◆

題號	中文名稱	符號	題號	中文名稱	符號
1-1	有機械連鎖之電驛線圈		1-2	接於交流之電驛線圈	
1-3	極限開關的常閉接點		1-4	能限時動作的常開接點	
1-5	按鈕開關的常開接點		1-6	緊急停止用之常閉接點	
1-7	拉動以啟閉之常閉接點		1-8	轉動以啟閉之常開接點	

題號	中文名稱	符號	題號	中文名稱	符號
1-9	蜂鳴器		1-10	能閃爍的指示燈	
1-11	電驛之線圈		1-12	跳脫線圈	TC
1-13	三相三線△接法，一線接地		1-14	感應電動機	IM
1-15	直流發電機	G	1-16	交流發電機	G
1-17	繞線型感應電動機	IM	1-18	零相比流器	
1-19	無效功率表	VAR	1-20	功率因數表	PF
1-21	電壓表	V	1-22	電解質電容器	+ −
1-23	綠色指示燈	GL	1-24	三極單投開關	
1-25	可變電阻器		1-26	c接點	
1-27	雙極雙投開關		1-28	按鈕開關a接點	
1-29	斷電延時復歸電驛a接點		1-30	熱動a接點	
1-31	殘留接點		1-32	限制開關之常開接點	
1-33	限制開關的接點		1-34	自動電壓調節器	AVR
1-35	避雷器	LA	1-36	接線端子台	TB
1-37	限制開關	LS	1-38	直流	DC
1-39	按鈕開關接點		1-40	積熱電驛	Th-Ry

題號	中文名稱	符號	題號	中文名稱	符號
1-41	電磁開關 b接點		1-42	變壓器	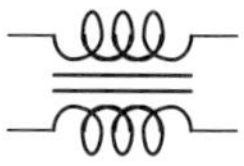
1-43	可調自耦 變壓器	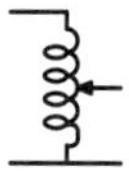	1-44	穩壓二極體	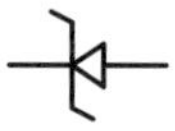
1-45	保險絲	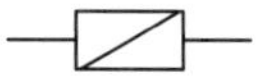	1-46	接地	
1-47	比流器	 K L	1-48	PNP晶體	
1-49	四孔二位氣壓 控制閥	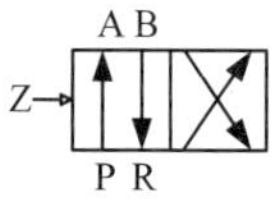 A B Z P R	1-50	通電開始計時 的延時電驛， 計時到接點斷 開的接點	
1-51	LS之b接點	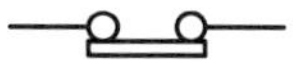	1-52	積熱過載保護 之常開接點	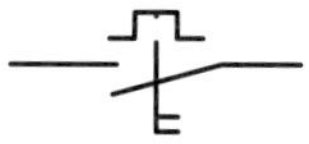
1-53	電磁接觸器之 常閉接點	 KM	1-54	限時電驛線圈	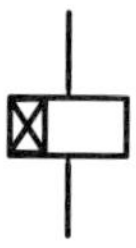
1-55	限時電驛之通 電延時常開接 點	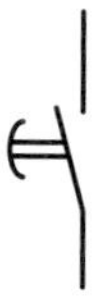	1-56	限時電驛之通 電延時常閉接 點	
1-57	中間虛線及▽ 符號代表兩只 電磁接觸器機 械連鎖	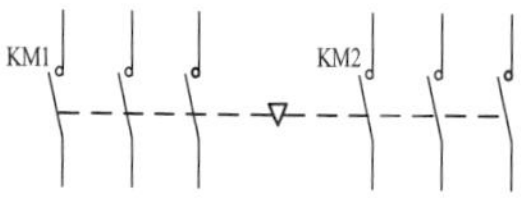 KM1 KM2	1-58	電動機保護斷 路器，具有短 路、過載保護 功能	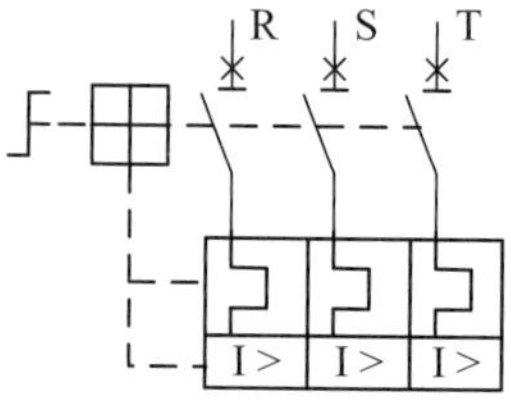 R S T I> I> I>
1-59	閃爍電驛之a 接點	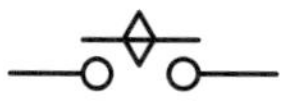	1-60	電動機保護斷 路器，操作方 式為手動切換 自動跳脫	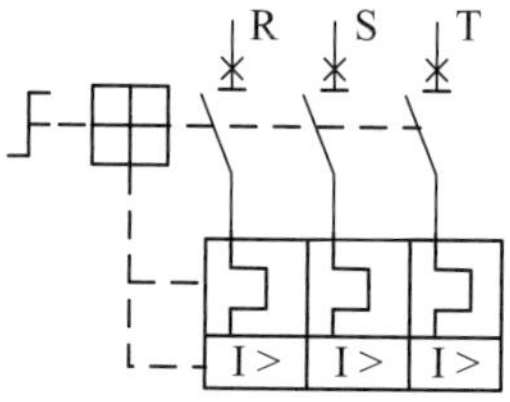 R S T I> I> I>
1-61	氣壓控制閥： 五口三位中位 全閉並附手動 開關	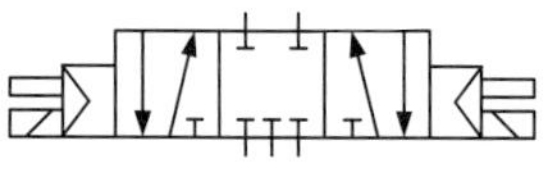	1-62	氣壓控制閥： 五口二位自動 復歸	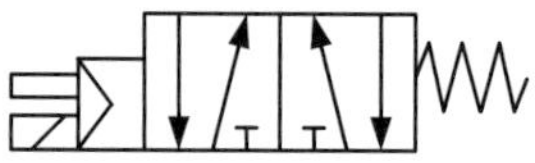

工業配線器材之英文代號說明：

1-12. TC：Trip Coil，跳脫線圈

1-14. IM：Inductive Motor，感應電動機

1-15. G：Genernator，發電機

1-19. VAR：VAR Meter，無效功率表（單位：乏）

1-20. PF：Power Factor，功因表

1-21. V：Voltage Meter，電壓表

1-23. GL：Green Lamp，綠色指示燈

1-34. AVR：Automatic Voltage Regulator，自動電壓調節器

1-35. LA：Lightning Arrester，避雷器

1-36. TB：Terminal Block，接線端子台

1-37. LS：Limit Switch，限制開關

1-38. DC：Direct Current，直流

1-40. Th-Ry：Thermal Relay，積熱電驛

工作項目 02：電氣器具之裝置

(　)2-1. 使用中心沖的作用在　①測距離　②鑽孔　③定位　④攻牙。

(　)2-2. 水平儀的用途是　①劃垂直線　②檢查水平度　③檢查直角度　④劃圓形。

(　)2-3. 在配電盤箱上劃線時，可使用工具為　①石墨筆　②銼刀　③起子　④劃線針。

(　)2-4. 使用鑽床時，調整鑽台高度使鑽頭與材料之距離約　①10～20mm　②40～50mm　③80～90mm　④120～150mm。

(　)2-5. 欲攻M4螺牙，其攻牙前所鑽之孔徑應為　①2.6～2.8φ　②3.0～3.4φ　③3.6～3.8φ　④4.0～4.2φ。

(　)2-6. 螺絲攻其第一攻、第二攻、第三攻的區別　①牙距之大小　②牙距之深淺　③孔之大小　④倒角牙紋數之多少。

(　)2-7. 操作砂輪機時，應配戴　①安全眼鏡　②望遠鏡　③隱形眼鏡　④近視眼鏡。

(　)2-8. 牙距越小其固定　①越鬆　②越緊　③與鬆緊度無關　④越容易滑牙。

(　)2-9. 木螺絲之規格是依據下列何者而定？　①長度　②直徑　③螺紋　④材質　而定。

(　)2-10. 薄鐵板要固定器具最好採用　①英制螺絲　②公制螺絲　③螺絲與螺母　④木螺絲。

(　)2-11. 以手電鑽鑽孔，當接近完成時進刀速度應　①加快　②維持不變　③切斷電源　④減慢。

(　)2-12. 測試固定螺絲鎖緊的程度是用　①固定扳手　②梅花扳手　③扭力扳手　④套筒扳手。

(　)2-13. 平墊片之作用在　①增加壓迫面積　②增加機械強度　③增加摩擦損　④減少摩擦損。

(　)2-14. 工場中有危險的工作區或重機械區，應列為拒絕他人參觀區，並以下列何種顏色之實線標示？　①紅色　②橙色　③黃色　④綠色。

(　)2-15. 潮濕的皮膚其電阻會　①提高　②失效　③不變　④降低。

(　)2-16. 有關工具使用規則，下列敘述何者正確？　①可將鉛管套於扳手柄以增加力矩　②刮刀都是用單手握持的　③螺絲起子可做鑿刀使用　④禁止以甲工具代替乙工具使用。

(　)2-17. 可測量線徑之量具為　①測微器、線規、游標尺　②測微器、線規、卷尺　③測微器、游標尺、卷尺　④游標尺、線規、卷尺。

(　)2-18. 1'（呎）是：　①8"　②10"　③12"　④16"　英吋。

(　)2-19. 1"（英寸）是：　①2.54　②25.4　③3.54　④35.4　mm。

(　)2-20. 測量光線明亮程度的儀表為 ①示波器 ②頻率表 ③轉速表 ④照度表。

(　)2-21. 測量電磁接觸器之接點是否正常，不可使用 ①導通試驗器 ②相序計 ③三用電表 ④數位電表。

(　)2-22. 在不通電的情況下，測量電磁接觸器之線圈是否正常，三用電表應撥在 ①DCV檔 ②ACV檔 ③DCmA檔 ④歐姆檔。

(　)2-23. 使用三用電表測量電壓時 ①需作0調整 ②不必注意其為交流或直流 ③將電壓檔位先調至最高檔 ④不必注意指針之零點。

(　)2-24. 指針型電表面板上設置鏡面（刻度下方成扇形）是為了避免下列何者之誤差？①儀器 ②人為 ③環境 ④電路。

(　)2-25. 一般配置圖上器具位置之標示線為器具之 ①中心線 ②右側邊線 ③左側邊線④底線。

(　)2-26. 固定配電器具時 ①沒有方向性之限制 ②必須向右對齊 ③必須向左對齊 ④依圖示及器具說明固定之。

(　)2-27. 高感度高速度漏電斷路器之動作時間，當達到額定動作電流時，會在幾秒內動作？ ①0.1秒 ②0.5秒 ③1秒 ④1.5秒。

(　)2-28. 常用手電鑽能鑽的最大孔徑為 ①13mm ②25mm ③30mm ④45mm。

(　)2-29. 在DIN軌道上固定組合式端子台時，則 ①所有端台必須具相同規格 ②只能裝置兩種不同規格之端子台 ③只能裝置同一規格之一般端子台及不同規格之接地端子台 ④必須裝末端固定板。

(　)2-30. 一般三用電表不能直接量測下列何者？ ①直流電壓 ②交流電壓 ③直流電流 ④交流電流。

(　)2-31. 規格為5.5-6的壓接端子，其中6字是表示 ①鎖緊用螺絲孔徑之大小 ②端子之總長 ③導線的線徑 ④剝線的長度。

(　)2-32. 固定電表之螺母應使用的工具為 ①套筒起子 ②尖嘴鉗 ③壓接鉗 ④鋼絲鉗。

(　)2-33. 使用起子時，則 ①一字起子刃部要磨尖 ②十字起子刃部要磨尖 ③十字起子可當一字起子使用 ④選擇合適尺寸之起子。

(　)2-34. 使用電工刀，刀口宜向 ①內 ②外 ③上 ④下。

(　)2-35. 在對金屬工作物加工時，不可注油來潤滑者為 ①鑽孔 ②鉸牙 ③銼刀 ④鋸削。

(　)2-36. 電磁開關之積熱電驛，用於保護 ①線路短路 ②電動機過載 ③接地 ④漏電。

(　)2-37. 積熱電驛之額定電流為15A，則其過載電流調整鈕的範圍為 ①18～26A

②17～24A　③9～15A　④12～18A。

(　　)2-38. 安裝選擇開關時，則　①必須先檢查接點是否正常　②將墊片分別置於鐵板之兩邊　③不必注意裝置角度　④將不用接線之接點螺絲取下。

(　　)2-39. 利用虎鉗夾持已完工之加工面，須下列何種材料作為墊片？　①銅　②鐵　③鋼　④破布。

(　　)2-40. 裝置無熔線斷路器時，則　①將開關置於ON位置　②將開關置於OFF位置　③將開關置於跳脫位置　④將開關置於ON位置且用膠布貼牢。

(　　)2-41. 裝置限制開關時，則　①不必調整其動作距離　②不必調整其動作方向　③應配置或預留接地線　④應加裝防爆安全罩。

(　　)2-42. 電晶體組件常用的電烙鐵以　①2～5W　②30～40W　③100～150W　④200～300W。

(　　)2-43. 容易燃燒或容易爆炸的液體應該存放在下列何種容器中？　①玻璃　②塑膠　③銅質　④鐵質。

(　　)2-44. 下列何者不是電氣火災發生的原因？　①由於電荷聚集，產生靜電火花放電，引燃易燃物　②因開關啟斷時所發生的火花，引燃附近的外物　③因電路短路引起高溫　④電流流入人體。

(　　)2-45. 電動機、變壓器等設備所引起火災屬於　①A類　②B類　③C類　④D類。

(　　)2-46. 電烙鐵用完後，應進行下列何項安全步驟？　①不必拔掉電源　②拿住插頭拔除電源　③直接握住電烙鐵用力拉離電源即可　④拿住電源線把插頭拉下。

(　　)2-47. 配電盤箱做自主檢查時，當操作電氣控制開關前應注意事項為　①不必顧慮後端負載情況　②須先確認電源電壓　③每次均需重覆操作幾次以確保開關動作確實　④須先切離負載。

(　　)2-48. 遇有電氣事故所引起的火災，在未切斷電源前，不宜使用　①滅火砂　②二氧化碳滅火器　③乾粉滅火器　④水。

(　　)2-49. 危險場所的各接線盒、燈具及金屬管接頭必須用螺紋接合，且為　①防爆型　②防塵型　③防水型　④隔音型。

(　　)2-50. 選擇滅火器材是依下列何者而定？　①起火點　②風向　③氣候　④燃燒物。

(　　)2-51. 有關防止易燃氣體爆炸之方法，下列敘述何者錯誤？　①防止洩漏　②防止溫度過高　③遠離火種　④減少通風效果。

(　　)2-52. 低壓接觸型驗電筆會亮代表　①電源電壓異常　②電流通過人體　③電源漏電　④電路電壓失常。

(　　)2-53. 人體的電阻比正常接地電阻為　①小　②大　③因人而異　④因地而異。

(　　)2-54. 工作人員如肢體受傷出血，應將傷部　①高舉　②平放　③放低　④頭部朝下。

(　　)2-55. 國產指針型三用電表撥在歐姆檔作測量時，紅棒插在+端插孔，黑棒插在-端插孔，此時黑棒是與其內部電池　①負極接通　②正極接通　③斷路　④短路。

(　　)2-56. 某人觸電遇難須搭救時，應先　①移開接觸之帶電體　②檢查心臟是否仍在跳動　③檢查呼吸是否正常　④用手拉開遇難者與帶電體後再行急救。

(　　)2-57. 有關防止感電，下列何者不宜？　①停電作業　②手腳清潔乾燥　③鞋子應為膠鞋且清潔乾燥　④赤腳作業。

(　　)2-58. 家庭用之無熔線斷路器較為常用的跳脫方式為　①完全電磁式　②熱動電磁式　③熱動式　④電子式。

(　　)2-59. 換裝保險絲時，應注意下列何種事項？　①所使用的保險絲，其電流容量不要過小，以免經常更換　②以鐵絲或銅絲取代，以防再斷　③使用電流容量約等於安全電流3到4倍的保險絲　④遵照電路電流量，選用適宜的保險絲。

(　　)2-60. 執行檢修作業中，下列何者為正確的態度？　①精神恍惚，打瞌睡　②可談天說話　③可邊工作，邊聽熱門音樂　④遵守各種電工安全規定。

(　　)2-61. 在器具板上施行盤箱加工，做鑽孔、攻牙時，必須配戴　①耳機、安全帽　②耳塞（或耳罩）、護目鏡　③口罩、安全帽　④口罩、護目鏡。

(　　)2-62. 在器具板上施行盤箱加工，若要鑽孔時，必須使用　①釘槍　②鐵鎚　③攻牙機　④手電鑽。

(　　)2-63. 在器具板上施行盤箱加工，鑽孔後，若要攻牙時，必須使用　①釘槍　②鐵鎚　③攻牙機　④手電鑽。

(　　)2-64. 以O型絕緣端子製作接地線時，應使用壓接工具為　①斜口鉗　②電工鉗　③絕緣端子壓接鉗　④切管器。

(　　)2-65. 如下圖所示，為液面控制器感測棒E1、E2、E3，其中須接地之感測棒為　①E1　②E2　③E3　④任一感測棒。

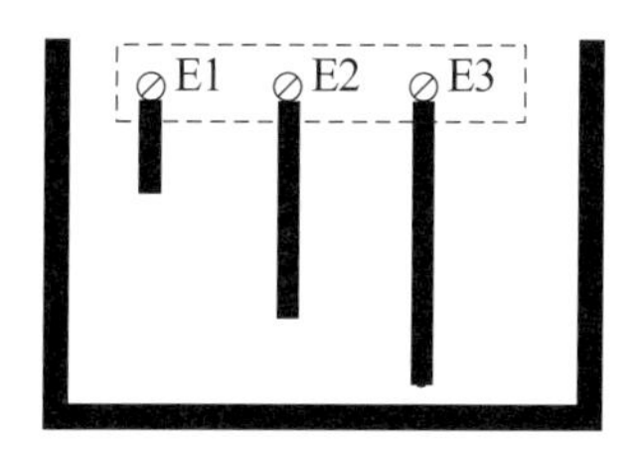

(　　)2-66. 套裝O型號碼管時，下列何者正確　①號碼管可任意套裝，不必依線號編製套裝　②接有兩條導線的接點，僅套裝一只號碼管即可　③施作號碼管僅需部分套裝，不需全部套裝　④套裝O型號碼管直向裝置時，其標示須全部右視配置或左視配置。

(　　)2-67. 套裝O型號碼管時，下列何者正確　①可切開號碼管裝置　②號碼管裝置方向，在同一工作盤面中可任意裝置，不必在意 ③O型號碼管橫向裝置時，須正視配置 ④可任意套裝，不必依線號編製套裝。

( )2-68. 施作導線壓接時，須使用下列何種工具？ ①萬用鉗 ②壓接鉗 ③電工刀 ④電纜剪。

( )2-69. 用電鑽施作盤箱加工時，應在鑽孔處加 ①汽油 ②去漬油 ③切削油 ④煤油。

( )2-70. 電纜剝皮時，要使用下列何種工具？ ①電纜剝皮刀 ②萬用鉗 ③電工鉗 ④壓接鉗。

( )2-71. 盤箱加工固定器具時，須使用何種螺絲固定？ ①鋼板螺絲釘 ②圓頭螺絲釘 ③鐵板牙螺絲釘 ④木螺絲釘。

( )2-72. 盤箱加工以十字螺絲釘固定器具時，須使用何種工具？ ①尖嘴鉗 ②剝線鉗 ③十字起子 ④一字起子。

◆解答◆

2-1.③ 2-2.② 2-3.① 2-4.① 2-5.② 2-6.④ 2-7.① 2-8.② 2-9.① 2-10.③
2-11.④ 2-12.③ 2-13.① 2-14.① 2-15.④ 2-16.④ 2-17.① 2-18.③ 2-19.② 2-20.④
2-21.② 2-22.④ 2-23.③ 2-24.② 2-25.① 2-26.④ 2-27.① 2-28.① 2-29.④ 2-30.④
2-31.① 2-32.① 2-33.④ 2-34.② 2-35.③ 2-36.② 2-37.④ 2-38.① 2-39.① 2-40.②
2-41.③ 2-42.② 2-43.④ 2-44.④ 2-45.③ 2-46.② 2-47.② 2-48.④ 2-49.① 2-50.④
2-51.④ 2-52.② 2-53.② 2-54.① 2-55.② 2-56.① 2-57.④ 2-58.③ 2-59.④ 2-60.④
2-61.② 2-62.④ 2-63.③ 2-64.③ 2-65.③ 2-66.④ 2-67.③ 2-68.② 2-69.③ 2-70.①
2-71.② 2-72.③

◆解析◆

2-1. 中心沖主要用於定位，當鑽孔時導引鑽頭位置固定，較不會滑動。

2-5. M4為公制螺牙，外徑為4mm，因此，其攻牙前所鑽之孔徑應為3.0φ～3.4φ。

2-6. 螺絲攻由第一攻、第二攻、第三攻的的三支螺絲攻組成一組。三支螺絲攻的最大外徑及節距都相同，唯有前端的倒角牙紋數不同，第一攻約6-7牙倒角，攻牙最容易，稱為粗攻；第二攻約4-5牙倒角，稱為中攻；第三攻約1-2牙倒角，做最後攻牙，稱為細工。因此，區別在於倒角牙紋數之多少。

2-9. 木螺絲之規格主要是依據長度而定，例如長度3/4英吋，俗稱為6分木螺絲。

2-12. 扭力扳手有電子式、錶盤式及響聲式等三種，可以測量固定螺絲的緊度。

2-23. 測量電壓時應將電壓檔位先調至最高檔，以免電壓超過額定，電流過大，使保險絲或其他元件燒毀，指針擺動弧度過大。

2-31. 規格5.5-6的壓接端子，5.5表示使用線徑為5.5mm^2，6表示鎖緊用螺絲孔徑之大小為6mm。

2-35. 對金屬工作物加工時，若加潤滑油，會減低銼刀的磨擦力，減少銼削效率。因此，不能添加潤滑油。

2-54. 工作人員如肢體受傷出血，應將傷部高舉，是為抬高止血法，將傷肢或受傷部位高舉，超過心臟高度。

2-55. 國產指針型三用電表撥在歐姆檔作測量時，紅棒插在+端插孔，黑棒插在-端插孔，此時黑棒是與電表內部電池正極接通。

2-61. 在器具板上施行盤箱加工，做鑽孔、攻牙時，必須配戴②耳塞（或耳罩）、護目鏡。

2-62. 在器具板上施行盤箱加工，若要鑽孔時，必須使用④手電鑽。

2-63. 在器具板上施行盤箱加工，鑽孔後，若要攻牙時，必須使用③攻牙機。

2-64. 以O型絕緣製作接地線時，應使用壓接工具為③絕緣端子壓接鉗，以免破壞O型絕緣端子之性能。

2-65. 如圖所示，為液面控制器感測棒E1、E2、E3，其中須接地之感測棒為③E3。

2-66. 套裝O型號碼管時，正確為④O型號碼管直向裝置時，其標示須全部右視配置或左視配置。標示的方向，全部相同即可。

2-67. 套裝O型號碼管時，正確為③O型號碼管橫向裝置時，須正視配置，以方便觀看識別。

2-68. 施作導線壓接時，須使用之工具為②壓接鉗。

2-69. 用電鑽施作盤箱加工時，應在鑽孔處加③切削油，加以冷卻。

2-70. 電纜剝皮時，要使用之工具為①電纜剝皮刀。

2-71. 盤箱加工固定器具時，須使用固定之螺絲為②圓頭螺絲釘。

2-72. 盤箱加工以十字螺絲釘固定器具時，須使用之工具為③十字起子。

工作項目 03：電氣器具之使用

(　　)3-1. 電氣儀表上表示交直流兩用之符號為　① ≋　② ⊓　③ ⊥　④ ≃。

(　　)3-2. 0.5Class（級）之電表，其允許誤差為　①最小刻度之0.5%　②滿刻度之0.5%　③任何指示值的0.5%　④任何指示值的50%。

(　　)3-3. 電流表之接法為　①與電路並聯　②兩端短路　③與負載串聯　④與電源並聯。

(　　)3-4. 如下圖所示，兩只額定100V之電壓表，靈敏度分別為20KΩ／V及40KΩ／V，當串聯接於120V電壓時，兩只電壓表分別指示　①20V、100V　②40V、80V　③60V、60V　④80V、40V。

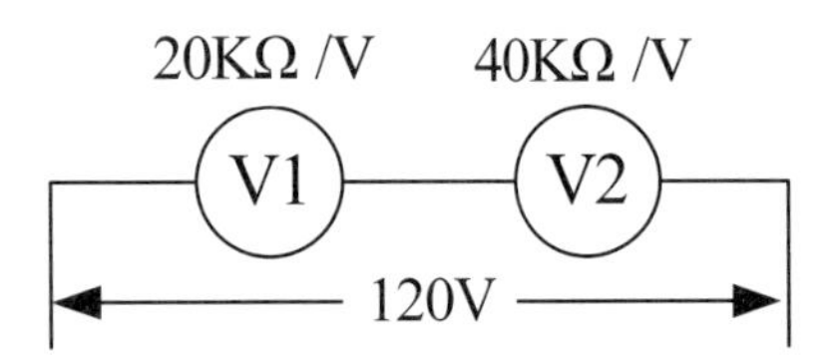

(　　)3-5. 伏特表之功用在於量測　①電壓　②電阻　③功率　④電流。

(　　)3-6. 一般交流電壓表所指示的電壓值為　①均方根值　②平均值　③最高值　④瞬間值。

(　　)3-7. 如下圖所示電路，電壓表V應指示　①50VAC　②50VDC　③75VAC　④75VDC。

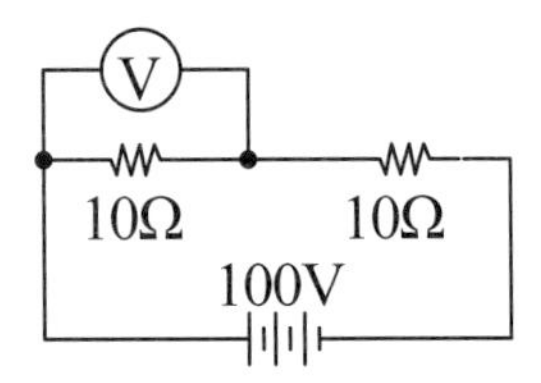

(　　)3-8. 兩內阻不同之電壓表V_1及V_2，如下圖所示之結線，V2之讀數為　①50V　②75V　③100V　④150V。

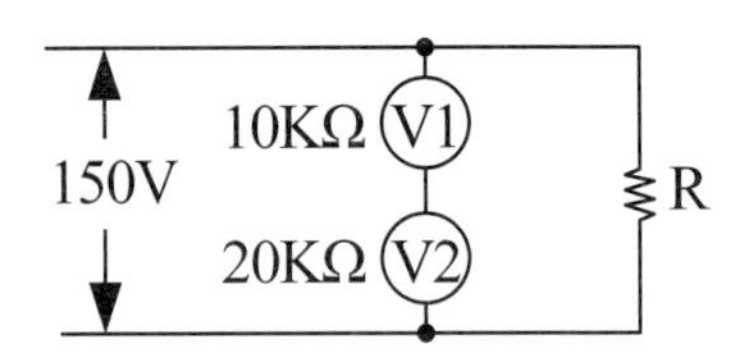

(　　)3-9. 內阻各為1.5KΩ及1KΩ之兩個滿刻度150V電壓表，若串聯連接時，可測定之最高電壓為　①150V　②200V　③250V　④300V。

(　　)3-10. 交流電壓表接線時，須考慮　①正負方向　②相序　③極性　④量度範圍。

(　　)3-11. 直流回路在測試大電流時電表應配合下列何者使用？　①倍率器　②分流器　③電抗器　④整流器。

(　　)3-12. 要將某直流電流表的指示範圍放大100倍時，所裝分流器的電阻應為電流表內阻

的　①1/100倍　②1/99倍　③99倍　④100倍。

(　　)3-13. 在交流電路中，欲擴大電流之量測範圍，應利用　①比流器　②比壓器　③分流器　④倍率器。

(　　)3-14. 直流電流表加裝分流器時，則其流過電表之電流值將較實際電流為　①高　②低　③視分流器電阻而定　④相同。

(　　)3-15. 如下圖所示，在SW ON後，電流表之讀數應為　①6A　②4A　③3A　④2A。

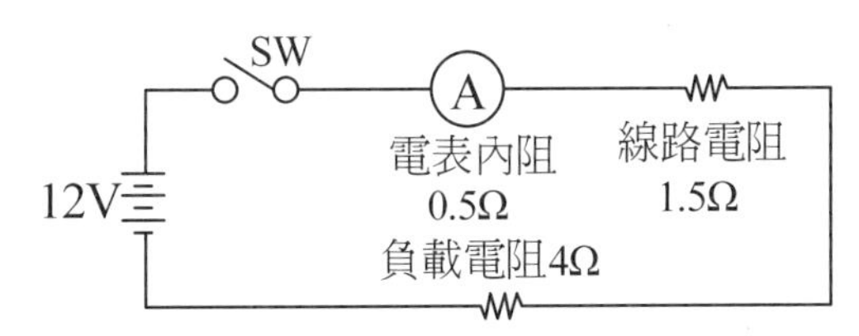

(　　)3-16. 動圈式交流電表由面板刻度上所讀得之值為量測值之　①有效值　②平均值　③瞬間值　④最大值。

(　　)3-17. 應使用超倍刻劃電流表之電路為　①電熱電路　②電動機電路　③照明電路　④變壓器電路。

(　　)3-18. 使用一只伏特表及一只安培表測電熱器之消耗功率時，下列何者為正確接法？

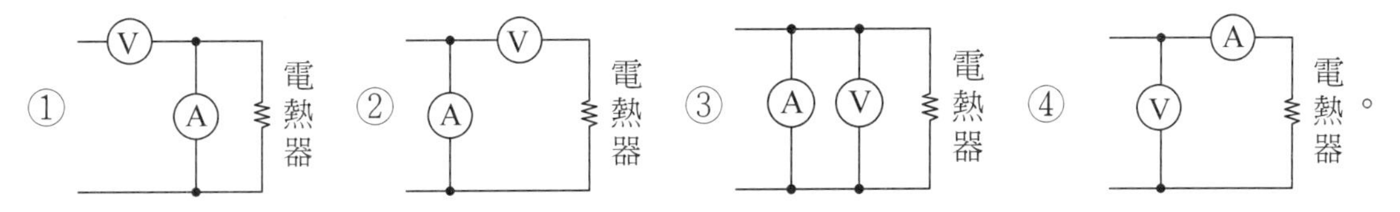

(　　)3-19. 量測交流單相電動機之有效功率，所需儀表之組合為　①電壓表、電流表、轉速表　②電壓表、頻率表、功因表　③電壓表、電流表、功因表　④電流表、頻率表、功因表。

(　　)3-20. 以兩瓦特表測量三相電功率，若兩讀數相等，則表示功率因數為　①1　②0.866　③0.5　④0。

(　　)3-21. 配合PT、CT使用之三相三線式仟瓦小時表的電流線圈接線端應接於　①CT　②PT　③大地　④器具外殼。

(　　)3-22. 家庭用的瓩時表，依據下列何種原理運轉？　①靜電型原理　②感應型原理　③可動線圈型原理　④可動鐵片型原理。

(　　)3-23. 在有負載情形下，單相二線式瓦時表電壓端接頭脫落，則轉盤會產生下列何種情況？　①靜止不動　②增快　③減慢　④不影響。

(　　)3-24. KVAR表是量測負載之　①有效功率　②無效功率　③視在功率　④直流電流。

(　　)3-25. 在三相電路中，當瓦特表指示為1.3KW、線電壓為200V、線電流為5A時，則其功率因數接近　①45%　②63%　③75%　④82%。

(　　)3-26. 頻率表在刻度盤上常以Hz單位標示，其意為　①每秒鐘之週波數　②每分鐘之

週波數　③每刻鐘之週波數　④每小時之週波數。

(　　) 3-27. 頻率表之接法為　①與電壓表並聯　②與電壓表串聯　③與電流表串聯　④與電流表並聯。

(　　) 3-28. 惠斯頓電橋可量測　①頻率　②電阻　③電流　④電壓。

(　　) 3-29. 使用指針型三用電表量測未知電壓，其選擇開關應先置於　①最低電壓檔　②最高電壓檔　③任意檔位　④中間檔位　再視其指示情形轉向適當電壓處。

(　　) 3-30. 使用指針型三用電表測量電阻時，則　①不必作零歐姆調整　②僅需作一次零歐姆調整　③每調換量測檔位時需作零歐姆調整　④購買時已由廠商作好零歐姆調整。

(　　) 3-31. 三用電表之靈敏度愈佳，則其Ω/V　①愈大　②愈小　③無關　④不一定。

(　　) 3-32. 排除控制電路故障，最簡便之檢查儀表為　①電流表　②電壓表　③高阻計　④三用電表。

(　　) 3-33. 高阻計（Megger）能測量　①電壓　②電流　③接地電阻　④絕緣電阻。

(　　) 3-34. 使用高阻計，測試電動機之繞組與外殼之絕緣電阻，其接法為　①L、E兩端分接電動機內同一繞組之兩端　②L、E兩端分接電動機內兩不同之繞組　③L端接電動機外殼，E端接繞組　④E端接電動機外殼，L端接繞組。

(　　) 3-35. 用高阻計測定電動機繞組與外殼之絕緣電阻時，若指針指示為25MΩ，則其歐姆值為　①$2.5\times10^{8}\Omega$　②$2.5\times10^{7}\Omega$　③$2.5\times10^{4}\Omega$　④$2.5\times10^{3}\Omega$。

(　　) 3-36. 鉤式電表測量電路電流時，則　①可不必切斷電路就可測量電流　②切斷後串聯　③切斷後並聯　④與負載並聯。

(　　) 3-37. 有關鉤式電表，下列敘述何者錯誤？　①可不切斷電路來測量電流　②只需鉤住一條電源線即可測量電流　③需切斷電線串聯使用　④一般皆兼具有測量電阻及電壓的功能。

(　　) 3-38. 夾式電表是利用下列何者配合其他零件所組成？　①整流器　②比流器　③分流器　④比壓器。

(　　) 3-39. 電流切換開關切換時，未經過電流表之各相電流應予　①短路　②開路　③流經電容　④流經電阻。

(　　) 3-40. 使用電壓切換開關之目的為　①使用一只電壓表即可測量三相電壓　②改變三相電源為單相電源以供控制線路使用　③減少線路之電壓降　④改變三相高電壓為單相低電壓，以供電壓表接線。

(　　) 3-41. 盤面型電表安裝時，需與地面呈　①水平　②斜45°　③斜60°　④垂直。

(　　) 3-42. 一般攜帶型電表之準確等級（Class）為　①2.5　②2.0　③1.5　④0.5。

(　　) 3-43. 電器開關的開閉速度是　①越快越好　②越慢越好　③開時快閉時慢　④開時

慢閉時快。

( )3-44. 250伏刀型開關，額定電流在 ①600A以上 ②800A以上 ③1000A以上 ④1200A以上者， 僅可作為隔離開關之用，不得在有負載之下開啟電路。

( )3-45. 下列何種設備不能將短路電流啟斷？ ①配線用斷路器 ②手捺開關 ③有過電流元件之漏電斷路器 ④電動機用斷路器。

( )3-46. 使用手捺開關控制日光燈、電扇等電感性負載時，負載應不超過開關額定電流值的 ①60% ②80% ③100% ④125%。

( )3-47. 無熔線斷路器之AT代表 ①故障電流 ②跳脫電流 ③額定電流 ④框架電流。

( )3-48. 無熔線斷路器標明100AF、75AT，其額定電流為 ①25A ②75A ③100A ④175A。

( )3-49. 無熔線斷路器接線未用端子壓接鎖線時，則 ①絞線剝皮後，推入鎖緊 ②絞線剝皮後理直，推入鎖緊 ③絞線剝皮後為適應孔徑可部分斷股，再將其餘導線理直並焊錫後，推入鎖緊 ④絞線剝皮理直並焊錫後，推入鎖緊。

( )3-50. 無熔線斷路器啟斷容量之選定係依據 ①線路之電壓降 ②功率因數 ③短路電流 ④使用額定電流。

( )3-51. 無熔線斷路器之跳脫電流(AT)不足時，則 ①可用兩只無熔線斷路器並聯使用 ②與普通漏電斷路器並聯使用 ③可用兩只無熔線斷路器串聯使用 ④應改用較大跳脫電流之無熔線斷路器。

( )3-52. 以防止感電事故為目的而裝置漏電斷路器者，應採用 ①高感度高速型 ②高感度延時型 ③中感度高速型 ④中感度延時型。

( )3-53. 交流電磁電驛線圈接於同電壓之直流電源時，此電磁電驛 ①線圈會燒燬 ②不動作 ③可正常動作且不發生問題 ④斷續動作。

( )3-54. 熱動式過載電驛通過過載電流愈大時，則 ①其動作時間愈長 ②其動作時間與過電流之大小無關 ③其動作時間愈短 ④其動作時間為不變。

( )3-55. 積熱電驛（Thermal Relay）之功用在於保護 ①線路短路 ②電動機過載 ③接地 ④絕緣不良。

( )3-56. 使用三用電表測試未接線之電磁接觸器，其a接點兩端之電阻值應為 ①零歐姆 ②無窮大歐姆 ③100Ω ④50Ω。

( )3-57. 積熱型過載電驛跳脫原因係 ①受熱動作 ②受光動作 ③受壓力差距動作 ④受電磁吸力動作。

( )3-58. 限制開關之規格為「輪動型、1a1b（無共同點）、10A」，該限制開關之接線端點有 ①2個 ②3個 ③4個 ④5個。

( )3-59. 電磁接觸器之主要功能在 ①保護短路電流 ②保護過載電流 ③防止接地事故

④接通及切斷電源。

( )3-60. 電磁接觸器容量之大小一般係指 ①主接點容量 ②輔助接點容量 ③線圈電壓 ④線圈頻率。

( )3-61. 交流電磁接觸器內部鐵心具有短路環，其作用下列何者錯誤？ ①穩定磁力線 ②減少雜音 ③產生第二磁場 ④增大額定容量。

( )3-62. 絕緣導線線徑在多少公厘以上應使用絞線？ ①1.6 ②2.0 ③2.6 ④3.2。

( )3-63. 有關帶電體，下列敘述何者正確？ ①只能吸引不帶電的導體 ②只能吸引不帶電的絕緣體 ③能吸引不帶電的導體和絕緣體 ④不能吸引不帶電的導體和絕緣體。

( )3-64. 電子在導體中移動速率 ①約與光速相等 ②極低 ③較光速低，比音速高 ④與音速相等。

( )3-65. 半導體的原子結構中，最外層軌道上的電子數 ①多於4個 ②少於4個 ③等於4個 ④等於1個。

( )3-66. 一只燈泡每秒內通過1.25×10^{18}個電子，其電流為 ①0.1A ②0.15A ③0.25A ④0.2A。（1A＝每秒通過6.25×10^{18}個電子）

( )3-67. 特性不受電源頻率變動影響之電器為 ①變壓器 ②感應電動機 ③日光燈 ④電熱器。

( )3-68. 導線導電率是以下列何種材料為基準(100%)？ ①標準軟銅 ②標準硬銅 ③純金 ④純銀。

( )3-69. 下列四種金屬材料導電率最大者為 ①鎢 ②鋁 ③銀 ④銅。

( )3-70. 直流電路中阻抗與頻率 ①成正比 ②成反比 ③平方成正比 ④完全無關。

( )3-71. 頻率升高時，電感器呈現之阻抗 ①升高 ②降低 ③不變 ④時高時低。

( )3-72. 線徑1.6mm之銅線，其電阻值若為36Ω，同一長度3.2mm銅線之電阻值為 ①72Ω ②36Ω ③18Ω ④9Ω。

( )3-73. 導體之電阻與長度成正比而與其截面積 ①平方成正比 ②平方成反比 ③成正比 ④成反比。

( )3-74. 有關瓦特表之接線，下列何者為正確接法？ ①電流線圈與CT二次電路串聯，電壓線圈與電壓表串聯 ②電流線圈與CT二次電路並聯，電壓線路與電壓表並聯 ③電流線圈與CT二次電路串聯，電壓線圈與電壓表並聯 ④電流線圈與CT二次電路並聯，電壓線圈與電壓表串聯。

( )3-75. 一條銅線均勻的拉長為兩倍，則電阻變為原來的 ①1/4倍 ②1/2倍 ③1倍 ④4倍。

( )3-76. 在交流電路中，不會改變波形、頻率及相位的元件為 ①電阻 ②電感 ③電容

④二極體。

(　)3-77. 銅質端子鍍銀之目的，在增加電路之 ①絕緣強度 ②導電性 ③耐壓強度 ④耐衝擊度。

(　)3-78. 決定導體電阻大小之主要因素為 ①導體之材質 ②導體之形狀 ③導體之顏色 ④導體之絕緣。

(　)3-79. 一碳質電阻器其色碼依次為黃、紫、橙與銀色，該電阻值為 ①740Ω±5% ②4.7KΩ±10% ③4.7KΩ±5% ④47KΩ±10%。

(　)3-80. A，B兩導線，材質相同，A的長度為B的2倍，B的直徑為A的2倍，若A的電阻為40Ω，則B的電阻為 ①4Ω ②5Ω ③8Ω ④16Ω。

(　)3-81. 將50V電壓接於一電阻時，測得電流為2.5A，其電阻值為 ①50Ω ②20Ω ③12.5Ω ④0.05Ω。

(　)3-82. 在定值電阻內通過電流，其電流大小與電壓成 ①平方正比 ②三次方正比 ③正比 ④反比。

(　)3-83. 下列何種材料的電阻與溫度成反比變化？ ①鐵 ②銅 ③鉛 ④矽半導體。

(　)3-84. 40W日光燈三支，每日使用5小時，共使用30日，則用電量為 ①10度 ②15度 ③18度 ④20度。

(　)3-85. 200V100W之白熾燈，若接於60V之電源時，其消耗電力為 ①3.6W ②6W ③9W ④10W。

(　)3-86. 一HP（馬力）等於 ①764W ②746W ③674W ④467W。

(　)3-87. 一只電阻器之規格為10歐姆10瓦特則其所能通過之電流為 ①1A ②10A ③100A ④0A。

(　)3-88. 電功率之正確計算式為 ①$P = R^2 \times I$ ②$P = V^2/R$ ③$P = R \times I$ ④$P = V/R$。

(　)3-89. 400W100Ω之電阻器串聯接在電路上時，兩端的電壓降應不超過 ①100V ②200V ③400V ④40000V。

(　)3-90. 三只電阻分別為10Ω、15Ω、25Ω，串聯後接於100V之電源上，則25Ω電阻所消耗之電功率為 ①4W ②25W ③10W ④100W。

(　)3-91. 電阻（R）、電流（I）、時間（t）、發熱量（H，單位為卡）之關係式為 ①$H = IR^2t$ ②$H = I^2Rt$ ③$H = 0.24I^2Rt$ ④$H = 0.24(I^2/R)t$。

(　)3-92. 1Ω與2Ω之兩電阻器，其額定功率均為0.5W，串聯後最大能加多少伏特，而不超過額定功率 ①0.5V ②1V ③1.5V ④3V。

(　)3-93. 電力電驛之規格為「AC220V、4c接點」，電驛內部引出線的接腳共有 ①4個 ②8個 ③12個 ④14個。

(　)3-94. 保持電驛（KeepRelay）之規格為「AC220V、2c接點」，其內部接線圖標示的

接線點共有 ①6個 ②8個 ③10個 ④12個。

( )3-95. 兩只額定電壓220V、額定容量10KVAR的交流電容器串聯後，接到AC440V電源系統上，總容量將會變成 ①5KVAR ②10KVAR ③20KVAR ④40KVAR。

( )3-96. 兩只耐壓220V、額定容量10KVAR的交流電容器並聯後，接到AC220V電源系統上，總容量將會變成 ①40KVAR ②20KVAR ③10KVAR ④5KVAR。

( )3-97. 耐壓220V、額定容量10KVAR的交流電容器，與耐壓440V、額定容量10KVAR的交流電容器並聯後，接到AC220V電源系統上，總容量將會變成 ①7.5KVAR ②12.5KVAR ③15KVAR ④30KVAR。

( )3-98. 下列何者可作為三相低壓電動機的過載、欠相、逆相保護 ①相序電驛 ②3E電驛 ③保持電驛 ④積熱電驛。

( )3-99. 下列何者可以避免三相感應電動機因為逆轉造成損害 ①相序電驛 ②保持電驛 ③2E電驛 ④棘輪電驛。

( )3-100. 電熱器負載在電源投入之瞬間所流過的電流，比其額定電流 ①大 ②小 ③相等 ④不一定。

( )3-101. 控制電路上標示「PE」係表示 ①接地端子 ②中繼端子 ③電源端子 ④負載端子。

( )3-102. Pt100為 ①熱電偶溫度感測體 ②熱敏電阻溫度感測體 ③白金溫度感測體 ④鎢絲溫度感測體。

( )3-103. 那一種溫度感測體，需使用與其材質、特性相同或類似的「補償導線」作接續？①熱電偶 ②Pt100 ③熱敏電阻 ④光敏電阻。

( )3-104. 運轉指示燈使用 ①紅色 ②黃色 ③綠色 ④白色。

( )3-105. 停車指示燈使用 ①紅色 ②黃色 ③綠色 ④白色。

( )3-106. 啟動進行中指示燈使用 ①紅色 ②黃色 ③綠色 ④白色。

( )3-107. 電源指示燈使用 ①紅色 ②黃色 ③綠色 ④白色。

( )3-108. 作為機器停車操作的照光式按鈕，應使用 ①紅色 ②黃色 ③綠色 ④白色。

( )3-109. 作為機器運轉操作的照光式按鈕，應使用 ①紅色 ②黃色 ③綠色 ④白色。

( )3-110. 新購之按鈕開關或指示燈均附有三片以上厚薄不一的墊片，其用途為 ①墊於鐵板兩側較為牢固 ②墊於鐵板兩側以便防水 ③視鐵板厚度墊置適當片數之墊片於器具背面，使器具正面平整 ④孔洞挖大時，填補空隙用。

( )3-111. 使用三用電表測試未通電但已接線於控制盤中之電磁接觸器a接點兩端之電阻值為125Ω，則 ①該a接點已燒毀斷開 ②該a接點已熔合 ③該a接點正常 ④該

a接點無法判斷正常與否。

(　　)3-112. 照光式按鈕開關背面具有按鈕開關與指示燈之接點，兩者間之關係為　①各自獨立　②按鈕開關之a接點已與指示燈之接點串聯　③按鈕開關之b接點已與指示燈之接點串聯　④按鈕開關之a接點已與指示燈之接點並聯。

(　　)3-113. 緊急停止開關，簡稱　①LPB　②EMS　③COS　④MOS。

(　　)3-114. 照光式按鈕開關，簡稱　①LPB　②EMS　③COS　④MOS。

(　　)3-115. 非金屬物質檢測，適用下列何種類型的近接開關？　①磁力型　②電感型　③差動線圈型　④靜電容量型。

(　　)3-116. 如下圖所示，單切開關ON時，E1、E2的電壓降分別為　①$E_1 = 12V$、$E_2 = 12V$　②$E_1 = 0V$、$E_2 = 12V$　③$E_1 = 0V$、$E_2 = 24V$　④$E_1 = 24V$、$E_2 = 0V$。

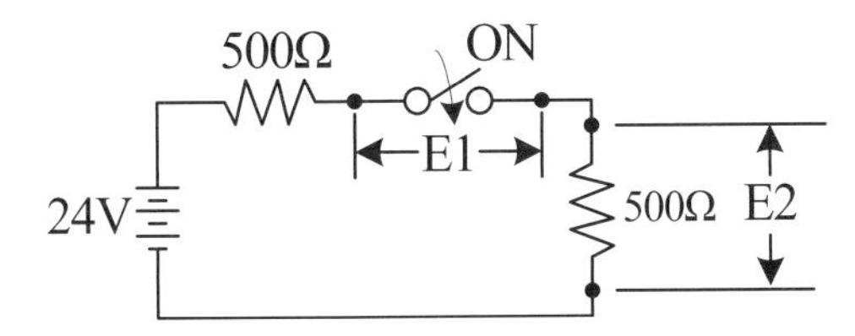

(　　)3-117. 如下圖所示，單切開關OFF時，E1、E2的電壓降分別為　①$E_1 = 12V$、$E_2 = 12V$　②$E_1 = 0V$、$E_2 = 12V$　③$E_1 = 0V$、$E_2 = 24V$　④$E_1 = 24V$、$E_2 = 0V$。

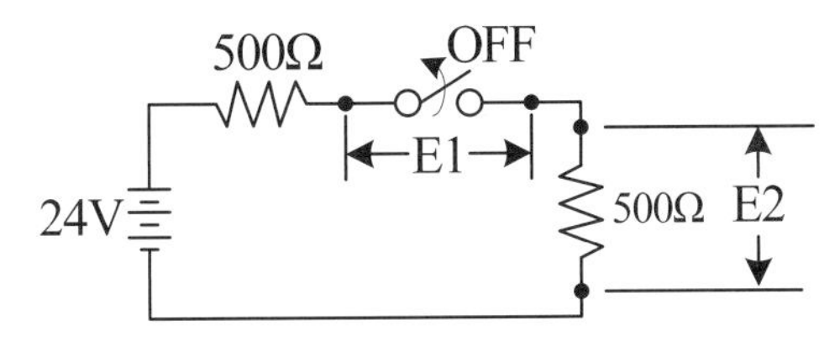

(　　)3-118. CNS代號表示　①中華民國國家標準　②日本國家標準　③美國國家標準　④國際電氣標準。

(　　)3-119. 某塑膠薄膜電容器上標示223J，表示該電容量為　①223μf±10%　②223μf±5%　③0.22μf±10%　④0.022μf±5%。

(　　)3-120. 4c電纜之芯線中，可作為接地線使用者為　①紅色　②白色　③黑色　④綠色或綠／黃色。

(　　)3-121. 順序控制電路的順序功能是以　①前一級的a接點，串接後一級的MC線圈　②前一級的b接點，串接後一級的MC線圈　③後一級的a接點，串接前一級的MC線圈　④後一級的b接點，串接前一級的MC線圈。

(　　)3-122. Micro Switch是指　①溫度開關　②極限開關　③微動開關　④光電開關。

(　　)3-123. 選擇開關（COS）屬於　①手動操作手動復歸　②手動操作自動復歸　③自動操作手動復歸　④自動操作自動復歸。

(　　)3-124. 電抗降壓啟動法中，降壓電抗器百分比切換順序為　①由大至小　②由小至大　③視負載而定　④大小反覆變動。

(　　)3-125. 下列哪一種形式的近接開關操作時，其功能不受灰塵或鐵屑影響？　①高週波振盪型　②靜電電容型　③超音波型　④磁力型。

(　　)3-126. 單相感應電動機運轉繞組與啟動繞組，需相差　①60　②90　③120　④180 度電工角。

(　　)3-127. 3E保護電驛（SE電驛）的RVS燈亮起時，表示何種故障發生？　①欠相　②短路　③過載　④逆相。

(　　)3-128. 3E保護電驛（SE電驛）的OPEN燈亮起時，表示何種故障發生？　①欠相　②短路　③過載　④逆相。

(　　)3-129. OMRON之3E保護電驛的各項錯誤偵測來源分別為　①欠相→C+、C-　②逆相→C+、C-　③過電流→U、V、W　④短路→U、V、W。

(　　)3-130. 下列哪一種光電開關需校對光軸及加裝反射片　①投光器／受光器分離對照型　②鏡片反射型　③擴散反射型　④投光器／受光器一體對照（凹槽）型。

(　　)3-131. 鐵捲門的正逆轉控制，應使用　①微動開關　②限制開關　③近接開關　④切換開關　來切斷電路。

(　　)3-132. 下列那一種號碼圈需在導線壓好端子之前，即先套入導線中　①OC型　②EC型　③CM型　④N型。

(　　)3-133.（本題刪題）送電並按下ON開關後，使用三用電表做如下圖之測量，則三用電表檢測值為　①0V　②110V　③220V　④380V。

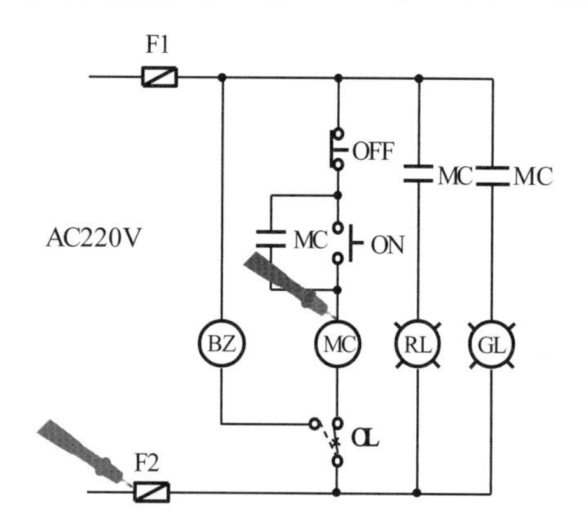

(　　)3-134.（本題刪題）送電並按下ON開關後，使用三用電表做如下圖之測量，則三用電表檢測值為　①0V　②110V　③220V　④380V。

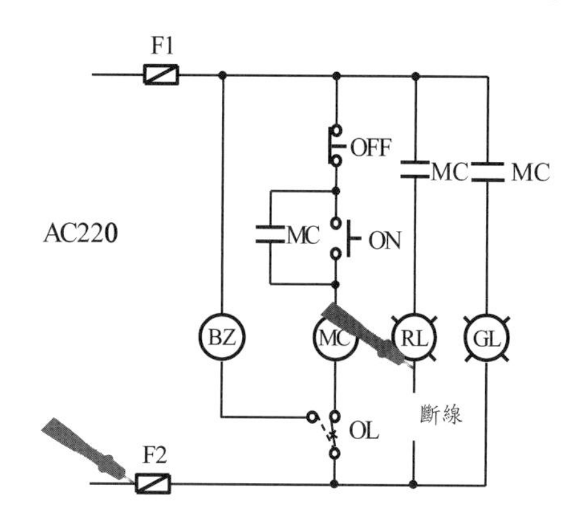

( ) 3-135. 如下圖，PB、PL及BZ裝置於操作面盤上，配置過門端子台時，最少須使用 ①5P ②7P ③8P ④10P。

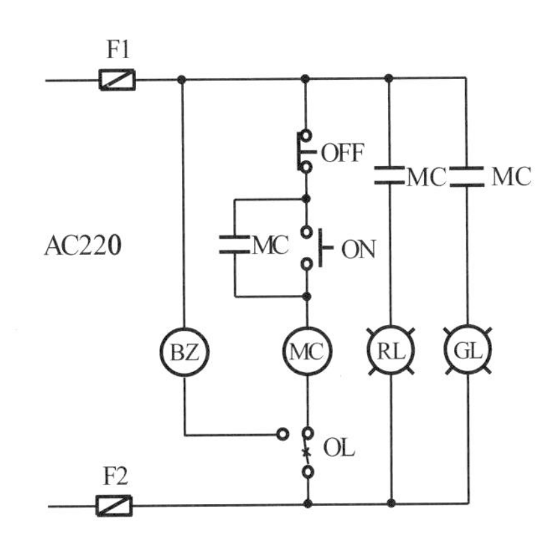

( ) 3-136. 下圖配線規劃時，須編製多少個線號？ ①6 ②8 ③10 ④11。

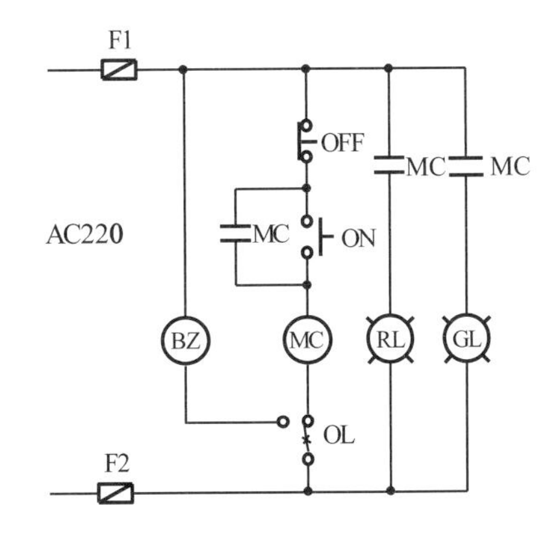

( ) 3-137. 選擇開關（COS）用來做手、自動切換電路時，標示M之接點為 ①手動選擇點 ②自動選擇點 ③共用點 ④機械點。

( ) 3-138. 下列哪一種電驛常用於非限時之給水或排水交替抽水控制？ ①電力電驛 ②限時電驛 ③輔助電驛 ④棘輪電驛。

( ) 3-139. PHS（Photoelectric Switch）是指 ①溫度開關 ②極限開關 ③微動開關 ④光電開關。

( ) 3-140. 三相感應電動機欲使用Y-Δ啟動控制，則其接線盒內，最少需要 ①三條 ②四條 ③六條 ④九條 出線頭。

( ) 3-141. 交替電驛（Exchange Relay）於線圈受到激磁時，其a接點閉合、b接點斷開；之後若線圈失磁，則 ①a接點斷開、b接點閉合 ②a接點閉合、b接點閉合 ③a接點斷開、b接點斷開 ④a接點閉合、b接點斷開。

( ) 3-142. 逆相保護電驛（Phase Reversal Relay, APR）的保護功能 ①防止電源反相 ②防止負載過電流 ③防止控制電路短路 ④防止馬達運轉中突然斷線。

( ) 3-143. 使用61F-G液面電驛來偵測水位時，當偵測之水位位於高水位時，其Tc-Tb之接點狀態為 ①斷開 ②接通 ③閃爍 ④不定。

( ) 3-144. 下面對固態接觸器（SSC）的敘述何者錯誤 ①需要加裝散熱片 ②ON/OFF速

度較傳統電磁接觸器快　③可以接受低壓直流或交流信號控制　④產生的噪音及雜訊大。

(　　)3-145. 固態接觸器（SSC）通以交流220V電源後，則下列敘述何者為非？　①若在無載之下，且觸發接點未激磁時，則其輸出端電壓為0V　②若在無載之下，且觸發接點已激磁時，則其輸出端電壓為220V　③若在有載之下，且觸發接點未激磁時，則其輸出端電壓為0V　④若在有載之下，且觸發接點已激磁時，則其輸出端電壓為220V。

(　　)3-146. 三相感應電動機之直接啟動電流為150A，若採用Y-△啟動，則啟動電流為 ①450　②150　③500　④50　A。

(　　)3-147. 具有上下水池之浮球式抽水電路，在下水池的浮球開關一般接　①a接點　②b接點　③c接點　④都可以。

(　　)3-148. 使用在多處地點，能同時對馬達做啟動或停止的多處控制電路中，　①各處的ON開關需串聯連接，而OFF開關則需並聯連接　②各處的ON開關需並聯連接，而OFF開關則需串聯連接　③各處的ON及OFF開關需串聯連接　④各處的ON及OFF開關需並聯連接

(　　)3-149. 220VAC 20HP的鼠籠式感應電動機採用　①串聯電抗啟動　②電阻降壓啟動　③直接啟動　④Y-△降壓啟動。

(　　)3-150. Y-△啟動法其　①啟動及運轉皆使用Y接線　②啟動及運轉皆使用△接線　③啟動時使用Y接線，運轉時使用△接線　④啟動時使用△接線，運轉時使用Y接線。

◆解答◆

3-1.④	3-2.②	3-3.③	3-4.②	3-5.①	3-6.①	3-7.②	3-8.③	3-9.③	3-10.④
3-11.②	3-12.②	3-13.①	3-14.②	3-15.④	3-16.①	3-17.②	3-18.④	3-19.③	3-20.①
3-21.①	3-22.②	3-23.①	3-24.②	3-25.③	3-26.①	3-27.①	3-28.②	3-29.②	3-30.③
3-31.①	3-32.④	3-33.④	3-34.④	3-35.②	3-36.①	3-37.③	3-38.②	3-39.①	3-40.①
3-41.④	3-42.④	3-43.①	3-44.④	3-45.②	3-46.②	3-47.②	3-48.②	3-49.④	3-50.③
3-51.④	3-52.①	3-53.①	3-54.③	3-55.②	3-56.②	3-57.①	3-58.③	3-59.④	3-60.①
3-61.④	3-62.④	3-63.③	3-64.①	3-65.③	3-66.④	3-67.④	3-68.①	3-69.③	3-70.④
3-71.①	3-72.④	3-73.④	3-74.③	3-75.④	3-76.①	3-77.②	3-78.①	3-79.④	3-80.②
3-81.②	3-82.③	3-83.④	3-84.③	3-85.③	3-86.②	3-87.①	3-88.②	3-89.②	3-90.④
3-91.③	3-92.③	3-93.④	3-94.③	3-95.③	3-96.②	3-97.②	3-98.②	3-99.①	3-100.①

*3-101.*① *3-102.*③ *3-103.*① *3-104.*① *3-105.*③ *3-106.*② *3-107.*④ *3-108.*③ *3-109.*① *3-110.*③
*3-111.*④ *3-112.*① *3-113.*② *3-114.*① *3-115.*④ *3-116.*② *3-117.*④ *3-118.*① *3-119.*④ *3-120.*④
*3-121.*① *3-122.*③ *3-123.*① *3-124.*② *3-125.*③ *3-126.*② *3-127.*④ *3-128.*① *3-129.*① *3-130.*②
*3-131.*② *3-132.*② *3-133.*③ *3-134.*③ *3-135.*② *3-136.*③ *3-137.*① *3-138.*④ *3-139.*④ *3-140.*③
*3-141.*④ *3-142.*④ *3-143.*① *3-144.*④ *3-145.*① *3-146.*④ *3-147.*② *3-148.*② *3-149.*④ *3-150.*③

◆解析◆

3-3. 電流表之接法為與負載串聯。

3-4. V_1電壓表的內阻$=\left(\frac{20k\Omega}{V}\right)\times 100V = 2M\Omega$；$V_2$電壓表的內阻$=\left(\frac{40k\Omega}{V}\right)\times 100V = 4M\Omega$。

依據分壓公式，V_1電壓表的指示 $= \frac{2M\Omega}{2M\Omega + 4M\Omega} \times 120V = 40V$，

V_2電壓表的指示 $= \frac{4M\Omega}{2M\Omega + 4M\Omega} \times 120V = 80V$。

3-6. 一般交流電壓表所指示的電壓值為均方根值（Vrms）。

3-7. 依分壓公式，$V_{10\Omega} = \frac{10\Omega}{10\Omega + 10\Omega} \times 100V = 50V$（DC）。

3-8. 依分壓公式，$V_2 = \frac{20k\Omega}{10k\Omega + 20k\Omega} \times 150V = 100V$。

3-9. 內阻1.5kΩ的電壓表，額定電流為150V/1.5kΩ = 0.1A；內阻1kΩ的電壓表，額定電流為150V/1kΩ = 0.15A；當電壓表串聯時，採用較小的電流0.1A來計算，可測定的最高的電壓為0.1A×(1500Ω + 1000Ω) = 250V

3-12. 要將直流電流表的指示範圍放大100倍時，所裝分流器的電阻應為電流表內阻的1/99倍；因為要電流表的表頭滿載電流維持不變，則99%的測量電流要分流到所加裝的並聯分流器，因此分流器的電阻要較小，是電流表表頭內阻的1/99倍。

3-13. 在交流電路中，欲擴大電流之量測範圍，應利用比流器，將一次側的大電流，降低為二次側的小電流，一般二次側電流是為5A。

3-14. 直流電流表加裝分流器時，則其流過電表之電流值將較實際電流為低，因為部分電流流過並聯之分流器。

3-15. 電流表之讀數=12V/(0.5Ω + 1.5Ω +4Ω) = 2A。

3-16. 動圈式交流電表在面板刻度上所讀得之值為量測值之有效值。

3-18. 電壓表應與負載並聯，電流表與負載串聯。

3-19. 測量有效功率時，因$P = VI\cos\theta$，故需要使用電壓表、電流表、功因表。

3-21. 配合PT、CT使用之三相三線式仟瓦小時表的電流線圈應接於CT，因CT的回路的是為電流回路。

3-22. 家庭用的瓩時表，鋁圓盤的上下方裝置了兩組線圈，鋁圓盤會感應電流，再跟磁場

交互作用，圓盤就會依磁場移動的方向轉動，因此瓩時表是依據感應型原理運轉。

3-25. 依三相交流電功率公式$P=\sqrt{3}VI\cos\theta$，$\cos\theta=\dfrac{P}{\sqrt{3}VI}=\dfrac{1300\text{W}}{\sqrt{3}\times220\text{V}\times5\text{A}}=0.75=$ 75%。

3-29. 使用指針型三用電表測量未知電壓時，應先轉至最高電壓檔，避免電壓太高而導致電表燒毀。

3-30. 使用指針型三用電表測量電阻時，每調換量測檔位時需作零歐姆調整。

3-31. 三用電表之靈敏度愈佳，則其Ω/V愈大

3-35. 百萬（Mega, M）$=10^6$，$25\text{M}\Omega=25\times10^6\Omega=2.5\times10^7\Omega$。

3-40. 使用電壓切換開關之目的，為使用一只電壓表即可測量三相電壓。

3-42. 一般攜帶型電表之準確等級（Class）為0.5。

3-53. 因為直流電之頻率等於0，故電驛線圈之感抗亦為0；若加同電壓之直流電源於交流電磁電驛時，因電驛線圈只有電阻，沒有感抗，此交流電磁電驛之線圈會燒燬。

3-55. 積熱電驛的功用是用於保護電動機的過載。

3-57. 積熱電驛動作跳脫的原理，是利用雙金屬片受熱的膨脹係數不同而彎曲，而驅動過載接點。

3-58. 1a1b代表有一組a接點及一組b接點，故會有4個接線端點。

3-59. 電磁接觸器通電時，會使常開a接點變成導通；常閉b接點變成開路，而達到接通及切斷電源的功用。

3-66. 1個電子 $=1.6\times10^{-19}$庫倫，1.25×10^{18}個電子 $=(1.25\times10^{18})\times(1.6\times10^{-19})=0.2$庫倫，

I（電流）$=\dfrac{Q\text{（庫倫）}}{t\text{（秒）}}=\dfrac{0.2\text{ 庫倫}}{1\text{ 秒}}=0.2\text{A}$。

3-69. 如以銅的導電率為100%，銀的導電率約為113%，金的導電率約為83%，所以銀的導電率最大。

3-70. 因直流電的頻率等於0，故直流電路中阻抗與頻率完全無關。

3-71. 因$X_L=2\pi fL$；故頻率升高時，電感器呈現之阻抗亦升高。

3-72. 銅線的線徑增大2倍，截面積增大4倍，故電阻減少4倍，電阻值為36/4 = 9Ω。

3-73. 因電阻$R=\rho\dfrac{\ell}{A}$，故導體電阻與長度成正比，與截面積成反比。

3-75. 一條銅線均勻地拉長為兩倍，則此銅線的截面積變為原來的1/2，因此，電阻變為原來的4倍。

3-77. 銀的導電性大於銅，故在銅質端子外鍍銀可以增加導電性。

3-79. 色碼電阻就是將電阻值的大小以環狀色帶來表示，主要用於體積小及功率小的電阻器，電阻器各色碼表示之數值為棕-1、紅-2、橙-3、黃-4、綠-5、藍-6、紫-7、灰-8、白-9、黑-0。

色碼電阻器中，第一色碼表示電阻數值的「第一讀數」、第二色碼表示電阻數值的「第二讀數」、第三色碼表示電阻數值的「倍數」、第四色碼表示電阻數值的「誤差率」，其中金色表誤差為±5%，銀色表誤差為±10%，若沒有色碼，表誤差為20%。

因此，一碳質電阻器其色碼依次為黃、紫、橙與銀色，則黃色表4，紫色表7，橙色表10^3倍，銀色表誤差率10%，因此，該「黃紫橙銀」之電阻值為47Ω×10^3±10% = 47kΩ±10%。

3-80. 導線B的直徑為A的2倍，所以B的截面積為A的4倍；而且B的長度為A的1/2倍，因此導線B的電阻較小，比A小8倍，導線B的電阻 = 40Ω/8 = 5Ω。

3-81. $R = \frac{V}{I} = \frac{50V}{2.5A} = 20\Omega$。

3-84. 用電量 = (40W×3)×5H(小時/日)×30(日) = 18000WH = 18KWH = 18度。

3-85. 消耗電力與所加電壓的平方成正比，所以200V 100W之白熾燈，若接於60V之電源時，其消耗電力= 100W×$(60/200)^2$ = 100W×3600/40000 = 9W。

3-87. $P = I^2R$，$I^2 = \frac{P}{R}$，$I = \sqrt{\frac{P}{R}} = \sqrt{\frac{10W}{10\Omega}} = 1A$。

3-88. 電功率$P = VI = I^2R = \frac{V^2}{R}$。

3-89. $P = I^2R$，400= I^2×100，I = 2A；$V = IR$ = 2×100 = 200V。

3-90. $I = V/R_T$ = 100/(10 + 15 + 25) = 2A，$P = I^2R = 2^2 \times 25$ = 100W

3-92. 1Ω之電阻器，額定功率為0.5W，$P = I^2R$，0.5 = I^2×1，I ≅ 0.707A

2Ω之電阻器，額定功率為0.5W，$P = I^2R$，0.5 = I^2×2，I = 0.5A

兩電阻器要串聯，通過電流需取兩者間較小者的0.5A來使用，消耗功率才不會超過，所以串聯後最大能加的電壓$V = IR$ = 0.5×(1 + 2) = 1.5伏特

3-97. 因電容器的容量與所加電壓的平方成正比，所以耐壓440V額定容量10KVAR交流電容器，接到220V電源時，因電壓降2倍，所以容量降4倍，變為2.5KVAR。

因此，耐壓220V額定容量10KVAR與耐壓440V額定容量10KVAR的交流電容器並聯後，接到AC220V電源上，其容量為10KVAR + 2.5KVAR = 12.5KVAR。

3-98. 3E電驛可作為三相低壓電動機的過載、欠相、逆相保護。

3-101. 控制電路上標示「PE」係表示接地端子，PE（Protective Earth Line）係為保護接地線，有時也稱為設備接地線。

3-116. 單切開關ON時，電路電流I = 24/(500 + 500) = 0.024A，$E_1 = IR$ = 0.024A×0Ω = 0V，$E_2 = IR$ = 0.024A×500Ω = 12V。另外的解法，單切開關ON，因其接觸電阻為0Ω，開關兩端電壓E_1 = 0V，然後24V給兩只500Ω的電阻分壓，每只電阻的壓降為

12V，亦即$E_2 = 12V$。

3-117. 單切開關OFF時，電路電流等於0A，在兩只500Ω上的電壓降均為0V，因此$E_1 = 24V$，$E_2 = 0V$。

3-118. (1)中華民國國家標準（Chinese National Standards, CNS）

(2)日本國家標準（Japanese Industrial Standards, JIS）

(3)美國國家標準（American National Standards Institute, ANSI）

(4)國際電氣標準（International Electrotechnical Commission, IEC）

3-119. 小容量電容器之電容量通常由三位數字來表示，單位為pF，前兩位數字代表電容量,第三位數字代表乘以10的N次方，後面的英文字母則表示誤差等級，J表示誤差5%。因此電容器標示223J，表示電容量為

$22 \times 10^3 pF = 22 \times 10^3 \times 10^{-12} F = 22 \times 10^{-9} pF = 0.022 \times 10^{-6} pF = 0.022 \mu F \pm 5\%$

3-121. 順序控制電路的順序功能是以前一級的a接點動作，串接後一級的MC線圈動作。

3-122. Micro Switch是指微動開關。其他，溫度開關（Temperature Switch）簡稱TS，極限開關（Limit Switch）簡稱LS，光電開關（Photoelectric Switch）簡稱PHS。

3-123. 選擇開關（COS，Change Over Switch，亦可稱切換開關），是屬於手動操作手動復歸。例如手動／自動控制之切換，標示成M/A（Manual/Automation）。

3-124. 以串聯電抗器降壓啓動中，降壓電抗器百分比切換順序為由小至大，降壓電抗器百分比由50%、65%、80%，啓動完成後，電動機全壓運轉。

3-125. 超音波型的近接開關操作時，其功能不受灰塵或鐵屑影響。

3-126. 單相感應電動機運轉繞組與啓動繞組，需相差90度電工角，以產生旋轉磁場。

3-127. 3E保護電驛（SE電驛）的RVS（REVERSE，逆相）燈亮起時，表示逆相故障發生

3-128. 3E保護電驛（SE電驛）的OPEN（開路）燈亮起時，表示欠相故障發生？

3-130. 鏡片反射型光電開關，需校對光軸及加裝反射片。

3-131. 鐵捲門的正逆轉控制，應使用限制開關來切斷電路。

3-132. EC型號碼圈，需在導線壓好端子之前，即先套入導線中。

3-133. (1)於電路圖中，送電並按下ON開關後，MC動作且自保，三用電表紅棒所接之電位，與F1相同，即為控制電源的R相，

(2)黑棒所接之位置F2，即為控制電源的T相。因此，三用電表檢測值為220V。

3-134. (1)於電路圖中，送電並按下ON開關後，MC動作且自保，RL上面的a接點亦導通，三用電表紅棒所接之電位，與F1相同，即為控制電源的R相。

(2)黑棒所接之位置F2，即為控制電源的T相。因此，三用電表之檢測值為220V。

3-137. 選擇開關（COS）用來做手、自動切換電路時，標示M之接點為手動選擇點。例如手動／自動之切換，標示成M/A（Manual/Automation）。

3-138. 棘輪電驛常用於非限時之給水或排水交替抽水控制。

3-139. PHS（Photoelectric Switch）是指光電開關。

3-140. 三相感應電動機欲使用Y-△啓動控制，則其接線盒內，最少需要六條出線頭。3φ IM的三相繞組包含U-X、V-Y及W-Z等六個出線端。

3-141. 交替電驛（Exchange Relay）於線圈受到激磁時，其a接點閉合、b接點斷開；之後若線圈失磁，則a接點閉合、b接點斷開。

3-142. 逆相保護電驛（Phase Reversal Relay, APR）的保護功能防止電源反相。

3-143. 使用61F-G液面電驛來偵測水位時，當偵測之水位位於高水位時，其Tc-Tb之接點狀態為斷開。

3-144. 對固態接觸器（SSC）的敘述錯誤者為：產生的噪音及雜訊大。

3-146. 三相感應電動機之直接啓動電流為150A，若採用Y-△啓動，則啓動電流為50A。因為Y-△啓動是一種降壓啓動法，可將啓動電流降至全壓啓動時的1/3倍。

3-147. 具有上下水池之浮球式抽水電路，在下水池的浮球開關一般接②b接點。

因為下水池有水時，浮球開關浮起，b接點接通，抽水機可運轉抽水；若下水池缺水時，浮球開關下垂，b接點開斷，抽水機停轉。

3-148. 使用在多處地點，能同時對馬達做啓動或停止的多處控制電路中，各處的ON開關需並聯連接，而OFF開關則需串聯連接。

3-149. 220VAC 20HP的鼠籠式感應電動機採用Y-△降壓啓動。

3-150. Y-△啓動法是啓動時使用Y接線，運轉時使用△接線。

工作項目 04：主電路裝配

(　　)4-1. 七根直徑為2mm之導線其截面積相當於①8mm^2　②14mm^2　③22mm^2　④30mm^2。

(　　)4-2. 我國線規採用公制，單心線之表示法是以該導線之　①直徑之大小　②長度　③直徑的平方　④截面積　來表示。

(　　)4-3. 低壓配電箱主電路之配線最小線徑為　①2.0mm^2　②3.5mm^2　③5.5mm^2　④8mm^2。

(　　)4-4. 一般電線規格表上所載每公里電阻值，係指　①20°C時之電阻值　②30°C時之電阻值　③40°C時之電阻值　④50°C時之電阻值。

(　　)4-5. 電線300MCM之截面積約相當於　①300mm^2　②250mm^2　③200mm^2　④150mm^2。

(　　)4-6. 導線之電阻與下列何者無關？　①導體之材質　②溫度之高低　③電線絕緣材料　④導體之截面積。

(　　)4-7. 國際電工法規(IEC)中，最簡易之屋內配電箱為　①IP00　②IP20　③IP44　④IP54。

(　　)4-8. 配電箱中，PT二次側電路若不使用黃色線，則使用　①黑色線　②白色線　③紅色線　④藍色線。

(　　)4-9. 配電箱中，CT二次側電路若不使用黃色線，則使用　①黑色線　②白色線　③紅色線　④綠色線。

(　　)4-10. 19/2.3絞線為　①19mm直徑之銅線2.3根　②23號線19根　③2.3mm直徑之銅線19根　④19號線23根　絞合而成。

(　　)4-11. 有關同材質導線之安全電流，下列敘述何者正確？　①不論線徑大小，其值均相同　②線徑愈大，其值較大　③長度愈長，其值愈大　④線徑愈細，其值較大。

(　　)4-12. 選定主電路導線線徑，應考慮　①負載電流　②電壓　③功率因數　④電源頻率。

(　　)4-13. 裝置於配電箱內之22mm^{2}PVC絕緣電線其安全電流約為　①22A　②50A　③90A　④150A。

(　　)4-14. 3相220V，20HP之負載可採用的最小導線為　①8平方公厘　②22平方公厘　③30平方公厘　④38平方公厘。

(　　)4-15. 下列何種因素與導線容許電流無關　①導體材質　②配線方式　③導體截面積　④導線之長度。

(　　)4-16. 周圍溫度愈低，導線之容許電流　①愈高　②愈低　③不一定　④不變。

(　　)4-17. 比流器規格中標示30VA CL 1.0級，表示在負擔30VA狀態下，一次側電流100%時，二側次電流之誤差不超過　①0.01%　②0.1%　③1.0%　④10%。

(　　)4-18. 檢查壓接端子之壓接情況時，下列何者為不必要？　①壓接位置是否正確　②導線是否有斷股，是否壓到絕緣體　③導線絕緣是否剝離過長或過短　④端子之材質。

(　　)4-19. 有關O型或Y型壓接端子之壓接處理，下列敘述何者為錯誤？　①O型端子較Y型端子牢固　②可以使用鋼絲鉗作壓接工具　③用合適之壓接鉗來壓接端子　④端子之壓接面有方向性。

(　　)4-20. 電線之接續最快速且適當之方法為　①紮接　②絞接　③套管壓接　④焊接。

(　　)4-21. 控制電路用電線，應使用　①單股裸銅線　②絕緣單股銅線　③絕緣多股絞合銅線　④多股絞合裸銅線。

(　　)4-22. 控制盤箱中配線時導線長度不足　①以相同導線絞接後補足　②以相同導線焊接後補足　③以相同導線壓接後補足　④以相同導線重新配置。

(　　)4-23. 在IEEE標準中，CT規格標示0.3B0.9　①0.3表示精密度，0.9表示負擔　②0.3表示負擔，0.9表示精密度　③0.3及0.9分別表示110V及220V時之精密度　④0.3及0.9分別表示110V及220V時之負擔。

(　　)4-24. 標示為8-6之Y型壓接端子，其意義為　①開口型8mm^{2}線徑，螺絲孔直徑為6mm　②閉口型8mm^{2}線徑，螺絲孔直徑為6mm　③開口型6mm^{2}線徑，螺絲孔直徑為8mm　④閉口型6mm^{2}線徑，螺絲孔直徑為8mm。

(　　)4-25. ZCT可檢出系統中　①漏電電流　②額定電流　③瞬間電流　④過載電流。

(　　)4-26. 連接導線時，其連接處之溫升應比導體容許之最高溫度　①高　②低　③相等　④不相關。

(　　)4-27. 某一種圓型端子之規格為2－4，「4」字是代表　①鎖螺絲孔之大小　②端子之總長　③導線的線徑　④剝線的長度。

(　　)4-28. 依CNS標準，匯流排之相序排列下列何者為誤　①由上而下　②由左而右　③由前而後　④不受任何限制。

(　　)4-29. 配電盤中電壓回路導線顏色為　①紅色　②綠色　③白色　④藍色。

(　　)4-30. 於電動機控制盤中交流控制線應選　①紅色　②白色　③藍色　④黃色。

(　　)4-31. 直流電路配線不分極性時，其顏色可選　①綠色　②黃色　③紅色　④藍色。

(　　)4-32. 設備接地線應為　①紅色　②綠色　③白色　④黃色。

(　　)4-33. 匯流排槽如屬設計為垂直者應於各樓板處牢固支持之，但固定之最大距離不得超過　①5公尺　②6公尺　③7公尺　④8公尺。

( )4-34. 在儲存油類及汽油處所，應選用何種電纜線為宜 ①PVC電纜 ②MI電纜 ③鉛皮電纜 ④PE電纜。

( )4-35. 三相四線式線路中相電壓為線電壓的多少倍： ①1/2 ②2 ③$1/\sqrt{2}$ ④$1/\sqrt{3}$。

( )4-36. A、B、N為110V/220V單相三線式之三條線，N為中線，其電壓關係式 ①$V_{AB} = 2V_{AN}$ ②$V_{AB} = V_{BN}$ ③$V_{BN} = 2V_{AB}$ ④$V_{AN} = 1/2V_{BN}$。

( )4-37. 申請綜合用電，契約容量必須超過 ①10KW ②20KW ③50KW ④100KW。

( )4-38. 三相四線式線間電壓為220V，則相電壓為 ①110V ②127V ③220V ④380V。

( )4-39. Δ接三相三線式電源系統，線電壓為220V其相電壓應為 ①380V ②220V ③190V ④110V。

( )4-40. 台灣電力公司所供應之電源為 ①60Hz方波 ②50Hz正弦波 ③60Hz正弦波 ④50Hz脈波。

( )4-41. 交直流電路皆能使用之器具為 ①變壓器 ②感應電動機 ③調相機 ④白熾燈。

( )4-42. 在電路中電阻不變其負載電流增加時，而線路之損失 ①越小 ②越大 ③不變 ④不一定。

( )4-43. 單相二線式電壓降之計算式為 ①2RI ②3RI ③RI ④3I。

( )4-44. 當負載平衡時，單相三線式電壓降之計算式為 ①RI ②2RI ③3RI ④4RI。

( )4-45. 對於配線之電壓降，何者為正確 ①與電線電阻成正比 ②與電線截面積成正比 ③與電線長度成反比 ④與負載電流成反比。

( )4-46. 設施PVC管時 ①需考慮其熱膨脹率 ②不必考慮其熱膨脹率 ③管內之導線數以4條為宜 ④管內不可穿電纜線。

( )4-47. 金屬管彎曲時，其彎曲部分之內曲半徑通常不得小於管子內徑之 ①2倍 ②4倍 ③6倍 ④8倍。

( )4-48. 彎曲硬質PVC管可使用之工具為 ①絞牙器 ②瓦斯噴燈 ③電工刀 ④擴管器。

( )4-49. 變壓器線圈，若施加與交流額定電壓相等之直流電源，將使變壓器燒毀，其原因為變壓器 ①電阻變大 ②電阻變小 ③阻抗變大 ④阻抗變小。

( )4-50. 變壓器之用途為 ①變換電壓 ②增加電力 ③減少週率 ④改變功率因數。

( )4-51. 電感性負載，其功率因數為 ①電流落後電壓 ②電壓落後電流 ③電壓電流同相 ④電壓電流相差180°。

( )4-52. 交流電容器之容抗與頻率 ①成正比 ②平方成正比 ③成反比 ④平方成反比。

(　　)4-53. 變壓器接於額定電壓之直流電路時　①燒毀　②變壓　③沒作用　④容量增加。

(　　)4-54. 有關變壓器鐵心之材質，下列何者較佳？　①銅　②鐵　③銀　④矽鋼。

(　　)4-55. 鐵心所採用之矽鋼片，若含矽量增大則鐵心磁通密度將　①增加　②減少　③不變　④不一定。

(　　)4-56. 2個20μf電容器串聯後，再與1個10μf電容器並聯其總電容為　①50μf　②30μf　③20μf　④10μf。

(　　)4-57. 變壓器作開路試驗之目的在測其　①鐵損　②銅損　③機械強度　④干擾。

(　　)4-58. 變壓器溫度升高時，其絕緣電阻　①降低　②升高　③時高時低　④不變。

(　　)4-59. 3個15μf之電容器並聯後其總電容為　①5μf　②15μf　③30μf　④45μf。

(　　)4-60. 變壓器的銅損與其負載電流成　①正比　②反比　③平方正比　④平方反比。

(　　)4-61. 變壓器的鐵損與其負載電流成　①正比　②反比　③無關　④平方正比。

(　　)4-62. 三相變壓器二次側電壓標示為380V/220V，則輸出電壓為　①三相三線式　②三相四線式　③單相三線式　④單相二線式。

(　　)4-63. 雙繞組變壓器其電壓比為220V/110V，若一次側通以直流220V，則二次側可獲得之電壓值為　①440V　②220V　③110V　④0V。

(　　)4-64. 變壓器△－△接線之單線圖表示法　① 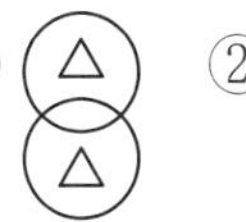　② 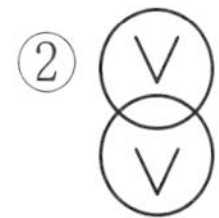　③ 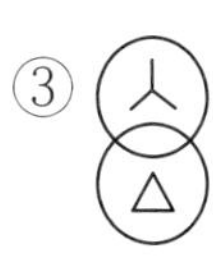　④ 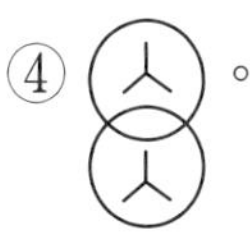。

(　　)4-65. 三只單相220V/110V之變壓器，一次接成人，二次接成△，一次側線電壓為220V時，其二次側電壓應為　①190V　②127V　③110V　④63.5V。

(　　)4-66. 三個18μf交流電容器接成△接並接於三相交流電源RST，若其中RT間電容器開路故障，用電表量測電容量，RT間電容量為　①0　②18μf　③36μf　④9μf。

(　　)4-67. 440/110V變壓器，當一次側分接頭接在440V位置時，二次側無載電壓測得100V則此時電源電壓應為　①440V　②420V　③400V　④380V。

(　　)4-68. 變壓器一次側所裝的短路保護熔絲，其額定值應不超過該變壓器一次額定電流之　①1.35倍　②1.5倍　③2.0倍　④2.5倍。

(　　)4-69. 變壓器之變壓比為2：1，如一次輸入電壓為220伏時，二次輸出電壓為　①100伏　②110伏　③200伏　④220伏。

(　　)4-70. 為提高用電安全，家庭用漏電斷路器之感度以下列何者為宜？　①30mA　②100mA　③200mA　④500mA。

(　　)4-71. 低壓電路中漏電電流之單位為　①MA　②KA　③A　④mA。

(　　)4-72. 低壓電路中裝設電容器之最主要功用為　①改善功率因數　②提高視在功率　③降低故障電流　④提高無效功率。

(　　)4-73. 變壓器之匝數比為10：1，一次側電流為2A，則二次側電流為　①0.2A　②2A　③20A　④200A。

(　　)4-74. 直流電機之電刷採用碳質電刷之原因為其接觸電阻大可減低換向片之　①短路電壓　②電抗　③短路電流　④電功率。

(　　)4-75. 三相感應電動機，每相繞組阻抗0.1Ω，在人接線時，任兩出線端間之阻抗為　①0.2Ω　②0.173Ω　③0.1Ω　④0.0707Ω。

(　　)4-76. 交流電路中，電容器所受電壓加倍後，其電流將　①減半　②加倍　③4倍　④不變。

(　　)4-77. 低壓電容器其附裝之放電設備，應於線路斷電後在　①1分鐘　②3分鐘　③5分鐘　④10分鐘　內使殘餘電壓降至50V以下。

(　　)4-78. 電容器之安全電流，應不得低於電容器額定電流　①1.35倍　②1.25倍　③1.15倍　④1.05倍。

(　　)4-79. 電容器組中常串聯電抗器其目的為　①提高有效功率　②降低突入電流　③改善線路壓降　④改善功因。

(　　)4-80. 當電容器充電時，其兩端的電壓為　①立即改變為外加電壓值　②恆為外加電壓值的0.632倍　③恆為外加電壓值的0.368倍　④電壓值依充電時間常數改變。

(　　)4-81. 裝設電容器　①會增大線路電流　②可減少線路損失　③會降低線路端電壓　④改善線路絕緣。

(　　)4-82. 10極60Hz之發電機，其同步轉速為多少rpm？　①500　②600　③720　④750。

(　　)4-83. 佛萊銘右手定則中，食指的方向表示　①電流　②電子流　③導體運動　④磁力線。

(　　)4-84. 交流電動機變更轉速的方法　①變更頻率　②變更電壓　③變更負載　④變更相序。

(　　)4-85. 在電容器並聯電阻之作用為　①停電後放電用　②增加阻抗　③增加有效功率　④降低故障電流。

(　　)4-86. 三相感應電動機如將三相電源任意更換二條，則　①速度增加　②速度減少　③轉向相反　④不影響。

(　　)4-87. 電動機正逆轉控制電路之連鎖接點，在防止　①短路　②開路　③接觸不良　④過載。

(　　)4-88. 電動機正逆轉操作時之連鎖，下列敘述何者錯誤？　①按鈕開關與按鈕開關間之電氣連鎖②接觸器與接觸器間之電氣連鎖　③按鈕開關與接觸器之機械連鎖　④接觸器與接觸器間之機械連鎖。

(　　)4-89. 可使用人－△起動器之電動機為　①單相鼠籠型感應電動機　②三相鼠籠型感應

電動機 ③繞線型電動機 ④串激式電動機。

( )4-90. 小容量鼠籠型感應電動機，其直接起動電流值為額定電流之 ①2～4倍 ②6～8倍 ③12～14倍 ④相等。

( )4-91. 3ϕ220V△接線感應電動機，欲接於3ψ380V電源時，應改接為 ①V ②人 ③雙人 ④雙△。

( )4-92. 感應電動機採用人－△起動時，其起動電流為△接之 ①3倍 ②1/3倍 ③$1/\sqrt{3}$倍④相等。

( )4-93. 有關變壓器極性之種類，下列敘述何者正確？ ①加極性與減極性 ②加極性與無極性 ③減極性與無極性 ④加極性、減極性與無極性。

( )4-94. 三相4極之感應電動機接於25Hz之電源時，其同步轉速應為多少rpm？ ①1800 ②1500 ③1200 ④750。

( )4-95. 某耐壓220VAC電容器，用於60HZ系統時其電容值為30μf，當其用於50HZ系統時電容值為 ①36μf ②30μf ③25μf ④20μf。

( )4-96. 繞線式感應電動機啟動時，若轉部加電阻，則可 ①減小啟動電流，轉矩不變 ②減小啟動電流而轉矩亦減小 ③增加轉矩而電流不變 ④減小啟動電流而轉矩加大。

( )4-97. 60Hz，4極感應電動機，滿載轉速為1764rpm，其轉差率為 ①2% ②4% ③36% ④64%。

( )4-98. 在未過載情況下，加大三相感應電動機負載電流時 ①轉差率大、轉矩小 ②轉差率大、轉矩大 ③轉差率小、轉矩小 ④轉差率、轉矩不變。

( )4-99. 三相電動機運轉中，電源線路因故斷一條時，其負載電流 ①增大 ②減小 ③不變 ④變為零。

( )4-100. 某3ϕ10HP之電動機外加電壓為220V，則其控制箱內主電路之銅導線最小線徑應為 ①2.0mm^2 ②3.5mm^2 ③8mm^2 ④22mm^2。

( )4-101. 三相440V15HP之電動機，其額定電流約為 ①20A ②30A ③40A ④50A。

( )4-102. 變壓器一二次電流與線圈匝數之關係式為 ①$I_1/I_2 = N_2/N_1$ ②$I_1/I_2 = N_1/N_2$ ③$I_1I_2 = N_1N_2$ ④$I_1^2/I_2^2 = N_1/N_2$。

( )4-103. 三相220V10HP交流感應電動機全載電流約為 ①20A ②30A ③40A ④50A。

( )4-104. 單相感應電動機加200V電壓時，運轉電流為6A，功率因數為0.8，則其消耗電功率為 ①9.6KW ②96KW ③960KW ④0.96KW。

( )4-105. 對地電壓在150V以下之用電設備，其設施之第三種地線工程之接地電阻應在 ①125Ω以下 ②150Ω以下 ③175Ω以下 ④100Ω以下。

(　　)4-106. 用電設備接地導線被覆顏色應選用　①紅色　②白色　③黑色　④綠色。

(　　)4-107. 電氣器具之外殼接地，其電阻值　①愈高愈好　②500～1000Ω最適當　③100～200Ω最適當　④愈低愈好。

(　　)4-108. 60Hz 50KVAR之電容器用於50Hz時，其容量變為　①60KVAR　②41KVAR　③25KVAR　④不能使用於50Hz系統。

(　　)4-109. 有二個耐壓各為220VAC之電容器，串聯後其總耐壓為　①110VAC　②220VAC　③330VAC　④440VAC。

(　　)4-110. 兩只電容器之電容量與耐壓分為10μf/100V與20μf/200V，串聯後總耐壓為　①100V　②150V　③200V　④300V。

(　　)4-111. 直流電容器充電時之時間電壓曲線表示圖為

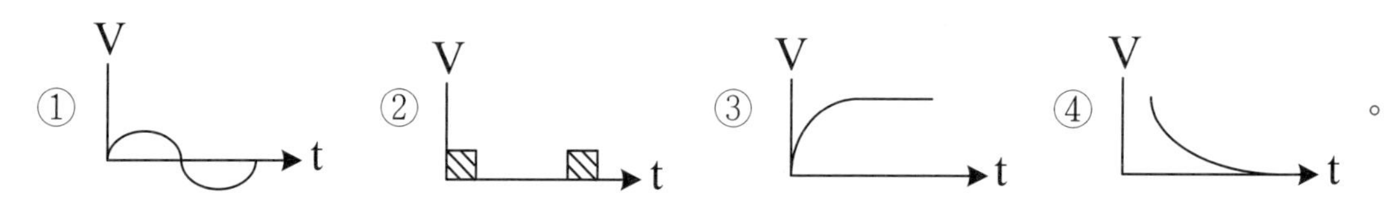

。

(　　)4-112. 永久磁鐵其外部磁力線　①由N極發出，止於S極　②由S極發出，止於N極　③由S極發出，止於S極　④由N極發出，止於N極。

(　　)4-113. 配電箱中之斷路器，其啟斷容量應　①等於額定負載電流　②大於等於負載電流　③等於短路電流　④大於等於短路電流。

(　　)4-114. 下列何者為歐姆定律？　①$Q = 1/2CV^2$　②$I = V/R$　③$P = VI$　④$W = Pt$。

(　　)4-115. 110V100W燈泡較110V200W燈泡之電阻　①大　②相等　③小　④不一定。

(　　)4-116. 電動勢及內電阻各為EV及rΩ之電源兩端，若連接RΩ電阻，則欲使R產生最大功率，R值應為　①$R > r$　②$R < r$　③$R = 0$　④$R = r$。

(　　)4-117. 三個相同的電容器串聯，每一個電容器的容量為C，則總容量為：　①3C　②1/3C　③9C　④1/9C。

(　　)4-118. 兩只相同容量電容器並聯後，其等效總容量為單只電容量的　①4倍　②2倍　③1.5倍　④0.5倍。

(　　)4-119. 10μF電容器二個串聯接線時其總容量為　①5μF　②10μF　③20μF　④40μF。

(　　)4-120. 絞線之線徑是以　①直徑之大小　②截面積　③直徑之平方　④長度　來表示。

(　　)4-121. 導線在何種狀態下，其阻抗最大　①直線配線　②剪成兩段並聯配線　③剪成三段並聯配線　④彎曲成捲配線。

(　　)4-122. 下列何種材質製成之電線，在同線徑同長度下，其電阻值最低　①鋁　②鎳　③銅　④鐵。

(　　)4-123. 某無熔線斷路器（NFB），其規格標示為1P 220V、20AT/50AF、IC為5KA，其框架電流、跳脫電流、啟斷電流分別是　①20A、50A、5KA　②50A、20A、

5KA　③20A、50A、5KA　④20A、5KA、50A。

(　　) 4-124. 無熔線斷路器（NFB）的額定電流（AT）與框架容量（AF）之關係為　①AT＞AF　②AT≧AF　③AT≦AF　④AT＝AF。

(　　) 4-125. 某系統之控制盤上，有一只垂直安裝的50A無熔線斷路器（NFB）跳脫，則應如何重置（Reset）？　①先將開關把手扳到頂，再將開關把手扳到底　②更換內置保險器　③先將開關把手扳到底，再將開關把手扳到頂　④壓下紅色復歸鈕。

(　　) 4-126. 選用主電路導線線徑，除考量負載電流大小外，尚須考量下列何種因素　①功率因數　②電壓　③頻率　④線路之短路電流。

(　　) 4-127. 保護用比流器，規格中標示30VA 5P 20，其表示在額定負擔下，一次側20倍過電流時，其二次側電流誤差不超過　①1%　②5%　③10%　④15%。

(　　) 4-128. 量測用比流器，規格標示200/5A CL.1.0，當一次側電流達200A時，其二次側電流應在下列何範圍內　①4.8～5.2A　②4.85～5.15A　③4.9～5.1A　④4.95～5.05A。

(　　) 4-129. 低壓貫穿式比流器名牌，當標示100/5A 2匝時，若欲使其比值改變為50/5A，應貫穿幾匝？　①1匝　②2匝　③3匝　④4匝。

(　　) 4-130. 在IEEE（或ANSI）標準中，比流器標示之規格為0.3 B 0.9，其精密度要求為　①1%　②0.9%　③0.6%　④0.3%。

(　　) 4-131. 配電盤中匯流排之固定距離，最應考量下列何種因素　①線間電壓　②負載電流　③短路電流　④線路壓降。

(　　) 4-132. 無熔線斷路器規格標示200AF/125AT，表示　①框架容量125A　②跳脫電流125A　③跳脫電流200A　④跳脫電流150A。

(　　) 4-133. 無熔線斷路器，有關啟斷電流之標示，下列何者正確？　①240V 10KA　②240V 200A　③240V 200AF　④200AF 100AT。

(　　) 4-134. 比壓器規格標示為240/120V，在系統電壓為220V時，其二次側電壓為　①120V　②115V　③110V　④105V。

(　　) 4-135. 無熔線斷路器規格之標示，下列何者最完整　①額定電壓／啟斷容量／極數／AF／AT　②額定電壓／啟斷容量／額定頻率　③啟斷容量／AF／AT／極數　④額定電壓／AF／AT／極數。

(　　) 4-136. 低壓電路所使用之電磁開關，其線圈電壓為110V AC，若以110V DC施加於線圈，會有下列何種結果　①正常運轉　②動作不正常時吸時放　③線圈燒毀　④完全不動作。

(　　) 4-137. 三相50KVA 220/110V 60HZ變壓器，使用在50HZ 220V系統時，其結果下列何者

正確 ①不會運轉 ②可運轉，但變壓器壽命縮短 ③完全不發生功效 ④變壓器運轉與頻率無關。

( )4-138. 電動機起動時，串接電抗器，其目的為 ①降低起動電流 ②增大起動電流 ③增加起動轉矩 ④提高效率。

( )4-139. 下列敘述何者不正確 ①串接電容器起動 ②串接電抗器起動 ③串接電阻器起動 ④直接全壓起動。

( )4-140. 低壓漏電斷路器，其感度為 ①30mA ②100mA ③200mA ④300mA 以上何者最安全。

( )4-141. 交流感應電動機將其電源由R→S→T順序改為S→T→R時，其結果下列何者正確 ①轉速增加 ②速度減慢 ③轉向相反 ④不受影響。

( )4-142. 低壓比流器一次側接線方式，下列何者最不常見？ ①圓形直接貫通 ②方形直接貫通 ③鉤式貫穿型 ④端子直接接續型。

( )4-143. 三相220V 20HP感應電動機，若功因為0.9，電動機之效率為0.85，則全載起動電流約為 ①30A ②40A ③50A ④60A。

( )4-144. 用於電動機電路中之電磁開關選用時，其電流容量應選用 ①AC1 ②AC2 ③AC3 ④AC4 級。

( )4-145. 用於電熱器電路中之電磁接觸器，其容量之應選用 ①AC1 ②AC2 ③AC3 ④AC4 級。

◆解答◆

4-1.③	4-2.①	4-3.②	4-4.①	4-5.④	4-6.③	4-7.②	4-8.③	4-9.①	4-10.③
4-11.②	4-12.①	4-13.③	4-14.②	4-15.④	4-16.①	4-17.③	4-18.④	4-19.②	4-20.③
4-21.③	4-22.④	4-23.①	4-24.①	4-25.①	4-26.②	4-27.①	4-28.④	4-29.①	4-30.④
4-31.④	4-32.②	4-33.①	4-34.②	4-35.④	4-36.①	4-37.②	4-38.②	4-39.②	4-40.③
4-41.④	4-42.②	4-43.①	4-44.①	4-45.①	4-46.①	4-47.③	4-48.②	4-49.④	4-50.①
4-51.①	4-52.③	4-53.①	4-54.④	4-55.②	4-56.③	4-57.①	4-58.①	4-59.④	4-60.③
4-61.③	4-62.②	4-63.④	4-64.①	4-65.④	4-66.④	4-67.③	4-68.④	4-69.②	4-70.①
4-71.④	4-72.①	4-73.③	4-74.③	4-75.①	4-76.②	4-77.①	4-78.①	4-79.②	4-80.④
4-81.②	4-82.③	4-83.④	4-84.①	4-85.①	4-86.③	4-87.①	4-88.③	4-89.②	4-90.②
4-91.②	4-92.②	4-93.①	4-94.④	4-95.②	4-96.④	4-97.①	4-98.②	4-99.①	4-100.③
4-101.①	4-102.①	4-103.②	4-104.④	4-105.④	4-106.④	4-107.④	4-108.②	4-109.④	4-110.②
4-111.③	4-112.①	4-113.④	4-114.②	4-115.①	4-116.④	4-117.②	4-118.②	4-119.①	4-120.②

*4-121.*④ *4-122.*③ *4-123.*② *4-124.*③ *4-125.*③ *4-126.*④ *4-127.*② *4-128.*④ *4-129.*④ *4-130.*④
*4-131.*③ *4-132.*② *4-133.*① *4-134.*③ *4-135.*① *4-136.*③ *4-137.*② *4-138.*① *4-139.*① *4-140.*①
*4-141.*④ *4-142.*④ *4-143.*③ *4-144.*③ *4-145.*①

◆解析◆

4-1. 7根直徑為2mm之導線，截面積$A = N\times\dfrac{\pi d^2}{4} = 7\times\dfrac{\pi\times 2^2}{4} = 7\times\dfrac{3.14\times 2^2}{4} \cong 22\text{mm}^2$。

4-5. 1密爾（Mil）＝10^{-3}吋＝$10^{-3}\times 25.4$mm，是為長度的單位。
1圓密爾（Circular Mil, CM）為直徑1Mil的圓導體截面積，
亦即直徑為1密爾的圓，其面積就稱為1圓密爾，常用來做為細導線的單位。
美規AWG實用的導線截面積為仟圓密爾（Millenary Circular Mil, MCM），
1MCM=1000CM。
$1\text{MCM} = 10^3\text{CM} = 10^3\dfrac{\pi d^2}{4} = 10^3\dfrac{\pi(10^{-3}\times 24.5)^2}{4} \cong 0.5\text{mm}^2$
故300MCM ≅ 150mm^2，電線300MCM之截面積約相當於150mm^2。

4-7. 電器外殼防護等級以IP後附加兩個數字來表示，第一個數字表示設備保護的程度。第二個數字表示設備防水的程度。根據國際電工法規（IEC）中規定，最簡易之屋內配電箱為IP20；IP20中「2」表示防止固體異物（直徑直徑≧12.5mm）進入之保護程度，即表示以指頭很難接觸到帶電體，「0」表示防水性能為無防護。

4-23. CT之規格標示0.3B-0.9中，0.3表示精密度，0.9表示負擔；常用標示者有0.3B-0.1 0.3B-0.3、0.3B-0.5、0.3B-0.9、0.6B-1.8各種之精密度。

4-27. 圓型端子之規格為2－4，「4」字是代表鎖緊螺絲孔徑之大小。

4-36. A、B、N為110V/220V單相三線式之三條線，N為中線
$V_{AN} = V_{BN} = 110\text{V}$，$V_{AB} = V_{AN} + V_{BN} = 2V_{AN} = 2V_{BN} = 220\text{V}$。

4-38. 三相四線式線間電壓為220V，則相電壓約為127V；因相電壓較線電壓小$\sqrt{3}$倍，所以相電壓＝$220/\sqrt{3} \cong 127\text{V}$。

4-43. 單相二線式電壓降之計算式為2RI，因在兩條導線上均有壓降。

4-44. 當負載平衡時，單相三線式電壓降之計算式為RI；因負載平衡時中性線電流為0，在中性線上沒有壓降，只有一條導線上有壓降。

4-49. 因直流電源之頻率為零，因此阻抗變小，使變壓器燒毀。

4-52. 容抗與頻率成反比。

4-56. (1)20μF與20μF串聯的電容值為10μF；(2)10μF與10μF並聯的電容值為20μF。因此，總電容為20μF。

4-57. 變壓器開路試驗時加額定電壓，目的在測鐵損，鐵損包含磁滯損及渦流損。

4-59. 電容器並聯，其電容量變大，3個15μF之電容器並聯後，其總電容量為45μF。

4-60. $P = I^2R$，故銅損與負載電流的平方成正比。

4-61. 變壓器開路試驗時須加額定電壓，目的在測鐵損，此時變壓器些微的無載電流造成的損失，予以忽略，變壓器的鐵損主要為磁滯損及渦流損，與其負載電流的大小無關。

4-62. 三相變壓器二次側電壓標示為380V/220V，則輸出電壓為三相四線式Y形接線，其線電壓為380V，相電壓為220V。

4-63. 雙繞組變壓器其電壓比為220V/110V，若一次側通以直流220V，則二次側可獲得之電壓值為0V，因變壓器接直流電，將無法變壓。

4-65. 三只單相220V/110V之變壓器，一次接成Y，二次接成△，一次側線電壓為220V時，則一次側相電壓為$220/\sqrt{3} = 127$V；二次側相電壓為$127/2 = 63.5$V，二次側線電壓亦為63.5V。

4-76. 交流電路中，電容器所受電壓加倍後，電流將加倍。

4-79. 電容器組中常串聯電抗器其目的為降低突入電流，因電抗器的線圈有反抗電流變化的特性。

4-81. 電力負載大多為電感性，線路電流落後電壓，裝設電容器產生之超前電流，會抵消落後電流，而使線路電流減少，也可減少線路損失。

4-82. 10極60Hz之發電機，其同步轉速$N = \dfrac{120f}{P} = \dfrac{120 \times 60}{10} = 720\text{rpm}$。

4-92. 感應電動機採用Y－△起動時，其起動電流為△接之1/3倍；因Y接起動時繞組的相電壓較△接小$\sqrt{3}$倍，造成Y接起動電流比△接小3倍。

4-94. 三相4極之感應電動機接於25Hz之電源時，其同步轉速$N_S = \dfrac{120f}{P} = \dfrac{120 \times 25}{4} = 750\text{rpm}$。

4-95. 某耐壓220VAC電容器、用於60HZ系統時其電容值為30μf，當其用於50HZ系統時電容值為仍為 30μf，因電容量的值不會因使用頻率而變化。

4-97. 60Hz，4極感應電動機，滿載轉速為1764rpm，其轉差率2%；因同步轉速$N_S = \dfrac{120f}{P} = \dfrac{120 \times 60}{4} = 1800\text{rpm}$，轉差率$= \dfrac{N_S - N}{N_S} \times 100\% = \dfrac{1800 - 1764}{1800} \times 100\% = 2\%$。

4-101. 三相440V 15HP之電動機其額定電流$I_L = \dfrac{P}{\sqrt{3}V_L \cos\theta} = \dfrac{15 \times 746}{\sqrt{3} \times 440 \times 0.8} \cong 20\text{A}$。

4-104. 單相感應電動機加200V電壓時，運轉電流為6A，功率因數為0.8，
則其消耗電功率$P = VI\cos\theta = 200 \times 6 \times 0.8 = 960\text{W} = 0.96\text{KW}$。

4-108. 因$Q_{(\text{VAR})} = V^2 \times 2\pi fC$，故容量與頻率成正比，$\dfrac{Q_2}{Q_1} = \dfrac{f_2}{f_1}$，$\dfrac{Q_2}{50\text{KVAR}} = \dfrac{50}{60}$，$Q_2 =$

$\frac{50KVAR \times 50}{60} \cong 41KVAR$，60Hz 50KVAR之電容器用於50Hz時，其容量變為41KVAR。

4-115. 110V100W燈泡之電阻 $= \frac{V^2}{P} = \frac{110^2}{100} = 121\Omega$，110V200W燈泡之電阻 $= \frac{V^2}{P} = \frac{110^2}{200} = 60.5\Omega$，故110V100W燈泡之電阻較大，即額定電壓相同，負載電阻較大者，電流較小，消耗功率亦小。

4-117. 電容串聯時，相當於電極的距離變大，電容值減小；因此三個相同的電容器串聯，則總容量為原來的1/3C。

4-118. 電容並聯時，相當於電極的面積變大，電容值增加；因此兩只相同容量電容器並聯後，其等效總容量為單只電容量的2倍。

4-119. 電容串聯時，電容值減小，因此10μF電容器二個串聯時總容量為5μF。

4-120. 絞線之線徑是以截面積來表示。例如1.25、2.0、3.5、5.5、14、22平方公厘（mm^2）等來表示絞線的規格。5.5mm^2是7根1.0的單心線組成，22mm^2是7根2.0的單心線組成。

4-121. 導線在「彎曲成捲線」之狀態下配線，會產生一些電感，有電抗的產生，因此總阻抗會最大。

4-122. 在同線徑、同長度下，銅材質之電阻值最低，依序排列為銅→鋁→鐵→鎳。

4-123. 某無熔線斷路器（NFB），其規格標示為1P 220V、20AT/50AF、IC為5KA，其框架電流、跳脫電流、啓斷電流分別是50A、20A、5KA。

4-124. (1)跳脫電流（Trip Ampere, AT）是NFB的過載保護動作跳脫之電流值，框架電流（Frame Capacity, AF）是NFB的框架接點可通過之電流值，啓斷電流（Interrupt Capacity, IC）是NFB的啓斷故障電流之電流值。

(2)三者關係為：AT≦AF<IC。

4-125. (1)NFB過載或短路保護動作時，開關把手將跳脫到中間位置，有〔鬆脫的感覺〕。

(2)當NFB跳脫後，欲再重置，應先將開關把手扳到底（OFF位置），再將開關把手扳到頂（ON位置），則恢復既有的保護及控制的功能。

4-126. (4)選用主電路導線線徑，除考量負載電流大小外，尚須考量線路之短路電流。

4-127. (1)保護用比流器，規格標示中之5P 20，係表示精確度（ACCURACY CLASS）的等級，分為5P與10P，在額定電流下5P的精確度為1.0級，10P的精確度為3.0級，在5P、10P之後面有20之數字，代表二次側額定電流的倍數。

(2)保護用比流器，規格標示30VA 5P 20，表示在30VA之額定負擔下，一次側20倍過電流時，其二次側電流誤差不超過5%。

4-128. (1)量測用比流器，規格標示中之CL.1.0，係表示精確度（ACCURACY CLASS）。

(2)量測用比流器，規格標示200/5A CL.1.0，其當一次側電流達200A時，二次側電流是5A，誤差範圍為5A的1%，亦即5A0.05A，在4.95～5.05A之範圍內。

4-129. (1)比流器是一種降低電流的儀表用變壓器，當額定為100/5A 2匝時，電流降低20倍。若欲使這個比流器的比值改變為50/5A，即電流降低10倍，則一次測的匝數要加倍應貫穿4匝。

(2)使用安匝數公式計算：比流器在一次側產生之安匝數相等，I1N1 = I2N2，100x2安匝 = 50xN2安匝，N2 = 200/50 = 4匝。

4-130. 在IEEE（或ANSI）標準中，比流器標示之規格為0.3 B 0.9，表示負擔為0.9Ω，公差為0.3%，即其精密度要求為0.3%。

4-131. 配電盤中匯流排之固定距離，最應考量之因素為：短路電流。

4-132. 無熔線斷路器規格標示200AF/125AT，表示框架容量200A，跳脫電流125A。

4-133. 無熔線斷路器，有關啓斷電流之標示，正確者為240V 10KA，因為啓斷電流的值以KA的單位。

4-134. 比壓器是一種降低電壓的儀表用變壓器，因此規格標示為240/120V，表示電壓降低2倍，匝數比是2倍，所以系統電壓為220V時，其二次側電壓為110V。

4-135. 無熔線斷路器規格之標示，以額定電壓／啓斷容量／極數／AF／AT最完整，例如：220V/25KA/3P/100AF/20AT。

4-136. 低壓電路所使用之電磁開關，其線圈電壓為110V AC，若以110V DC施加於線圈，會有何種結果：線圈燒毀。

因為電磁開關的線圈加上110V AC的交流電壓時，線圈上有阻抗，電流限制在安全的範圍內。若線圈加上110V DC的直流電，線圈上只有很小的電阻值，線圈的電流很大，會燒毀。

4-137. 變壓器繞組感應電勢公式為E1 = 4.44N1f1Φm = 4.44N2f2Φm，

（E：繞組感應電勢，N：繞組匝數，f：頻率，Φm最大磁通量）

三相50KVA 220/110V 60HZ變壓器，使用在50HZ 220V系統時，因頻率減為50HZ，則變壓器鐵心之磁通密度增加12%、鐵損增加，在頻率較低時感抗較小，故通過電流也較大，溫度容易上升，因此雖然變壓器可運轉，但變壓器之使用壽命會縮短。

4-138. 電動機起動時，串接電抗器，是一種降壓起動的方法，其目的為：降低起動電流。

4-139. 感應電動機之起動方式，有全壓起動及降壓起動，降壓起動包含串接電抗器起動及串接電阻器起動；串接電容器不是感應電動機之起動方式。

4-140. 交流電通過人體心臟電流達到100mA即可能致死，低壓漏電斷路器之感度為：30mA以上者為最安全。

4-141. (1)交流感應電動機將其電源由R→S→T順序改為S→T→R時，其結果正確者為④不受影響。

(2)假設三相感應電動機的三條出線頭，是紅線、白線、黑線，各接到電源的R、S、T三相，即依題意之接法①：紅線(R)→白線(S)→黑線(T)，假設，此時電動機是正轉。

(3)接法②，調換R、S兩相：紅線(S)→白線(R)→黑線(T)，電動機變成反轉。

(4)接法③，再調換R、T兩相：紅線(S)→白線(T)→黑線(R)，電動機又變成正轉。

(5)所以將電動機的電源由R→S→T順序改為S→T→R時，轉向相同，轉速不會增加或減慢的改變，所以結果正確答案為④不受影響。

4-142. 低壓比流器一次側接線方式，一般均為貫穿型居多，端子直接接續型為最不常見。

4-143. (1)三相220V 20HP感應電動機，若功因為0.9，電動機之效率為0.85，則全載起動電流約為50A。

(2)$P(3\phi)=\sqrt{3}VI\cos\theta\eta$，$20\times746=\sqrt{3}\times220\times I\times0.9\times0.85$，$14920=292\times I$，

$I=14920/292=51.09\fallingdotseq50(A)$

4-144. (1)用於電動機電路中之電磁開關選用時，其電流容量應選用：AC3級。

(2)AC是電器開關所接負載的類別，一般是按照啓動電流或感應電流進行劃分，AC等級越高的相當於滅弧分段越困難。等級劃分為①AC1級：非感應式或低感應性之電阻負載。②AC2級：繞線型感應電動機之啓動、啓斷。③AC3級：鼠籠型感應電動機之啓動、啓斷。④AC4級：鼠籠型感應電動機之啓動、正反轉控制、寸動控制。

4-145. 用於電熱器電路中之電磁接觸器，其容量之應選用①AC1級。

工作項目 05：控制電路裝配

( )5-1. 依CNS標準，低壓控制盤內交流控制導線之顏色為 ①黑色 ②藍色 ③黃色 ④紅色。

( )5-2. 於配電盤同一接點上之配線工作時，則 ①主電路端子置於控制電路端子上 ②控制電路端子置於主電路端子上 ③主電路與控制電路之端子須選用同一規格 ④主電路與控制電路需共同壓接於同一端子上。

( )5-3. 電極式液面控制器不能使用於 ①碱水槽 ②酸水槽 ③絕緣油槽 ④海水槽。

( )5-4. 電極式液面控制器是利用 ①空氣 ②光 ③水 ④絕緣油 ，使電極間導電來控制電驛。

( )5-5. 使用電極式液面控制器之三只電極棒（E_1、E_2、E_3），其長度應為 ①E_1與E_3長度相同，但大於E_2 ②E_3比E_2長，E_2比E_1長，但E_3與E_2應相差50mm以上 ③E_1與E_2長度相同，但大於E_3 ④E_2與E_3長度相同，但大於E_1。

( )5-6. 使用電極式液面開關時，則 ①不可使用於導電性之化學槽內 ②電極棒長短為測量液面之基準 ③該開關不可作遙控操作 ④該開關僅具二只電極棒。

( )5-7. 使用二線式近接開關，下列敘述何者正確？ ①可當作一交流負載使用 ②可當作一直流負載使用 ③非DC24V電源，不可使用 ④可當作一個接點來使用。

( )5-8. 在溫度控制中，如下圖符號表示 ①直熱式熱電偶檢出裝置 ②傍熱式熱電偶裝置 ③直熱式電阻溫度 ④光電式溫度之檢出裝置。

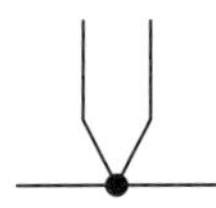

( )5-9. 使用三線式近接開關，下列敘述何者正確？ ①連接AC110V電源才可使用 ②連接AC220V電源才可使用 ③連接DC24V電源才可使用 ④連接AC110V電源或連接AC220V電源均可使用。

( )5-10. 交流二線式近接開關（PXS）之配線方式，下列何者正確？ ① PXS Vs

② 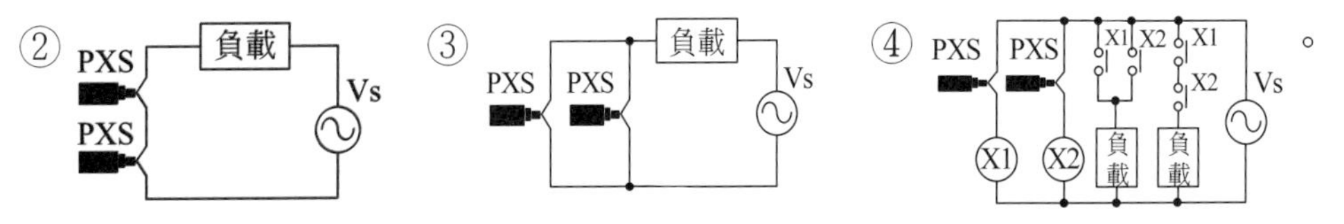

。

( )5-11. 保持電驛（Keep Relay）之CC代表 ①復歸線圈 ②跳脫線圈 ③投入線圈 ④保持線圈。

( )5-12. 保持電驛（Keep Relay）之投入線圈 ①必須持續激磁 ②必須斷續激磁2次 ③不可激磁 ④激磁一次 即可將其接點狀態動作。

(　　)5-13. 保持電驛（Keep Relay）之復歸線圈　①必須持續激磁　②必須斷續激磁2次　③不可激磁　④激磁一次　即可將其接點狀態動作。

(　　)5-14. 如下圖所示，使用保持電驛控制RL及GL，當按下PB1後RL燈亮；因故停電再復電後　①RL及GL均亮　②RL亮，GL不亮　③GL亮，RL不亮　④RL及GL均不亮。

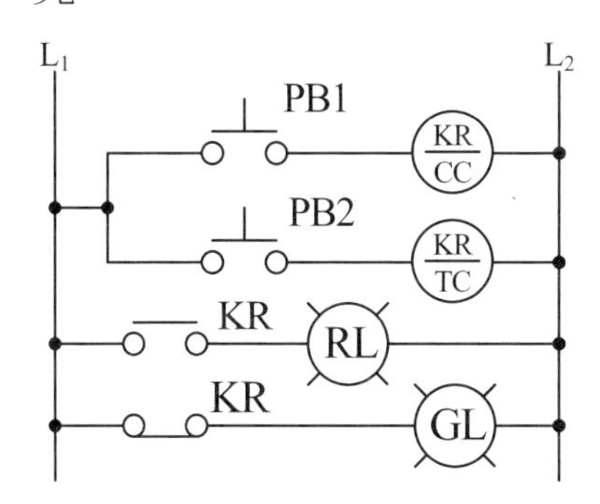

(　　)5-15. 安裝切換開關，下列敘述何者可不需考慮？　①固定之方向　②使用於DC或AC電源　③切換開關a、b接點數　④選擇切換開關的直徑大小。

(　　)5-16. 限制開關（Limit Switch）之a、b接點動作方式為　①本體加交流電源　②本體加直流電源　③依本體規格選擇加交流或直流電源　④扳動作動把手。

(　　)5-17. 在時間電驛中，表示限時復歸，瞬時動作之b接點為　①　②　③　④　。

(　　)5-18. 有關PT，下列敘述何者為正確？　①可視為升壓變壓器　②二次側不可開路　③可視為降壓變壓器　④二次側可以短路。

(　　)5-19. 比壓器之商用頻率耐壓試驗加壓時間為　①半分鐘　②1分鐘　③5分鐘　④10分鐘。

(　　)5-20. 作抽水機交替控制之機械式棘輪電驛，下列敘述何者為正確？　①沒有線圈　②有1組線圈　③有2組線圈　④有3組線圈。

(　　)5-21. 如下圖所示，為　①減極性比流器　②加極性比流器　③加極性比壓器　④減極性比壓器。

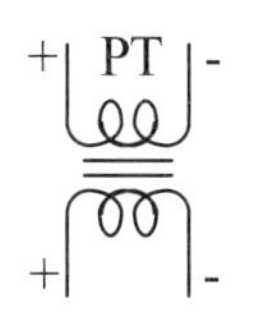

(　　)5-22. 如下圖所示，此法可量測電路之　①視在功率　②有效功率　③無效功率　④功率因數。

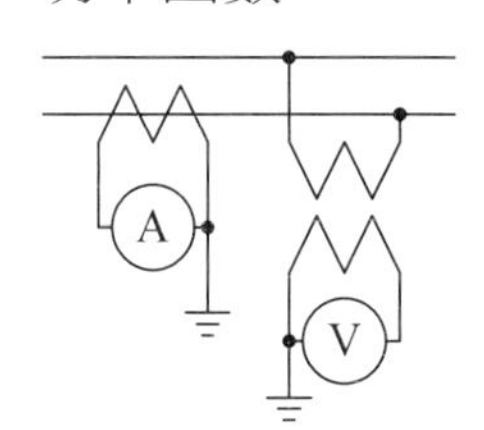

(　　)5-23. 工作者將導線在一貫穿型比流器上捲繞，如下圖試問貫穿匝數　①3匝　②3.5匝　③4匝　④4.5匝。

(　　)5-24. 如下圖所示，電流表A指示　①R相電流　②S相電流　③T相電流　④零相電流。

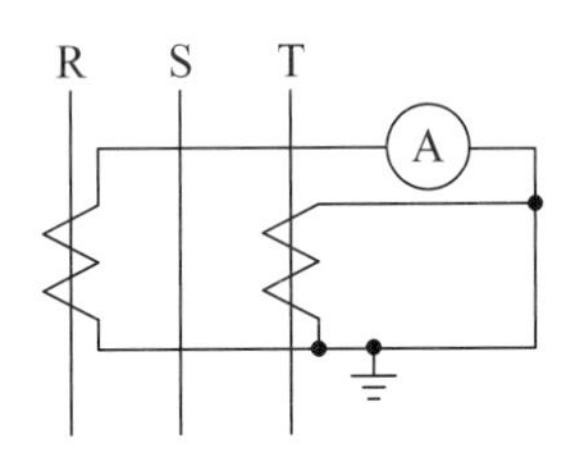

(　　)5-25. 如下圖所示，電流表A_2指示之電流為　①R相　②S相　③T相　④零相。

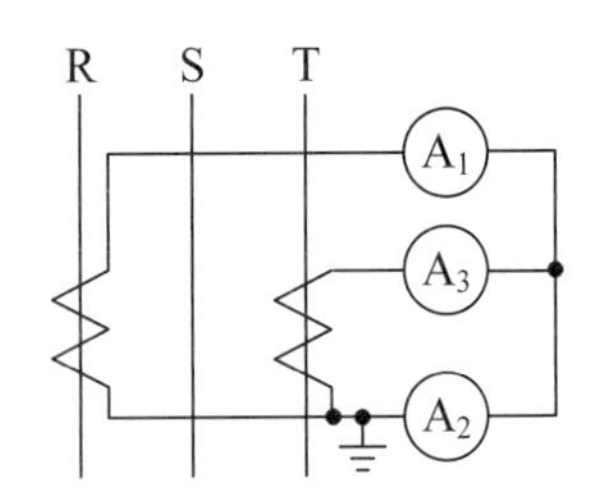

(　　)5-26. 如下圖所示，三相電路連接單相負載L，通過電流表A_1為5A時，電流表A_3指示應為　①0A　②5A　③10A　④20A。

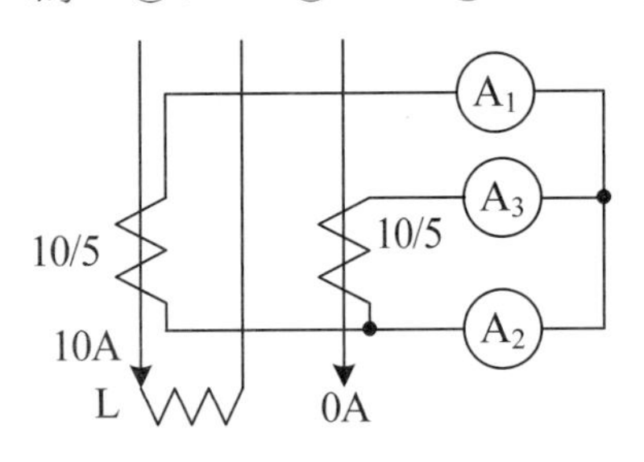

(　　)5-27. 若比流器二次側負擔阻抗為0.5Ω，此時量測之電流為4A，則其負擔為　①2伏安　②8伏安　③1伏安　④12.5伏安。

(　　)5-28. 量測三相三線式電路之各相電流，最少應使用　①一個比流器　②二個比流器　③三個比流器　④四個比流器。

(　　)5-29. 控制電路之操作電壓，下列何種電壓對人體之安全性最高？　①AC220V　②AC110V　③DC48V　④DC24V。

(　　)5-30. 使用零相比流器之目的在　①測定高壓電流　②測定大電流　③檢出接地電流　④將交流變為直流。

(　　)5-31. 白色指示燈之功能為　①停止指示　②運轉指示　③電源指示　④過載指示。

( )5-32. 欲量測交流大電流得使用 ①比壓器 ②變壓器 ③比流器 ④分流器。

( )5-33. 紅色指示燈之英文簡稱為 ①YL ②OL ③WL ④RL。

( )5-34. 欲將直流大電流降低後才進行測量，得使用 ①比壓器 ②變壓器 ③比流器 ④分流器。

( )5-35. 一組a接點與1只指示燈作串聯，則此電路稱之為 ①OR電路 ②AND電路 ③NOT電路 ④XOR電路。

( )5-36. 電感均為1亨利之線圈共三個，其中二個串聯後與第三個並聯，則總電感量為 ①1/3亨利 ②2/3亨利 ③3/2亨利 ④3亨利。

( )5-37. 三相三線式配合兩CT所使用之電流切換開關，其接線點有 ①3點 ②4點 ③5點 ④6點。

( )5-38. 三相三線式電壓切換開關之接線點有 ①3點 ②4點 ③5點 ④6點。

( )5-39. 附有220V/12V之變壓器指示燈，其燈泡之額定電壓為 ①AC220V ②DC220V ③AC12V ④DC12V。

( )5-40. 四只4Ω電阻作串聯，其總電阻為 ①1Ω ②4Ω ③8Ω ④16Ω。

( )5-41. 一般使用的AC220V5Hp電磁接觸器，其線圈之直流電阻約為 ①數拾Ω ②數佰Ω ③數仟Ω ④數萬Ω。

( )5-42. 附有變壓器之AC220V指示燈，以三用電表歐姆檔量測，其電阻約為 ①數拾Ω ②數佰Ω ③數仟Ω ④數萬Ω。

( )5-43. 有一電熱器，銘牌標示之額定電壓AC110V、額定電流5A，其消耗電功率為 ①22KW ②550KW ③55W ④550W。

( )5-44. n個r歐姆之電阻並聯時，其總電阻R為 ①nr ②$\frac{n}{r}$ ③$\frac{r}{n}$ ④rn^2。

( )5-45. 如下圖所示電路，ab間之等效電阻為 ①7.5Ω ②15Ω ③30Ω ④45Ω。

a
15Ω 15Ω
30Ω
15Ω
b

( )5-46. 電阻R_1、R_2、R_3並聯，則總電阻為 ①$R_1 + R_2 + R_3$ ②$\frac{1}{R_1}+\frac{1}{R_2}+\frac{1}{R_3}$ ③$\frac{1}{R_1+R_2+R_3}$ ④$\frac{1}{\frac{1}{R_1}+\frac{1}{R_2}+\frac{1}{R_3}}$。

( )5-47. 兩只4Ω之電阻並聯，其總電阻為 ①2Ω ②4Ω ③6Ω ④8Ω。

( )5-48. 在串聯電路中，電阻值愈大，則該電阻上所產生的電壓降 ①愈小 ②愈大 ③不變 ④不定。

( )5-49. RC串聯電路之時間常數為 ①RC秒 ②R/C秒 ③C/R秒 ④(R + C)秒。

( )5-50. 交流電壓有效值為100V，其峰值電壓為 ①$100/\sqrt{2}$V ②100V ③$100\sqrt{2}$V ④200V。

( )5-51. 三相交流各相之相位差為 ①60° ②90° ③120° ④210°。

( )5-52. $i = 100\sin(377t + \alpha)$之電流，其頻率為 ①50Hz ②60Hz ③100Hz ④377Hz。

( )5-53. 6Ω電阻器與8Ω電感器串聯後接於100伏特交流電源，則阻抗為 ①6Ω ②8Ω ③10Ω ④14Ω。

( )5-54. 三相人型負載達平衡時，若測出相電流為10A，則線電流為 ①3.3A ②10A ③17.32A ④30A。

( )5-55. 交流正弦波最大值為有效值之 ①$\frac{2}{\pi}$倍 ②$\sqrt{2}$倍 ③$\frac{1}{\sqrt{2}}$倍 ④2倍。

( )5-56. 1mA等於 ①1/10A ②1/100A ③1/1000A ④1/10000A。

( )5-57. 如下圖所示，電路之阻抗值為 ①130Ω ②50Ω ③40Ω ④30Ω。

30Ω 70Ω 30Ω

100V 60HZ

( )5-58. 交流之有效值與平均值之比稱為波形因數，若正弦波時其值為 ①1.414 ②0.636 ③1.11 ④0.707。

( )5-59. 台灣產業動力用電之電源頻率為 ①50HZ ②60HZ ③100HZ ④377HZ。

( )5-60. 主電路上之交流電壓有效值為110V，則其峰對峰值電壓為 ①100V ②220V ③$220\sqrt{2}$V ④$220/\sqrt{2}$V。

( )5-61. 以三用電表電壓檔量測插座電壓為AC110V，其電表所指示之電壓值為 ①平均值 ②最大值 ③有效值 ④峰對峰值。

( )5-62. 有一電熱器，銘牌標示之額定電壓AC110V、消耗電功率1KW，其功率因數為 ①1 ②0.5 ③0 ④-1。

( )5-63. 有一純電阻電路，其電流與電壓關係，下列敘述何者正確？ ①電流超前電壓 ②電壓超前電流 ③電壓與電流同相 ④電壓與電流異相。

( )5-64. 電阻R與電抗X串聯接續，其總阻抗Z為 ①$R + X$ ②$\sqrt{R^2+X^2}$ ③$\frac{R}{\sqrt{R^2+X^2}}$ ④$\frac{X}{\sqrt{R^2+X^2}}$。

( )5-65. 電阻負載之功率因數應為 ①0 ②1 ③-1 ④0.5。

( )5-66. 在平衡三相電路中功率因數為1時，電功率為線電壓及線電流乘積之 ①3倍 ②$\sqrt{3}$倍 ③1/3倍 ④$1/\sqrt{3}$倍。

( )5-67. $P = EI\cos\theta$式中，P為有效功率單位為瓦特，EI為視在功率單位為 ①伏安 ②伏特 ③焦耳 ④安培。

( )5-68. 電路中6Ω電阻與8Ω電感串聯時，功率因數為 ①0.4 ②0.6 ③0.8 ④1。

( )5-69. 電路阻抗為6+j8Ω接於100伏特直流電源，其總阻抗為 ①6Ω ②8Ω ③10Ω ④14Ω。

( )5-70. 電力用戶在用電時，功率因數不得低於 ①0.5 ②0.6 ③0.7 ④0.8。

( )5-71. 如下圖所示，三個10Ω電阻所消耗有效功率（KW）為 ①21 ②18 ③12 ④4。

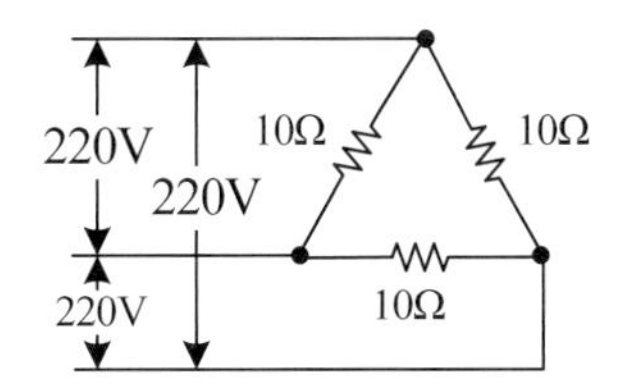

( )5-72. 交流三相電動機之負載經測定結果，電壓為220V電流為2.46A，功率為750W，則其功率因數為 ①1.1 ②1.0 ③0.9 ④0.8。

( )5-73. 視在功率1000VA、功率因數0.8，其有效功率為 ①1250W ②1000W ③800W ④600W。

( )5-74. 電動機之有效功率為40W，功率因數為0.8，則其視在功率為 ①50VA ②40VA ③30VA ④20VA。

( )5-75. 三相鼠籠型感應電動機的滿載功率因數約為 ①0.5 ②0.6 ③0.8 ④1。

( )5-76. 人連接之三相平衡負載，若改為△連接，則其功率將為 ①不變 ②原來的1/3倍 ③原來的3倍 ④原來的$\frac{1}{\sqrt{3}}$倍。

( )5-77. 平衡三相之總功率等於任何一相功率之 ①$2\sqrt{3}$倍 ②$\sqrt{3}$倍 ③3倍 ④2倍。

( )5-78. 功率因數較佳之電氣器具為 ①高功因水銀燈 ②洗衣機 ③電鍋 ④交流電弧焊接機。

( )5-79. 諧振電路的特徵為電壓與電流 ①同相 ②相位差90° ③相位差120° ④相位差180°。

( )5-80. RLC串聯電路，其諧振頻率與下列何者無關？ ①R ②L ③C ④LC。

( )5-81. RLC串聯電路諧振時，電路之電流 ①最大 ②最小 ③等於零 ④等於無窮大。

( )5-82. 兩只300Ω電阻並聯後，再與一只50Ω電阻串聯，其總電阻為 ①100 ②200 ③400 ④650 Ω。

( )5-83. 電容抗Xc之單位為 ①亨利 ②韋伯 ③法拉 ④歐姆。

( )5-84. 串聯電路諧振時 ①電流最小 ②阻抗最小 ③導納最小 ④功率因數最小。

( )5-85. 三段式1a1b切換開關（COS），若置於中位時，其a、b接點狀態，下列敘述何者正確？ ①a接點先閉合b接點再打開 ②b接點先閉合a接點再打開 ③a、b接點

皆閉合　④a、b接點皆打開。

(　　)5-86. 一般使用之1a1b按鈕開關（PB），當押下PB之動作，下列敘述何者正確？　①a接點先閉合　②b接點先打開　③a接點閉合b接點打開同時動作　④a、b接點動作依押下PB大小動作狀況而定。

(　　)5-87. 一般電動機作正逆轉控制，其停止按鈕選用以下列何者正確？　①手動操作自動復歸按鈕　②自動操作手動復歸按鈕　③手動操作手動復歸按鈕　④具有殘留接點之按鈕。

(　　)5-88. 三相AC220V5HP電動機，其無熔線斷路器之額定跳脫電流宜選用　①15A　②20A　③30A　④50A。

(　　)5-89. 如下圖所示，下列何者正確？　①A端表示正極　②B端表示正極　③此電路為穩壓電路　④AB為交流端。

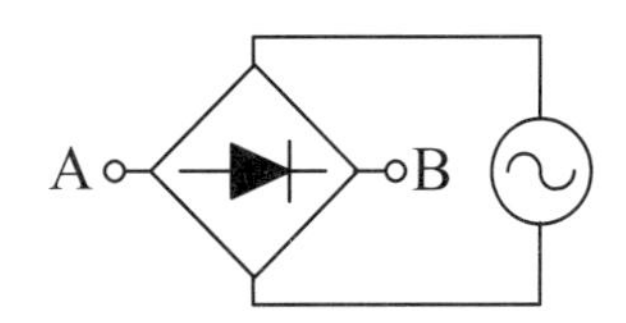

(　　)5-90. 二極體施加順向偏壓的方法，則　①於P極加正電壓，N極加負電壓　②於N極加正電壓，P極加負電壓　③兩極皆加正電壓　④兩極皆加負電壓。

(　　)5-91. 三相AC220V5HP電動機，其主電路導線宜選用　①$2.0mm^2$　②$3.5mm^2$　③$5.5mm^2$　④$8.0mm^2$。

(　　)5-92. 正弦波經半波整流後，則其波形頻率為原波形之　①3倍　②2倍　③不變　④1/2倍。

(　　)5-93. 於潮濕處所為防止人員感電，其電氣設備前應裝置下列何者開關作保護？　①無熔線斷路器　②漏電斷路器　③3E電驛　④快速型熔絲。

(　　)5-94. 正弦波經全波整流後，其最大值為有效值的　①$\sqrt{2}$倍　②π倍　③$\frac{1}{\sqrt{2}}$倍　④$\sqrt{2}\pi$倍。

(　　)5-95. 下列何者為全波整流電路？

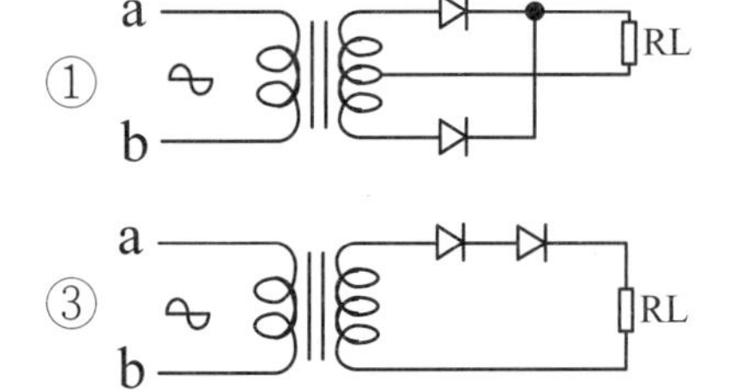

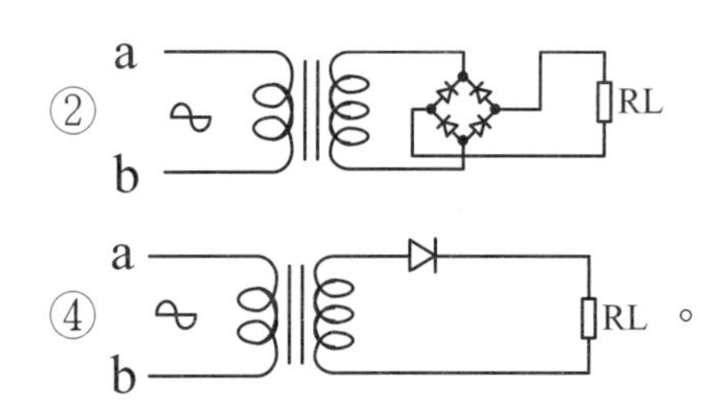

。

(　　)5-96. 附加電容濾波之交流全波整流電路，其輸出波形為

。

(　　)5-97. 如下圖所示之橋式整流電路，下列何者方向錯誤？　①D1　②D2　③D3　④D4。

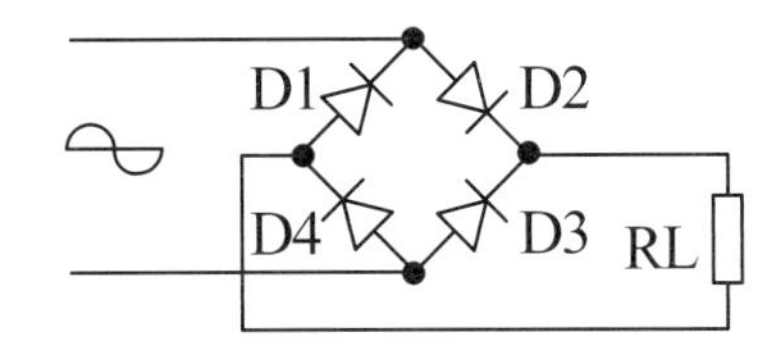

(　　)5-98. 三相AC220V15HP電動機，其額定電流約為　①15A　②21A　③27A　④40A。

(　　)5-99. 三相⅄連接之電阻負載，若改為△連接，則功率為原來⅄連接時之　①$1/\sqrt{3}$倍　②$\sqrt{3}$倍　③1/3倍　④3倍。

(　　)5-100. 工廠內的某一設備其電壓為220V，功率為100KW，功率因數為0.7，效率為85%。若要裝設電容將功率因數提高至0.95，且負載總實功率維持不變，則須加裝多少KVAR電容？　①30KVAR　②45KVAR　③50KVAR　④60KVAR。

(　　)5-101. 一部220V、60Hz三相感應電動機，若採用直接起動，其起動電流為120A，起動轉矩為3牛頓-米。若以Y-△起動，則起動電流與起動轉矩各變為多少？　①60A，0.75牛頓-米　②30A，0.75牛頓-米　③30A，1.5牛頓-米　④40A，1牛頓-米。

(　　)5-102. 兩只300Ω電阻並聯後，再與一只50Ω電阻串聯，其總電阻為　①400　②200　③650　④100　Ω。

(　　)5-103. 電容起動式單相感應電動機若要產生最大轉矩，則流過運轉繞組與啟動繞組的電流相位差為何？　①180度　②90度　③45度　④0度。

(　　)5-104. 並聯電路的總電流為各支路電流之　①和　②積　③商　④差。

(　　)5-105. 三個相同的電阻串聯，總電阻是並聯時總電阻的幾倍？　①6倍　②9倍　③3倍　④1/9倍。

(　　)5-106. 兩只額定電壓相同的燈泡，串聯在適當的電壓上，則功率較大的燈泡　①發熱量大　②發熱量小　③與功率較小的發熱量相等　④燒毀。

(　　)5-107. 一個線圈的電感與下列何者無關？　①匝數　②尺寸　③有無鐵芯　④外加電壓。

(　　)5-108. 一般家庭使用之加壓抽水機，所使用的電動機為　①單相感應電動機　②三相

感應電動機　③直流電動機　④步進電動機。

(　　)5-109. 單相電容式電動機，若發生啟動繞組斷路，則電源接通後　①電動機正常啟動，但無法帶動負載全速運轉　②電動機正常啟動，且帶動負載全速運轉　③無法啟動，若撥動轉子，電動機可以轉動，且可攜帶額定負載運轉　④無法啟動，若撥動轉子，電動機可以轉動，但無法攜帶額定負載運轉，轉速會下降，且有過載現象。

(　　)5-110. 兩台額定功率相同，但額定電壓不同的用電設備，若額定電壓為110V設備的電阻為R，則額定電壓為220V設備的電阻為何？　①2R　②R/2　③4R　④R/4。

(　　)5-111. 有一三相感應電動機，以Y-△啟動並有3E電驛作保護，則下列敘述何者錯誤？①Y-△啟動法可將啟動電流降至全壓啟動時的1/3倍　②Y-△啟動法可降低加在繞組上的電壓　③Y-△啟動法可將啟動轉矩降至全壓啟動時的0.2倍　④3E電驛具有過載、欠相與逆相保護功能。

(　　)5-112. 某設備所使用的三相感應電動機於控制電路中裝設3E電驛，下列何者是3E電驛無法達成的功能？　①三相感應電動機過載保護　②三相感應電動機逆相保護　③三相感應電動機欠相保護　④三相感應電動機接地保護。

(　　)5-113. 3E電驛是作為電動機欠相、過電流及逆相保護之用，那麼裝置一個3E電驛可保護幾台電動機？　①1台　②2台　③3台　④4台。

(　　)5-114. 在一恆壓的電路中，電阻R增大，電流隨之　①減小　②增大　③不變　④或大或小，不一定。

(　　)5-115. 有一個三相電動機，當繞組連成Y形接於380V的三相電源上，或繞組連成Δ形接於220V的三相電源上，在這二種情況下，從電源輸入功率應　①相等　②差倍　③差1倍　④差3倍。

(　　)5-116. 一般設備銘牌上標的電壓和電流值，或電氣儀表所測出來的數值都是　①瞬時值　②最大值　③有效值　④平均值。

(　　)5-117. 使用三用電表進行測量時，測量前應首先檢查表頭指針　①是否擺動　②是否在零位　③是否在刻度一半處　④是否在滿刻度。

(　　)5-118. 3E電驛的測試（Test）按鈕主要是做下列何種測試？　①過載測試　②欠相測試　③逆相測試　④手動跳脫測試。

(　　)5-119. 三相感應電動機在啟動時，若發生電源欠相，會出現下列何種現象？　①電動機啟動後，轉速下降直到停止運轉　②電動機啟動後，運轉電流增高　③電動機無法啟動，且有嗡嗡聲　④電動機降速運轉，運轉電流下降

(　　)5-120. 三相感應電動機運轉中，若發生一相電源線斷路，此時電動機之反應為：　①電動機瞬間停止　②電動機持續運轉，但運轉電流減少　③電動機持續運轉，

但運轉電流增大，溫度上升 ④電動機降速運轉，運轉電流下降

( ) *5-121.* 有一RLC並聯電路中，電源為一定電流源Ii，輸出端電壓Vo。當電源頻率從其諧振頻率逐漸減小到零時，電路中的Vo變化如何？ ①從最大值漸漸變小 ②由最小值漸漸變大 ③保持某一定值不變 ④先變小再變大

( ) *5-122.* 下列哪一種繼電器，在馬達控制電路中，常用以補助電磁接觸器（MC）接點之不足？ ①電力繼電器（Power relay） ②保持繼電器（Keep relay） ③棘輪繼電器（Ratchet relay） ④閃爍繼電器（Flicker relay）

◆解答◆

*5-1.*③ *5-2.*② *5-3.*③ *5-4.*③ *5-5.*② *5-6.*② *5-7.*④ *5-8.*① *5-9.*③ *5-10.*④
*5-11.*③ *5-12.*④ *5-13.*④ *5-14.*② *5-15.*② *5-16.*④ *5-17.*② *5-18.*③ *5-19.*② *5-20.*②
*5-21.*④ *5-22.*① *5-23.*③ *5-24.*① *5-25.*② *5-26.*① *5-27.*② *5-28.*② *5-29.*④ *5-30.*③
*5-31.*③ *5-32.*③ *5-33.*④ *5-34.*④ *5-35.*② *5-36.*② *5-37.*② *5-38.*③ *5-39.*③ *5-40.*④
*5-41.*② *5-42.*③ *5-43.*④ *5-44.*② *5-45.*③ *5-46.*④ *5-47.*① *5-48.*② *5-49.*① *5-50.*③
*5-51.*③ *5-52.*② *5-53.*③ *5-54.*② *5-55.*② *5-56.*③. *5-57.*② *5-58.*③ *5-59.*② *5-60.*③
*5-61.*③ *5-62.*① *5-63.*③ *5-64.*② *5-65.*② *5-66.*② *5-67.*① *5-68.*② *5-69.*① *5-70.*④
*5-71.*③ *5-72.*④ *5-73.*③ *5-74.*① *5-75.*③ *5-76.*③ *5-77.*③ *5-78.*③ *5-79.*① *5-80.*①
*5-81.*① *5-82.*② *5-83.*④ *5-84.*② *5-85.*④ *5-86.*② *5-87.*① *5-88.*③ *5-89.*② *5-90.*①
*5-91.*② *5-92.*③ *5-93.*② *5-94.*① *5-95.*① *5-96.*① *5-97.*④ *5-98.*④ *5-99.*④ *5-100.*②
*5-101.*④ *5-102.*② *5-103.*② *5-104.*① *5-105.*② *5-106.*② *5-107.*④ *5-108.*① *5-109.*③ *5-110.*③
*5-111.*③ *5-112.*④ *5-113.*① *5-114.*① *5-115.*① *5-116.*③ *5-117.*② *5-118.*④ *5-119.*③ *5-120.*③
*5-121.*① *5-122.*①

◆解析◆

5-1. 黃色：交流控制電路；藍色：直流控制電路；黑色：電流電路（CT）；紅色：電壓電路（PT）。因此，低壓控制盤內交流控制導線之顏色為黃色。

5-2. 同一接點上之配線工作時，控制電路端子置於主電路端子上，因為主電路端子可與固定螺絲底座金屬直接接觸，接觸面積較大，接觸電阻較小。

5-3. 因絕緣油為絕緣液體，所以無法導電。因此，電極式液面控制器不能使用於絕緣油槽。

5-10. 近接開關之動作接點與電驛線圈串聯後，再利用電驛之接點來控制負載動作。

5-11. 復歸線圈（Reset Coil, RC）；跳脫線圈（Trip Coil, TC）；

投入線圈（Close Coil, CC）；保持線圈（Keep Coil, KC）。

因此，答案為投入線圈。

5-12. 保持電驛之投入線圈激磁一次即可，因為投入線圈激磁後，即可將保持電驛的接點保持在動作狀態。

5-13. 保持電驛之復歸線圈激磁一次即可，因為復歸線圈激磁後，即可將保持電驛的接點保持在復歸狀態。

5-14. 因停電再復電後，保持電驛的CC及TC均未再激磁，所以接點的導通情形不變。

因此，RL亮，GL不亮。

5-18. 比壓器（Potential Transformer, PT），一般將電源電壓降為110V的低壓，以連接電壓切換開關及電壓表等之電壓回路；亦即不管PT的高壓測的電壓為多少，低壓測的電壓均為110V。

因此，視為降壓變壓器。

5-22. 電路接線測量電壓（V）及電流（I）大小，S = VI（伏安），因此可測量視在功率。

5-23. 貫穿型比流器的內部有4條線，因此是4匝。

5-24. 電流表A接在R相的CT，因此，電流表A指示R相電流。

5-25. 電流表A2為A1及A3電流之和，因此，電流表A2指示之電流為S相。

5-26. 電流表A3指示T相電流，因T相電流為0A，因此，電流表A3電流為0A。

5-27. 比流器之負擔為$S = I^2Z$，因此，負擔$S = I^2Z = 4^2 \times 0.5 = 8$伏安。

5-28. 量測三相三線式電路之各相電流，最少應使用二個比流器，比流器做V-V接線。

5-29. 控制電路之操作電壓，電壓愈低安全性越高。因此，答案中最低的電壓為DC24V。

5-30. 三相電源電路在三相負載電流平衡時，中性線電流為0。若三相負載電流不平衡，或有接地等故障時，則中性線電流不為0，稱為接地電流，又稱為零相電流，可使用零相比流器（Zero Current Transformer, ZCT）檢出。

5-31. 各色指示燈之功能為：

綠色（Green Lamp, GL）：停止，紅色（Red Lamp, RL）：運轉，

白色（White Lamp, WL）：電源指示，橘色（Orange Lamp, OL）或黃色（Yellow Lamp, YL）：過載。

因此，白色指示燈之功能為電源指示。

5-32. 比流器（Current Transformer, CT）是一種升壓變壓器，一般將電力電路的大電流降為5A的小電流，以連接電流切換開關及電流表等之電流控制回路；亦即不管CT的一次測的電流為多少，二次測的電流均為5A。因此，量測交流大電流得使用比流器。

5-36. 二個1亨利的電感串聯，電感量$L = L_1 + L_2 = 1 + 1 = 2$亨利；然後2亨利與1亨利並聯，總電感量$\frac{1}{L}=\frac{1}{L_1}+\frac{1}{L_2}=\frac{1}{1}+\frac{1}{2}=\frac{3}{2}$，因此，$L=$ 2/3亨利。

5-37. 三相三線式配合兩CT所使用之電流切換開關，其接線點有R、T、A1、A2共4點。

5-38. 三相三線式電壓切換開關之接線點有P1、P2、P3、V1、V2共5點。

5-40. 四只4Ω的電阻串聯，R＝4×4Ω＝16Ω。

5-41. 經任取一只電磁接觸器，測量線圈之直流電阻約為380Ω。
故一般使用的AC220V5Hp電磁接觸器，其線圈之直流電阻約為數佰Ω。

5-42. 經任取一只附有變壓器之AC220V指示燈，測量其電阻約為1100Ω。
故附有變壓器之AC220V指示燈，其電阻約為數仟Ω。

5-43. 電熱器消耗電功率，依公式$P = V \times I = 110 \times 5 = 550(W)$。因此，其消耗電功率為550W。

5-45. (1) 15Ω與15Ω串聯的電阻值為30Ω；(2)30Ω與30Ω並聯的電阻值為15Ω；
(3) 15Ω與15Ω串聯的電阻值為30Ω。因此，ab 間之等效電阻為30Ω。

5-46. 電阻R1、R2、R3並聯，依公式，$\frac{1}{R}=\frac{1}{R_1}+\frac{1}{R_2}+\frac{1}{R_3}$，因此，總電阻為$R=\frac{1}{\frac{1}{R_1}+\frac{1}{R_2}+\frac{1}{R_3}}$

5-47. 兩只4Ω之電阻並聯，並聯後之電阻值變小，為原來的1/2，因此總電阻為2Ω。

5-48. 因在串聯電路中流過各串聯電阻的電流相同，因此該電阻所產生的電壓降愈大。

5-50. 交流電壓的峰值電壓較有效值大，峰值是有效值的$\sqrt{2}$倍，
因此，峰值電壓為$V_m = 100V \times \sqrt{2} = 100\sqrt{2}V$。

5-52. 電流之瞬間值，依公式$i = 100\sin(377t + \alpha) = 100\sin(2\pi ft + \alpha)$，$377t = 2\pi ft$，
因此，其頻率$f=\frac{377}{2\pi}=60Hz$。

5-53. 依公式，RL串聯電路阻抗為$Z=\sqrt{R^2+X_L^2}=\sqrt{6^2+8^2}=\sqrt{100}=10\Omega$。

5-54. 依公式，Y形連結時線電流＝相電流，因此線電流為10A。

5-55. 依公式，$V_{rms} = 1/\sqrt{2}V_m$，故$V_m = V_{rms}\sqrt{2}$，因此，交流正弦波最大值為有效值之$\sqrt{2}$倍。

5-56. 1mA＝1milliamp＝1/1000A。

5-57. 依公式，$Z=\sqrt{R^2+(X_L-X_C)^2}=\sqrt{30^2+(30-70)^2}=\sqrt{30^2+40^2}=\sqrt{2500}=50\Omega$。
故電路之阻抗值為50Ω。

5-58. 依公式，$V_{rms} = 0.707V_m$，$V_{av} = 0.6366V_m$，因此，
正弦波之波形因數＝$V_{rms}/V_{av} = 0.707/0.6366 = 1.11$。

5-60. 依公式峰值電壓$V_m = V_p = \sqrt{2}V_{rms} = \sqrt{2} \times 110 = 110\sqrt{2}$，
因此，峰對峰值電壓＝$V_{pp} = 2V_m = 2V_p = 2\sqrt{2}V_{rms} = 2 \times 110\sqrt{2} = 220\sqrt{2}V$。

5-62. 電熱器為純電阻性負載，故功率因數為1

5-66. 依公式，三相電功率$P=\sqrt{3}VI\cos\theta$，當$\cos\theta=1$時，因此，
電功率為線電壓及線電流乘積$P=\sqrt{3}VI$。

5-68. 依公式，RL串聯電路阻抗為$Z=\sqrt{R^2+{X_L}^2}=\sqrt{6^2+8^2}=\sqrt{100}=10\Omega$，因此功率因數 = $\dfrac{R}{Z}=\dfrac{6}{10}=0.6$。

5-69. 電路阻抗6 + j8Ω中j8Ω係為感抗部分，當接於直流電源時，感抗為0Ω，故總阻抗Z = R = 6Ω。

5-71. (1)每個電阻的電壓為200V，故電流為200V/10Ω = 2A。
(2)每個10Ω電阻的消耗有效功率為200V×2A = 4KW。
(3)三個電阻總消耗功率為4KW×3 = 12KW。

5-72. 依公式$P=\sqrt{3}V_LI_L\cos\theta$，功率因數 $=\dfrac{P}{\sqrt{3}V_LI_L}=\dfrac{750}{\sqrt{3}\times 220\times 2.46}=0.8$

5-73. 有效功率$P=S\times\cos\theta=1000\times 0.8=800\text{W}$

5-74. 依公式$P=VI\cos\theta$得知，視在功率$S=VI=\dfrac{P}{\cos\theta}=\dfrac{40}{0.8}=50\text{VA}$

5-76. 同5-56說明。

5-77. 平衡三相之總功率等於任何一相功率之3倍。

5-78. 電鍋是純電阻性負載，功率因數等於1。

5-79. 諧振電路的特徵為電壓與電流同相。

5-80. 依公式，由$f=\dfrac{1}{2\pi\sqrt{LC}}$得知，諧振頻率$f$與$R$無關

5-81. RLC聯電路諧振時，電路之電流最大。因為$Z=R+j(XL-Xc)$，$XL=XC$時，則$Z=R$，所以電流最大

5-82. 兩只300Ω電阻並聯之電阻值是150Ω，再與50Ω電阻串聯，其總電阻為200Ω。

5-83. 電容抗Xc之單位為歐姆（Ω），電容量C之單位為法拉（F）。

5-84. 串聯電路諧振時阻抗最小，因為$Z=R+j(X_L-Xc)$，$X_L=X_C$時，則$Z=R$。

5-85. 三段式1a1b切換開關(COS)，若置於中位時，a、b接點皆打開。

5-86. 一般使用之1a1b按鈕開關(PB)，當押下PB之動作，b接點先打開。

5-88. (1)依公式，$P=\sqrt{3}VI\cos\theta$，$5\times 746=\sqrt{3}\times 220\times I\times 0.7$，得知$I$約為14A。
(2)為達到保護協調作用，一般電動機之保護用無熔絲斷路器的跳脫電流值，應選定於1.5~2.5倍的電動機滿載電流值。無熔絲斷路器跳脫電流應選用範圍為21A~35A之間，故宜選用30A。

5-89. B端表示正極，因為橋式整流器的電流是由B端流出。

5-90. 同6-27說明，二極體的兩端點稱為P端（亦稱正極）及N端（亦稱負極），當二極體

接順向電壓時，即於P極加正電壓，N極加負電壓。

5-91. (1)依公式，$P = \sqrt{3}VI\cos\theta\eta$，電動機之功率因數（$\cos\theta$）及效率（$\eta$）均以0.8計算，故，得知$I$約為15.3A。

(2)較常用導線之安全電流，3.5mm^{2}約為20A，5.5mm^{2}約為30A。

(3)另依規定一般電動機主電路之動力線最小使用導線為3.5mm^2。

(4)故三相AC220V5HP電動機，其主電路導線宜選用3.5mm^2。

5-94. 正弦波經全波整流後，其最大值為有效值的$\sqrt{2}$倍。

5-95. 答案①為單相中心抽頭式全波整流，答案②為單相橋式全波整流，兩者均為全波整流電路，但答案②之橋式整流電路，其中之二極體方向錯誤，故為錯誤答案。

5-96. 交流全波整流電路，如附加電容濾波，則輸出波形趨近於漣波直流。

5-97. 橋式整流電路所含四只二極體的導通方向有其一致性，例如$D1$是右上，$D2$是右下，$D3$是右上，$D4$應為是右下才對，所以$D4$的方向錯誤。

5-98. (1)依公式，計算$P = \sqrt{3}VI\cos\theta\eta$，電動機之功率因數（$\cos\theta$）以0.8計算，效率（$\eta$）以0.9計算，故$15 \times 746 = \sqrt{3} \times 220 \times I \times 0.8 \times 0.9$，得知$I$約為40.8A。

(2)依經驗值，三相220V感應電動機，每一馬力（HP）約為2.7A，所15HP電動機之額定電流約為40A。

(3)故三相AC220V15HP電動機，其額定電流約為40A。

5-99. △連接的相電壓是Y連接的$\sqrt{3}$倍，△連接的相電流是Y連接的$\sqrt{3}$倍，因此△連接每相的電功率是Y連接的3倍，△連接的總電功率是Y連接的3倍。

5-100. (1)工廠內的某一設備其電壓為220V，功率為100KW，功率因數為0.7，效率為85%。若要裝設電容將功率因數提高至0.95，且負載總實功率維持不變，則須加裝45KVAR電容4

(2)附註(1)(2)待查依公式：A.負載 = 100KW不變時，功率因數由$\cos\theta 1 = 0.7$，（此時$\cos\theta 1 = 0.7$，$\tan\theta 1 = 0.0122$），提高至$\cos\theta 2 = 0.95$，（此時$\tan\theta 2 = 0.0165$），則所需連接之電容器容量為：

$\cos\theta 1 = 0.7$，$\sin\theta_1 = \sqrt{1^2 - 0.7^2} = \sqrt{0.51} = 0.71$，$\tan\theta_1 = \dfrac{\sin\theta 1}{\cos\theta 1} = \dfrac{0.714}{0.7} = 1.01$。

$\cos\theta 2 = 0.95$，$\sin\theta_2 = \sqrt{1^2 - 0.95^2} = \sqrt{0.0975} = 0.31$，$\tan\theta_2 = \dfrac{\sin\theta 2}{\cos\theta 2} = \dfrac{0.31}{0.95} = 0.33$。

$$
\begin{aligned}
QC &= P \times (\tan\theta 1 - \tan\theta 2) \\
&= 100KW \times (\tan\theta 1 - \tan\theta 2) \\
&= 100KW \times (1.01 - 0.33) \\
&= 68KVAR
\end{aligned}
$$

因此，須選擇加裝規格45KVAR之電容器。

5-101. (1)一部220V、60Hz三相感應電動機，若採用直接起動，其起動電流為120A，起動轉矩為3牛頓-米。

(2)因為Y-△啓動法是一種降壓啓動法，若啓動採用Y接線，則每相繞組電壓為$220/\sqrt{3}$，Y接線之相電壓較△接線之相電壓小$\sqrt{3}$倍，所以Y接線之起動電流較△接線小3倍，Y接線之起動轉矩也較△接線之起動轉矩小3倍（因轉矩的大小與所加電壓的平方成正比）。

(3)因此，若以Y-△起動，則起動電流與起動轉矩各變為：40A，1牛頓-米。

5-102. 兩只300Ω電阻並聯，並聯電阻小2倍為150Ω；再與一只50Ω電阻串聯，則總電阻為：200Ω。

5-103. 電容起動式單相感應電動機，若要產生最大轉矩，則流過運轉繞組與啓動繞組的電流相位差為：90度。電容起動式單相感應電動機為了在啓動時能產生旋轉磁場，則流過運轉繞組與啓動繞組的電流相位差為90度。

5-104. 並聯電路的總電流為各支路電流之和。

5-105. (1)三個相同的電阻串聯，總電阻大3倍；

(2)三個相同的電阻並聯，總電阻小3倍；

(3)三個相同的電阻串聯，總電阻是並聯時總電阻的9倍。

5-106. (1)功率的公式$P = IV = I^2R = V^2/R$，

(2)在額定電壓之下，功率較大的燈泡其內電阻較小，功率較小大的燈泡其內電阻較大（∵$P = V^2/R$，功率P較大，則內電阻R較小）。

(3)兩只額定電壓相同的燈泡，串聯在適當的電壓上，因串聯電路流通的電流相等，則功率較大的燈泡（內電阻較小者），發熱量會較小〔∵$P = I^2R$，內電阻R較小者，即功率較大的燈泡，發熱量會較小〕。

5-107. 一個線圈的電感量，與匝數、尺寸、有無鐵芯有關，與外加電壓無關。線圈的匝數越多、截面積越大、含鐵磁材料，則線圈的電感量越大。

5-108. 一般家庭使用之加壓抽水機，所使用的電動機為單相感應電動機。

5-109. 單相電容式電動機，若發生啓動繞組斷路，則電源接通後：無法啓動，若撥動轉子，電動機可以轉動，且可攜帶額定負載運轉

5-110. (1)即若兩台額定功率相同，但額定電壓不同的用電設備，若額定電壓為110V設備的電阻為R，則額定電壓為220V設備的電阻4R。

(2)功率的公式$P = IV = I^2R = V^2/R$，$R = V^2/P$。

$R(220V)/R(110V) = (220^2/P)/(110^2/P) = 220^2/110^2 = 4$，$R(220V) = 4*R(110V)$。

5-111. (1)三相感應電動機，以Y-△啓動並有3E電驛作保護，敘述為錯誤者是：③Y-△啓動法可將啓動轉矩降至全壓啓動時的0.2倍，

(2)正確數字是1/3，因為Y-△啓動法是一種降壓啓動法，電壓降低到全壓啓動時 $1/\sqrt{3}$，啓動轉矩與電壓的平方成正比，所以啓動轉矩降至全壓轉矩時的1/3倍

5-112. 某設備所使用的三相感應電動機，於控制電路中裝設3E電驛，是過載、欠相、逆相的故障現象，無法達成三相感應電動機接地保護的功能。

5-113. 3E電驛是作為電動機欠相、過電流及逆相保護之用，裝置一個3E電驛僅可保護1台電動機。

5-114. 在一恆壓的電路中，電阻R增大，電流隨之減小。

5-115. (1)當三相繞組連成Y形，接於380V的三相電源上時，線電壓 = 380V，相電壓 = $380/\sqrt{3} = 220$V，則在每相繞組上的電壓為220V。

(2)三相繞組連成△形，接於220V的三相電源上時，因相電壓 = 線電壓，則在每相繞組上的電壓亦為220V。

(3)因為在每相繞組上的相電壓V_p均為220V，因此繞組上的相電流I_p亦相等，三相交流電功率$P(3\phi) = 3V_pI_p\cos\theta$，所以電源之輸入功率應相等。

5-116. 一般設備銘牌上標的電壓和電流值，或電氣儀表所測出來的數值都是：有效值。

5-117. 使用三用電表進行測量時，測量前應首先檢查表頭指針：是否在零位。

5-118. 3E電驛的測試（Test）按鈕，主要是做手動跳脫測試。

5-119. 三相感應電動機在啓動時，若發生電源欠相，則不能產生旋轉磁場，則會出現電動機無法啓動，且有嗡嗡聲的現象。

5-120. 三相感應電動機運轉中，若發生一相電源線斷路，此為欠相狀態，電動機之反應為：電動機持續運轉，但運轉電流增大，溫度上升。

5-121. (1)$X_C = 1/2\pi fc$。X_C：容抗（歐／Ω），f：頻率（赫／Hz），C：電容（法拉／F）。

$X_L = 2\pi fL$。X_L：感抗（歐／Ω），f：頻率（赫／Hz），L：電感（亨利／H）。

(2)在RLC並聯電路中，當電源頻率等於諧振頻率時，$X_L = X_C$，電路的總阻抗為最大（Z = R）。若電源是一個定電流源Ii，= Ii*Z = Ii*R，此時輸出端電壓Vo為最大。

(3)當電源頻率從諧振頻率逐漸減小時，電路的總阻抗逐漸減小，因此輸出端電壓Vo逐漸減小。

(4)當電源頻率從諧振頻率逐漸減小到零時，即f = 0(Hz)，則$X_L = 2\pi fL = 0(\Omega)$，電路呈現短路狀態，電路的總阻抗等於0Ω，此時輸出端電壓Vo = 0V，為最小。

(5)因此：當電源頻率從其諧振頻率逐漸減小到零時，電路中的Vo變化為：從最大值漸漸變小。

5-122. 在馬達控制電路中，當電磁接觸（MC）接點之不足時，常用電力繼電器（Power relay）來補助接點之不足，因此又稱為補助電驛，例如MK2P、MK3P等。

工作項目 06：檢查及故障排除

(　　)6-1. 如下圖所示，加上額定電壓（E）時，電驛R　①不動作　②瞬間動作後停　③正常動作　④反覆動作。

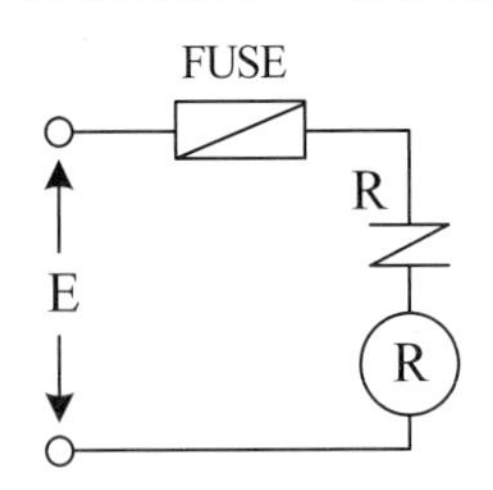

(　　)6-2. PB/ON在電路圖中之意義為　①此按鈕常處於ON狀態　②操作時接通用按鈕開關　③此按鈕具有延時特性　④此按鈕必須與a接點同時使用。

(　　)6-3. 如下圖所示，下列敘述何者正確？　①當開關切入1，2位置時，a及1不通　②當開關切入c位置時，c與3及4不通　③當開關切入b位置時，1與2不通　④當開關切入a位置時，5與6是通路。

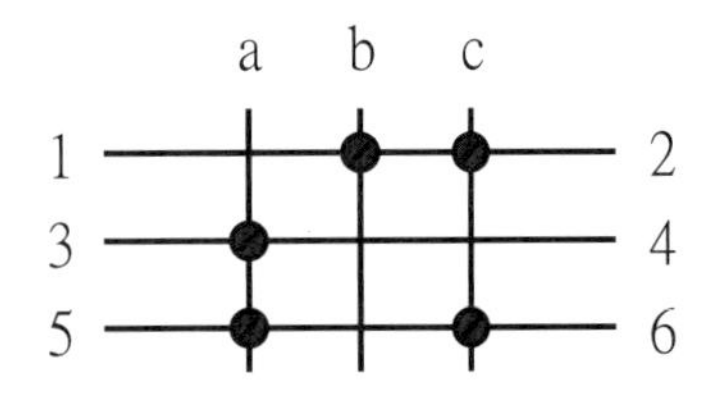

(　　)6-4. 如下圖所示，X電驛之動作為　①能ON能OFF　②不能ON亦不能OFF　③能ON但不能OFF　④不能ON但能OFF。

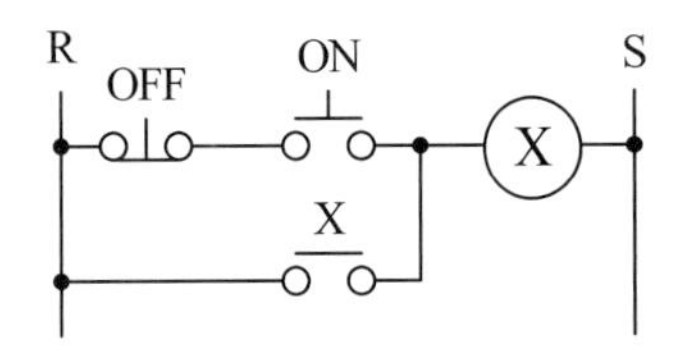

(　　)6-5. 如下圖所示，控制電路可做為一台三相感應電動機　①人－△啟動控制　②正逆轉控制　③斷續動作控制　④ON、OFF起動控制。

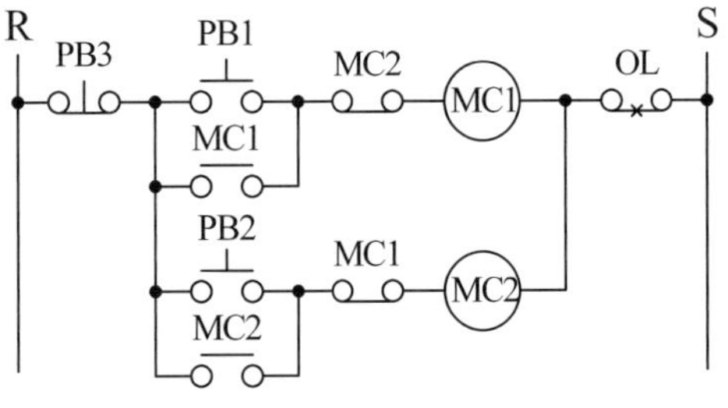

(　　)6-6. 如圖1所示電路圖，某工作者配線如圖2，則此配線　①未按電路圖施工應判定為施工錯誤　②功能一樣，視為合格　③與電路圖一致，視為完全正確　④工作者為工作方便，節省材料這樣更好。

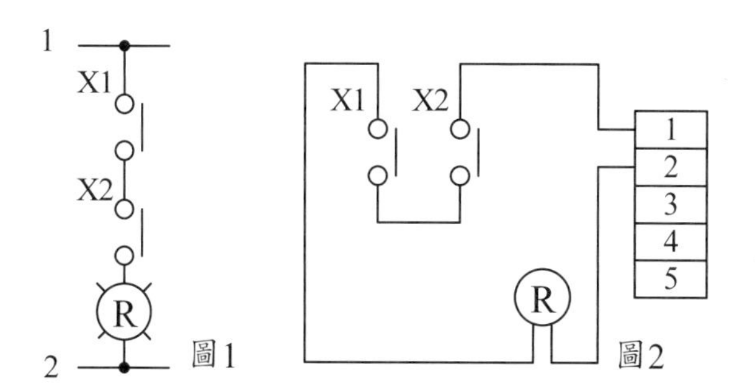

(　　)6-7. 如下圖所示，電磁接觸器MCF在運轉中，如再按ON2按鈕，則電磁接觸器MCR　①不一定動作　②不動作　③動作　④發生故障。

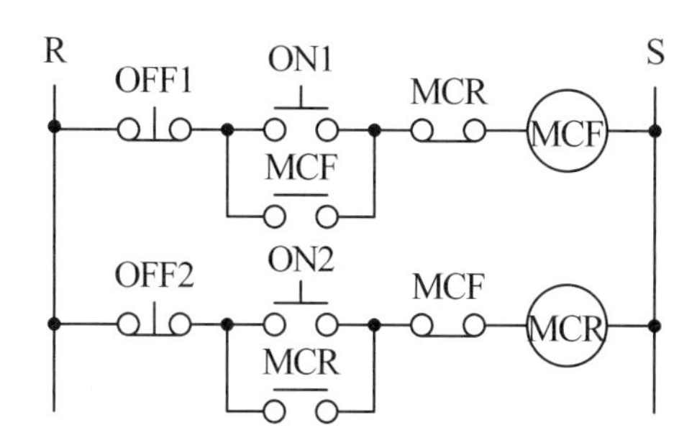

(　　)6-8. 如下圖所示，當ON及OFF按鈕開關同時押下時，電磁接觸器MC之線圈　①不一定動作　②動作　③電路短路　④斷續動作。

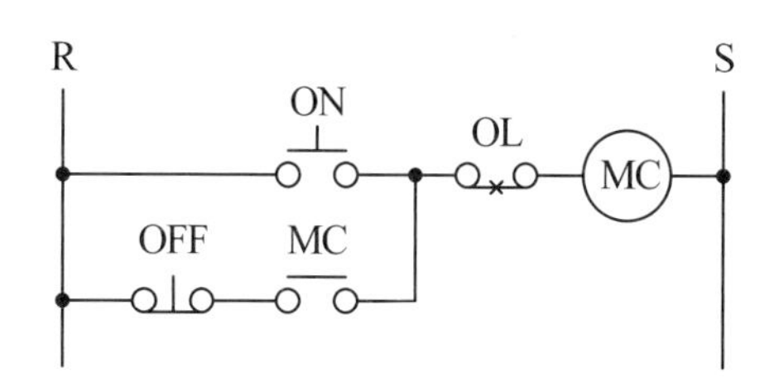

(　　)6-9. 如下圖所示，當A_1、A_4之接點閉合時　①GL_1、GL_2、GL_3、GL_4亮度相同　②GL_1較亮，GL_2、GL_3、GL_4不亮　③GL_2較亮，GL_1、GL_3、GL_4微亮　④GL_1、GL_4亮，GL_2、GL_3微亮。

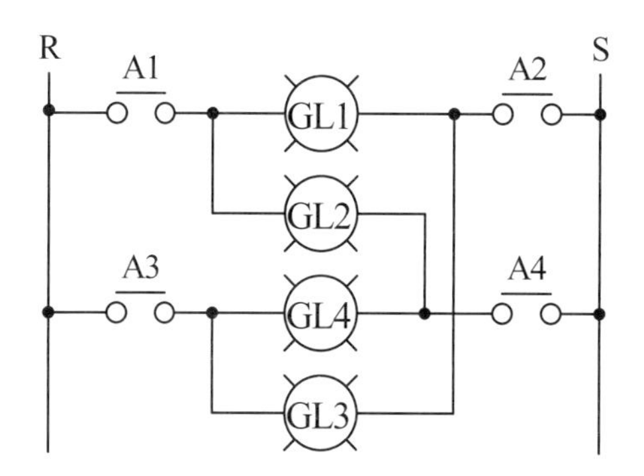

(　　)6-10. 如下圖所示，A、B兩接點之作用為　①連動　②避免同時投入　③保持接點　④可同時投入。

B　A　A　B

(　)6-11. 頻率上升時，電容器之容抗值　①增加　②減少　③不變　④先增後減。

(　)6-12. 檢查220V配電盤（箱）內裸露之導電部分，其帶電體對地距離不得小於　①5公厘　②10公厘　③13公厘　④20公厘。

(　)6-13. 電路裝配完成後，通電試驗前，應首先確認　①時間電驛設定是否正確　②電路有無保險絲等適當的保護裝置　③電路配線確實按圖施工　④積熱電驛設定值是否正確。

(　)6-14. 控制箱裝置配線完成後，作通電試驗前　①須作靜態功能測試　②換裝小安培數保險絲再作試驗　③取下所有時間電驛之本體再作測試　④取下所有電力電驛之本體再作測試。

(　)6-15. 控制箱裝置配線完成後，作通電試驗前　①須先以弱電（如12VDC）作功能測試　②須先確認電源電壓　③連接之電源須先串接100W燈泡，以防短路事故　④不必確認所有接地線是否全部連接在一起。

(　)6-16. 控制箱裝置配線完成後，作通電試驗前，下列何種動作可不必實施？　①將器具上未接線之螺絲鎖緊　②確認電磁接觸器線圈之額定電壓　③依電路圖設定時間電驛　④將栓型保險絲取下，換裝小安培數保險絲，以防短路。

(　)6-17. 當控制箱上之過載指示燈亮時，則　①將供給此控制箱及其他負載之總開關切離　②先切離此控制箱之電源　③將此控制箱控制電路上之保險裝置切離　④將過載保護裝置強迫復歸。

(　)6-18. 在通電情況下，已在現場運轉之控制箱，電源指示燈突然不亮時，不可能之原因為　①指示燈泡燒毀　②指示燈內之變壓器燒毀　③主電路中之電磁接觸器線圈燒毀　④現場突然停電。

(　)6-19. 三相鼠籠型感應電動機接線盒內之導線數為　①3條　②4條　③5條　④6條。

(　)6-20. 當更換感應電動機時，則　①可換裝為較大馬力之電動機　②連接至控制箱之導線需同時更換　③電動機之外殼接地仍需配置　④固定孔不合時可減少固定點。

(　)6-21. 換裝雙浮球開關時，雙浮球間之距離　①視水槽深度作調整　②視電壓大作調整　③視電動機馬力數作調整　④視耗電量作調整。

(　)6-22. 更換溫度控制器之感溫棒時，其接線之長度　①需配合溫度設定範圍　②需考慮電壓大小　③需配合原來裝置之溫度控制器　④需考慮周圍溫度。

(　)6-23. 不影響電磁接觸器接點之壽命者為　①啟斷電流　②大氣壓力　③短路電流　④開閉頻率。

(　)6-24. 在三點式按鈕開關中FWD之標示代表　①過載　②正轉　③逆轉　④停止。

(　)6-25. 換裝交流電流表時，則　①以同刻度範圍者更換不必考慮電流表之CT比　②以同刻度範圍及相同CT比者更換　③以延長刻度相同CT比者更換　④以較大刻度範圍者更換。

(　　)6-26. 無熔線斷路器啟斷容量之選定依　①線路之電壓降　②功率因數　③短路電流　④額定電流。

(　　)6-27. 使用三用電表測試二極體時，電表之歐姆檔指示值很小，則三用電表紅棒所連接之二極體端點為　①P端　②N端　③接地點　④無法判定。

(　　)6-28. 穩壓電路中，稽納二極體之正端接電源之　①正端　②負端　③接地端　④中性點。

(　　)6-29. 旋轉電機機械，因過載而引起過熱之主要原因為　①摩擦損　②鐵損　③漂游損　④銅損。

(　　)6-30. 更換近接開關時，則　①以外徑相同者取代　②以外加電壓相同者取代　③以特性及尺寸相同者取代　④以外殼材質相同者取代。

(　　)6-31. 負載超過CT額定負擔時，所連接之電流計指示值　①增大　②減少　③不變　④無作用。

(　　)6-32. 電極式液面控制器不得用於　①清水　②污水　③自來水　④蒸餾水。

(　　)6-33. 鋁、銅、鐵、黃銅四種材料中之電阻最大者為　①鋁　②銅　③鐵　④黃銅。

(　　)6-34. 三相感應電動機起動時在下列四種起動方法中轉矩最大者為　①人－△起動　②二次電阻起動　③自耦變壓器起動　④全壓起動。

(　　)6-35. 比流器是低導磁鐵心之變壓器，因此二次側不可　①接電容器　②短路　③開路　④接電流表。

(　　)6-36. 三相繞線型感應電動機之起動裝置，下列四種中，何者較為適當　①人－△起動器　②二次電阻起動器　③電抗起動器　④自耦變壓器起動。

(　　)6-37. 依現有施工慣例配電盤內CT二次側配線之顏色，應採用下列何者？　①黑色　②紅色　③綠色　④藍色。

(　　)6-38. R、S、T代表電源線，U、V、W代表感應電動機出線，假如R-U、S-V、T-W連接為正轉，結線變更仍為正轉其結線為　①R-V、S-U、T-W　②R-V、S-W、T-U　③R-W、S-V、T-U　④R-U、S-W、T-V。

(　　)6-39. 在下圖中將S投入後指示燈即　①繼續亮　②熄滅　③反覆點滅　④只亮一次，旋即熄滅。

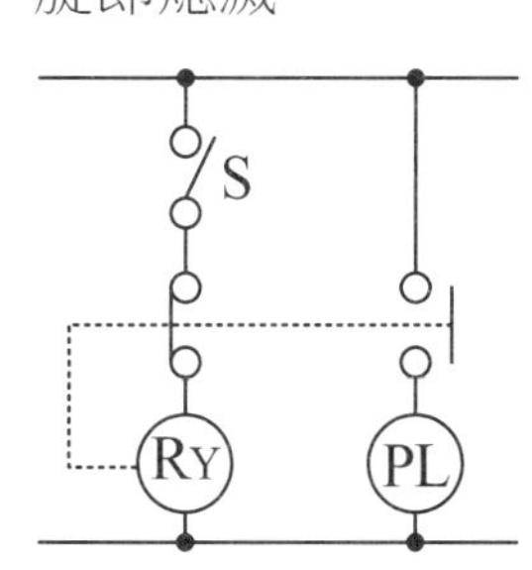

S：開關
RY：電驛
PL：指示燈

(　)6-40. 無熔線斷路器之框架容量 ①大於 ②小於 ③等於 ④大於或等於 跳脫容量。

(　)6-41. 下列電動機之輸出額定值為非規格品者？ ①1HP ②2HP ③3HP ④4HP。

(　)6-42. 換裝電磁接觸器時，新裝配者與原裝配者 ①新裝者額定電流較大 ②舊裝者額定電流較大 ③兩者額定電流相同 ④不必考慮兩者之額定電流。

(　)6-43. 在檢修電路時，電驛未使用之接點 ①可作為導線接續使用 ②不可作為導線接續使用 ③全部連接在一起 ④全部連接在一起後接地。

(　)6-44. 比流器之選用下列何者較不重要 ①額定電壓 ②一次側電流 ③負擔 ④外型。

(　)6-45. 變壓器之乾燥劑其主要功用為 ①調節油面 ②防止油劣化 ③調節溫度 ④防止層間短路。

(　)6-46. 測試線路中接線端子是否有電，下列何種測試方法較為恰當？ ①以驗電筆測試 ②以起子測試 ③以三用電表測試 ④以尖嘴鉗碰觸法測試。

(　)6-47. 控制盤中器具未接線之端點 ①可能帶電 ②不可能帶電 ③永遠比大地之電位高 ④永遠比大地之電位低。

(　)6-48. 換裝電動機之作業時，則 ①應將該分路之開關切離 ②其控制盤中指示燈全熄即可作業 ③可在電動機接線有電情況下作業 ④不必注意電動機接線順序。

(　)6-49. 當電動機控制盤遷移裝置位置後，則 ①不必量測電源電壓 ②不必檢查電源相序 ③需查電源電壓及相序 ④不必檢查電動機接線是否正確。

(　)6-50. 控制盤有一組電磁接觸器故障，則永久性換裝原則為 ①可將主接點短路後繼續運轉 ②必須換裝較大額定之電磁接觸器 ③可暫時使用較小額定之接觸器替代 ④必須換裝相同型號之電磁接觸器。

(　)6-51. 固態接觸器（SSC）加上額定觸發電壓時，以三用電表量測其單一主接點一次側與二次側間之電阻值為 ①0Ω ②接近0Ω ③無限大 ④因廠牌不同而異。

(　)6-52. （本題刪題）如下圖所示，當檢修時，將感應電動機（IM）暫時切離，此時於送電後，以三用電表量測固態接觸器（SSC）主接點二次側間之電壓值為 ①0VAC ②220VAC ③$220/\sqrt{3}$VAC ④約為220VAC。

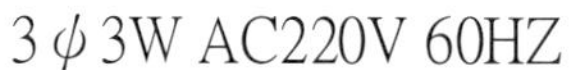

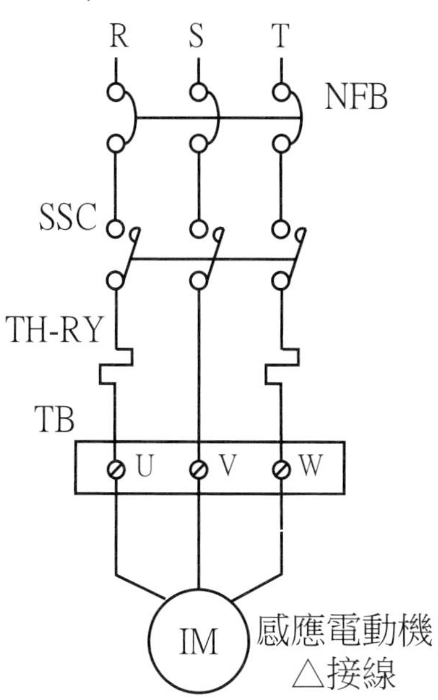

(　　)*6-53.*（本題刪題）如下圖所示，當檢修時，若未切離感應電動機（IM），此時於送電後，以三用電表量測固態接觸器（SSC）主接點二次側間之電壓值為 ①0VAC　②220VAC　③220/$\sqrt{3}$VAC　④約為220VAC。

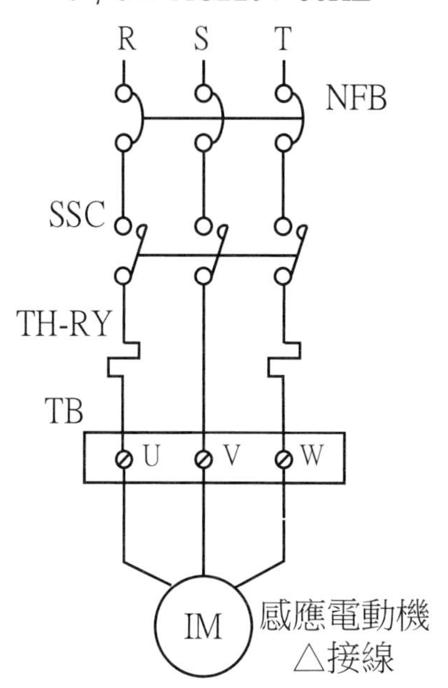

(　　)*6-54.* 如下圖所示，未通電時，以三用電表量測按鈕開關PB1之a接點兩端之電阻值為：　①無限大　②接近無限大　③電磁接觸器線圈與指示燈內阻之並聯值　④電磁接觸器線圈與指示燈內阻之串聯值。

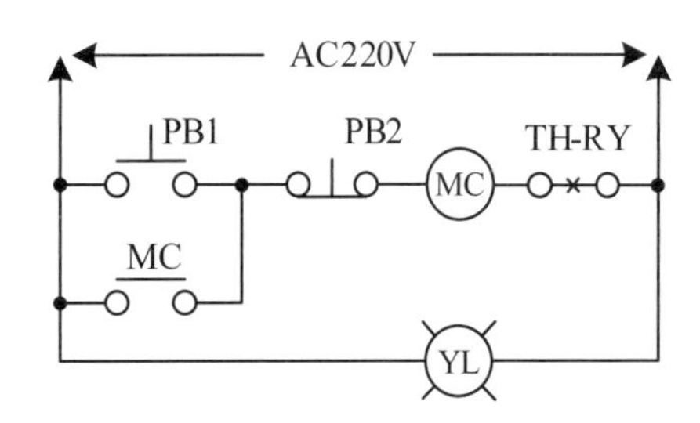

(　　)6-55. 如下圖所示，電磁接觸器線圈之內阻值為300Ω，指示燈之內阻值為600Ω。通電後，若PB1或PB2均未動作，則電磁接觸器輔助a接點間之電壓值為：　①0VAC　②220VAC　③$220\times\frac{300}{900}$VAC　④$220\times\frac{600}{900}$VAC。

(　　)6-56. 下列有關保養維護用累積計時器之敘述，何者正確？　①盤面上需設置按鈕　②指示範圍0～99999，以秒為計時基礎　③當斷電時，即自動歸零　④更換時，不能以一般計時器取代。

(　　)6-57. 更換溫度感測器之感溫棒時，若該感溫棒為三線式PT100Ω，則：　①兩條白色線之接點可以互換　②白色線與紅色線之接點可以互換　③能以二線式感溫棒取代　④能以二線式熱偶感溫棒取代。

(　　)6-58. 裝置有自動逆相防止電驛（APR）之控制盤中，送電後，若APR a接點不動作，則可能的原因為：　①相電壓低於額定電壓值2%　②線電壓高於額定電壓值2%　③相電壓高於額定電壓值2%　④欠相。

(　　)6-59. 有關「電業供電電壓及頻率標準」之電源系統標示，下列何者錯誤？　①1ϕ 2W 110V AC　②1ϕ 2W 220V AC　③3ϕ 4W 380/220V AC　④3ϕ 4W 220/110V AC。

(　　)6-60. 換裝切換開關時，下列操作何者錯誤？　①為求穩固，分別將墊圈置於操作面板裡外兩側　②視操作面板之厚度，調整墊圈之數量　③不可更改切換指示標註　④選用相同規格之產品。

(　　)6-61. 如下圖所示之歐規斷路器，若其規格為3P 220VAC 25KA 25A，下列有關該器具之功能敘述何者錯誤？　①適用於3ϕ 3W 220VAC之電源系統　②具有三相同時投入與切離之手動裝置　③當二次側短路時，自動跳脫　④當二次側負載電流大於25A時，自動跳脫。

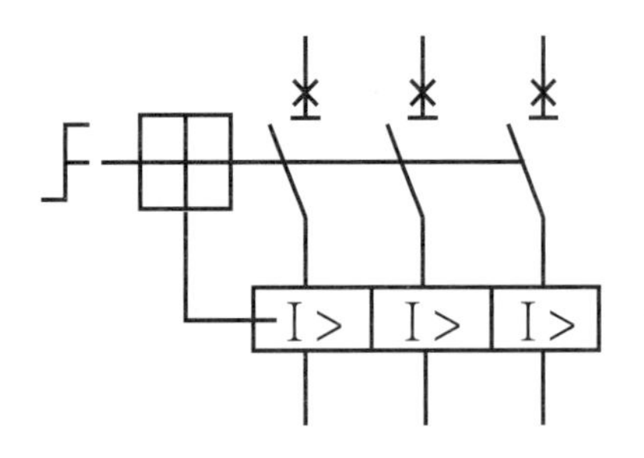

( )6-62. 如下圖所示之歐規斷路器，若其規格為3P 220VAC 25KA 2.5～4A過載可調，瞬跳值為10倍以上，下列有關該器具之功能敘述何者錯誤？ ①當過載旋鈕切於4A時，若負載電流大於40A，則該斷路器做過載跳脫 ②該斷路器具有過載及短路跳脫功能 ③當短路電流大於25KA時，該斷路器無跳脫功能 ④該斷路器二次側不必加裝過載保護電驛。

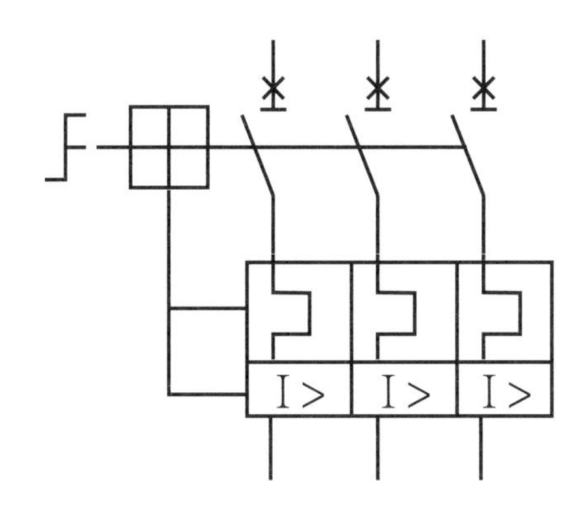

◆解答◆

6-1.④ 6-2.② 6-3.④ 6-4.③ 6-5.② 6-6.① 6-7.② 6-8.② 6-9.③ 6-10.②
6-11.② 6-12.③ 6-13.③ 6-14.① 6-15.② 6-16.④ 6-17.② 6-18.③ 6-19.④ 6-20.③
6-21.① 6-22.③ 6-23.② 6-24.② 6-25.② 6-26.③ 6-27.② 6-28.② 6-29.④ 6-30.③
6-31.② 6-32.④ 6-33.③ 6-34.④ 6-35.③ 6-36.② 6-37.① 6-38.② 6-39.③ 6-40.④
6-41.④ 6-42.③ 6-43.② 6-44.④ 6-45.② 6-46.③ 6-47.① 6-48.① 6-49.③ 6-50.④
6-51.③ 6-52.② 6-53.① 6-54.④ 6-55.② 6-56.④. 6-57.① 6-58.④ 6-59④. 6-60.①
6-61.④ 6-62.①

◆解析◆

6-1. 當電驛*R*動作，*R*之*b*接點斷開，電驛*R*斷電，*R*之*b*接點恢復導通，電驛*R*會再次動作；因此電驛*R*會反覆動作。

6-3. 當開關切入a位置時，3與4導通、5與6導通；當開關切入b位置時，1與2導通；當開關切入c位置時，1與2導通、5與6導通。因此當開關切入a位置時，5與6是通路為正確答案。

6-4. 當PB/ON按下後，電驛動作且自保；按下PB/OFF時，無法切斷自保回路。
因此X電驛之動作為能ON但不能OFF。

6-9. 當A_1、A_4閉合時，GL2接RS電源端，故較亮；GL1、GL2、GL3三燈串聯後才接RS電源端，所以微亮。

6-10. 此為電器連鎖電路，避免兩電驛A及B同時投入。

6-11. 因容抗$X_c = 1/(2\pi fc)$，故頻率f上升時，電容器之容抗值減少。

6-13. 電路裝配完成後，通電試驗前，應首先確認電路配線確實按圖施工。

6-19. 三相鼠籠型感應電動機的定子有A、B、C三相線圈，故接線盒內之導線數為6條。

6-24. 在三點式按鈕開關中FWD之標示代表正轉（FORWARD），另外REV之標示代表逆轉（REVERSE），OFF之標示代表停止。

6-26. 無熔線斷路器主要作用為保護電路的短路故障，故啓斷容量之選定依短路電流。

6-27. (1)二極體的兩端點稱為P端（亦稱正極）及N端（亦稱負極），當二極體接順向電壓時（即直流電源的正極接P端，負極接N端）時，是為導通狀態，兩端點的電阻值很小。

(2)若使用三用電表測試二極體時，電表之歐姆檔指示值很小，則三用電表紅棒所連接之二極體端點為N端，因為三用電表的紅棒接電表內部電池的負極。

6-28. 稽納二極體（Zener diode），或稱為齊納二極體，是利用其在逆向電壓作用下具有穩壓的特點，因此，在穩壓電路中，稽納二極體之正端接電源之負端。

6-29. 旋轉電機機械，因過載而引起過熱之主要原因為銅損；因為旋轉電機過載時，負載電流增加，在線圈上的功率損失增加。

6-31. 負載超過CT額定負擔時，所連接之電流計指示值減少。

6-32. 電極式液面控制器不得用於蒸餾水，因為蒸餾水為不良導體。

6-34. 三相感應電動機起動時，起動方法中轉矩最大者為全壓起動，而人－△起動、二次電阻起動、自耦變壓器起動是為降壓起動方法，因為起動轉矩是與所加電壓的平方成正比。

6-35. 比流器是低導磁鐵心之變壓器，因此二次側不可開路。

因為比流器在正常使用情況下，二次繞組連接電流表時或短路時，二次側電流所產生的磁通可以抑制一次側電流在比流器鐵心內所產生的磁通。但當二次側開路時，一次側電流所產生的磁通，沒有二次電流加以抑制，會使得鐵心因過激而產生太多的磁通，會使二次繞組感應高電壓，破壞比流器的絕緣。

6-40. 無熔線斷路器（NFB）之框架容量是指NFB的框架結構可以流通的最大電流，跳脫容量是指NFB在這個電流值時，會跳脱切斷電路，以保護設備安全，所以NFB的框架容量需大於或等於跳脫容量。

6-45. 變壓器之乾燥劑其主要功用為防止油劣化，因為乾燥劑可以吸收水分。

6-47. 控制盤中器具未接線之端點有可能帶電。

6-49. 當控制盤遷移裝置位置後，則需查電源電壓及相序，以確保電壓及電動機轉向相同。

6-54. (1)PB1之a接點兩端之電阻值為：電磁接觸器線圈與指示燈內阻之串聯值。

(2)假定三用電表的〔紅棒端〕接按鈕開關PB1之a接點的左邊，〔黑棒端〕接按鈕開關PB1之a接點的右邊，則兩端之電阻值為電磁接觸器線圈（MC）與指示燈（YL）內阻之串聯值。

6-55. (1)如圖所示，電磁接觸器線圈之內阻值為300Ω，指示燈之內阻值為600Ω。通電後，若PB1或PB2均未動作，則電磁接觸器輔助a接點間之電壓值為：220VAC。

(2)如右圖，通電後，若PB1或PB2均未動作時，電磁接觸器的線圈（MC）不會吸磁動作，沒有電流流通，則在線圈的電壓降V = I*R = 0(A)*300(Ω) = 0V，端點a2的電位與電源點T，兩個端點電位相同。

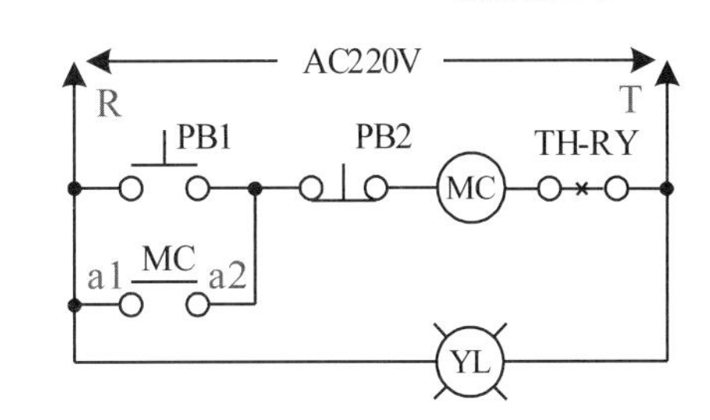

因此，磁接觸器輔助a接點間之電壓值Va1-a2，等於電源電壓VR-T = 220V。

6-57. (1)更換溫度感測器之感溫棒時，若該感溫棒為三線式PT100Ω，則：兩條白色線之接點可以互換。

(2)電阻測溫體（Resistance Temperature Detectors，簡稱RTD）之電阻值隨著溫度變化而改變，由這種特性來換算出當下的溫度，RTD中以PT100較為普遍，當0℃時電阻值為100Ω，故稱為PT100，電阻變化率為0.3851Ω/℃。由於其電阻值小靈敏度高，橋式電路接法可消除引線線路電阻帶來的測量誤差，當電橋處於平衡狀態時，Vo = 0伏，R1*(R3 + r2 + r3) = R2*(Rpt100 + r2 + r1)，引線線電阻的變化對測量結果沒有任何影響。當溫度變化後，Rpt100之電阻隨之變化後，電橋不平衡，Vo≠0。

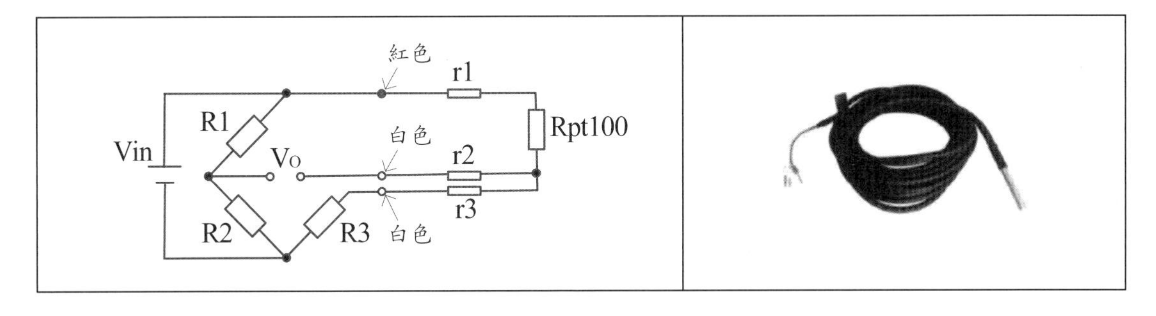

6-58. 自動逆相防止電驛（Antiphase Relay）簡稱APR，主要功能是要確保三相電源送電時，電源是為正相序。當送電後，相序錯誤或者欠相時，APR之保護a接點不動作。逆相防止電驛一般使用在空氣壓縮機、空調、電梯、車床等控制電動機的運轉方向有規定的設備上。

6-59. 有關「電業供電電壓及頻率標準」之電源系統標示，錯誤者為：3ϕ 4W 220/110V AC。因為110伏的電壓等級，沒有三相的供電方式。

6-60. 換裝切換開關時，錯誤操作者為：為求穩固，分別將墊圈置於操作面板裡外兩側。

墊圈只能裝置於操作面板裡（內）側，不能裝在外側。而且視操作面板的板金厚度，在內側調整墊圈之數量，使外側開關裝置能夠平整美觀。

附錄6　工業配線丙級學科測試有關公式

1. 歐姆定律

$R=\frac{E}{I}$，$I=\frac{E}{R}$，$E=IR$，

R：電阻，歐姆（Ω）；I：電流，安培（A）；E：電壓，伏特（V）

2. 電阻

$R=\rho\frac{\ell}{A}$

R：電阻，歐姆（Ω）；ρ：電阻係數，歐姆‧米（Ω‧m）；
ℓ：長度，m；　A：截面積，m^2

3. 電阻串聯

$R_t=R_1+R_2+R_3+\cdots\cdots R_n$

4. 電阻並聯

$\frac{1}{R_t}=\frac{1}{R_1}+\frac{1}{R_2}+\frac{1}{R_3}\cdots\cdots+\frac{1}{R_n}$

5. 分壓定理

$V_n=V_S\times\frac{R_n}{R_1+R_2+R_3+\cdots\cdots+R_n}=V_S\times\frac{R_n}{R_t}$

6. 分流定理

$$I_n=I_S\times\frac{\frac{1}{R_n}}{\frac{1}{R_1}+\frac{1}{R_2}+\frac{1}{R_3}+\cdots\cdots+\frac{1}{R_n}}=I_S\times\frac{R_t}{R_n}$$

7. 電容器並聯

$C_t=C_1+C_2+C_3\cdots\cdots+C_n$

C：電容量，法拉（F, Farad）

8. 電容器串聯

$\frac{1}{C_t}=\frac{1}{C_1}+\frac{1}{C_2}+\frac{1}{C_3}\cdots\cdots+\frac{1}{C_n}$

9. 電感器串聯

$L_t=L_1+L_2+L_3\cdots\cdots+L_n$

L：電感量，亨利（Henry, H）

10. 電感器並聯

$\frac{1}{L_t}=\frac{1}{L_1}+\frac{1}{L_2}+\frac{1}{L_3}\cdots\cdots+\frac{1}{L_n}$

11. 容抗、感抗

$X_C=1/2\pi fC$，　X_C：容抗，歐姆（Ω）

$X_L=2\pi fL$，　X_L：感抗，歐姆（Ω）

12 RLC串聯電路

(1)RL串聯

$Z=R+jX_L$，$|Z|=\sqrt{R^2+X_L^2}$

(2)RC串聯

$Z = R - jXc$，$|Z| = \sqrt{R^2 + X_C^2}$

(3)RLC串聯

$Z = R + j(X_L - Xc)$，$|Z| = \sqrt{R^2 + (X_L - X_C)^2}$

13. 電功率

(1)直流電功率$P = VI = I^2R = \dfrac{V^2}{R}$

(2)單相交流電功率$P = VI\cos\theta$

(3)三相交流電功率$P = \sqrt{3}VI\cos\theta$

14. 交流電功率

(1)有效功率，$P = VI\cos\theta$，瓦特（W）

(2)虛功率，$Q = VI\sin\theta$，乏（Var）

(3)視在功率，$S = VI$，伏安（VI）

(4)$S^2 = P^2 + Q^2$

15. 正弦波之最大值（峰值），峰對峰值，有效值，平均值，波形因數

(1)最大值 $= V_m = V_p = \sqrt{2}V_{rms} = 1.414V_{rms}$

(2)峰對峰值 $= V_{pp} = 2V_m$

(3)有效值 $= V_{rms} = \dfrac{1}{\sqrt{2}}V_m = 0.707\ V_m$

(4)平均值 $= V_{av} = 0.6366V_m$

(5)波形因數 = 有效值 / 平均值 = 0.707/0.6366 = 1.11

16. 諧振電路

交流RLC電路中，電壓或電流為最大值時，稱之為諧振。即感抗與容抗相等，彼此抵消，電源所提供的功率都消耗在電阻上。

在串聯諧振時，$Z = R + j(X_L - Xc) = R$，$I = V/Z = V/R$，I為最大值。因此，諧振電路的特徵為電壓與電流同相，RLC串聯電路諧振時，電路之電流為最大。

17. △形連接

線電壓(V_L) = 相電壓(V_P)

線電流$(I_L) = \sqrt{3}\times$相電流(I_P)

18. Y形連接

線電壓$(V_L) = \sqrt{3}\times$相電壓(V_P)

線電流(I_L) = 相電流(I_P)

19. 焦耳定理

$H = 0.24I^2Rt$

H：熱量，卡（Cal）；I：電流，安培（A）

R：電阻，歐姆（Ω）；t：時間，秒（Sec）

20. 功率因數改善：加裝電容器

電容器可用於改善電路的功率因數，此時並聯電容器的大小以乏（VAR）來稱呼。電路中加入電容器用以抵消電動機等電感性負載的落後電流，使負載儘量接近電阻性負載，提高功率因數。

$Q_{(VAR)} = V^2 \times 2\pi fC$

Q：無效功率（VAR），V：電壓（V）

f：頻率（Hz），C：電容量（F）

附錄7　工業配線丙級術科測試時間配當表

一、每一檢定場，每日排定測試場次乙場；程序表如下：

時　間	內　容	備　註
7：30－8：00	1.監評前協調會議（含監評檢查機具設備） 2.應檢人報到完成	
8：00－8：25	1.場地設備及供料、自備機具及材料等作業說明 2.測試應注意事項說明 3.應檢人試題疑義說明 4.其他事項	
8：25－8：30	應檢人抽題及工作崗位分配	應檢人抽題之後，視同檢定開始，應檢人不得離開檢定區域
8：30－12：40	1.階段A：故障檢修之檢測 2.階段B：裝置配線之檢測	10分鐘為階段B之設備及材料檢查時間，不計入測試時間
12：40－13：30	進行評審工作	
13：30－14：00	召開檢討會 〈監評人員及術科測試辦理單位視需要召開〉	

二、每一檢定場，每日排定測試場次為上、下午各乙場；程序表如下：

場次	時　　間	內　　容	備 註
上午場	7：30－8：00	1.監評前協調會議（含監評檢查機具設備） 2.上午場應檢人報到完成	
	8：00－8：25	1.場地設備及供料、自備機具及材料等作業說明 2.測試應注意事項說明 3.應檢人試題疑義說明 4.其他事項	
	8：25－8：30	應檢人抽題及工作崗位分配	應檢人抽題之後，視同檢定開始，應檢人不得離開檢定區域
	8：30－12：40	1.階段A：故障檢修之檢測 2.階段B：裝置配線之檢測	10分鐘為階段B之設備及材料檢查時間，不計入測試時間
	12：40－13：30	進行評審工作	
下午場	13：00－13：30	下午場應檢人報到	
	13：30－13：55	1.場地設備及供料、自備機具及材料等作業說明 2.測試應注意事項說明 3.應檢人試題疑義說明 4.其他事項	
	13：55－14：00	應檢人抽題及工作崗位分配	應檢人抽題之後，視同檢定開始，應檢人不得離開檢定區域
	14：00－18：10	1.階段A：故障檢修之檢測 2.階段B：裝置配線之檢測	10分鐘為階段B之設備及材料檢查時間，不計入測試時間
	18：10－18：30	進行評審工作	
	18：30－19：00	召開檢討會〈監評人員及術科測試辦理單位視需要召開〉	

附錄8　術科測試重點提示

〔階段A〕：故障檢修測試

一、測試步驟

〔步驟1〕確認盤箱正常：時間5分鐘

〔步驟2〕盤體檢測：

1. 測試時間10分鐘
2. 應檢人將檢測結果A、B、C或D填入盤體檢測答案欄即可
   (A) 主線路故障
   (B) 控制線路故障
   (C) 主線路及控制線路故障
   (D) 盤體正常

〔步驟3〕故障點檢測：

1. 須分別檢測3個不同的故障點
2. 每個故障點測試時間10分鐘
3. 須在線路圖中之故障點處，註記下列三種事項
   (1) 註記三次檢測故障之序號：1、2或3
   (2) 標示故障之所在：方法(1)：1個箭號→（表示電路接線斷路）
   方法(2)：2個箭號→→（表示器具接點短路）
   (3)說明故障之原因：斷路或短路

二、A1-A7各題故障點設定開關S的數量統計，如下表所示。

題　號	A1	A2	A3	A4	A5	A6	A7
A. 主電路故障	3	2	3	3	3	2	3
B. 控制電路故障	7	8	7	7	7	8	7

三、A1-A7各題故障點之設定，故障現象之分析整理。

(1) 綠色圖框說明：顯而易見的故障

(2) 紅色圖框說明：較難分析的故障

(3) 棕色圖框說明：主電路故障部分，依線號順序測量各接點間之on/off狀態

A1 第一題 單相感應電動機順序起動控制

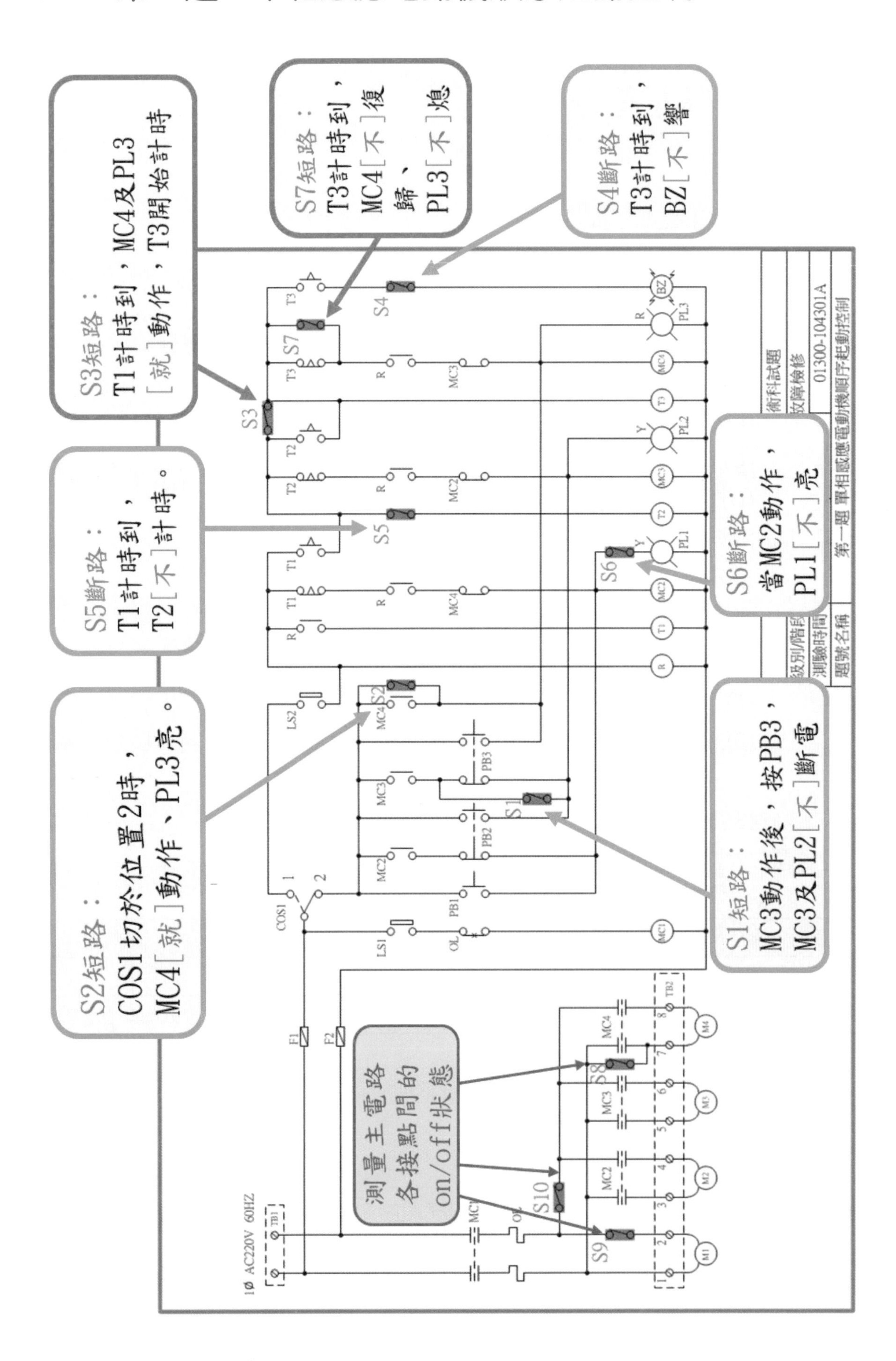

A2　第二題　自動台車分料系統控制電路

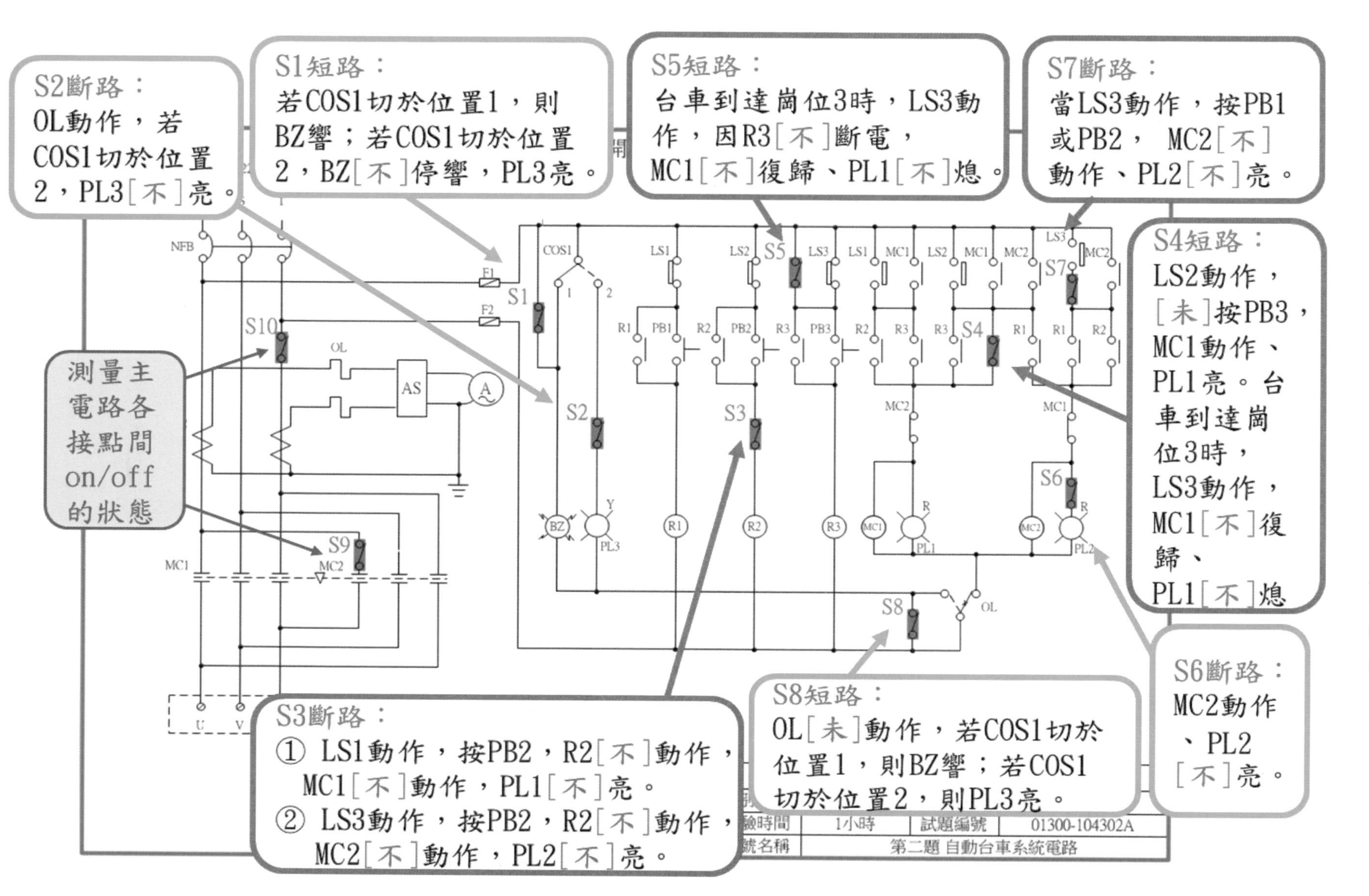

A3 第三題 三台輸送帶電動機順序運轉控制

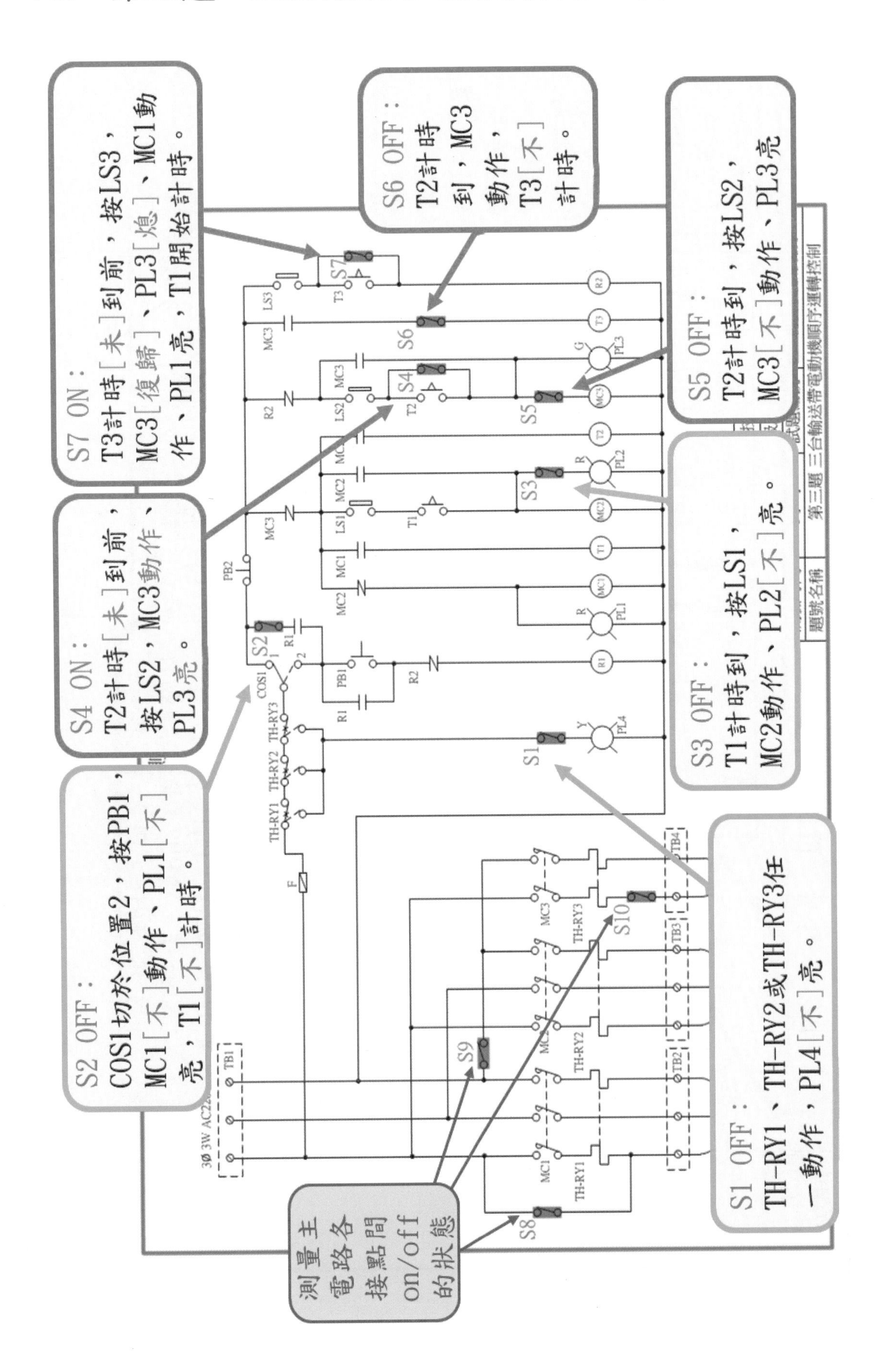

A4　第四題　三相感應電動機之Y-△降壓起動控制（一）

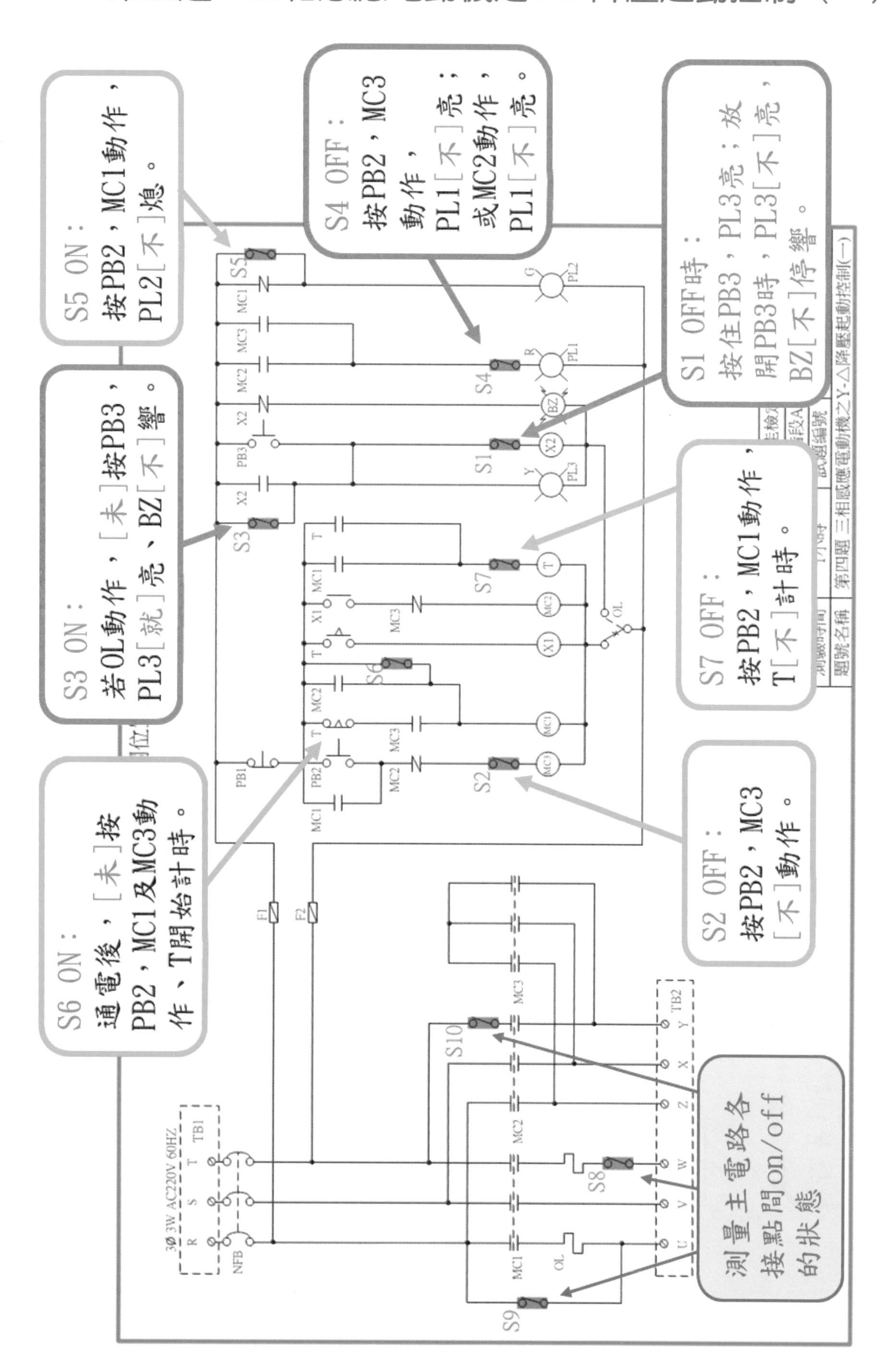

A5 第五題 三相感應電動機之Y-△降壓起動控制（二）

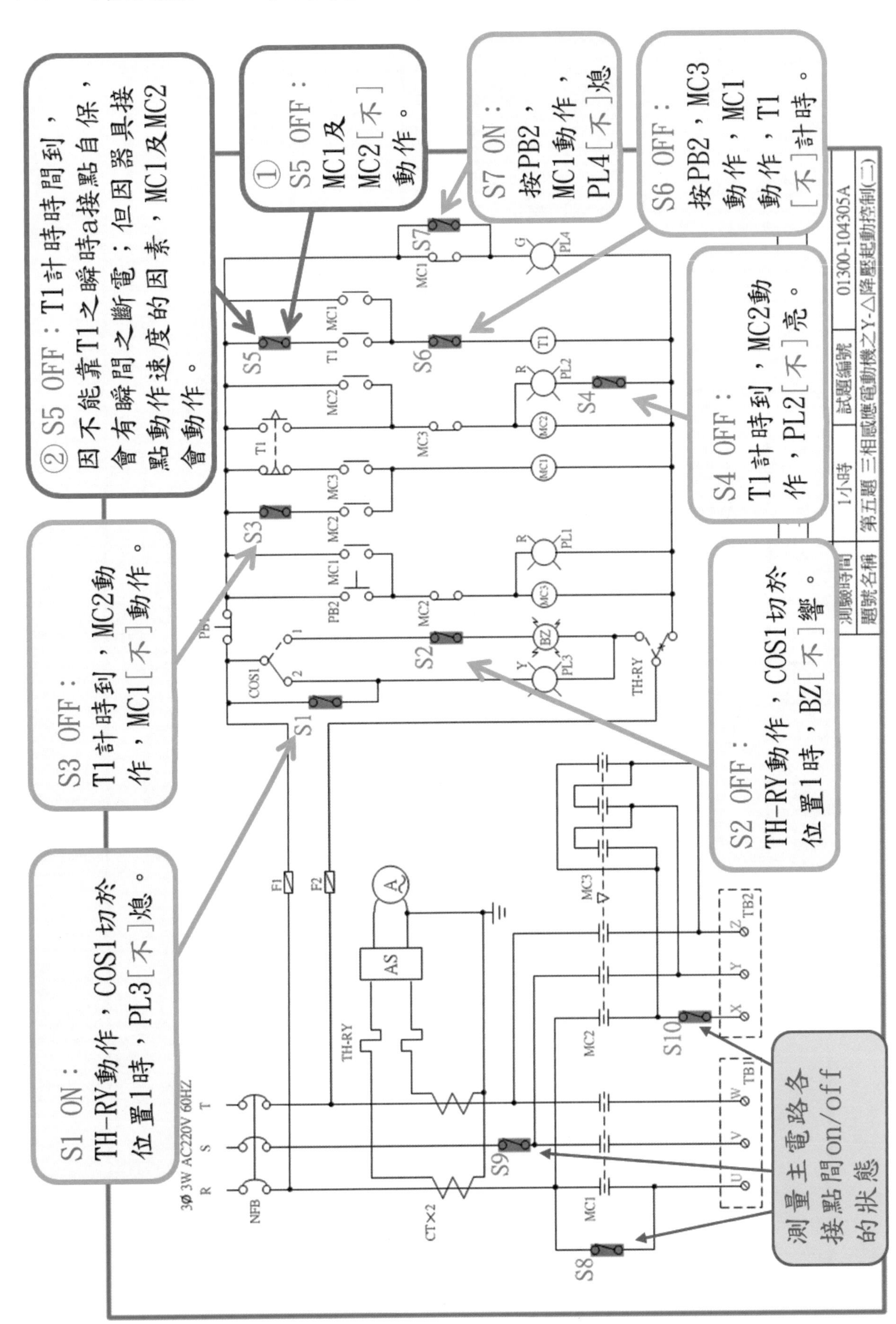

A6　第六題　三相感應電動機順序啓閉控制

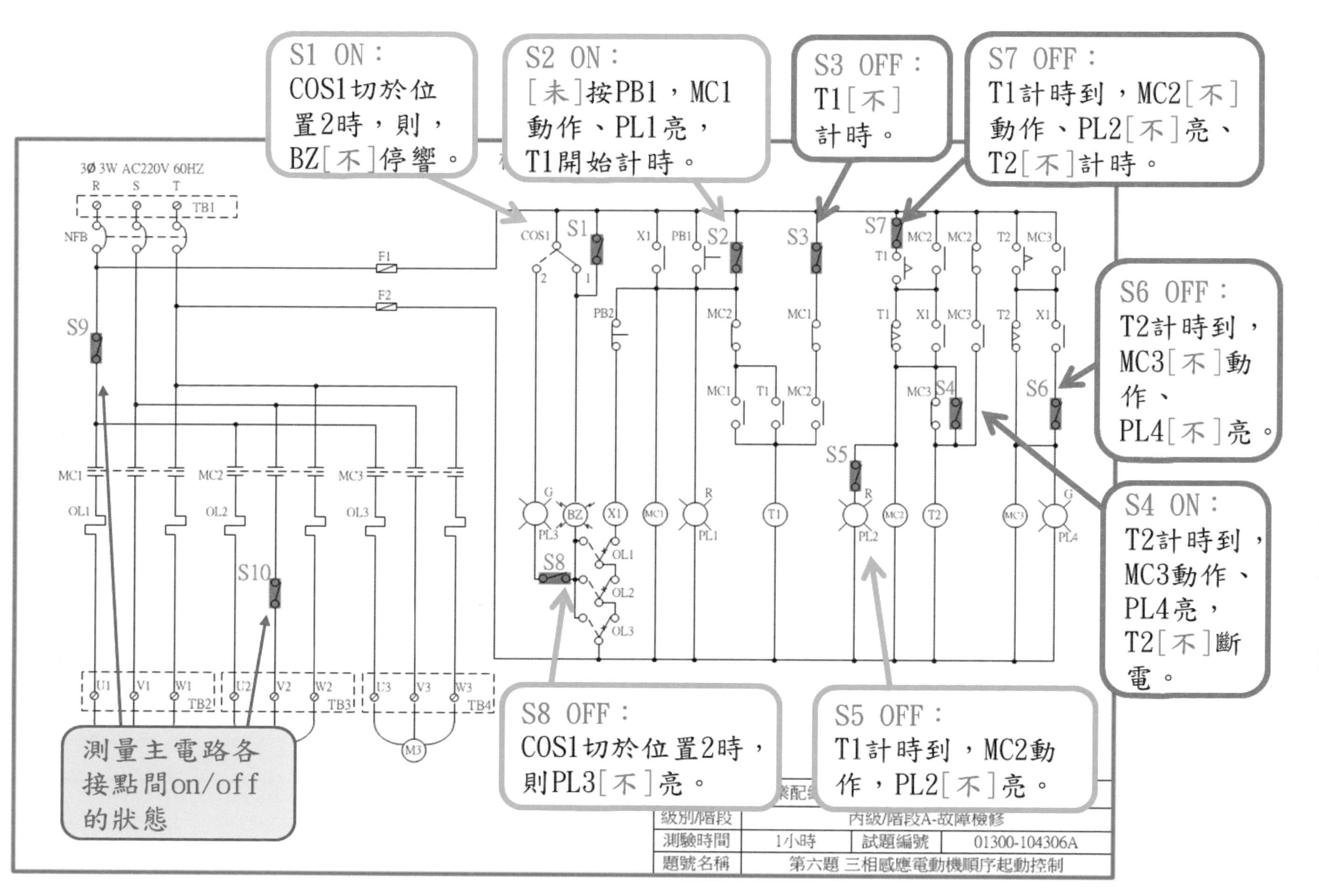

A7 第七題 往復式送料機自動控制電路

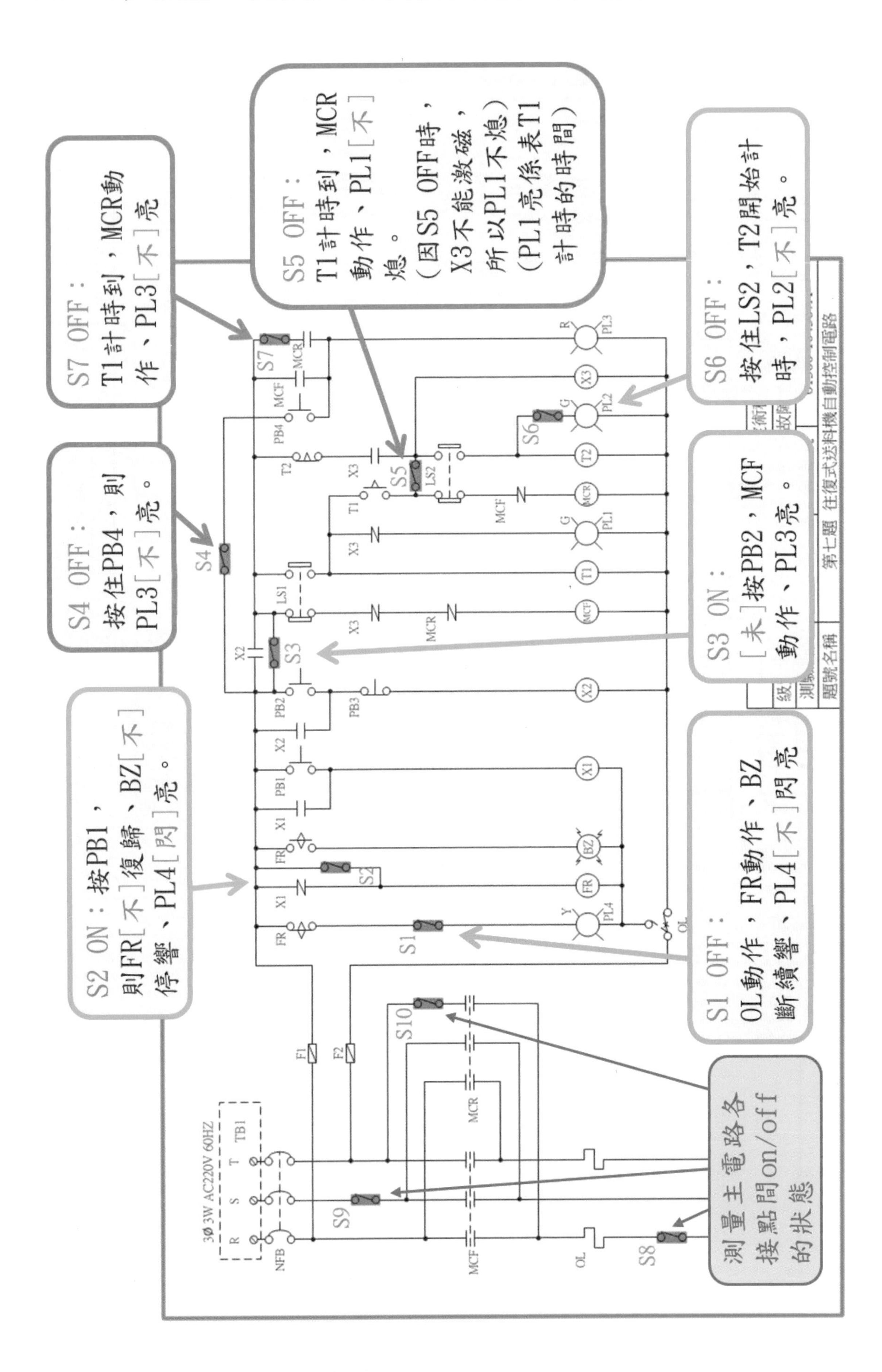

〔階段B〕裝置配線測試：時間3小時

裝置配線B1-B7各題之〔配線規劃〕標註編號數量統計表

題　號	B1	B2	B3	B4	B5	B6	B7
1. 線號（#）	18	13	18	14	15	14	14
2. 過門線號（TB）	7	6	12	4	11	5	8
3. 接點編號（接線點數）	54	38	57	48	48	45	42
4. 接地線及其他（接線點數）	4	4	10	6	14	4	4

控制電驛接線參考圖

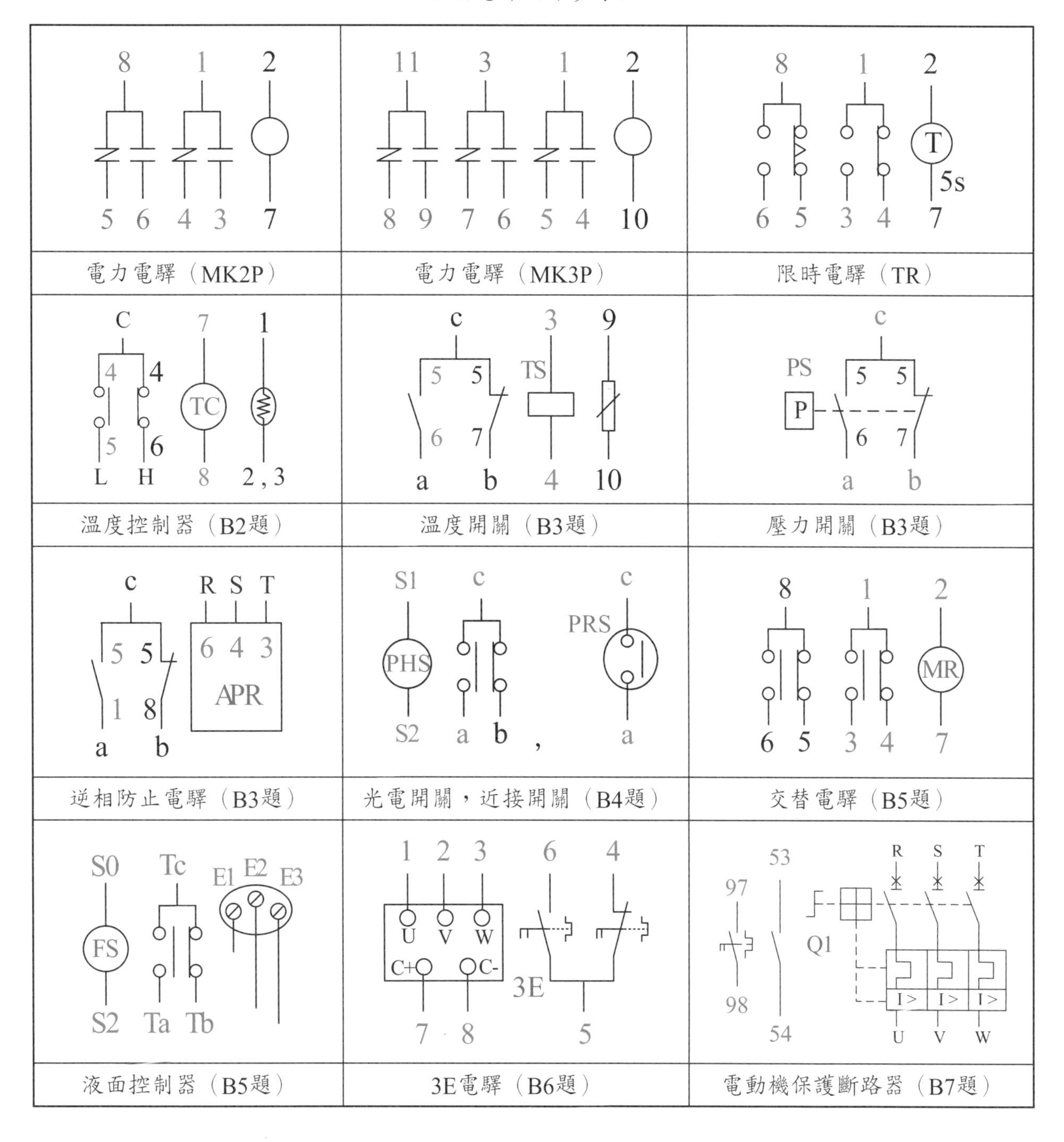

電力電驛（MK2P）　電力電驛（MK3P）　限時電驛（TR）

溫度控制器（B2題）　溫度開關（B3題）　壓力開關（B3題）

逆相防止電驛（B3題）　光電開關，近接開關（B4題）　交替電驛（B5題）

液面控制器（B5題）　3E電驛（B6題）　電動機保護斷路器（B7題）

B1　第一題　單相感應電動機正反轉控制

在檢定時分發之線路圖上，請依個人配線習慣，練習完成〔配線規劃〕之標註。

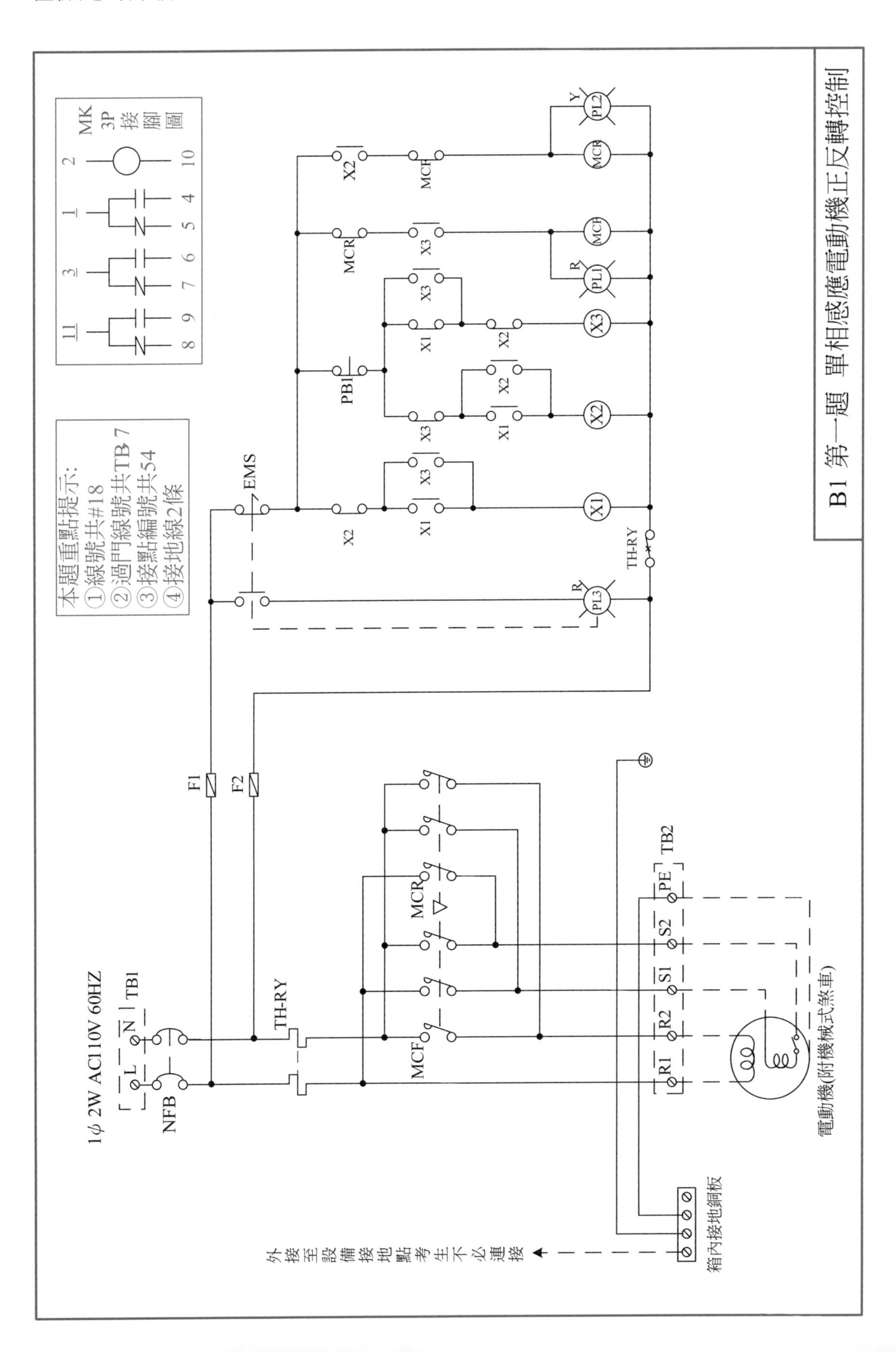

B2　第二題　乾燥桶控制電路

在檢定時分發之線路圖上，請依個人配線習慣，練習完成〔配線規劃〕之標註。

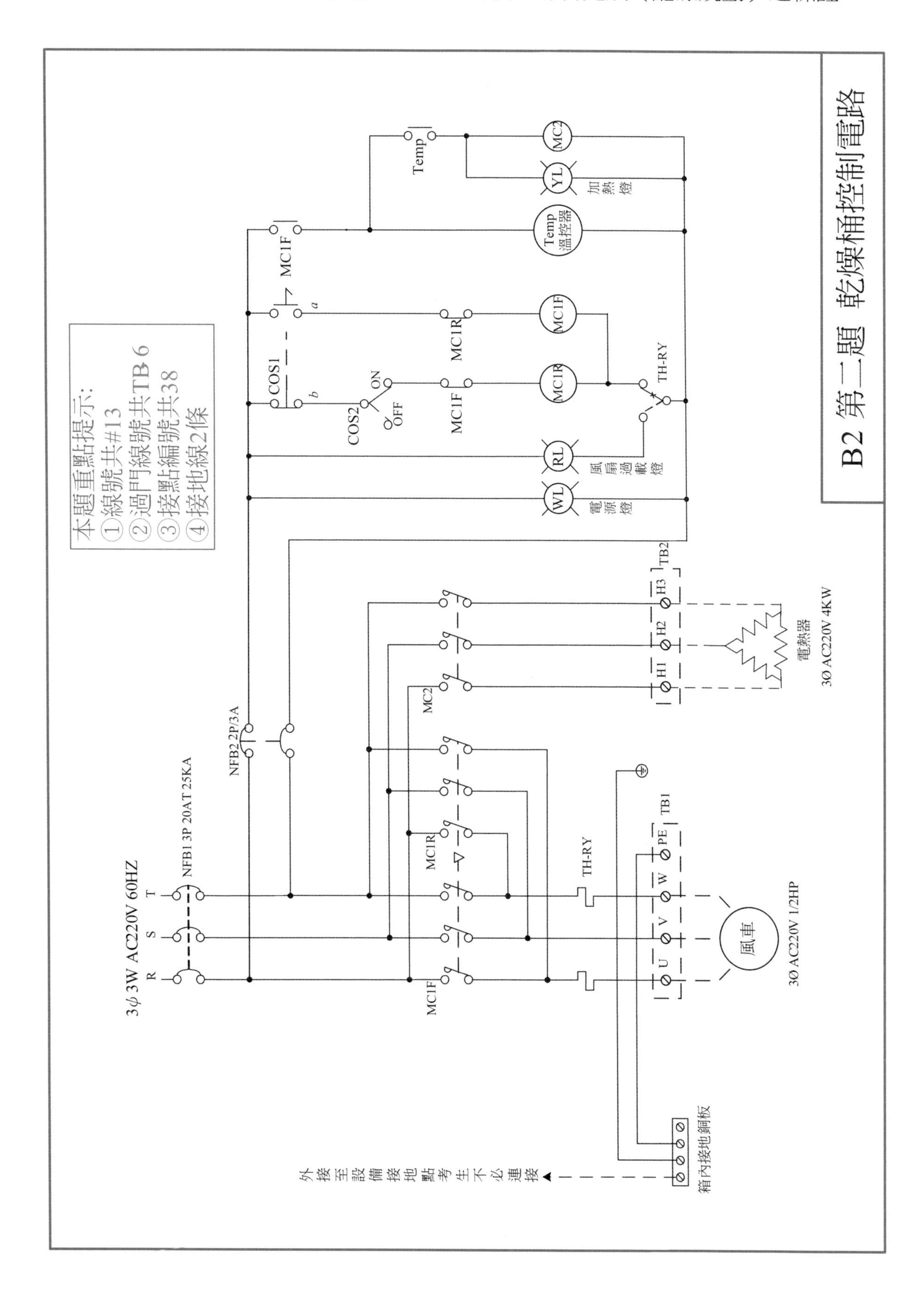

B3 第三題 電動空壓機控制電路

在檢定時分發之線路圖上，請依個人配線習慣，練習完成〔配線規劃〕之標註。

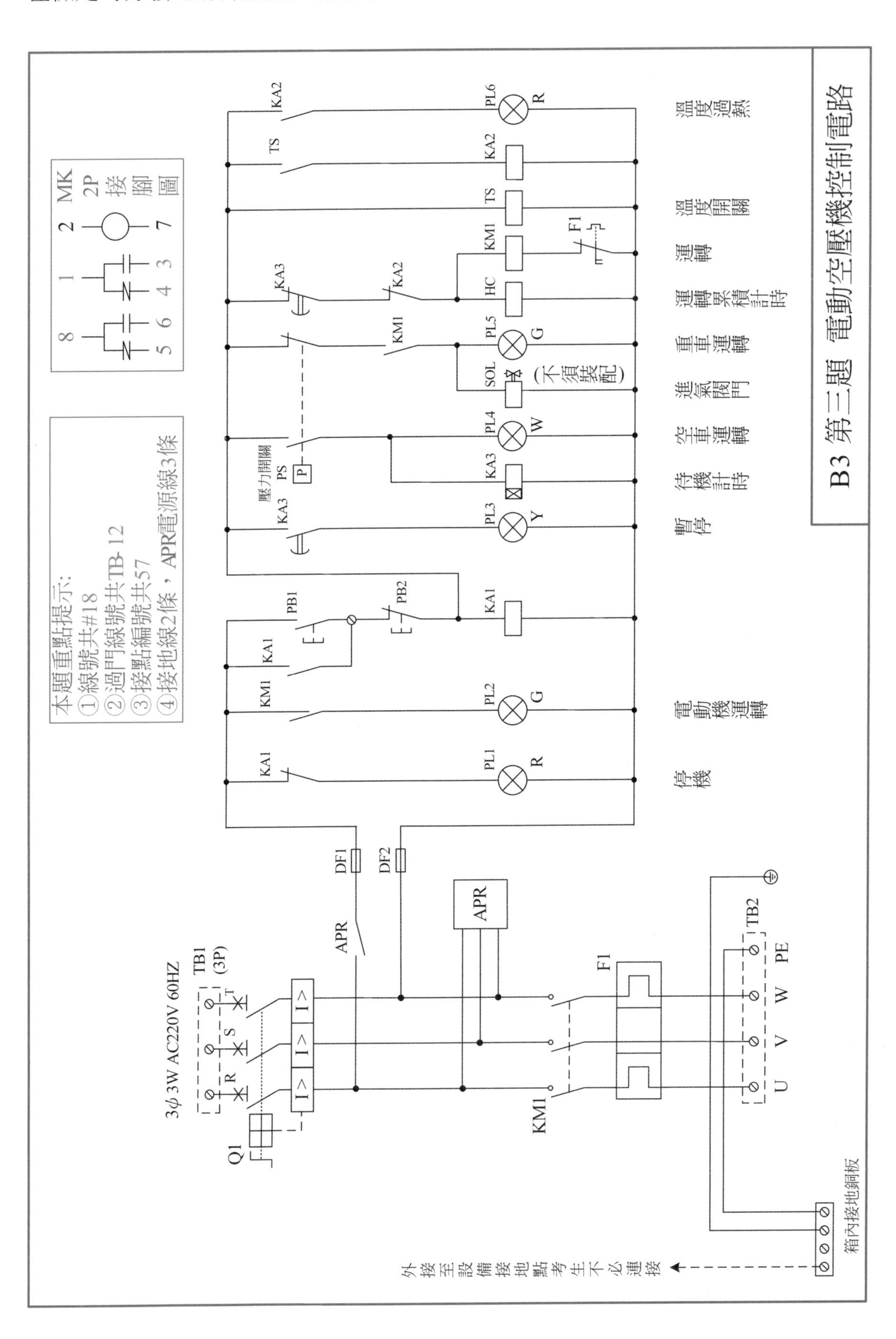

B4　第四題　二台輸送帶電動機順序運轉控制

在檢定時分發之線路圖上，請依個人配線習慣，練習完成〔配線規劃〕之標註。

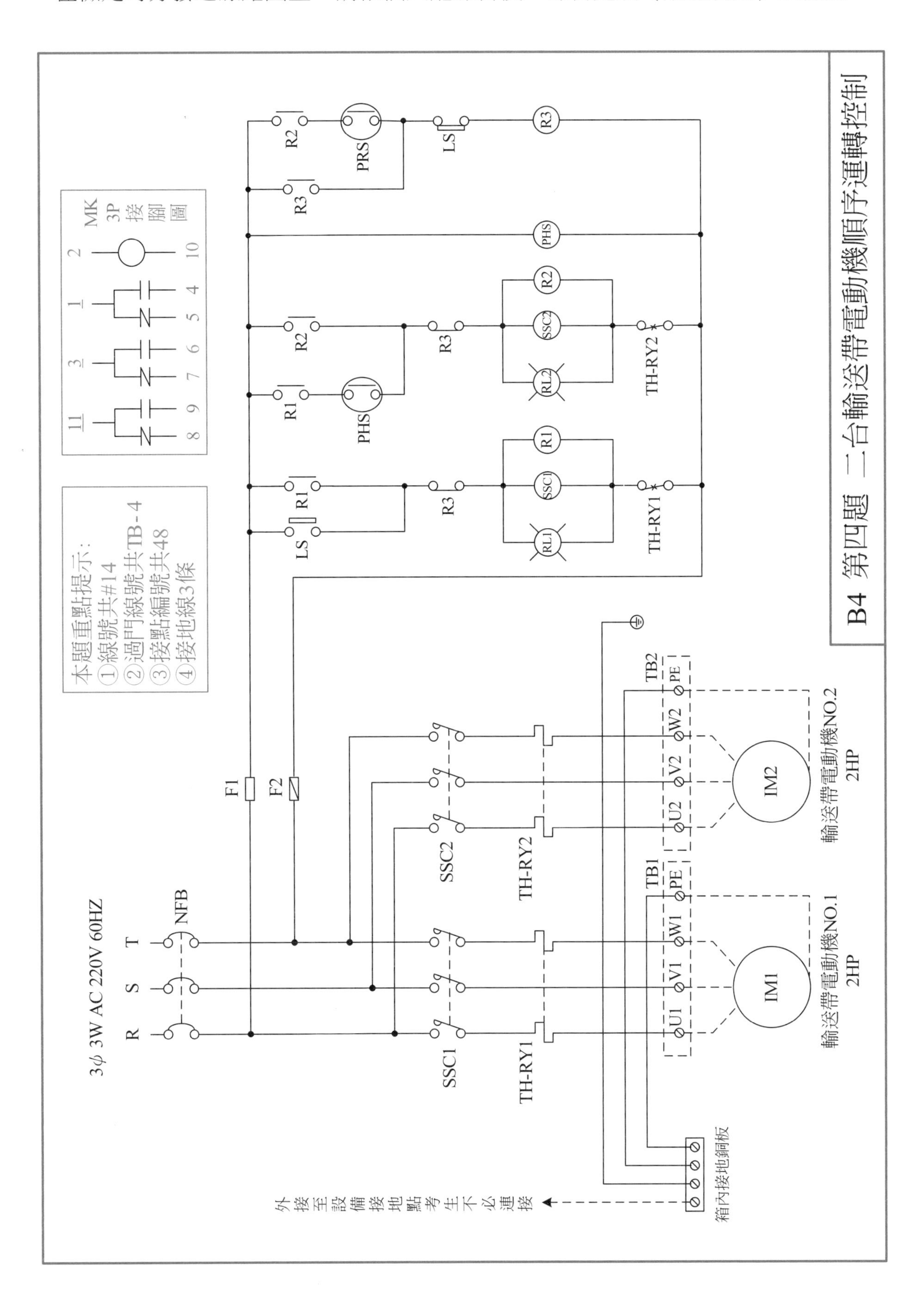

B5　第五題　二台抽水機交替運轉控制

在檢定時分發之線路圖上，請依個人配線習慣，練習完成〔配線規劃〕之標註。

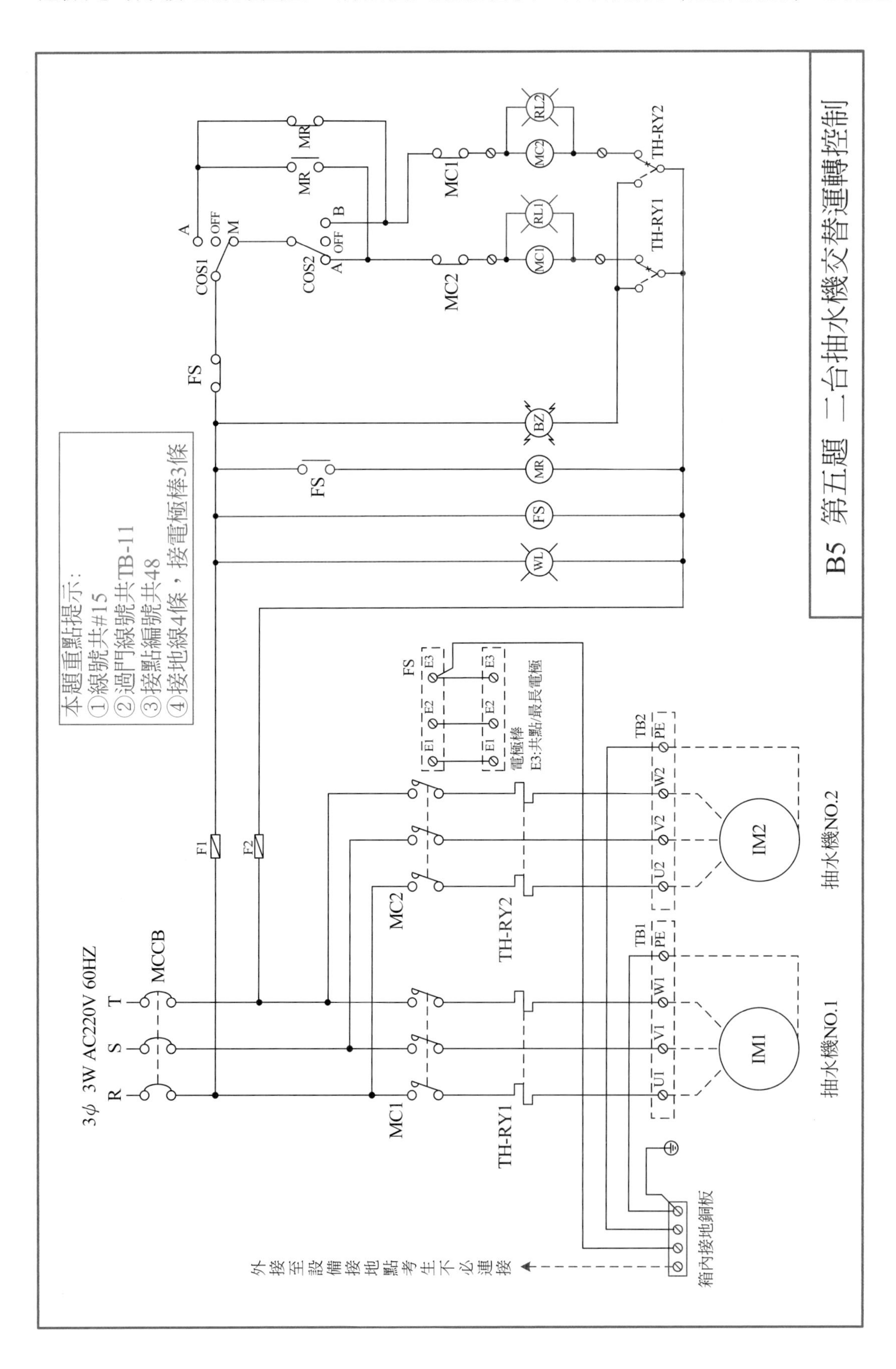

B6　第六題　三相感應電動機Y-Δ降壓起動控制

在檢定時分發之線路圖上，請依個人配線習慣，練習完成〔配線規劃〕之標註。

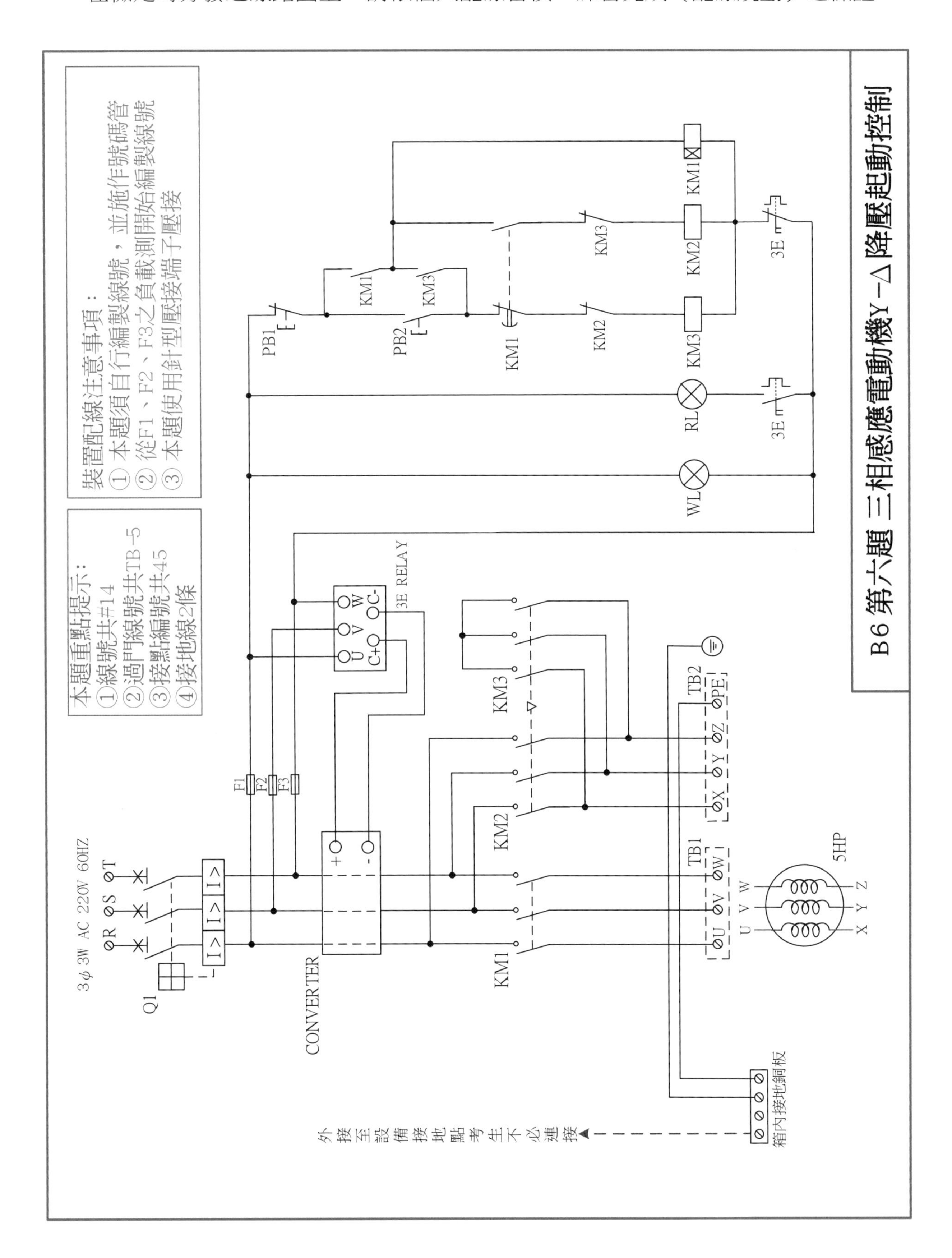

B7 第七題　三相感應電動機正反轉控制及盤箱裝置

在檢定時分發之線路圖上，請依個人配線習慣，練習完成〔配線規劃〕之標註。

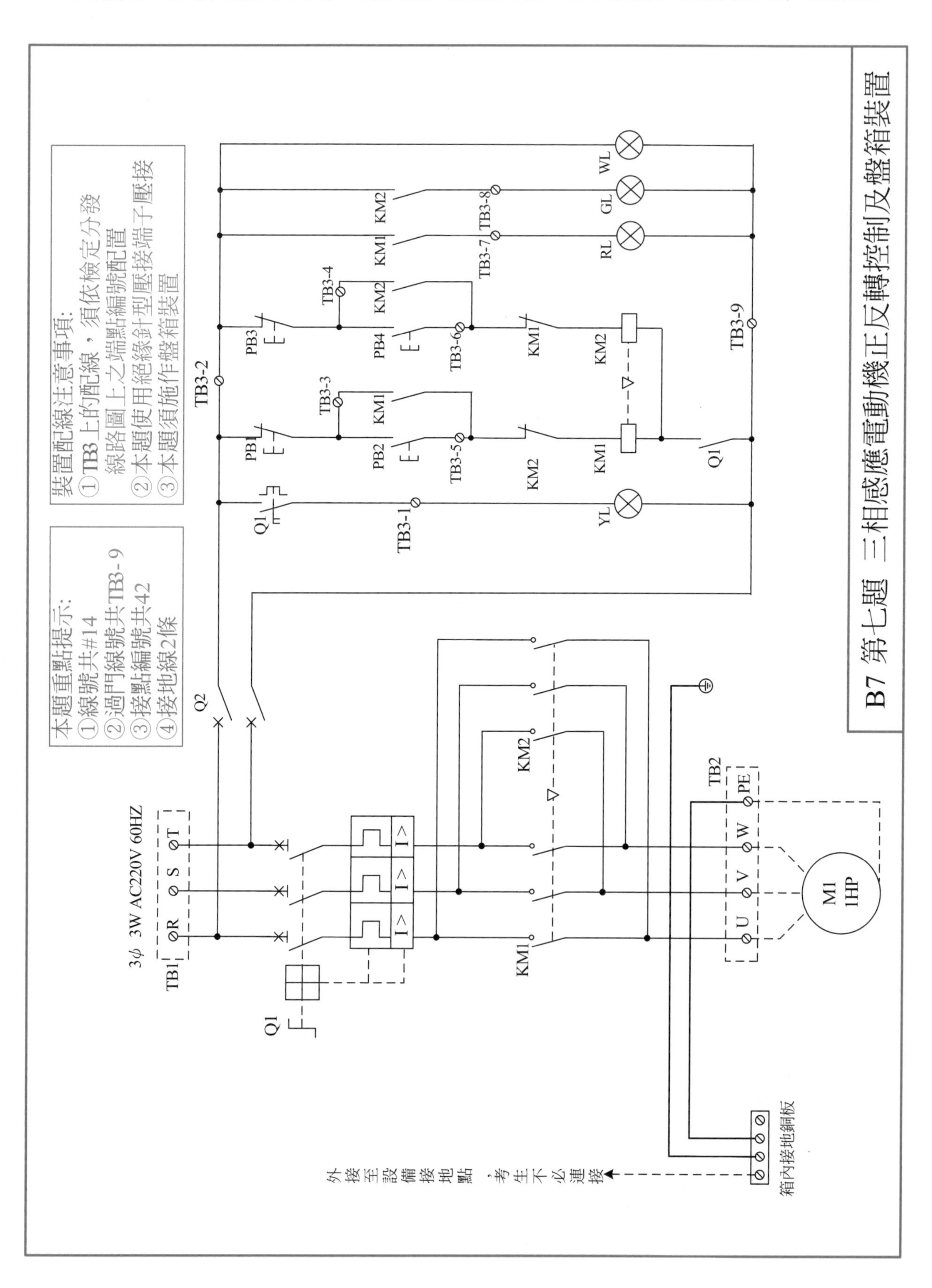

〔階段B裝置配線檢定〕B1-B7各題之〔配線規劃〕，各節點接線順序的內容表格如下，請各位讀者自行影印，填寫練習。

線號	過門線號	接點編號	接線點數	各節點 接線順序 內容說明（第B____題接線口訣）
#1				
#2				
#3				
#4				
#5				
#6				
#7				
#8				
#9				
#10				
#11				
#12				
#13				
#14				
#15				
#16				
#17				
#18				
其他				

〔階段B裝置配線檢定〕B1-B7各題之〔配線規劃〕，各節點接線順序的內容表格如下，請各位讀者自行影印，填寫練習。

線號	過門線號	接點編號	接線點數	各節點　接線順序　內容說明（第B____題接線口訣）
#1				
#2				
#3				
#4				
#5				
#6				
#7				
#8				
#9				
#10				
#11				
#12				
#13				
#14				
#15				
#16				
#17				
#18				
其他				

國家圖書館出版品預行編目資料

工業配線丙級學術科檢定試題詳解／吳炳煌著. -- 四版. -- 臺北市：五南圖書出版股份有限公司, 2024.06
面； 公分
ISBN 978-626-393-303-3（平裝）

1.CST: 電力配送

448.34　　113005626

5B26

工業配線丙級學術科檢定試題詳解

作　　者 — 吳炳煌（57.4）
發 行 人 — 楊榮川
總 經 理 — 楊士清
總 編 輯 — 楊秀麗
副總編輯 — 王正華
責任編輯 — 金明芬
封面設計 — 姚孝慈
出 版 者 — 五南圖書出版股份有限公司
地　　址：106台北市大安區和平東路二段339號4樓
電　　話：(02)2705-5066　　傳　　真：(02)2706-6100
網　　址：https://www.wunan.com.tw
電子郵件：wunan@wunan.com.tw
劃撥帳號：01068953
戶　　名：五南圖書出版股份有限公司
法律顧問　林勝安律師
出版日期　2017年 4 月初版一刷
　　　　　2018年12月二版一刷
　　　　　2021年 1 月三版一刷
　　　　　2024年 6 月四版一刷
定　　價　新臺幣450元